CENTRALIZED FOCUS
INTERIOR STAR-LEVEL CONSTRUCTION ANALYSIS

深度聚焦
室内星级工程解析

主编：张乘风　副主编：王凯　金鑫

海峡出版发行集团 | 福建科学技术出版社
THE STRAITS PUBLISHING & DISTRIBUTING GROUP | FUJIAN SCIENCE & TECHNOLOGY PUBLISHING HOUSE

序言

室内设计是一门多行业多专业交叉的学科,它的作用不仅在于美化环境,更在于提高人民的生活质量。在经济高速发展的今天,固定资产投入的增加,使室内设计师有了更广阔的实现自我价值的舞台,而日趋激烈的市场竞争所引发的施工技术的频繁更新、业主素质的提高等等,都对设计师提出了更高的要求。

施工图作为装饰施工的指导和依据,必需准确到位。作为设计师,首要任务就是不断提高自己的理解水平,树立设计的威信。为了更好地将设计方案转换为施工图,设计师必须思考采用何种材料更经济,何种工艺更利于施工,并把握各种尺度以满足客户的使用要求,以较低的工程成本达到较高的艺术效果,满足方案设计的要求。

由于工程案例本身具有特殊性、复杂性,通常只能在其完工后看到他的设计或者通过一些条条框框的标准了解到一些设计数据要求,很难系统地收集到一套完整、规范的施工图纸,这对于处在信息共享时代的室内设计从业者与学习者而言,无疑是一个缺憾。本书的出版正是弥补了这一空白,编者从专业的设计角度出发整理收录了近期完工的优秀设计施工图纸,设计新颖、独特,施工图的绘制专业、严谨、标准。无论是设计的学习、施工工艺的介绍还是在施工图纸的规范程度,对读者来说都是一个很好的学习与借鉴过程。

本书精选收录了13套来自全国最新的优秀工程案例,取材广泛,涉及美容、酒店、宾馆、休闲会所、公寓等。每个案例均配有实景展示与施工图两个部分。实景展示中详细地介绍了工程概况、设计理念与说明、完工后的实景照片等,施工图部分则详细地展示了各个空间的施工图纸,这对读者的借鉴与学习无疑是有很大帮助的。

本书的资料提供与后期整理由赵毓玲老师、金鑫老师和他们的设计团队共同完成,由于时间仓促及版面限制等诸多原因,书中仍然会存在些许不足之处,敬请各位读者予以指正。

2010年4月 于南京林业大学

目录

东京秀客	DONGJING XIUKE	005
麒麟华膳	QILIN HUASHAN	021
龙湖睿城	LONGHU RUICHENG	041
国品燕鲍翅馆	GUOPIN YANBAOCHIGUAN	057
老东吴食府	LAODONGWU SHIFU	081
廿一会所	NIANYI HUISUO	105
汇海楼	HUIHAILOU	133
水产湖景饭店	SHUICHAN HUJING FANDIAN	153
梦天湖	MENGTIANHU	185
同庆楼	TONGQINGLOU	217
会宾楼	HUIBINLOU	249
在水一方	ZAISHUI YIFANG	273
浩阁	HAOGE	297

东京秀客
DONGJING XIUKE

设计单位：南京高轶装饰设计有限公司
设　　计：高轶
面　　积：350m²
坐落地点：南京

　　秀客——意美姬是一家偏向日式简约风格的发廊。整体空间设计以白色为主，简洁中透着细致日式风格的主要特点，平面上根据其大空间比较"正"的特点，做了比较"整"的划分，让客人在空间感观上觉得更加通透。

　　客人进门会被不规则的壁饰和楼梯吸引，仿佛进入白色的未来空间，做一次在太空舱里美发的畅想。前台设计充满日式风格，镜面、楼梯及超大投影幕墙凸显现代感和梦幻色彩。

　　镜台采用花瓣式设计直通天花板，木制的大花瓣涂抹既美观又耐用，镜子的设计也呈现不规则的花瓣状，使空间活泼、跳跃。细节线帘的运用显示高雅品位，在光带的掩映下，熠熠生辉。

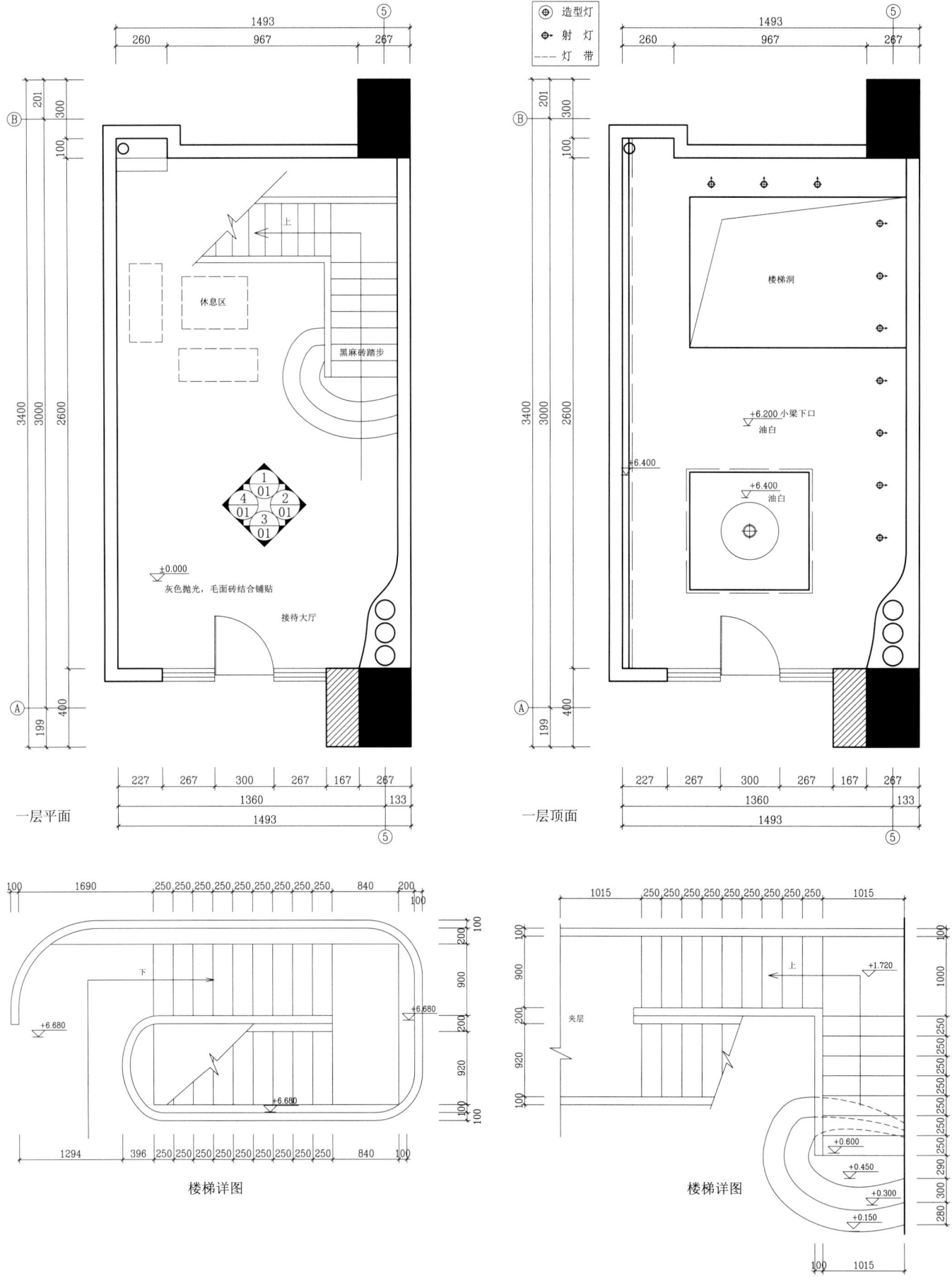

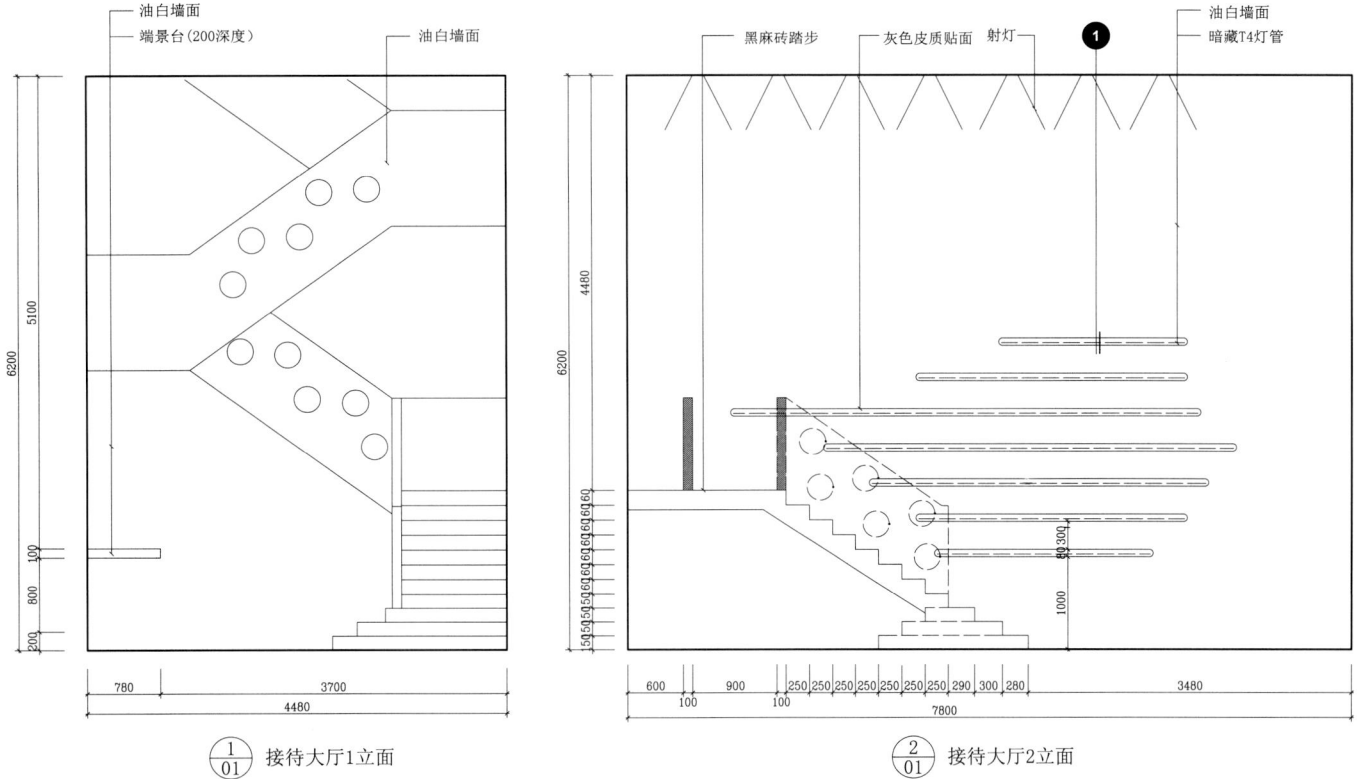

① 接待大厅1立面

② 接待大厅2立面

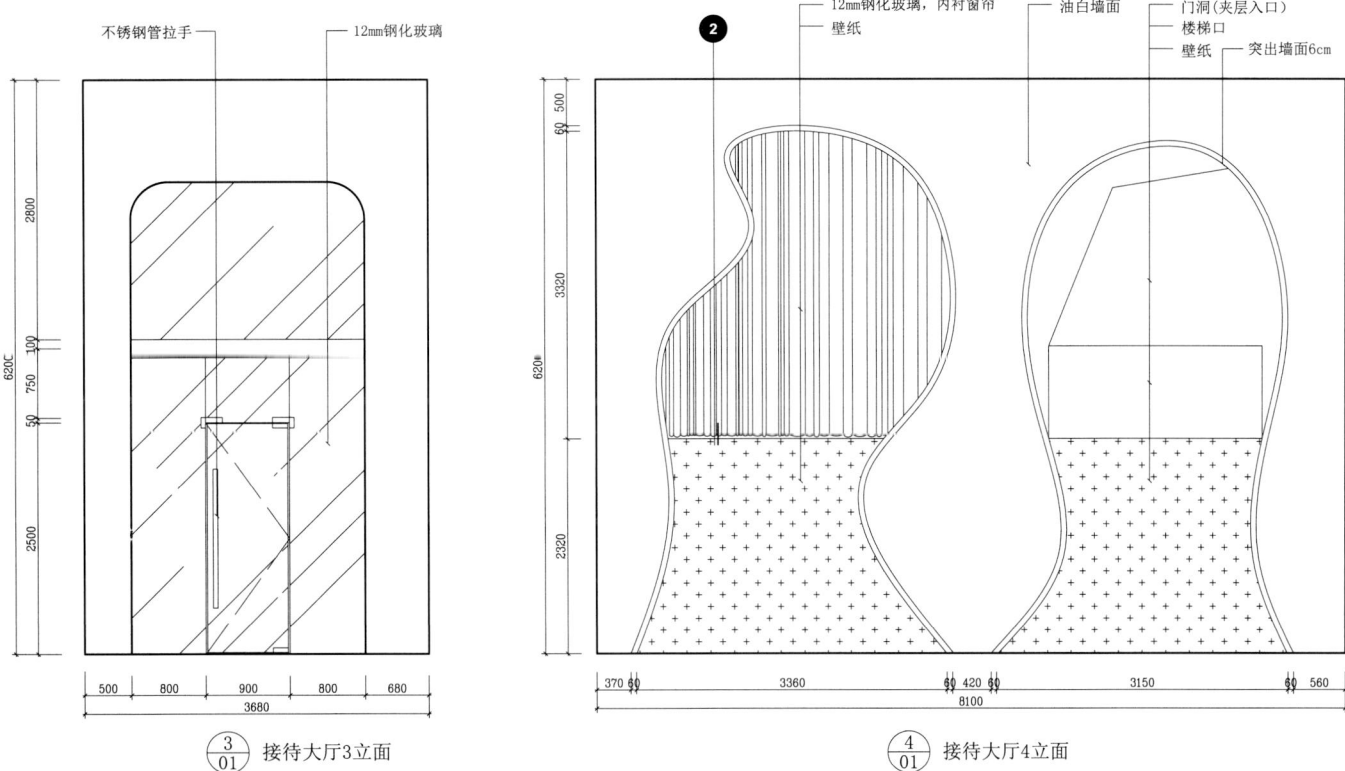

③ 接待大厅3立面

④ 接待大厅4立面

一层大厅实景 二层实景

二层大厅实景

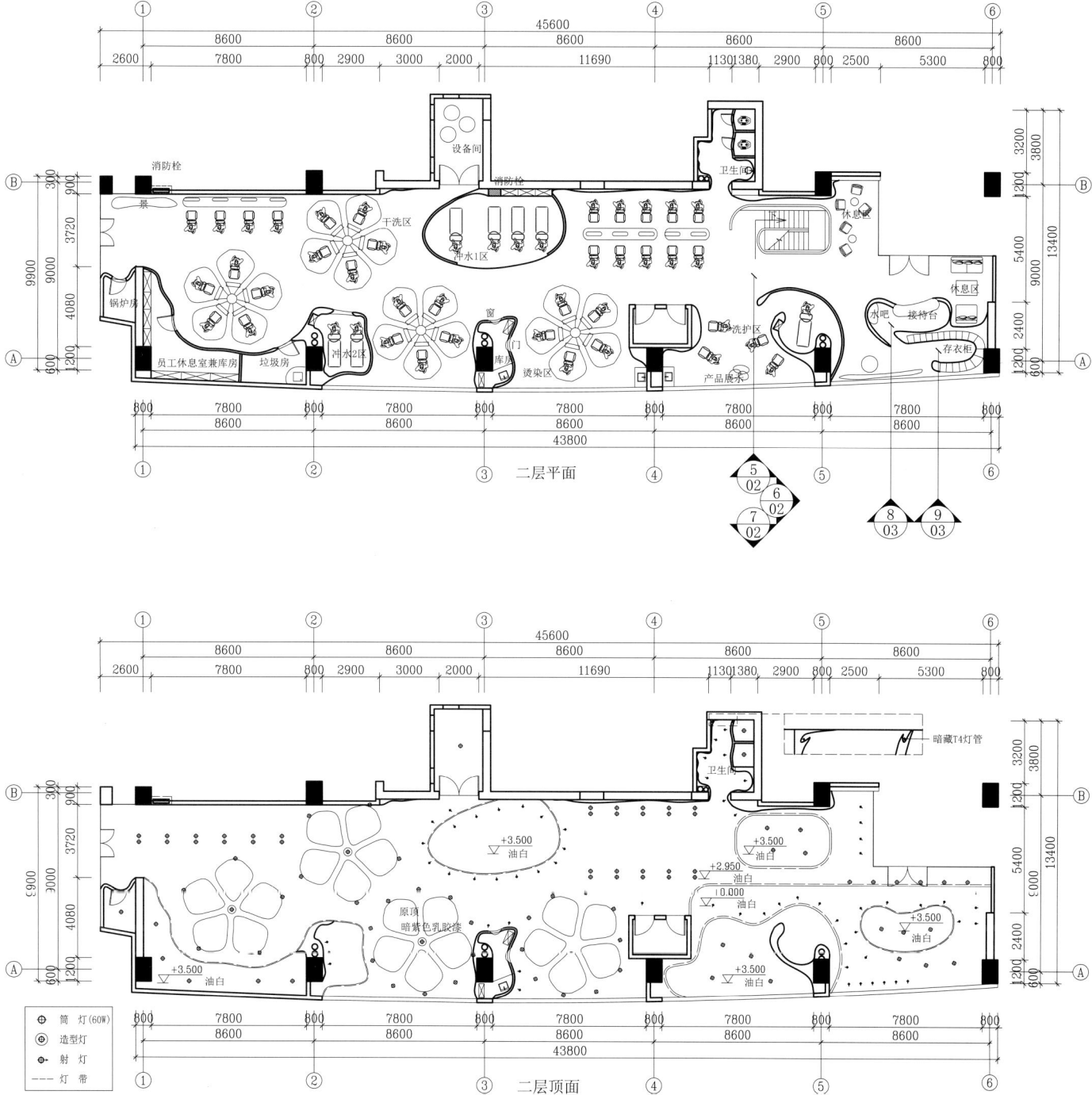

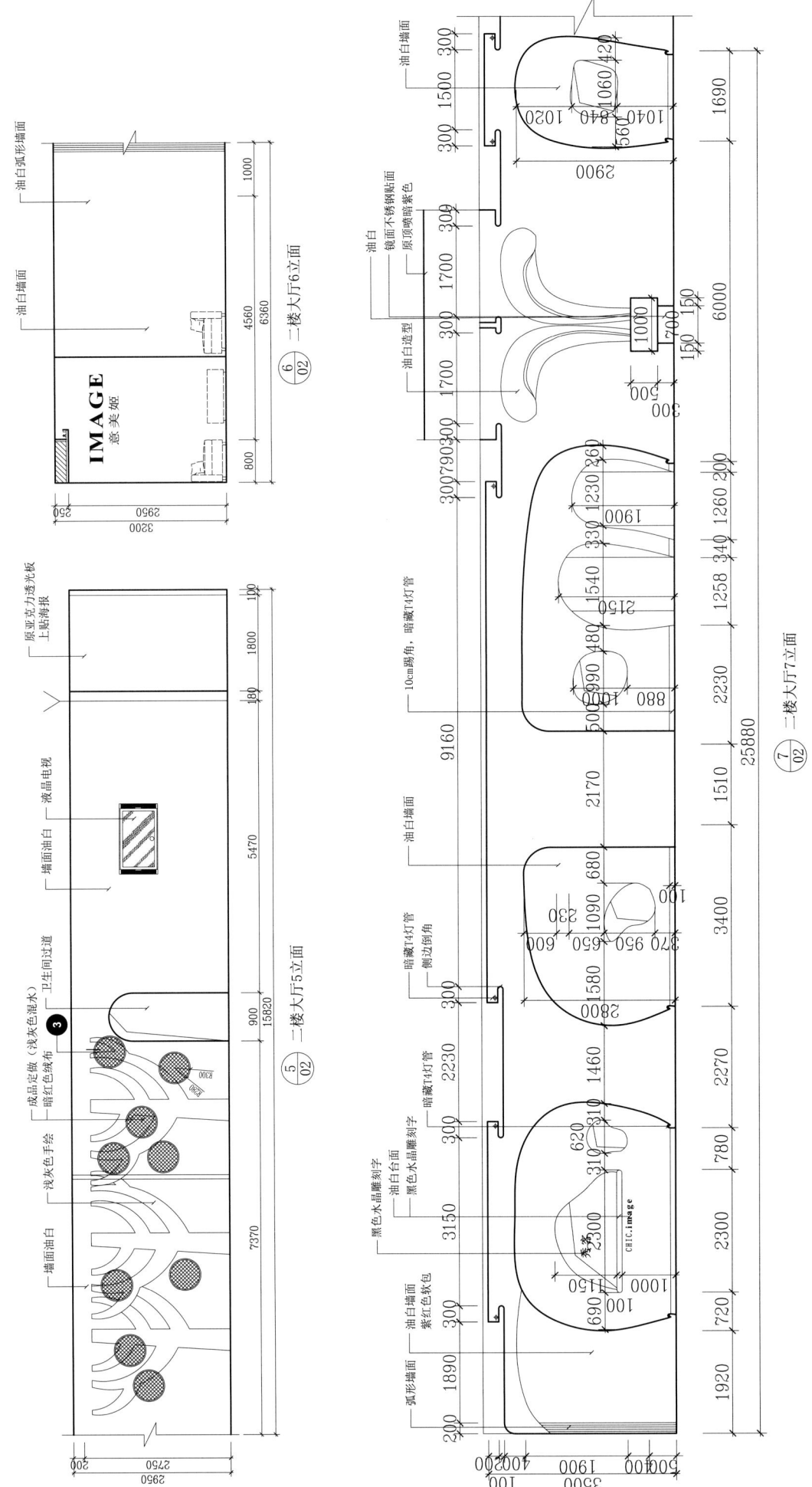

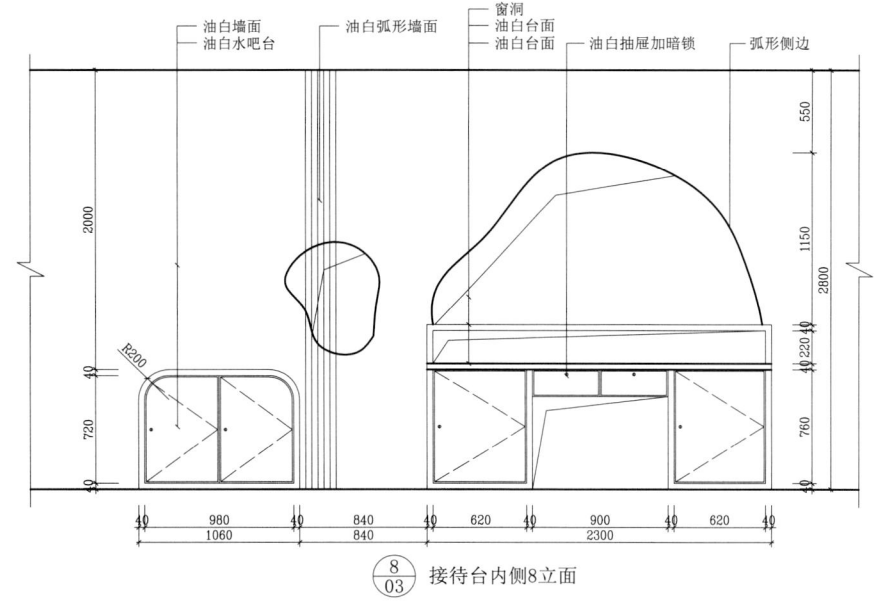

$\dfrac{8}{03}$ 接待台内侧8立面

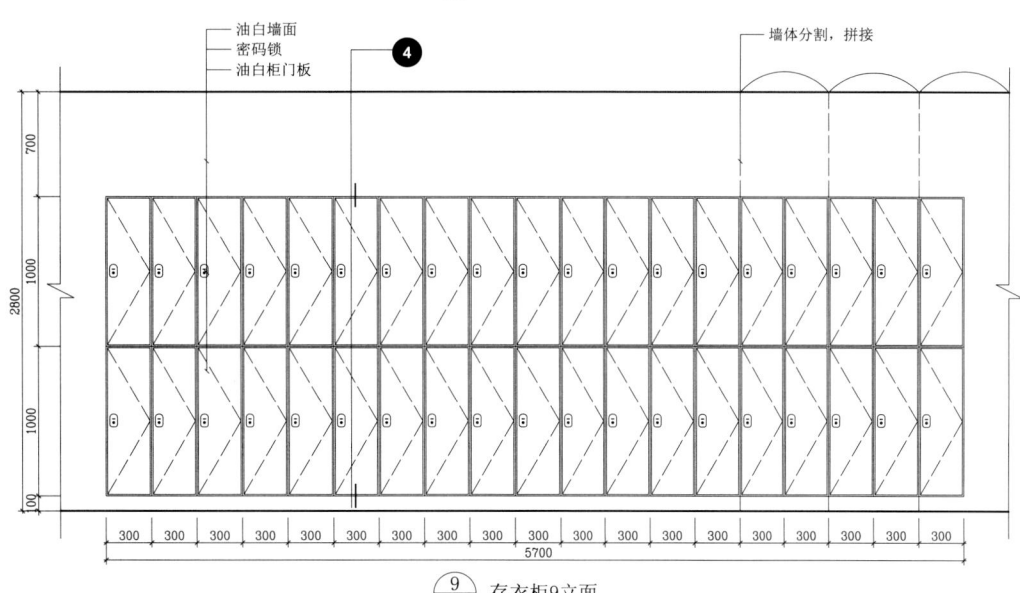

$\dfrac{9}{03}$ 存衣柜9立面

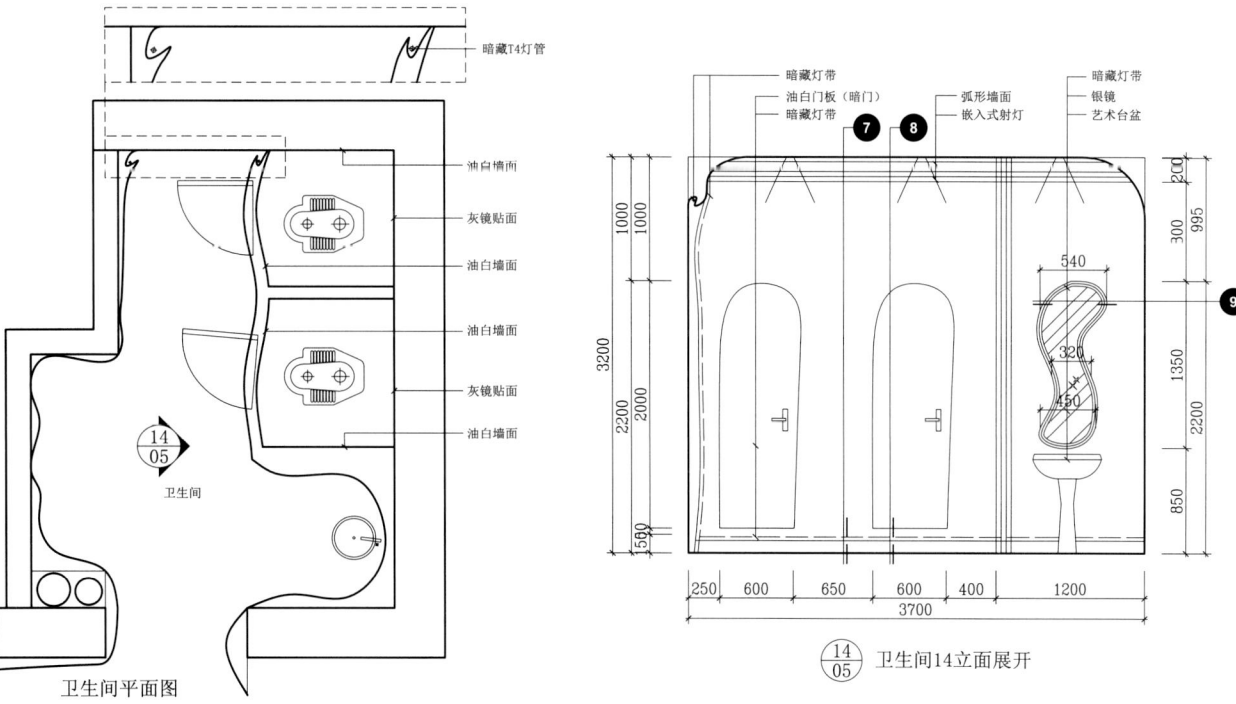

卫生间平面图

$\dfrac{14}{05}$ 卫生间14立面展开

二层接待台实景

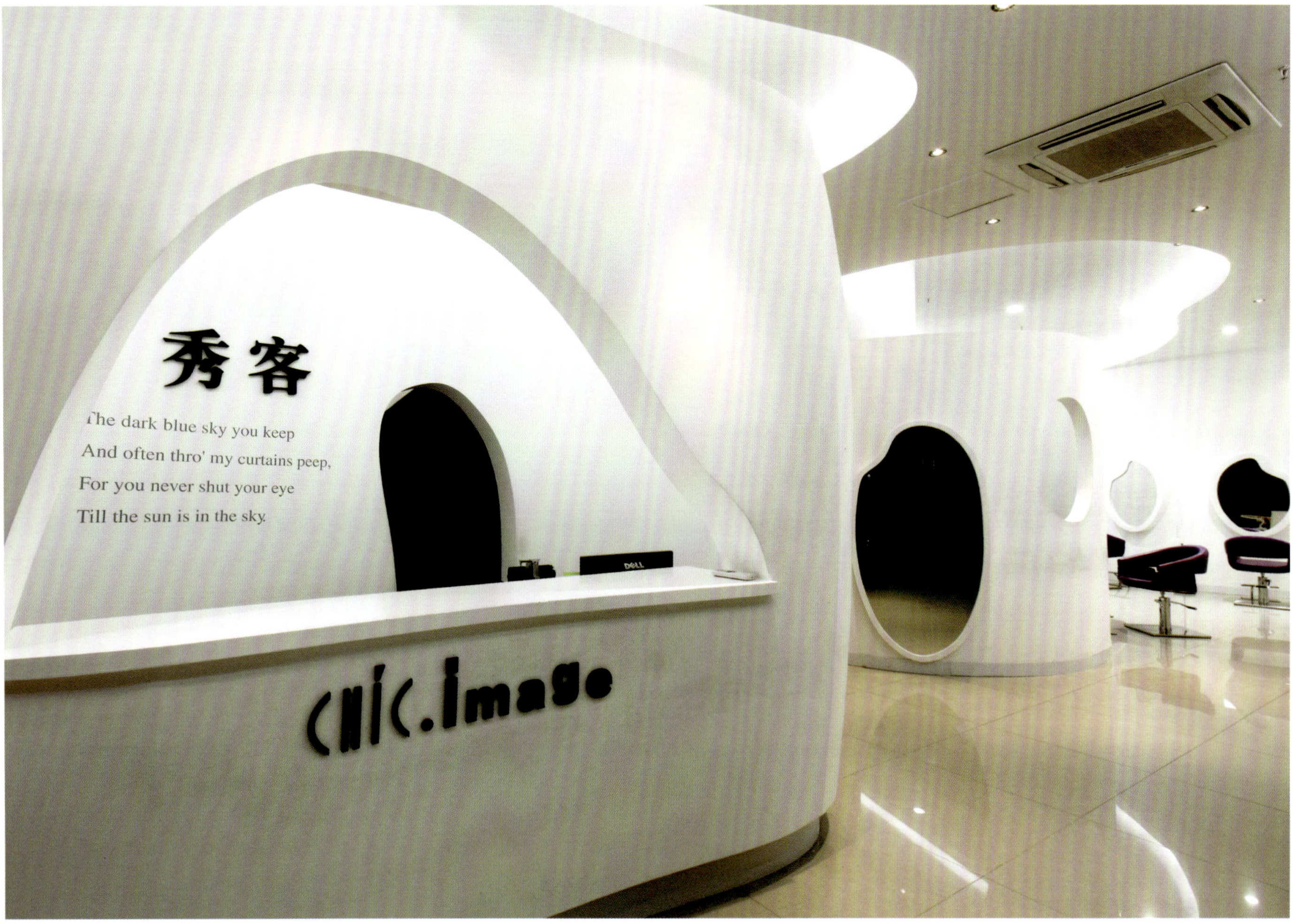

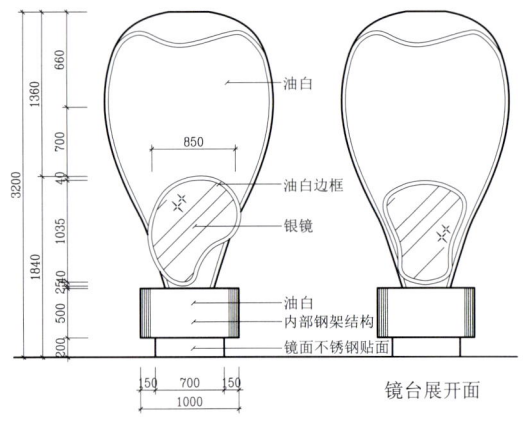
镜台展开面

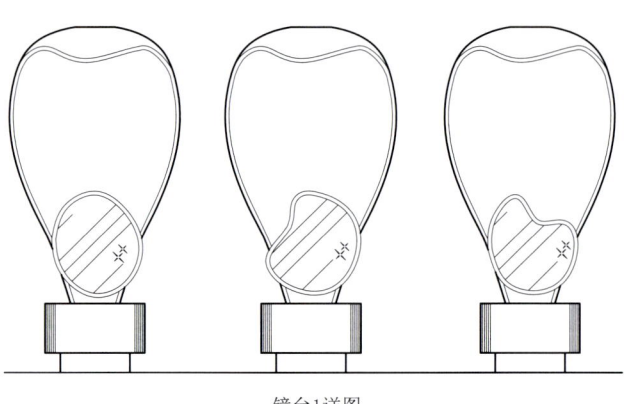
镜台1详图

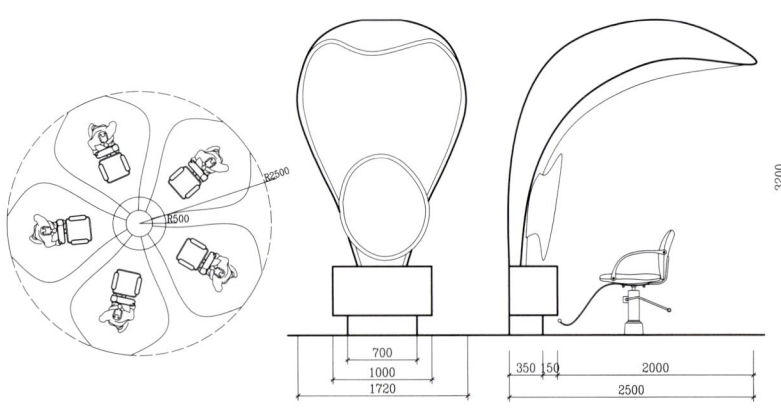

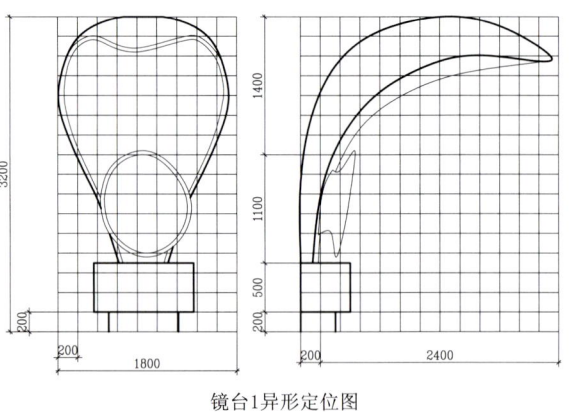
镜台1异形定位图

二层接待区实景　　　　　　　　二层镜台实景

二层镜台实景

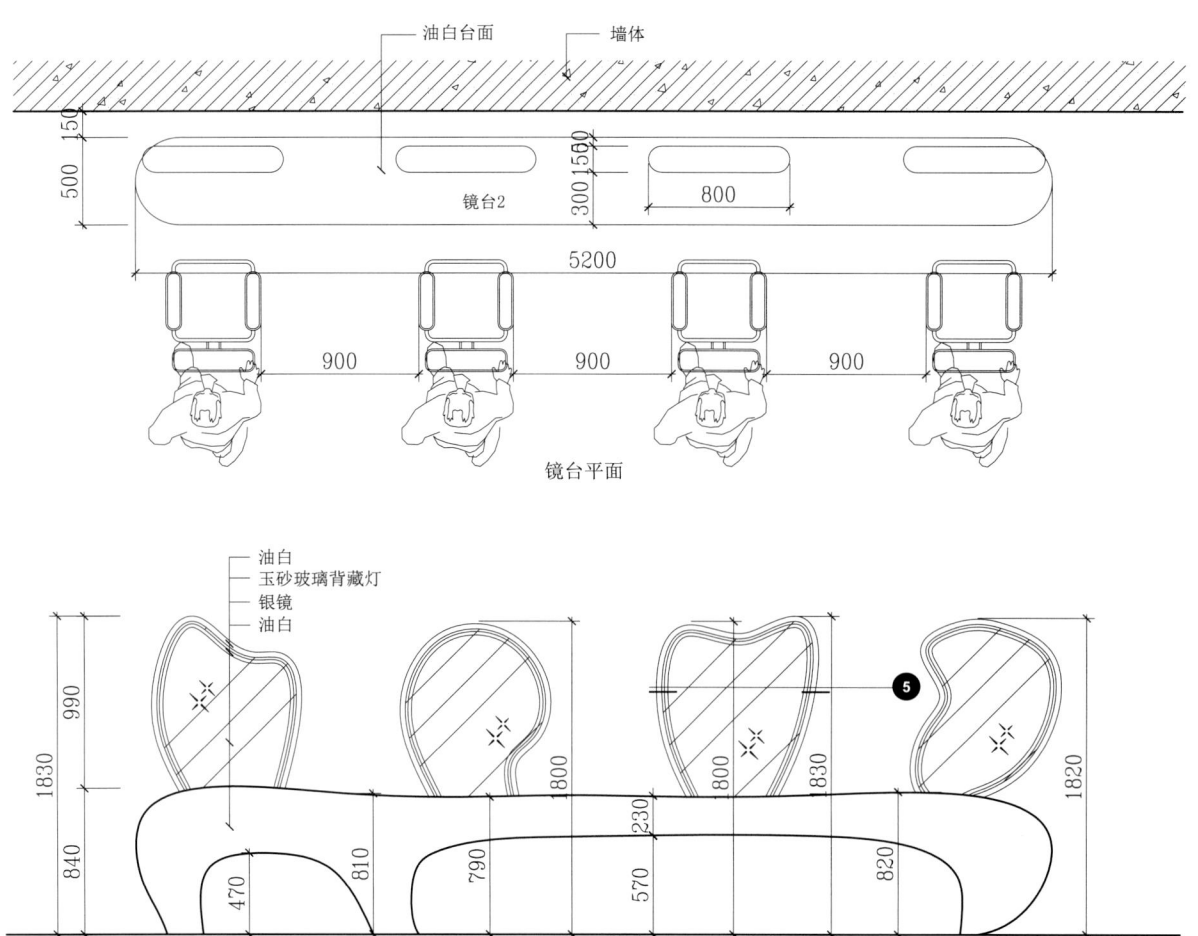

镜台平面

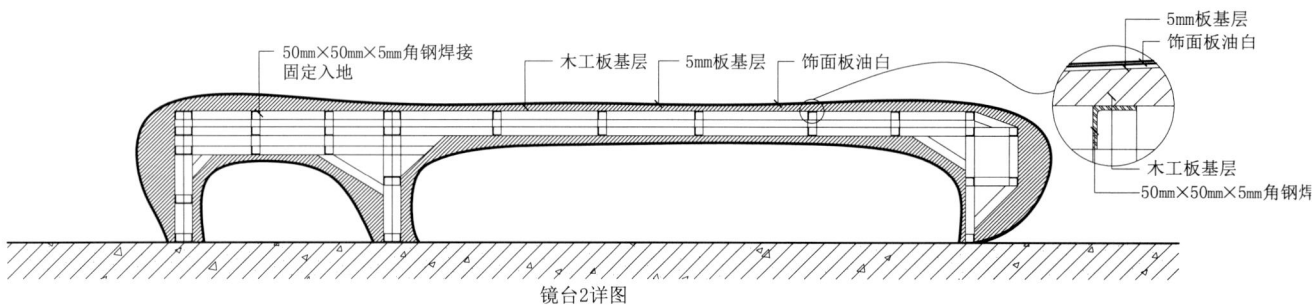

镜台2详图

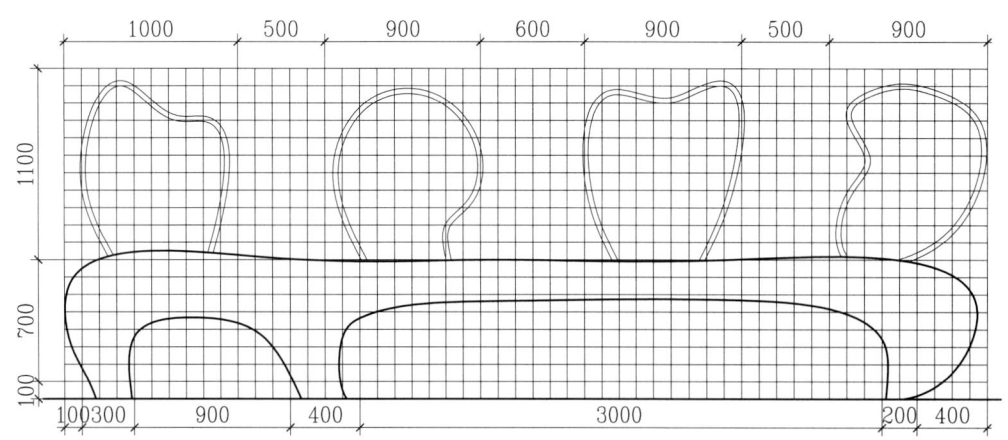

镜台2详图

注：本图仅供参考，请复核图纸与现场尺寸后施工　　镜台2异形定位图

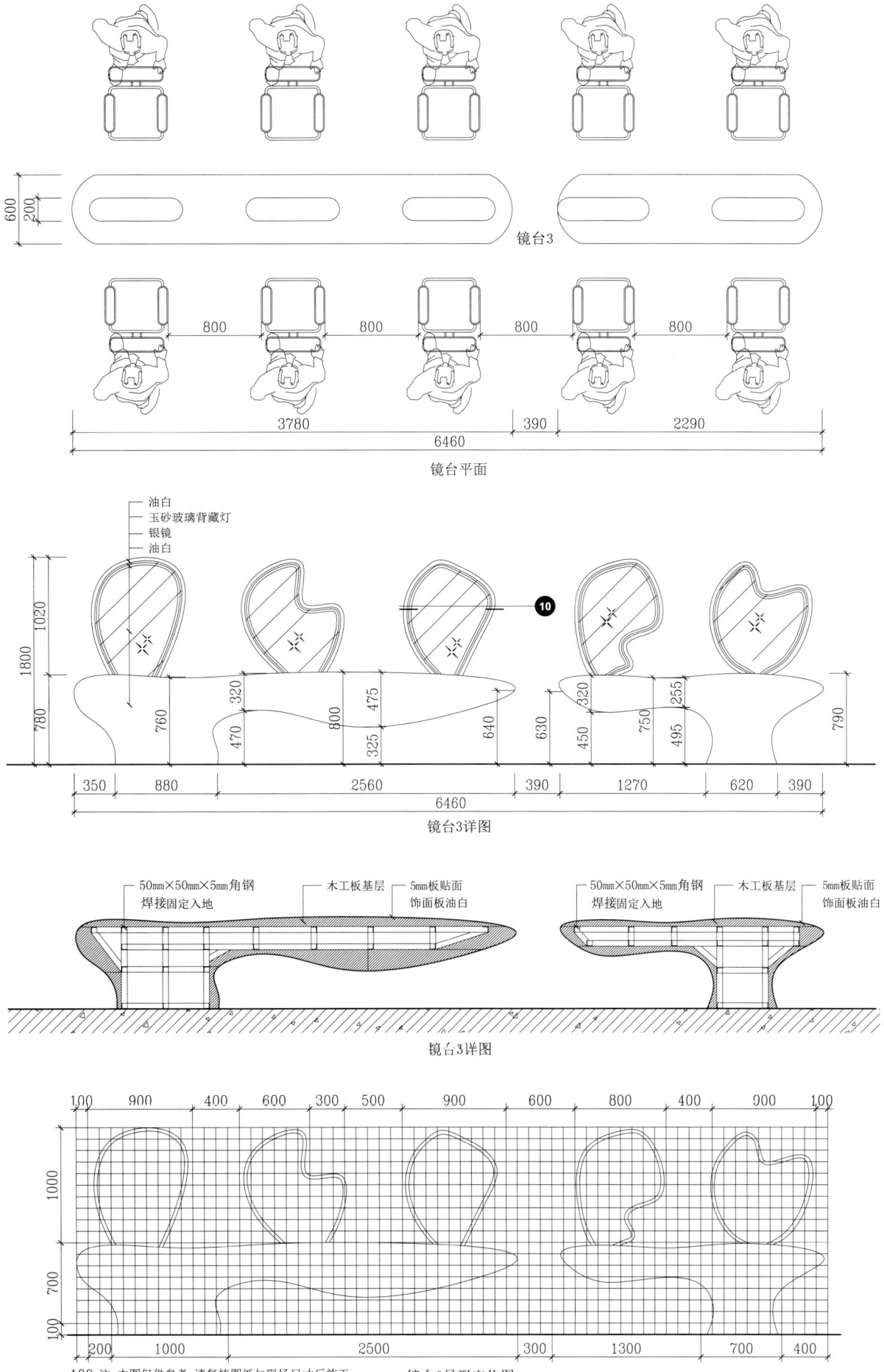

二层冲水区实景

二层洗护区实景

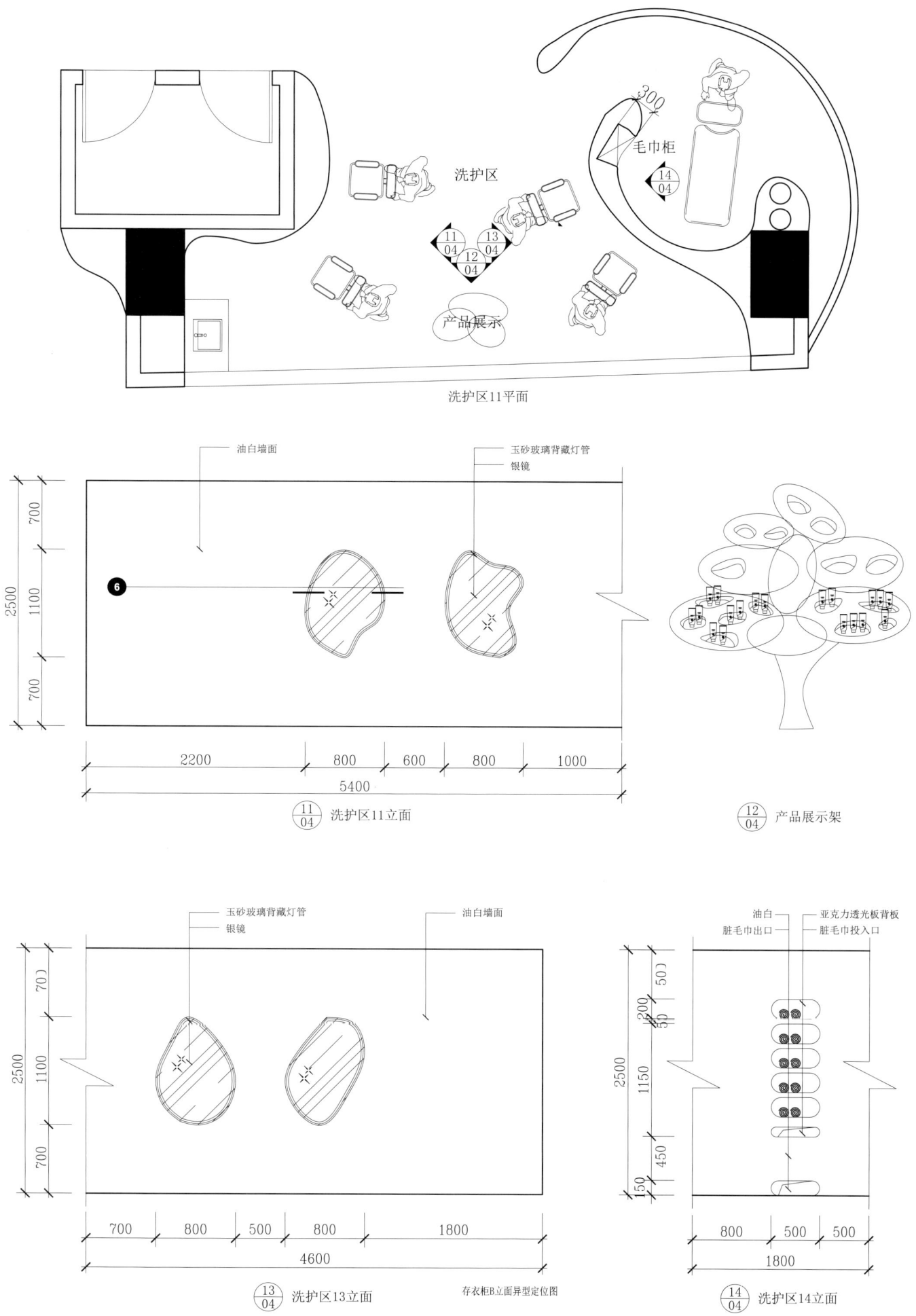

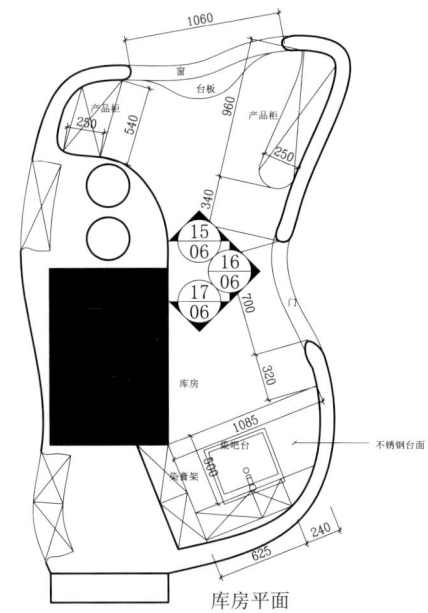

库房平面

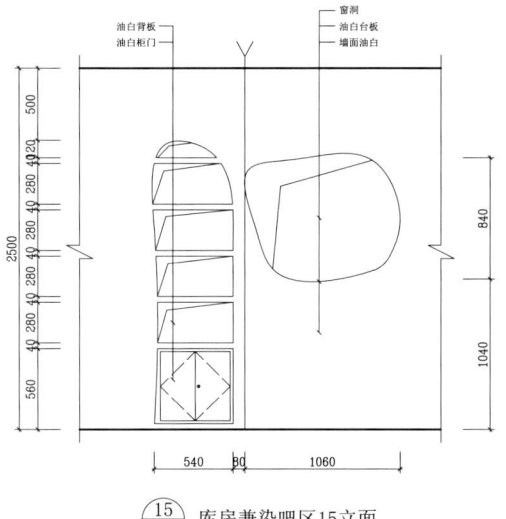

$\frac{15}{06}$ 库房兼染吧区15立面

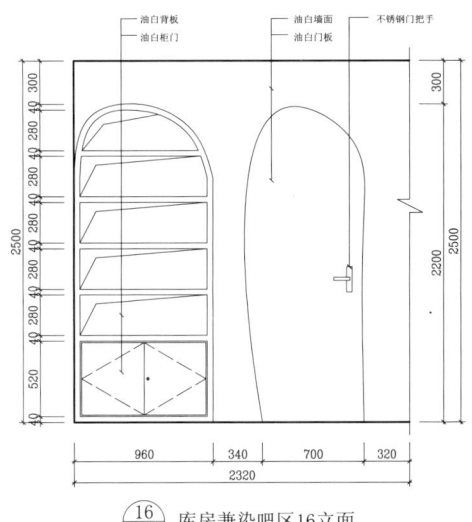

$\frac{16}{06}$ 库房兼染吧区16立面

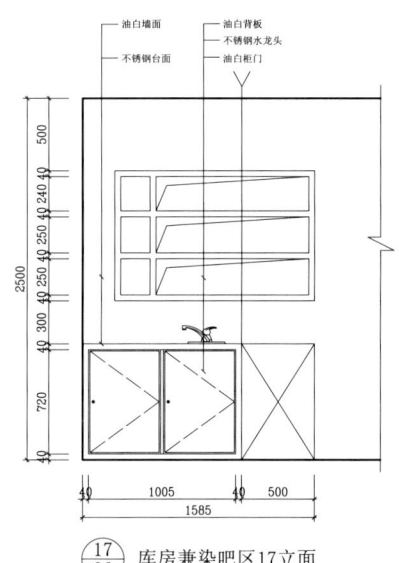

$\frac{17}{06}$ 库房兼染吧区17立面

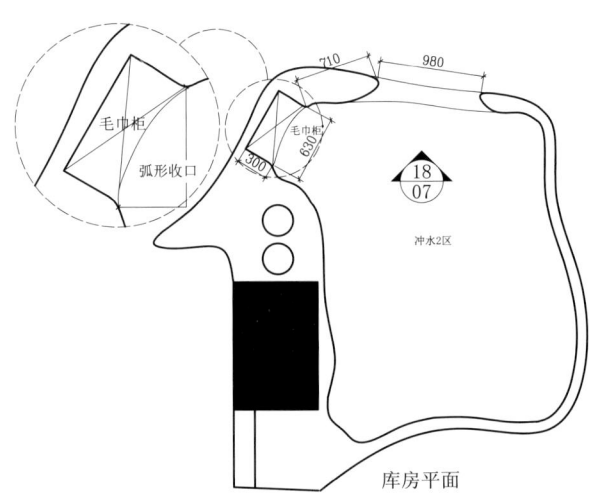

库房平面

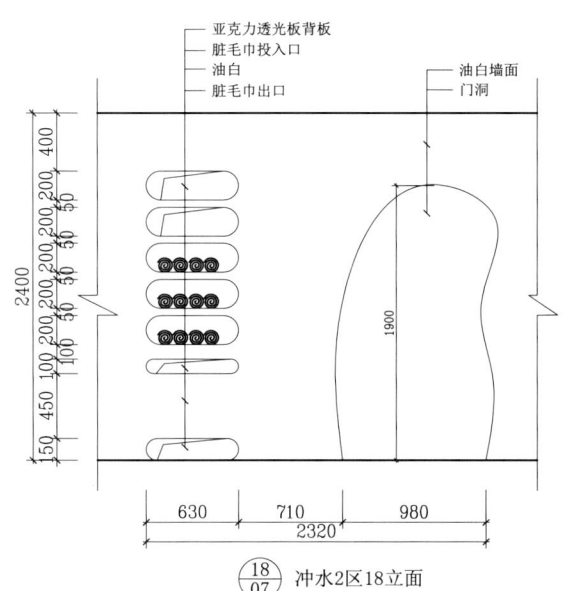

$\frac{18}{07}$ 冲水2区18立面

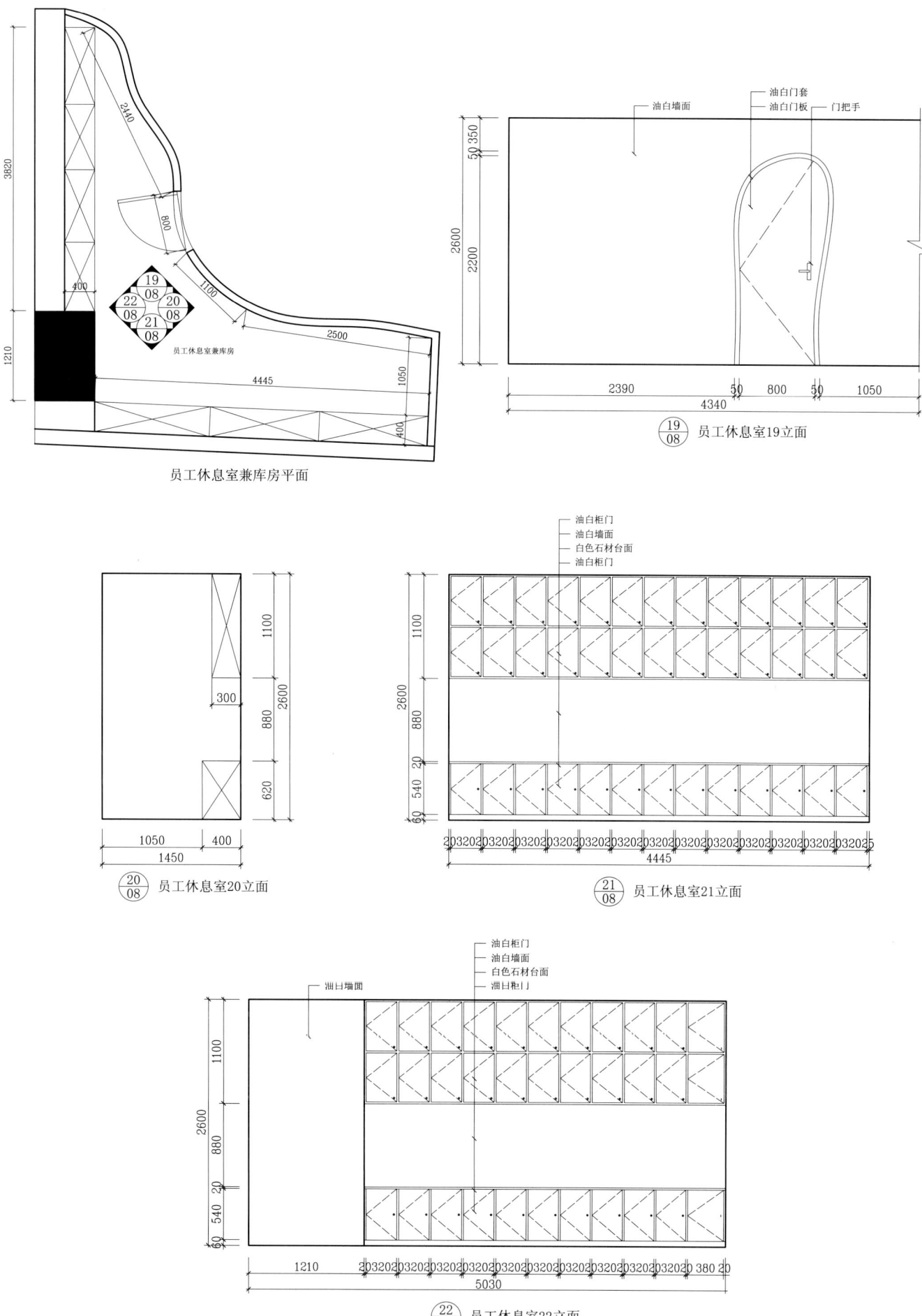

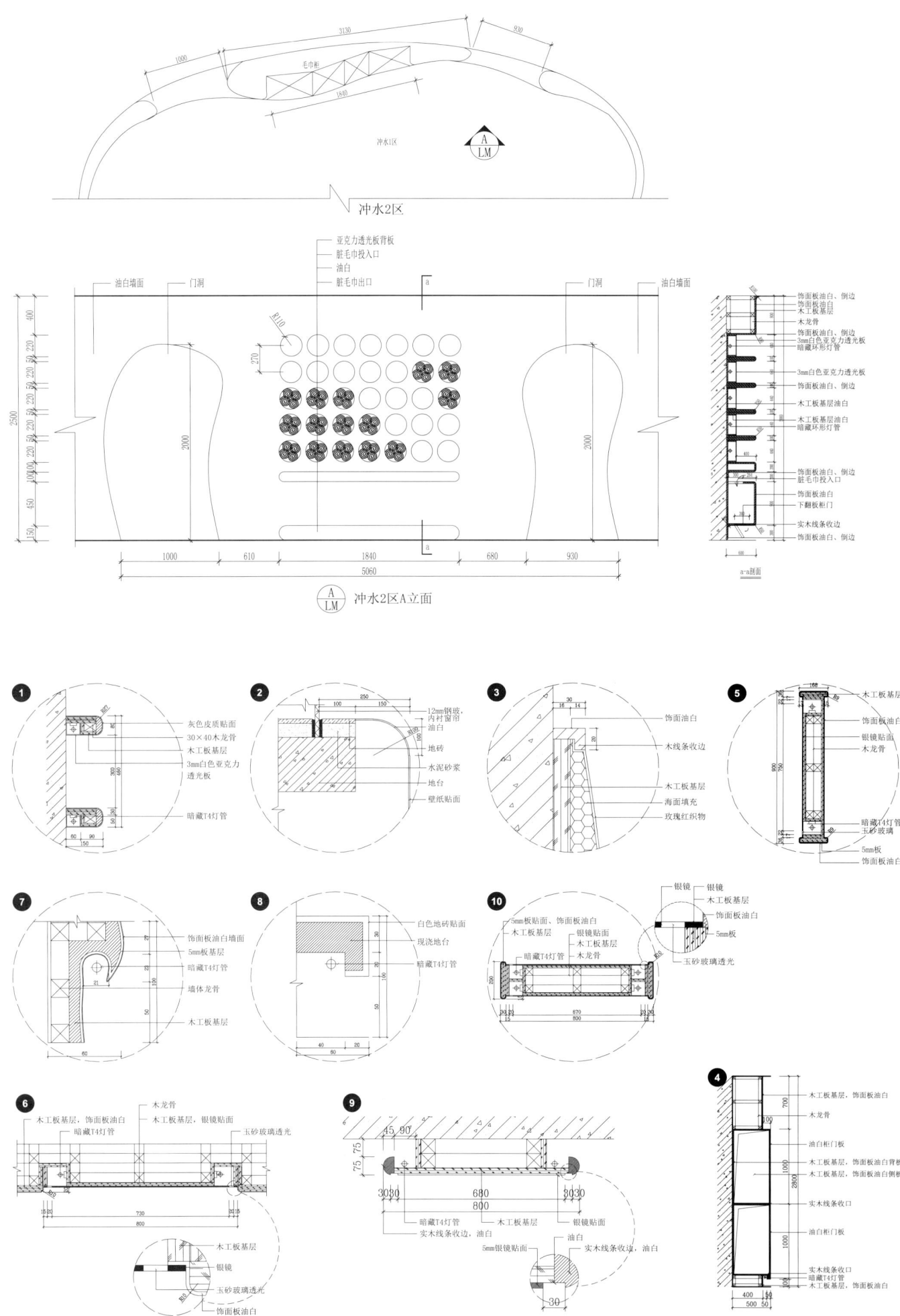

麒麟华膳
QILIN HUASHAN

设计单位：哈尔滨唯美源装饰设计公司
设　　计：张奇永
面　　积：780m²
坐落地点：哈尔滨

简约的中式设计风格体现在设计中就像品尝着淡淡清香的绿茶，确切而深刻、淡雅而含蓄的中国传统文化是设计的追求。色彩和灯光的控制胜过对材料的控制，细节的追求胜过华丽的装饰，质朴的造型诠释了一个深刻的故事。

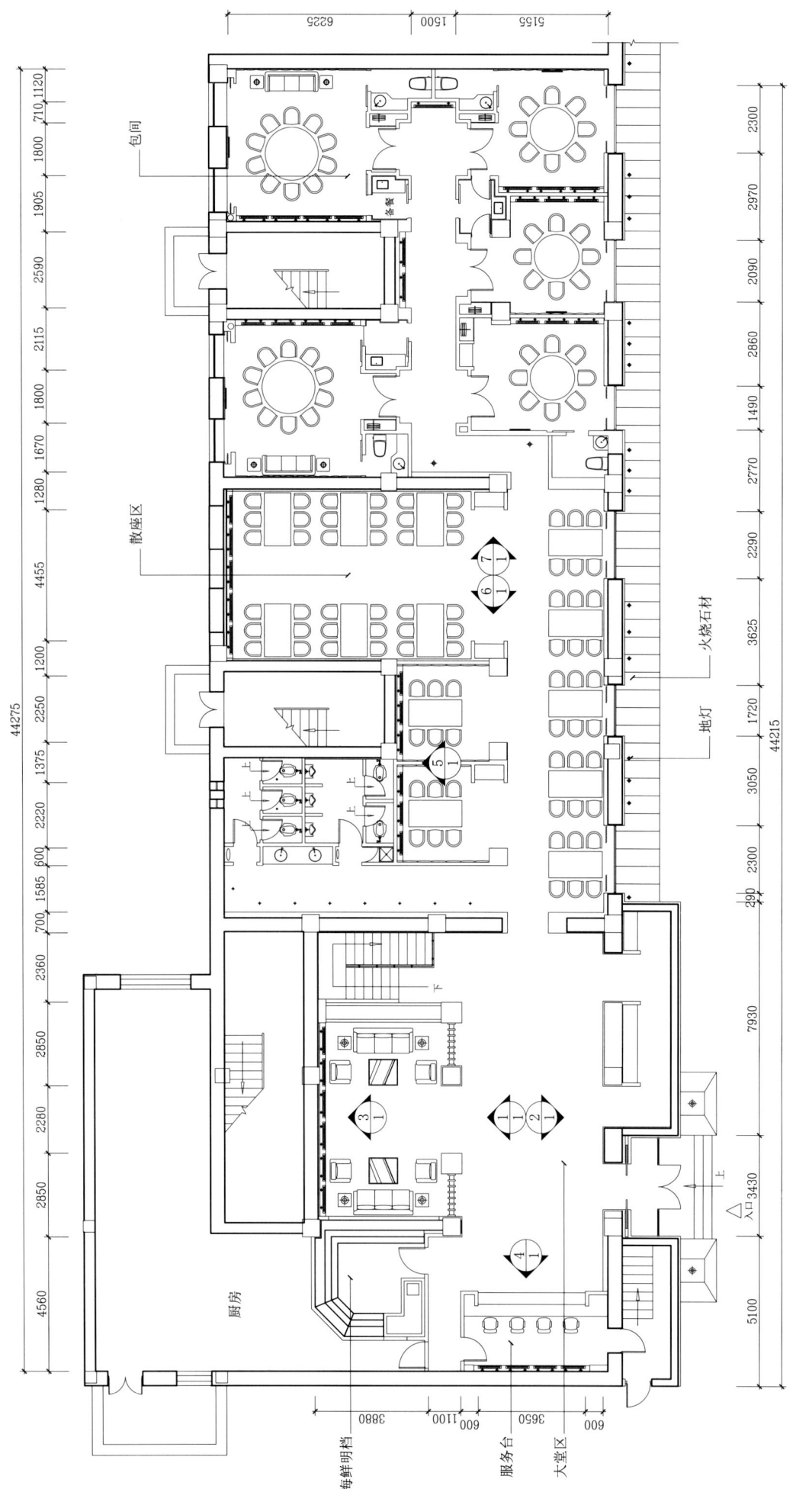

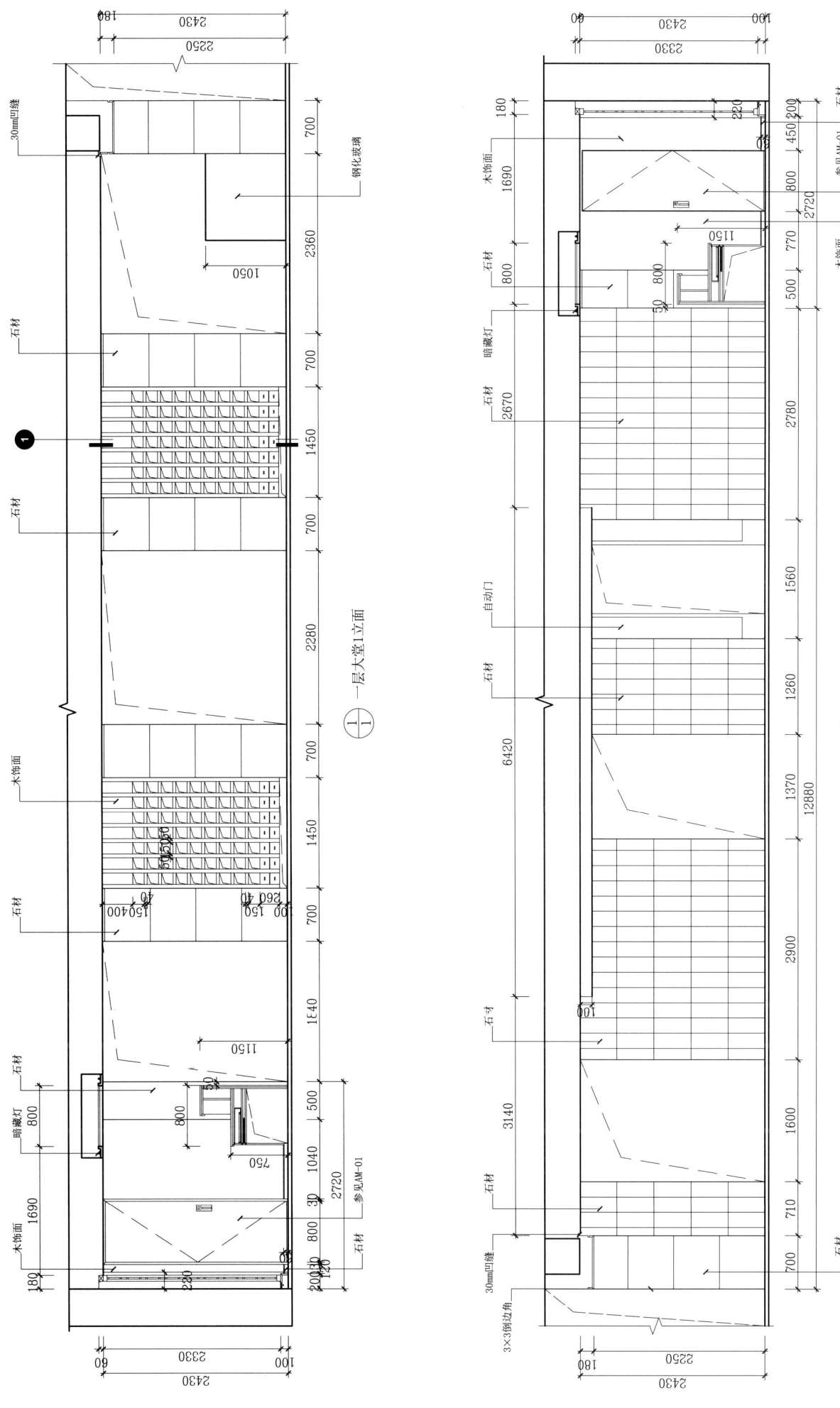

大堂实景

大堂实景

30
30
30
30
30mm凹缝
30mm凹缝
2730
2585
145
2585
2730
145
5050
A
800
A
800
A
800
A
A
800
A
800
A
800
A
6620
木饰面
石材台面
质感涂料
5
1
一层散座5立面

散座5立面实景

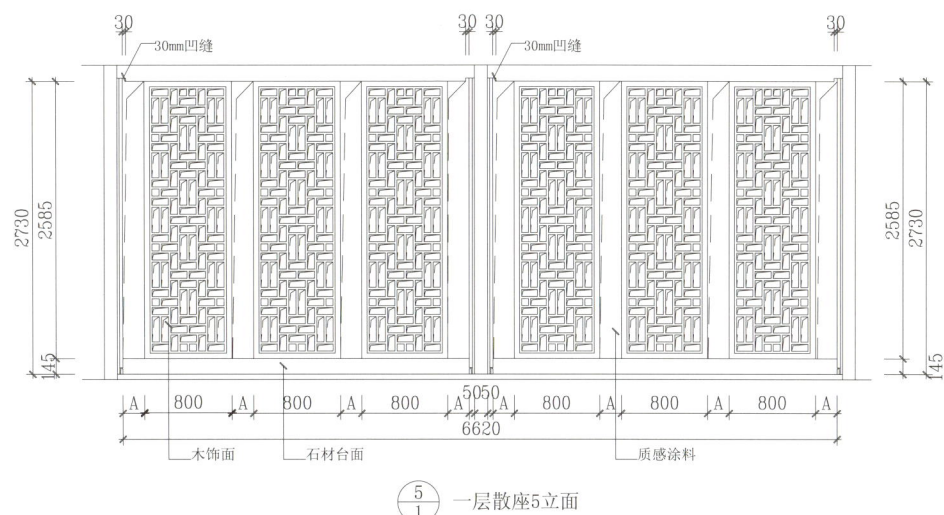

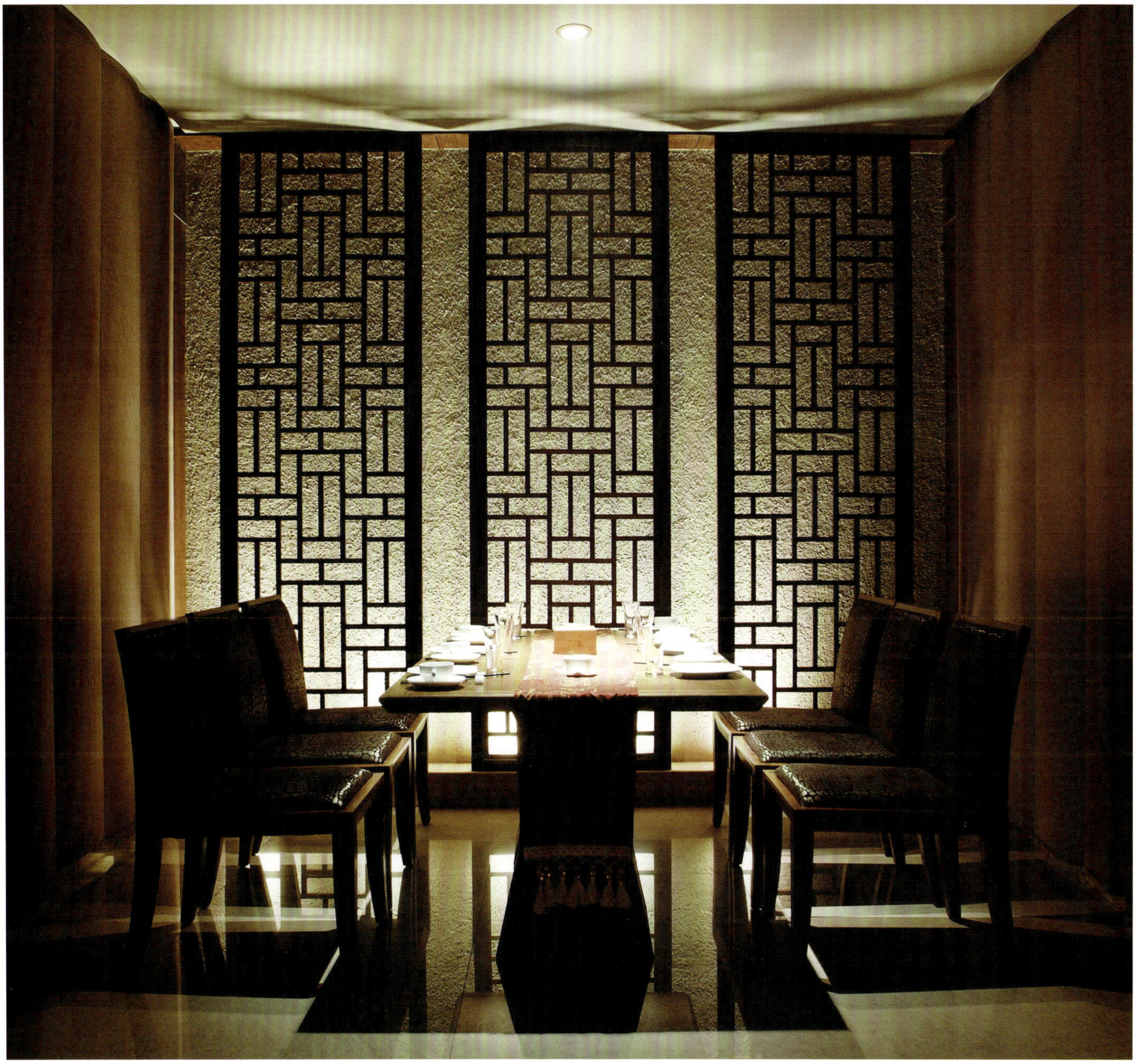

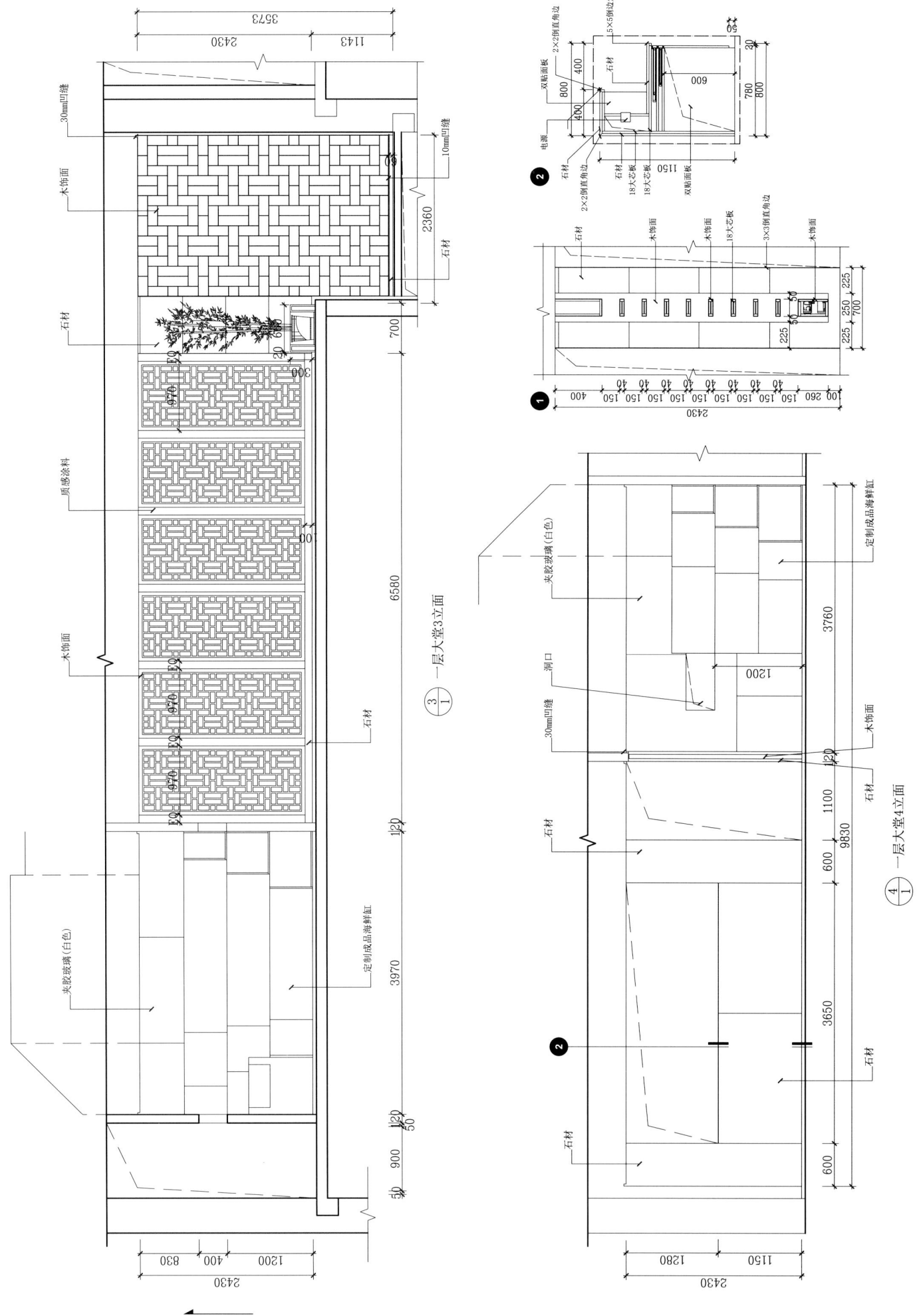

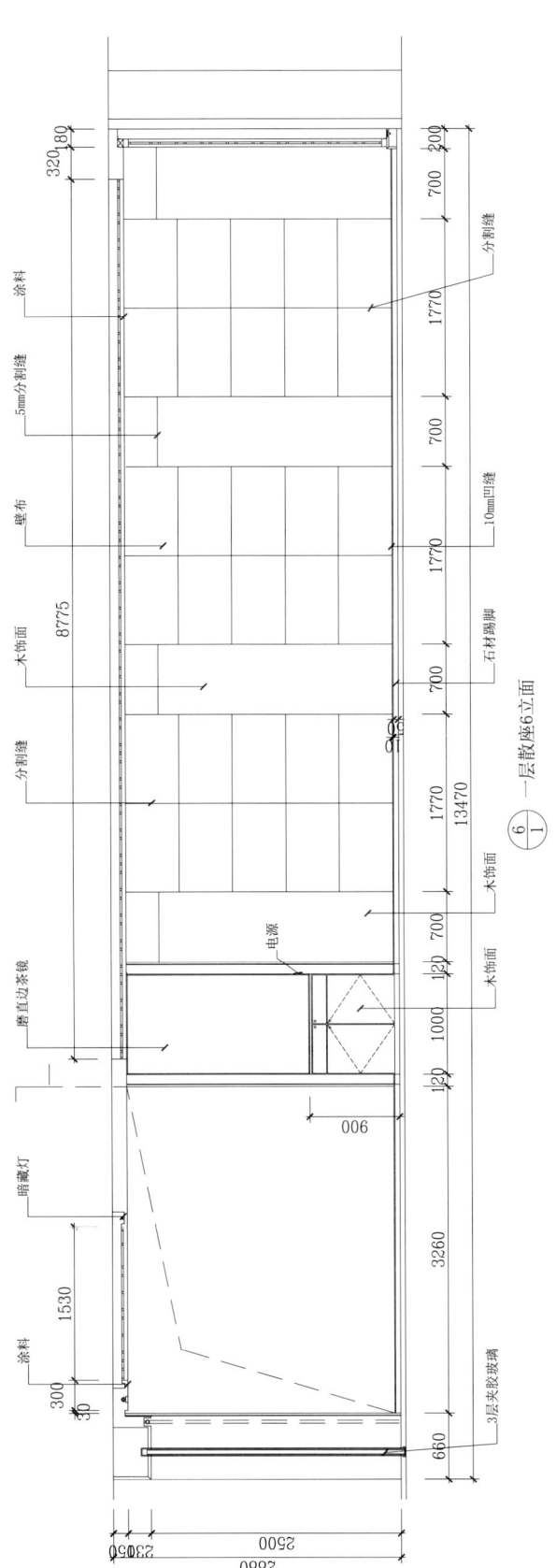
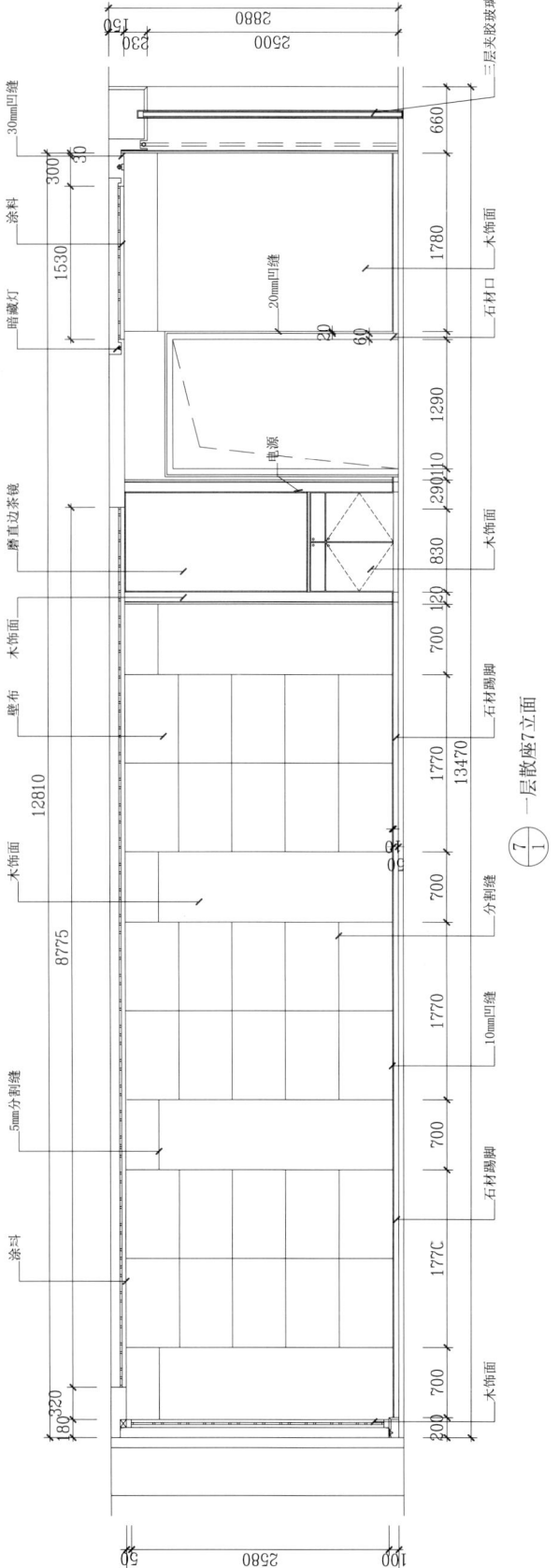

散座实景

散座实景

12830
3720
100
4380
250
4380
5750
120
17350
6230
230
5020
B包间
A包间
厨房
WC
休息区
地灯
上
5170
100
4780
120
4830
500
5730
21230

地下室平面图

3
800
50
700
50
50
1975
2075
50

4
木饰面
18mm大芯板
3×3倒角
石材
10mm凹缝
石材踢脚
可调光射灯
50
145
20
80
100

5
为凸出
为中间层
为凹入
40×40方钢
40×40方钢
20
10
10
800
800
800
800
石材
石材
石材

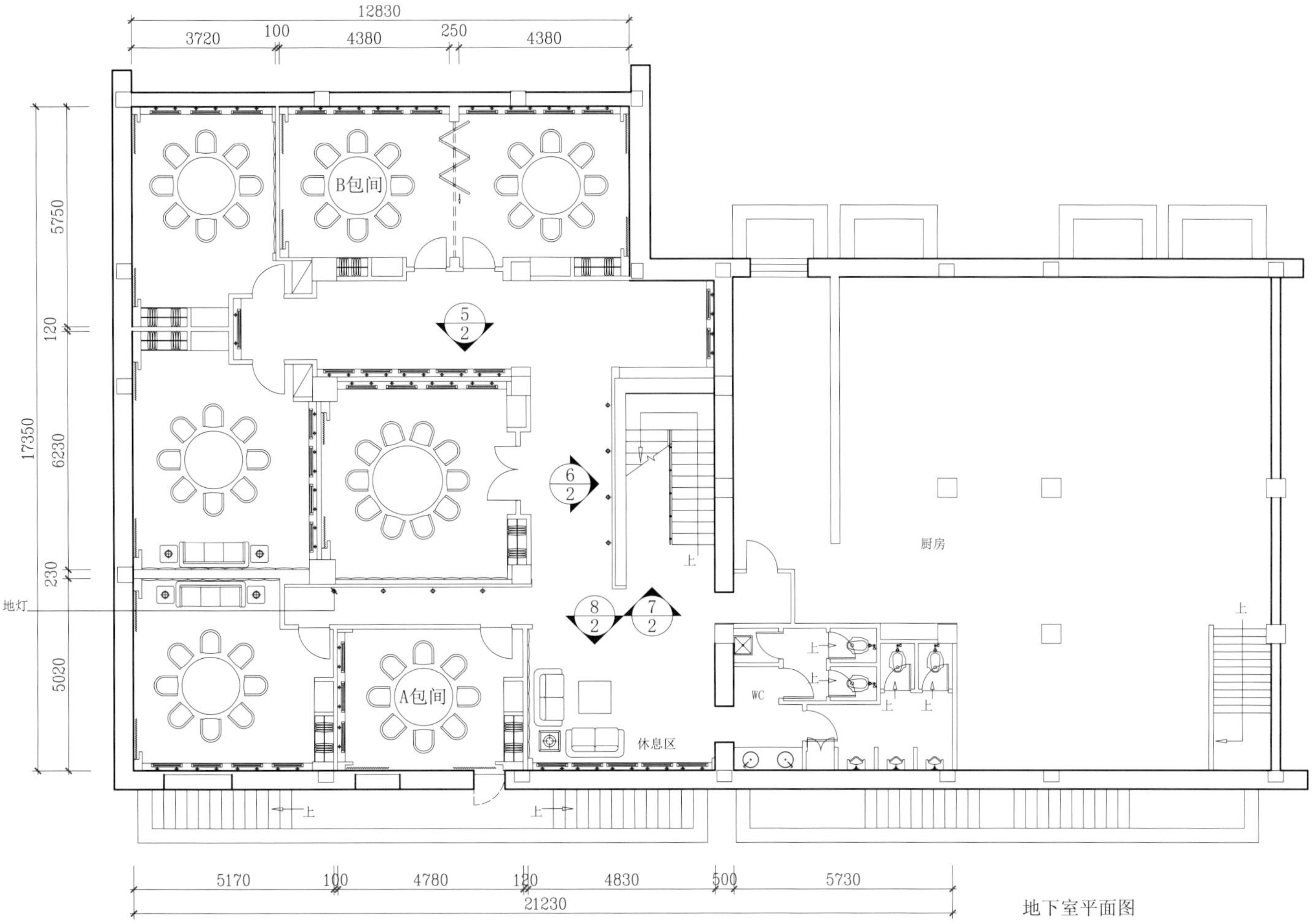

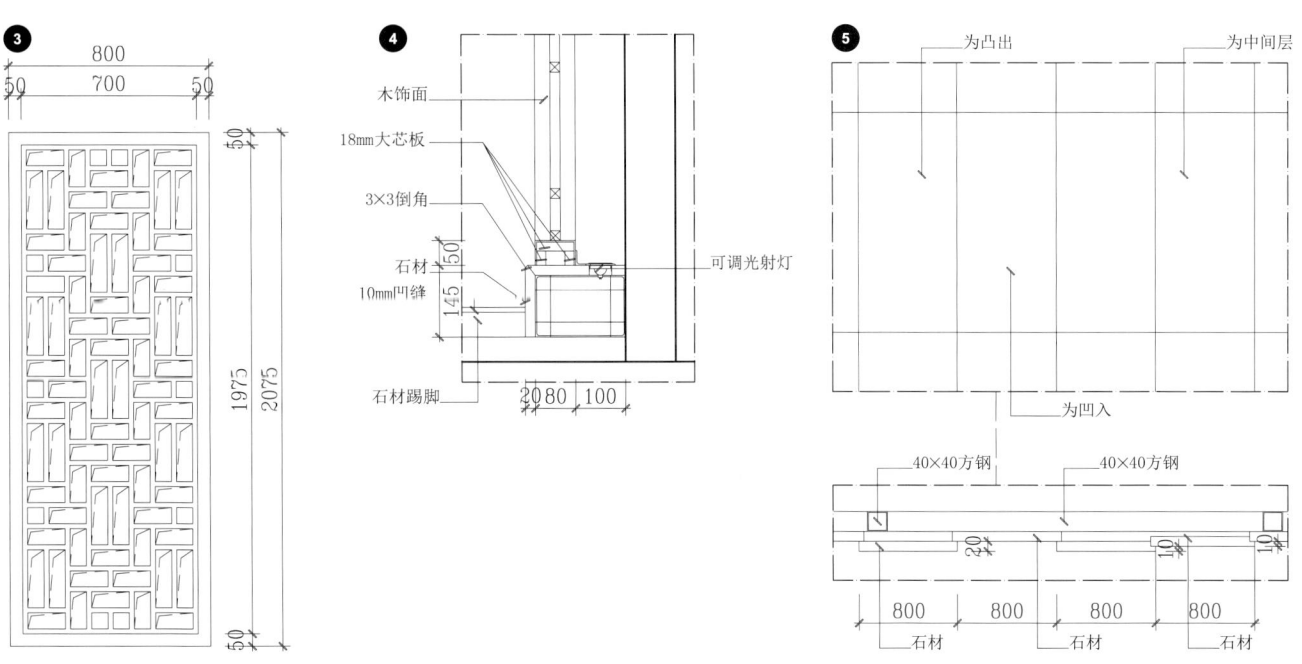

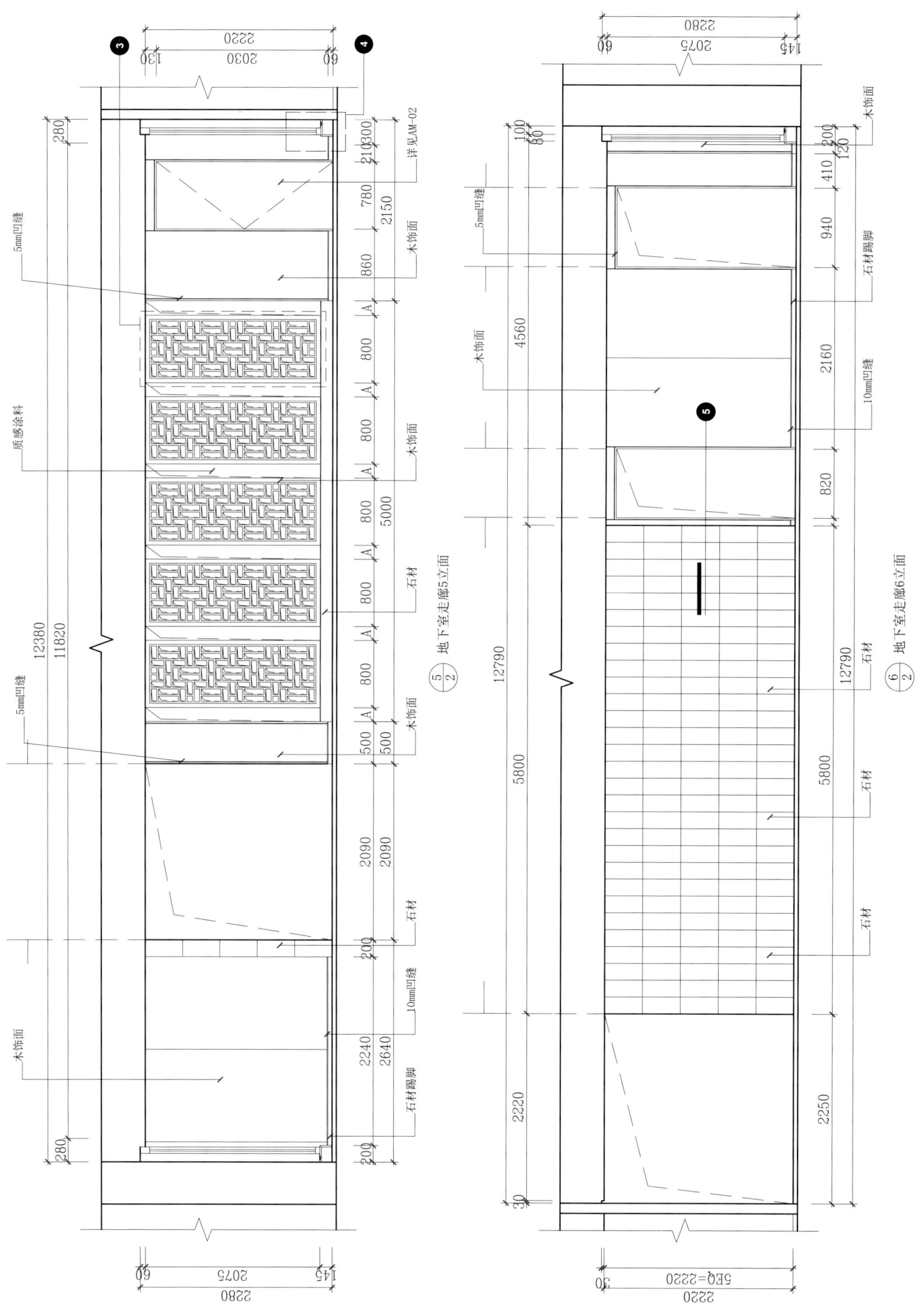

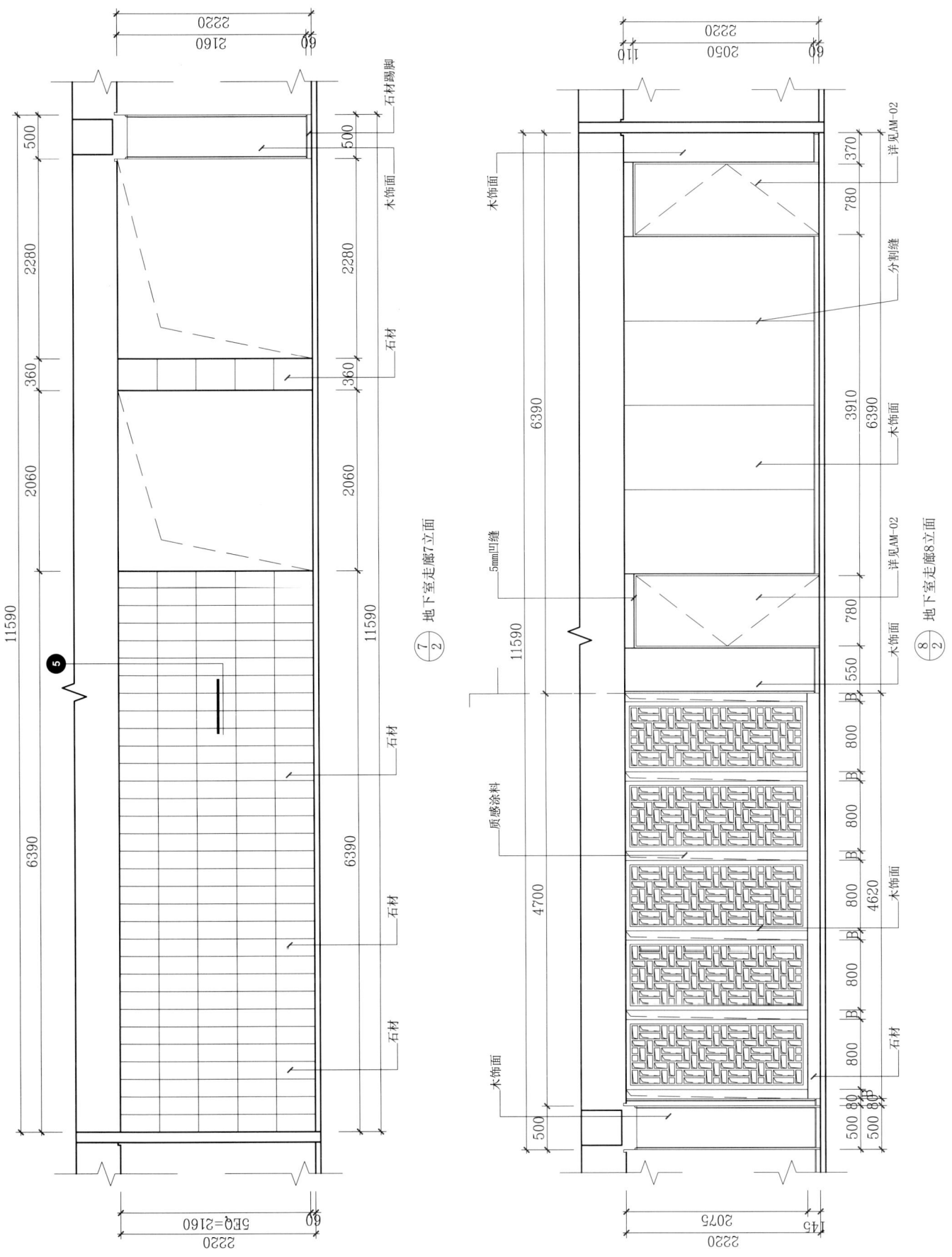

地下室走廊实景

地下室走廊实景

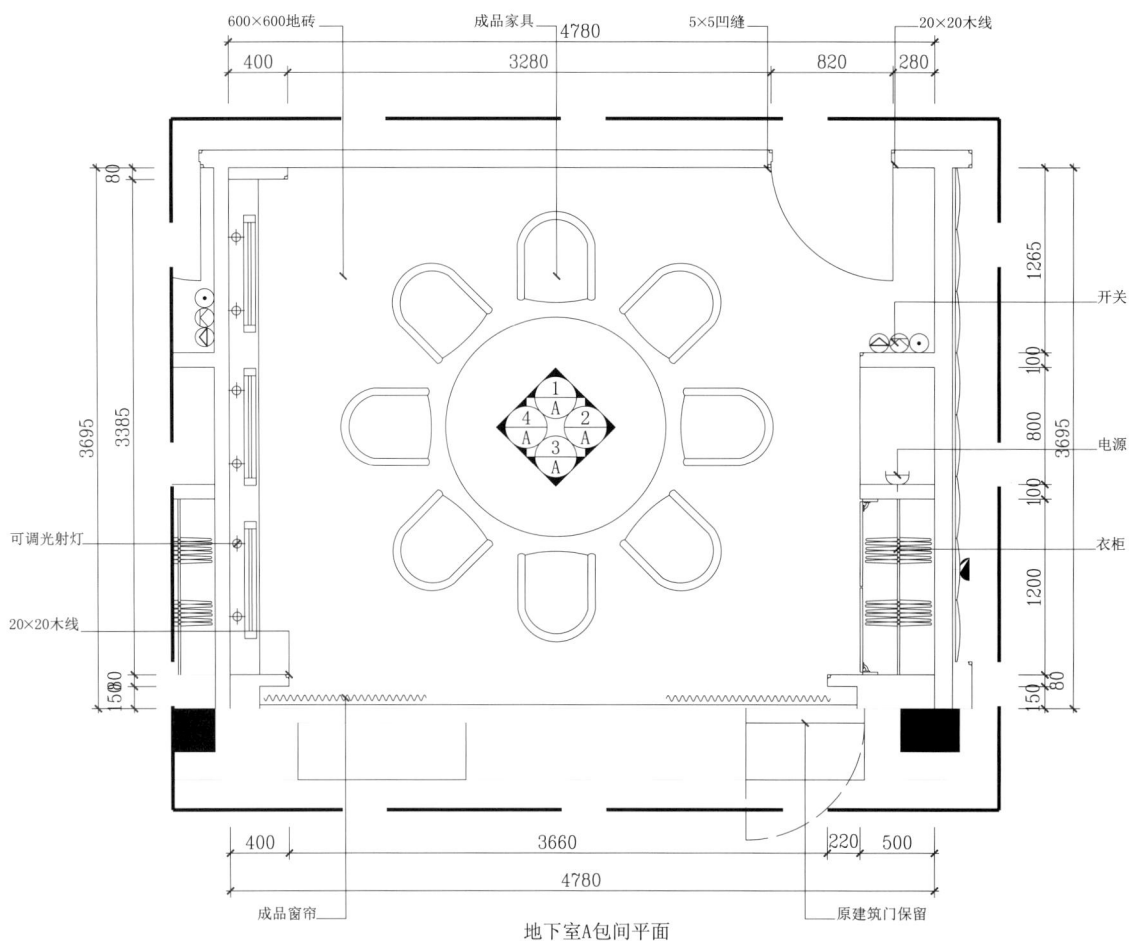

地下室A包间平面

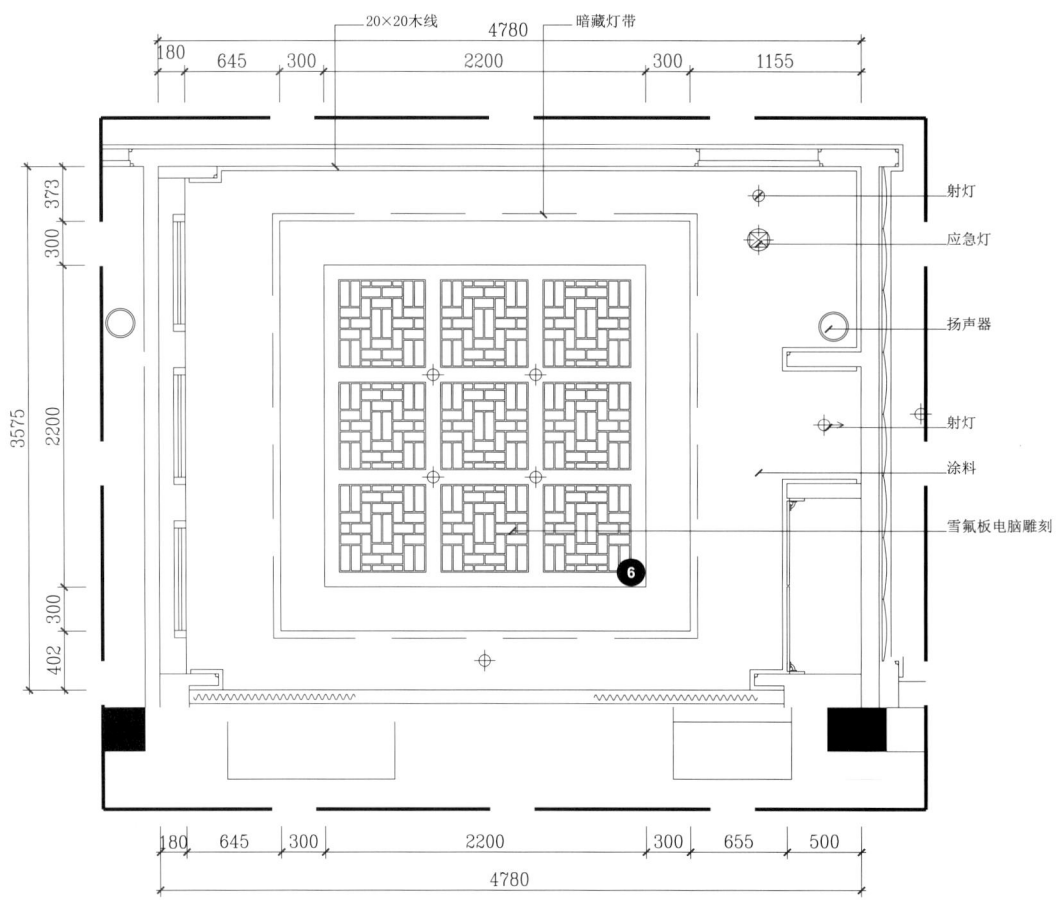

地下室A包间顶面

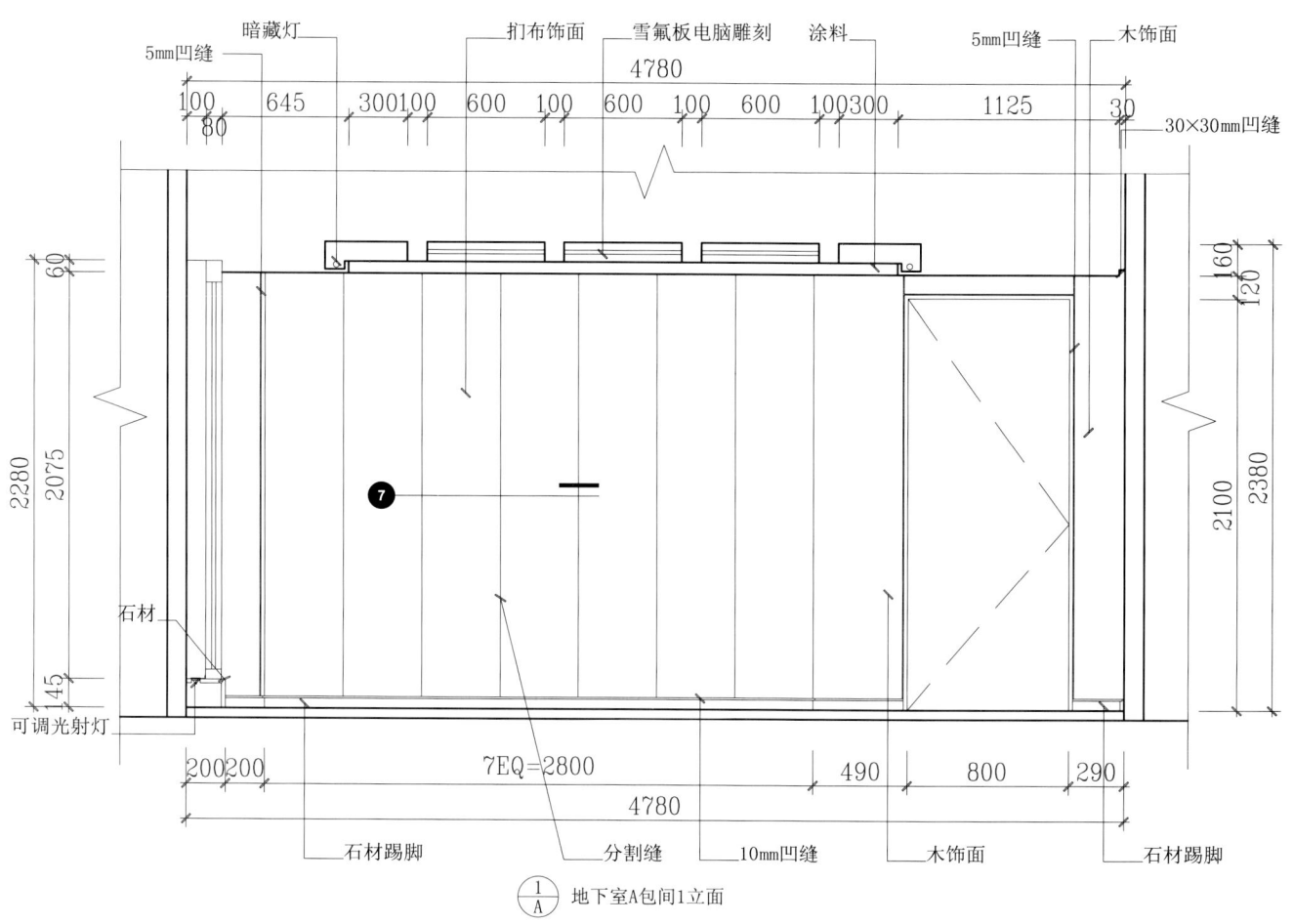

①/A 地下室A包间1立面

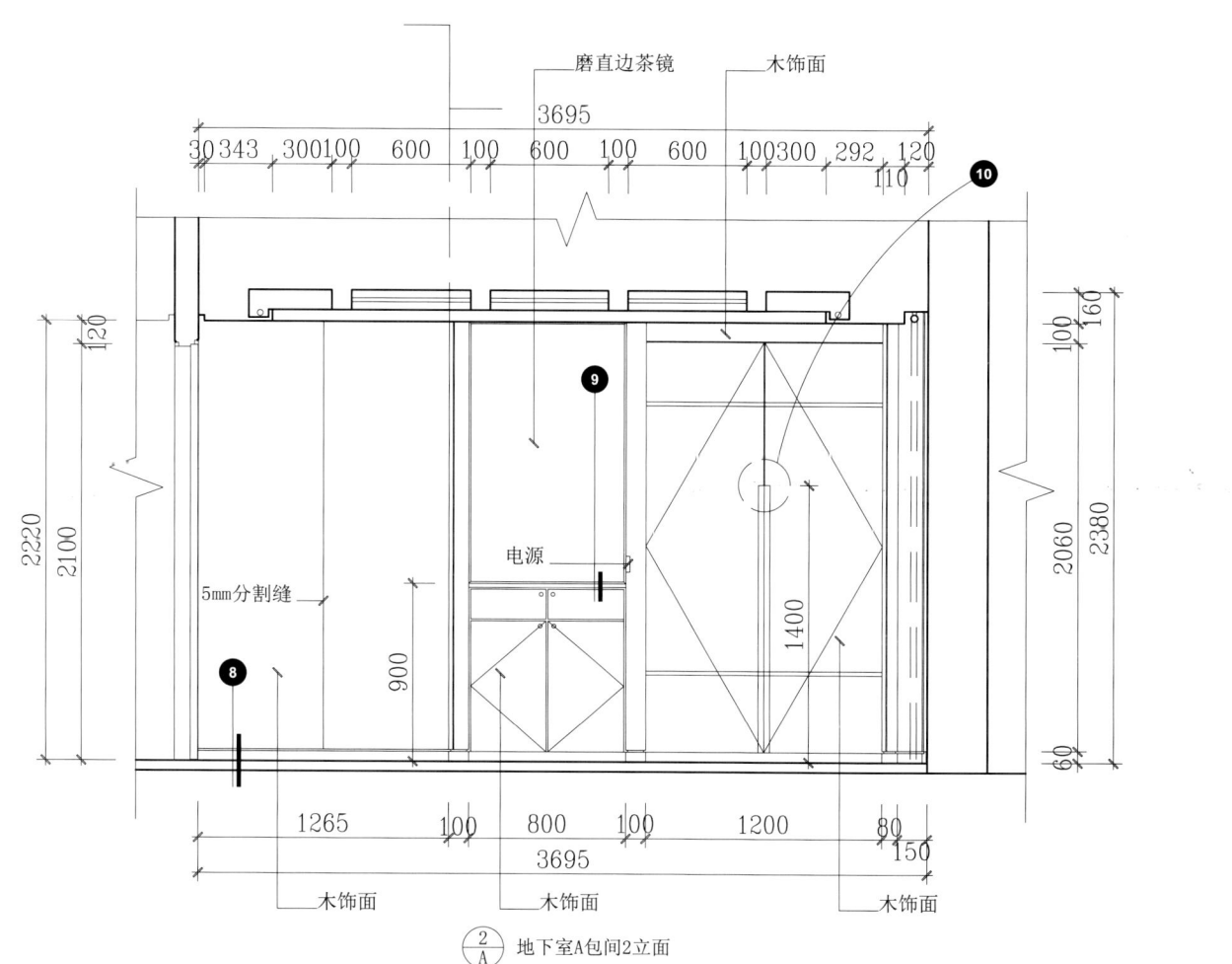

②/A 地下室A包间2立面

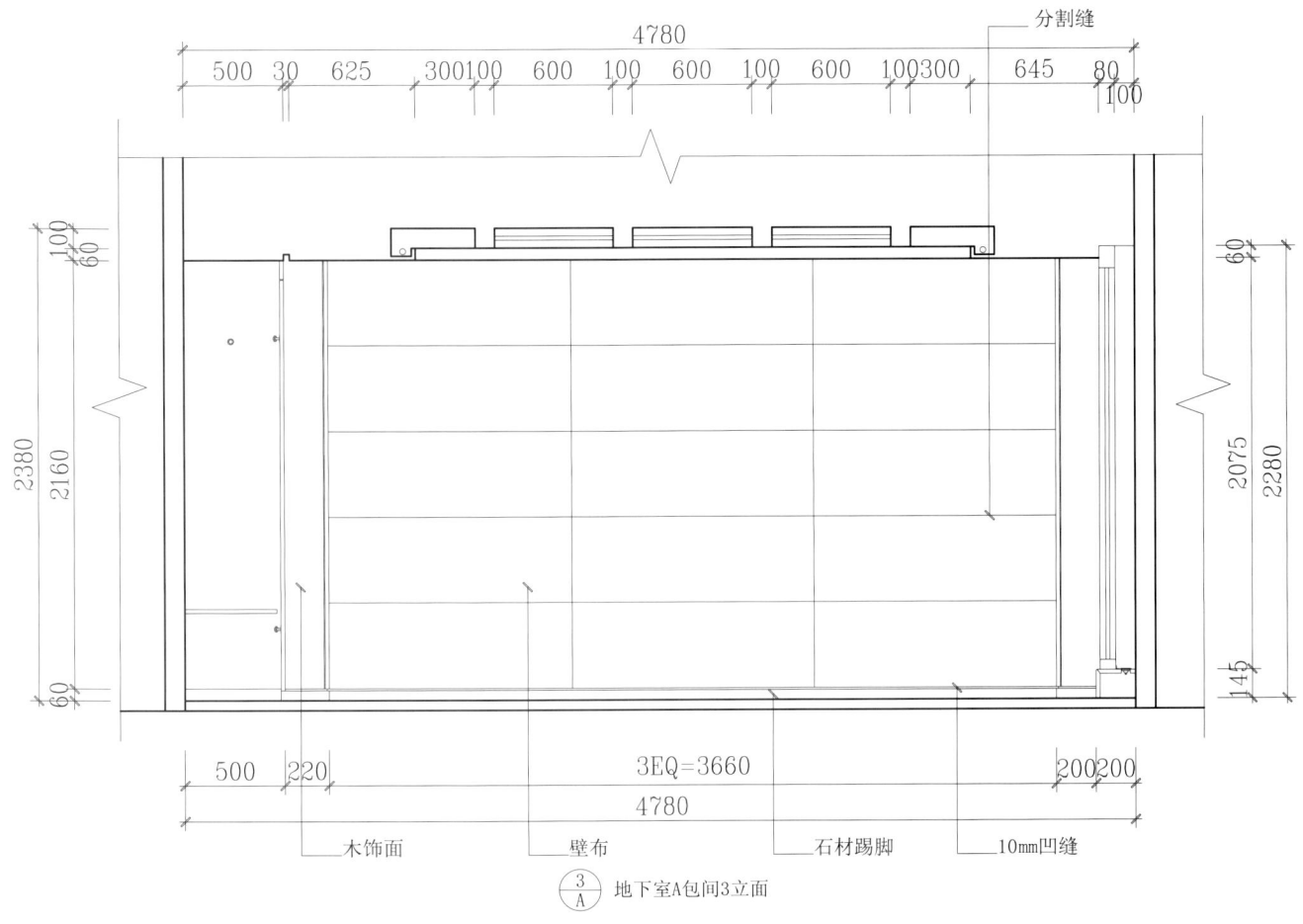

3 / A 地下室A包间3立面

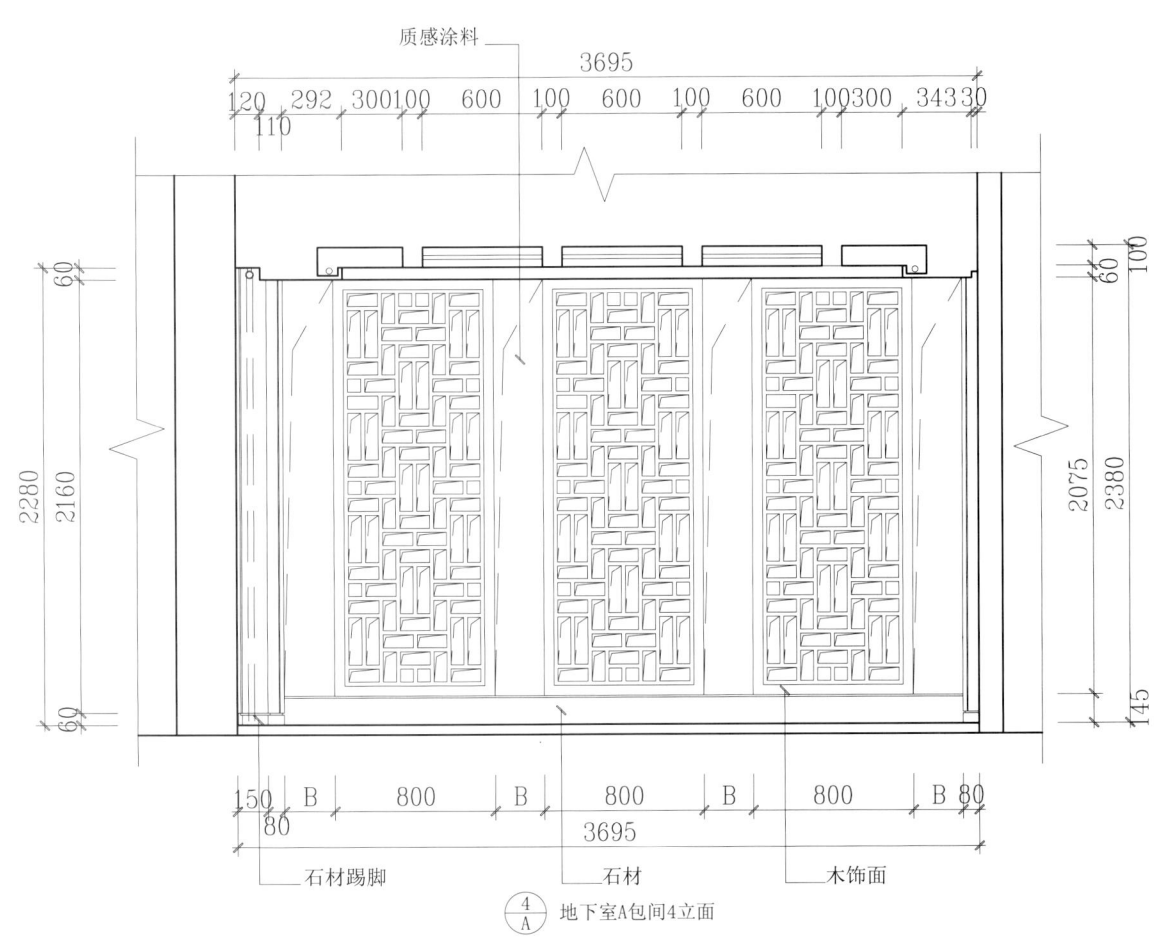

4 / A 地下室A包间4立面

地下室A包间实景

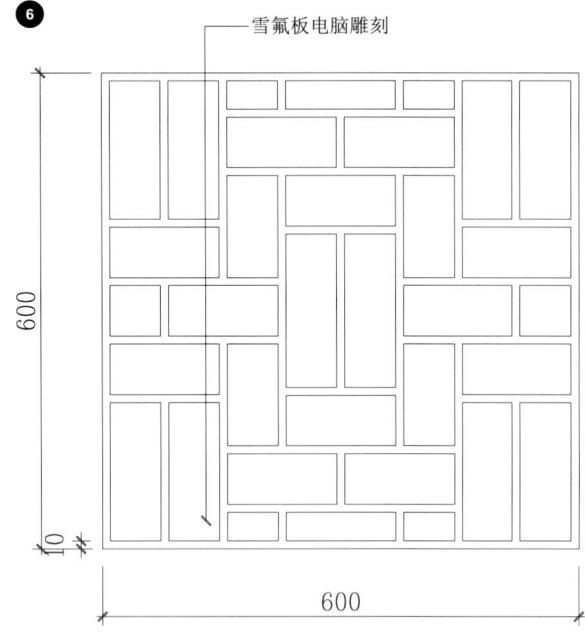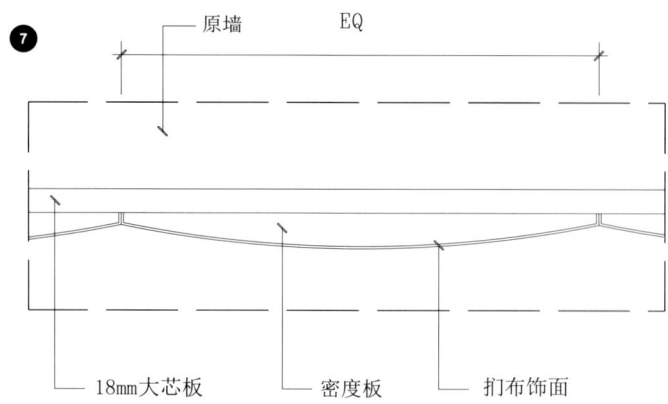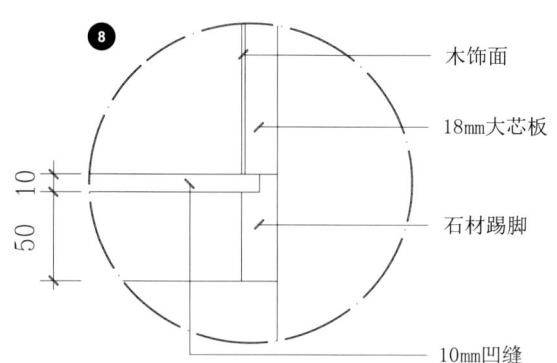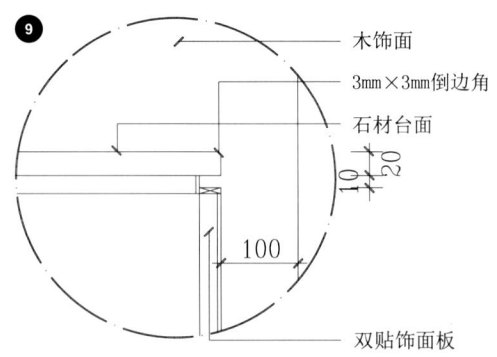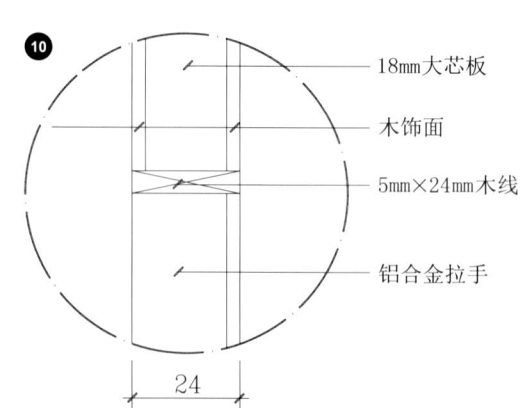

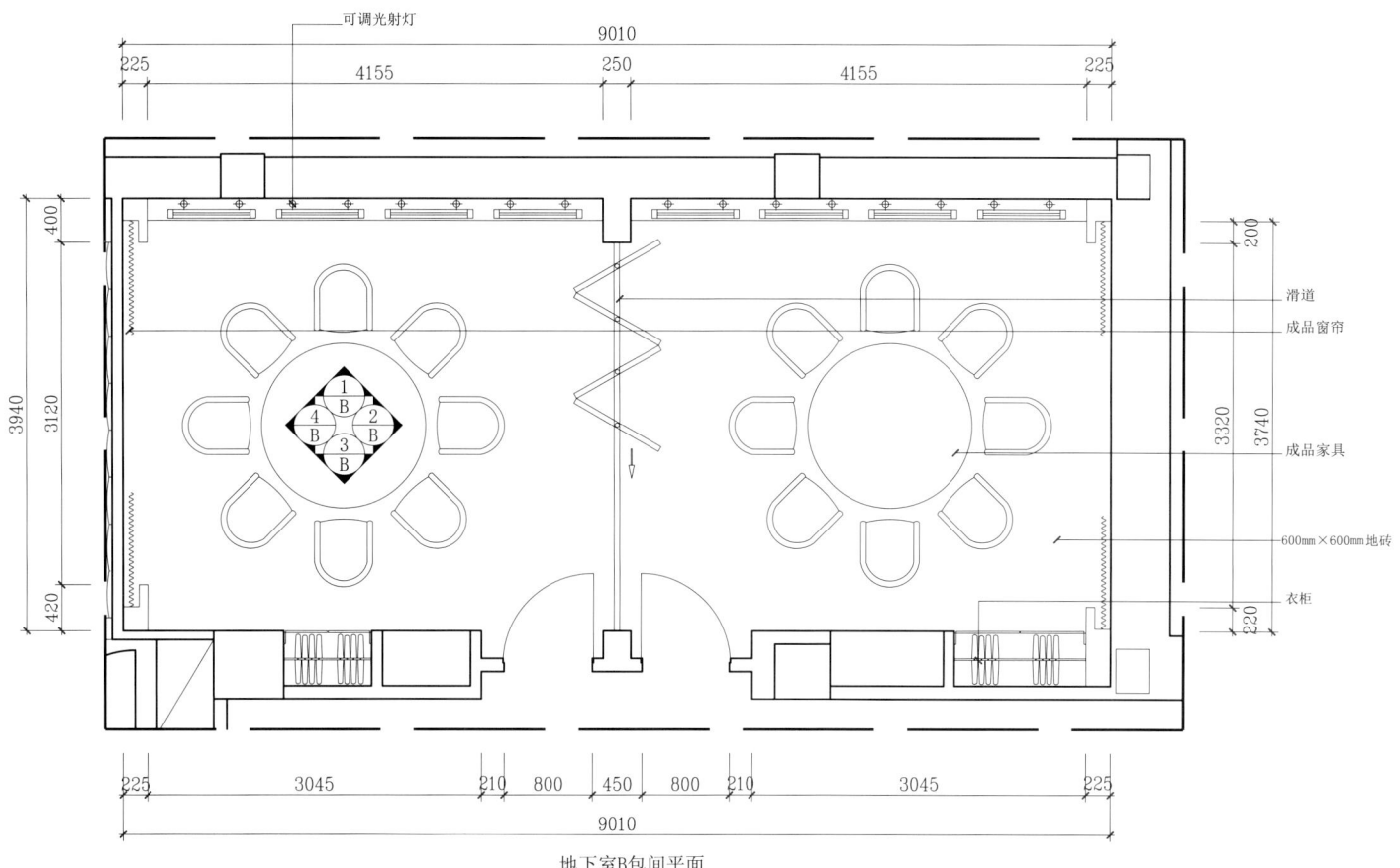

地下室B包间平面

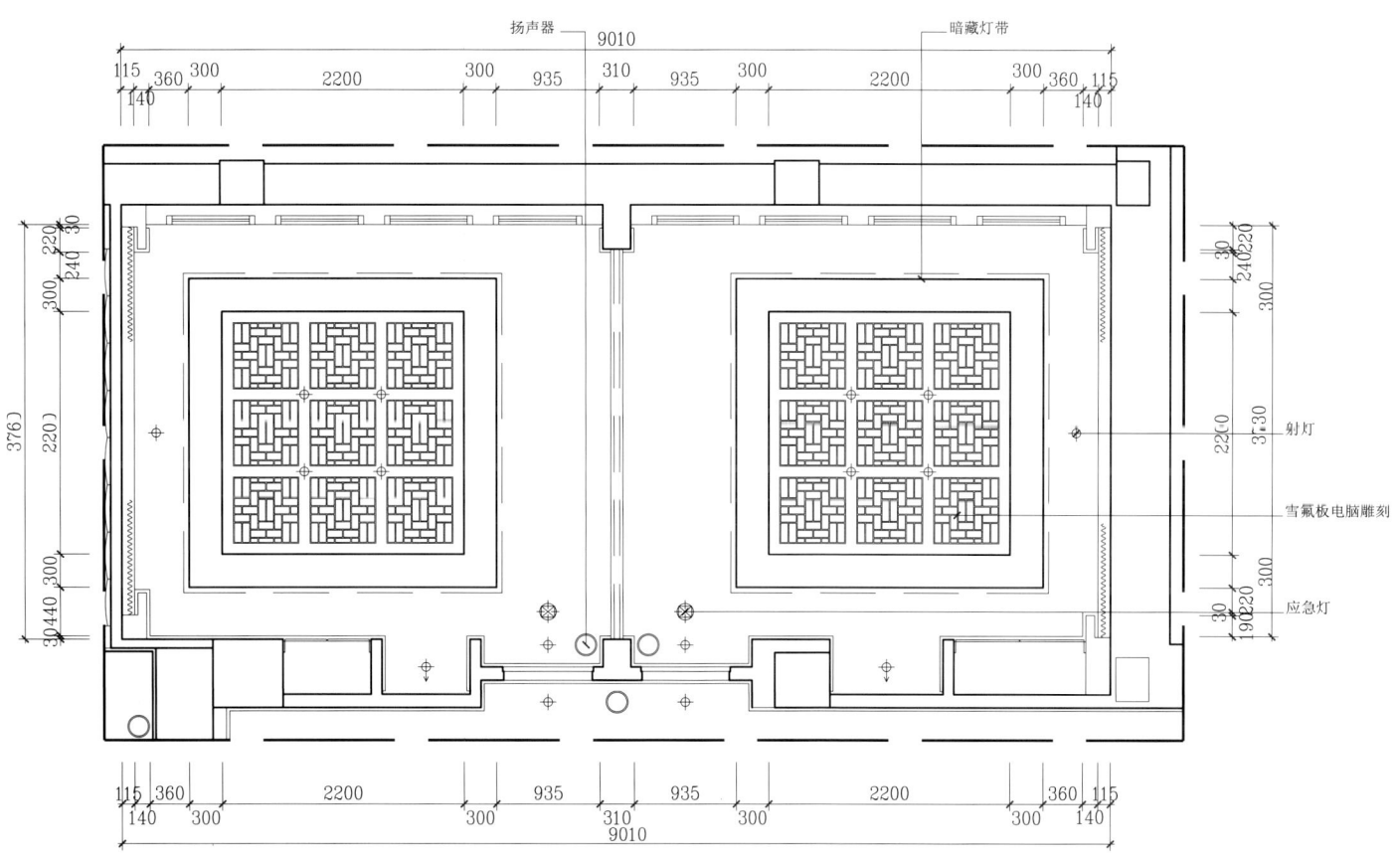

地下室B包间顶面

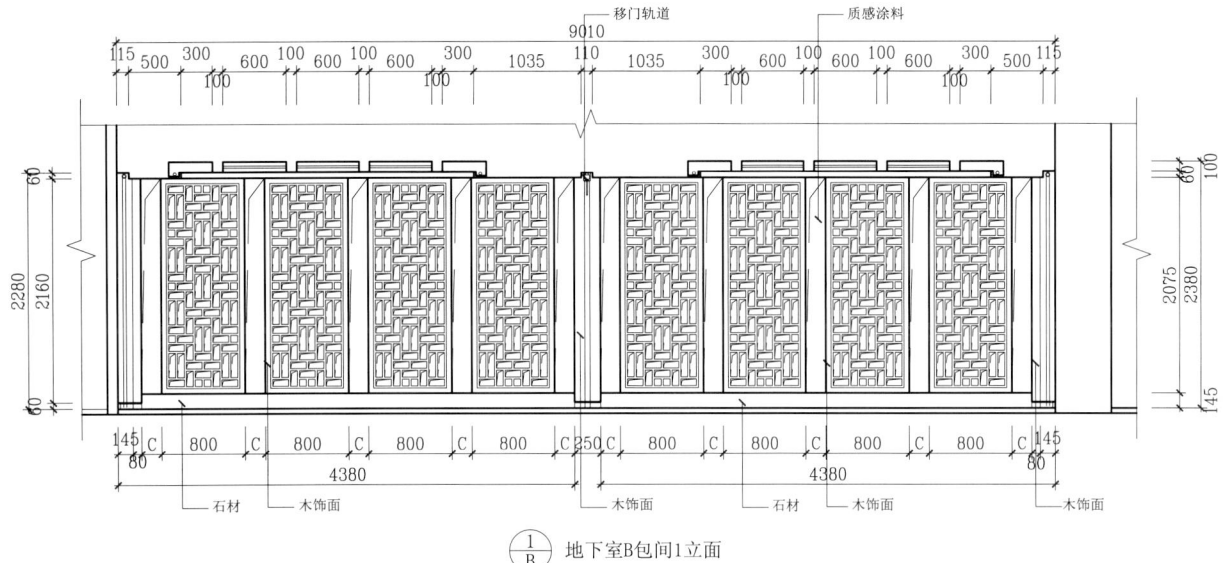

① 地下室B包间1立面
B

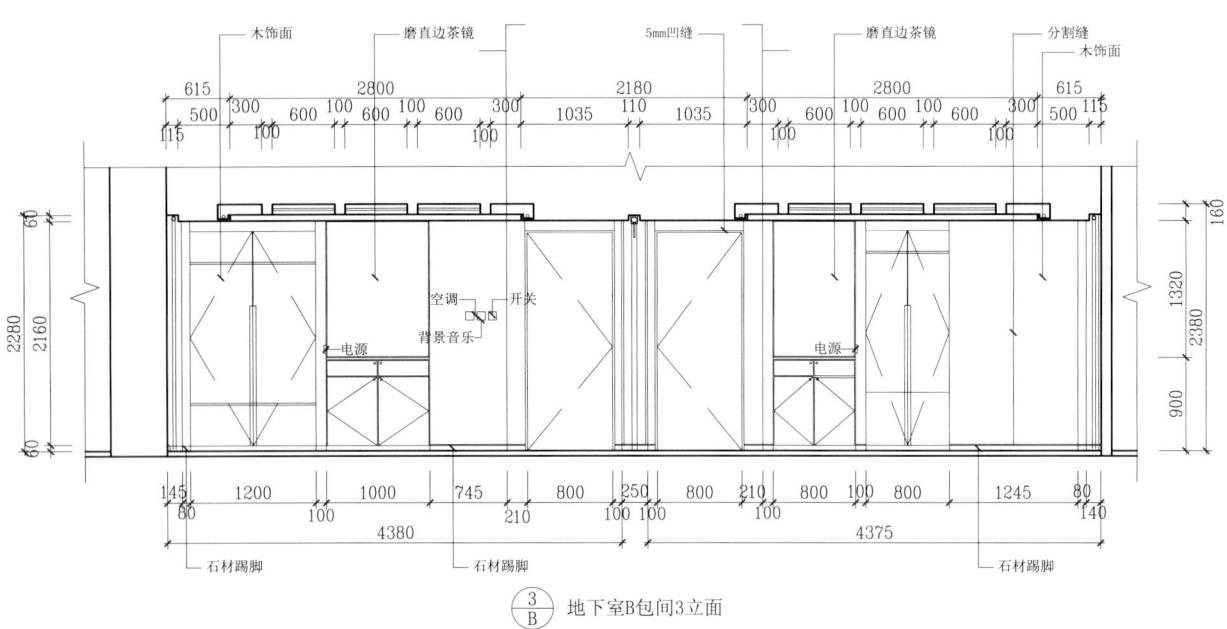

③ 地下室B包间3立面
B

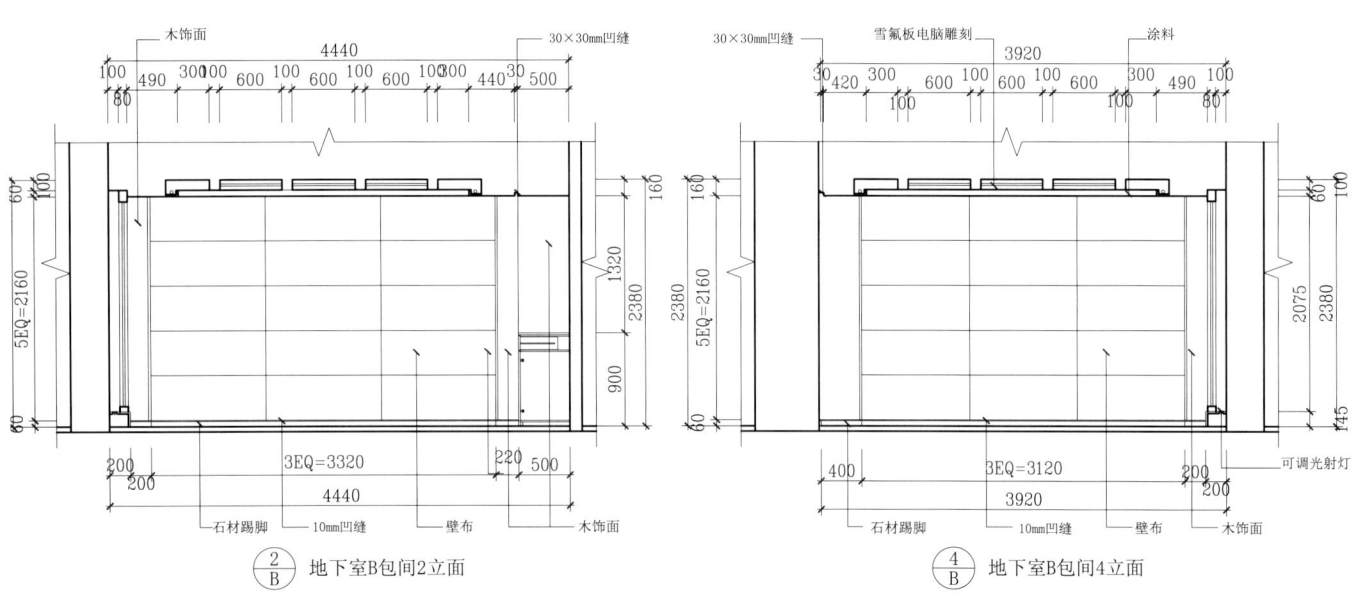

② 地下室B包间2立面   ④ 地下室B包间4立面
B   B

龙湖睿城
LONGHU RUICHENG

设计单位：深圳朗联设计顾问有限公司
设　　计：秦岳明
面　　积：800m²
坐落地点：重庆

　　睿城项目是一个纯现代的建筑空间，业主期待能做到"传统"和"东方"的回归。面对传统，我们不希望只是简单的符号的堆积，脱离现代人文环境和生活的传统，就像古老的弧线瓦，虽有着优美的线条，却已不再符合现代工业的生产方式。

　　设计者在空间的中间及后部各增设两个彼此呼应的庭院，所有的功能均围绕空间的"中心院落"展开。人工发光天棚模拟洒满庭院的阳光，渗透各处留下斑驳的光影。墙面尺度不一的木格则来源于对传统青瓦屋顶的影像记忆，收集着断续的光阴故事。演变自"Wisdom City"的字母符号宛如古老的图腾布满中庭的主要墙面，用现代的手法强化项目的标识性。

　　轻盈与透明消解了传统空间中的"不能承受之重"，后部小型室内庭院配合中心庭院形成生动的院落序列，强化空间的层次感与转承关系，并与室外园林相呼应，延续了室内外空间的交流与对话。现代与传统在这里没有界限，如今的"现代"在不久的将来会是另一种"传统"。

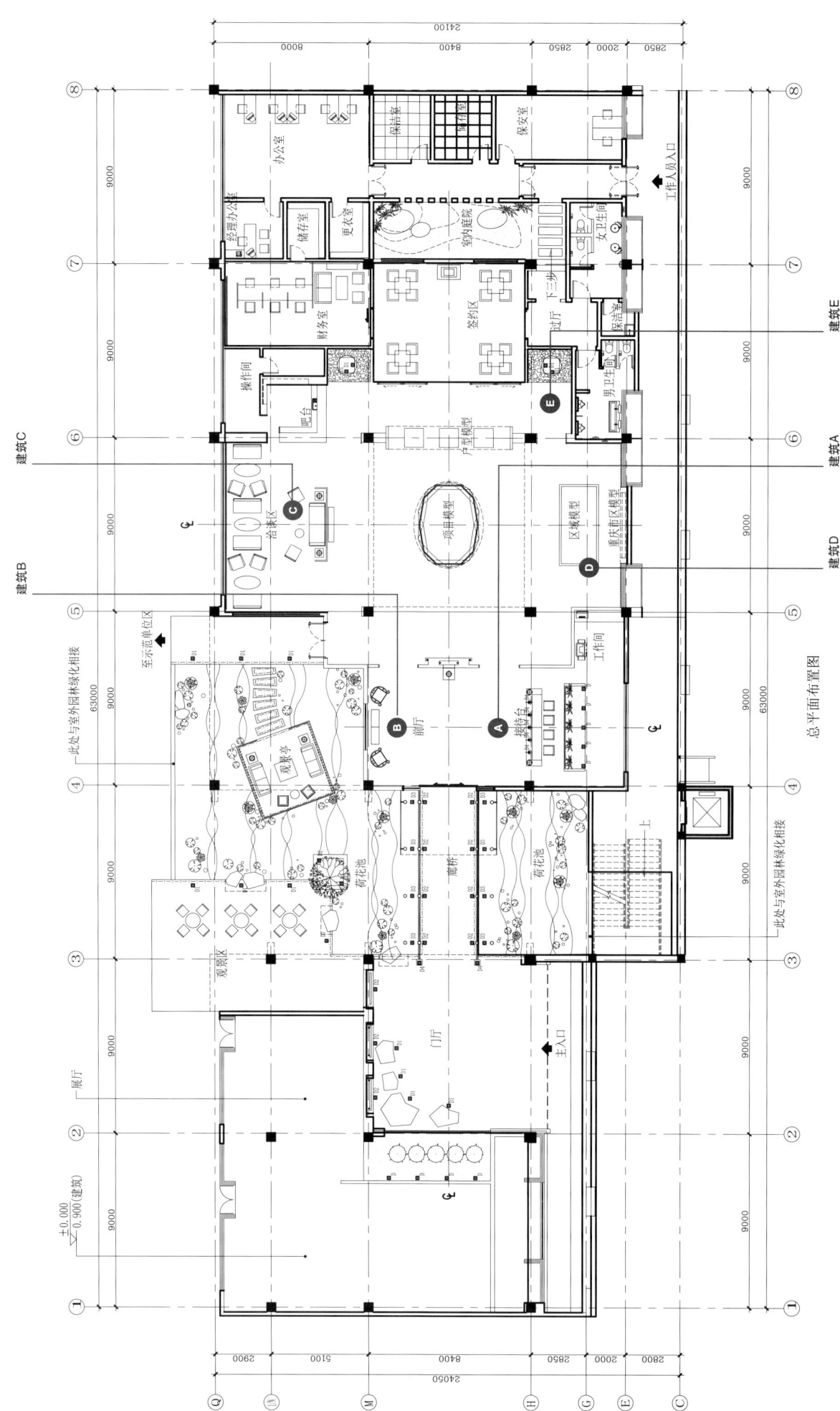

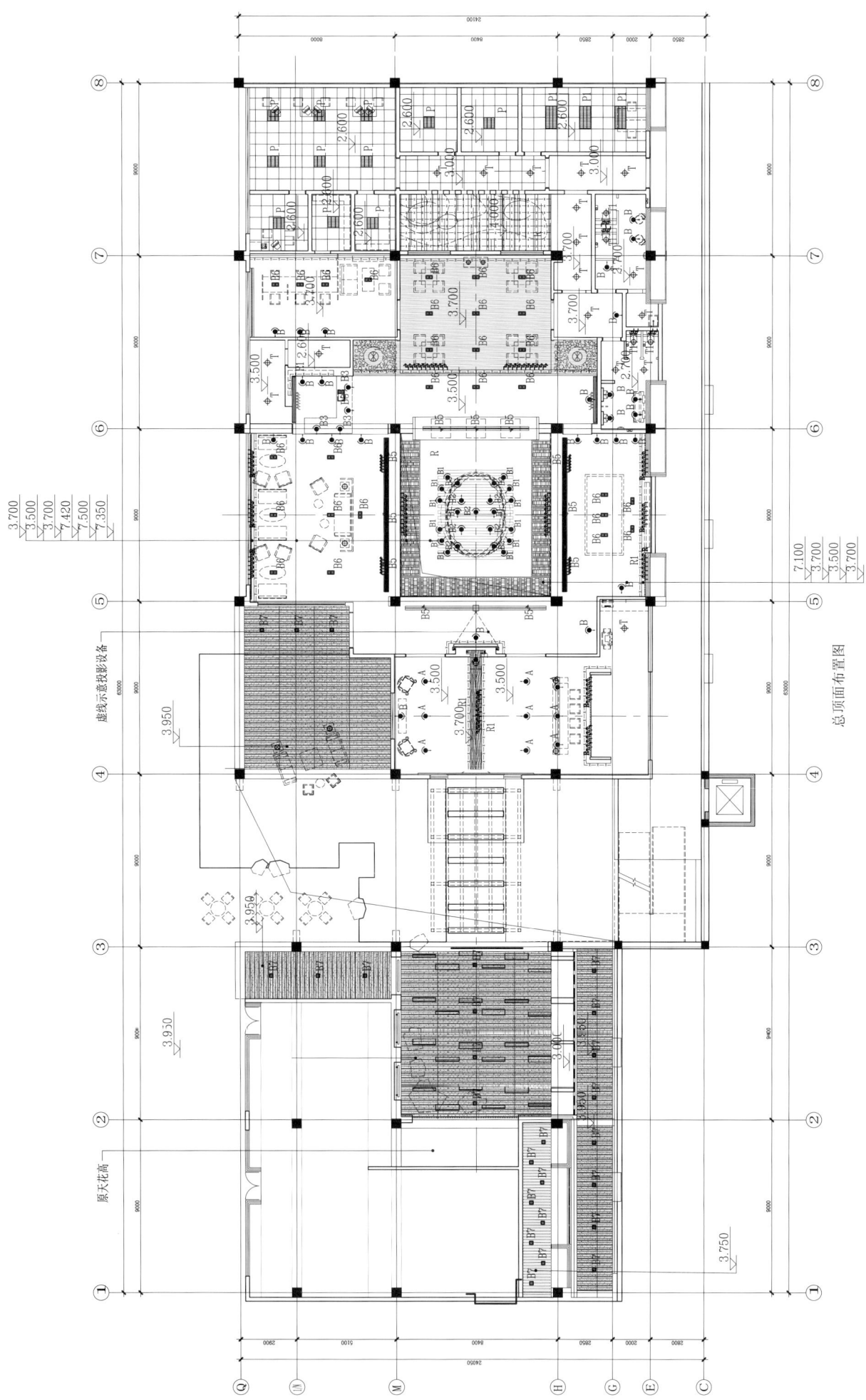

A实景

B实景

C实景

D实景

E实景

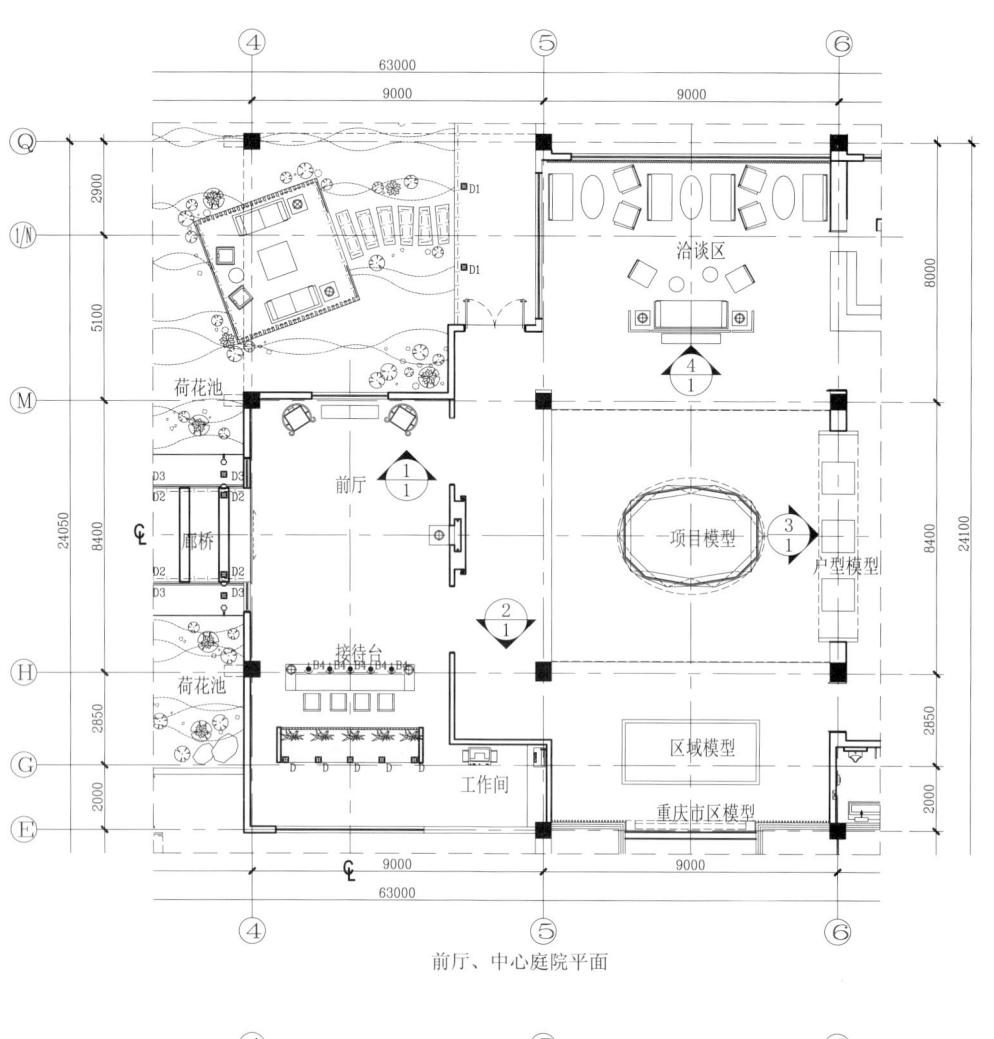

前厅、中心庭院平面

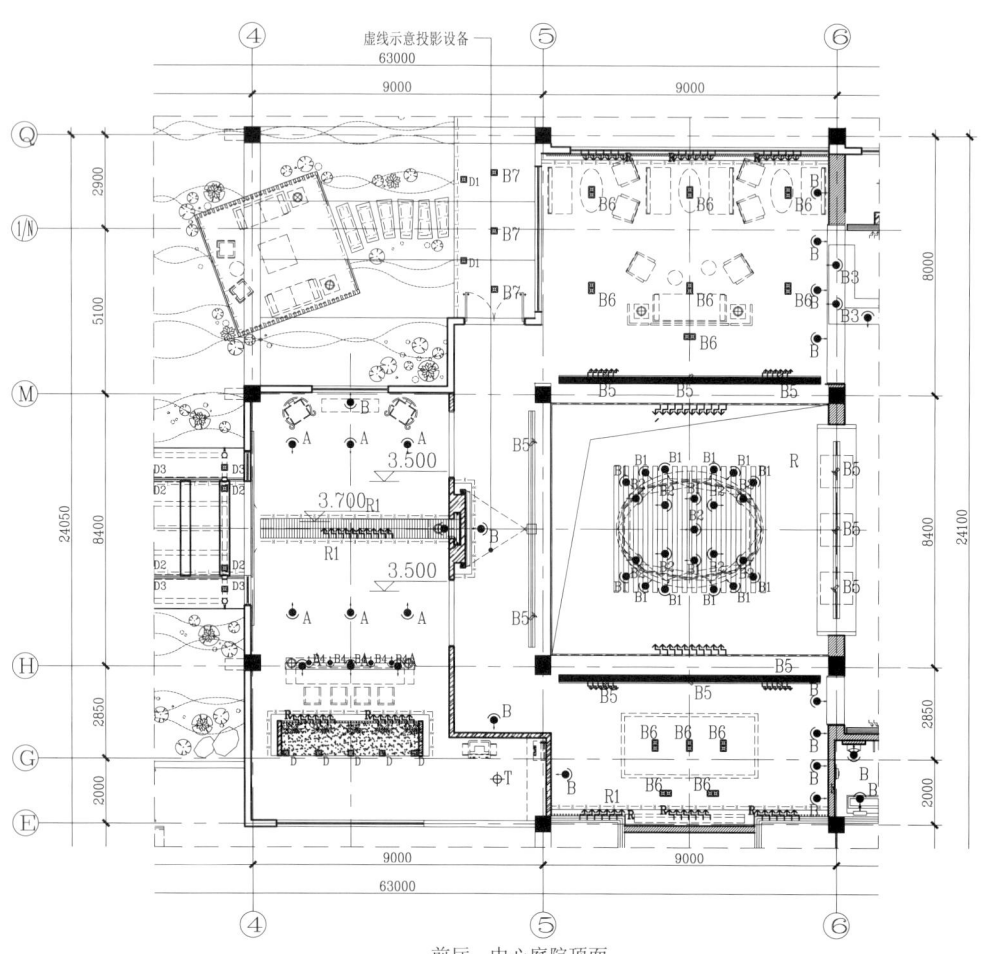

前厅、中心庭院顶面

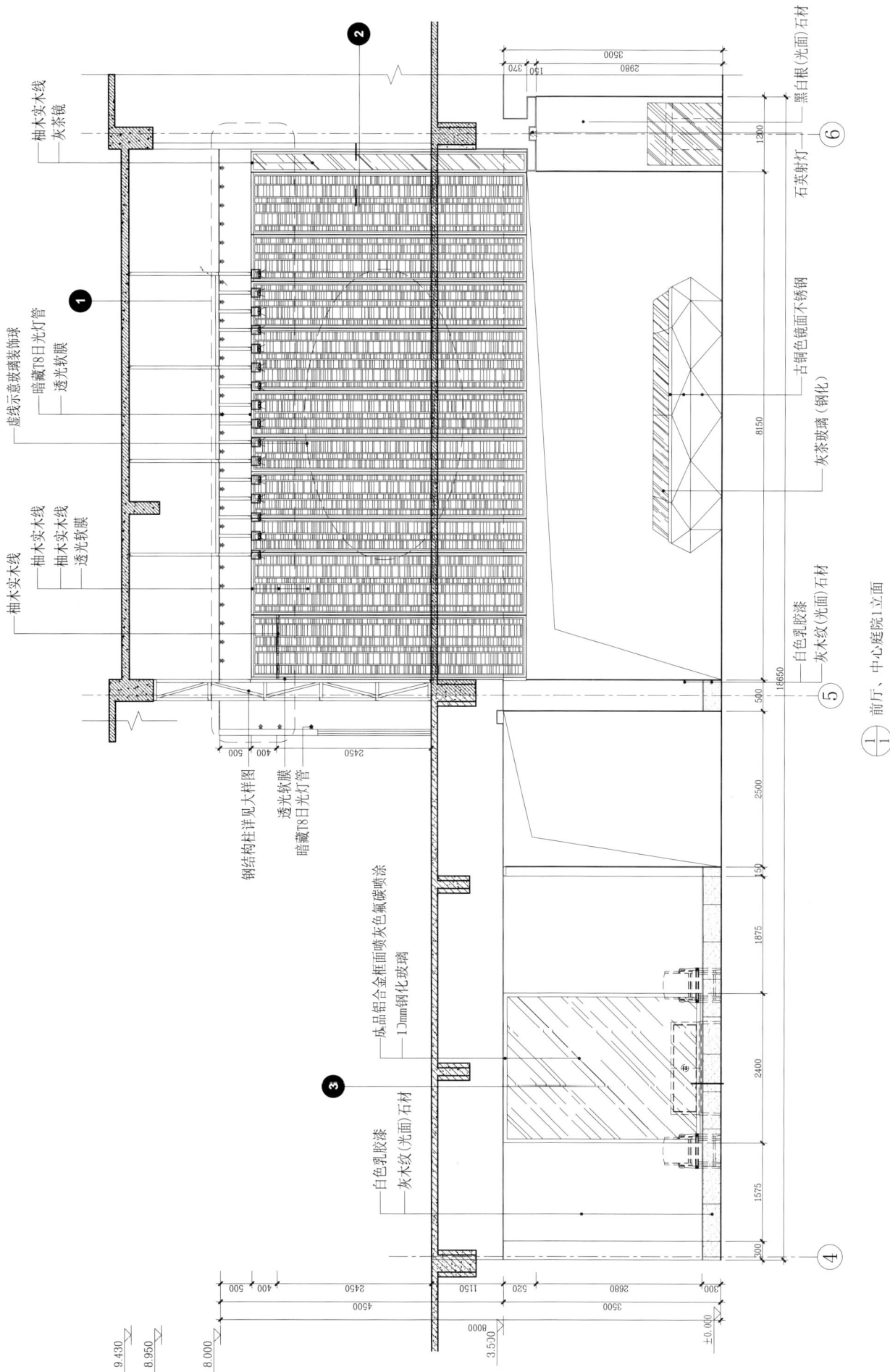

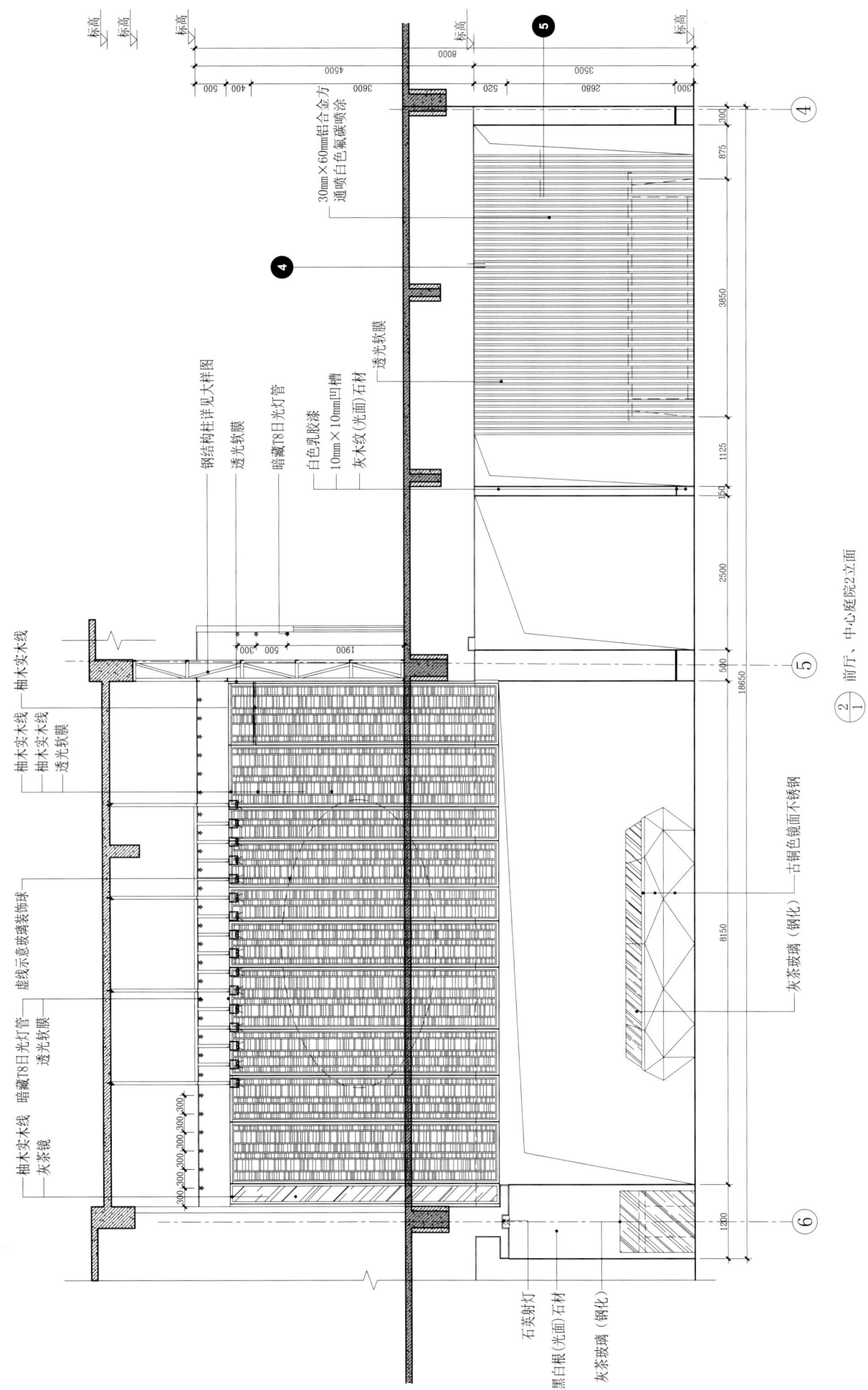

前厅、中心庭院实景

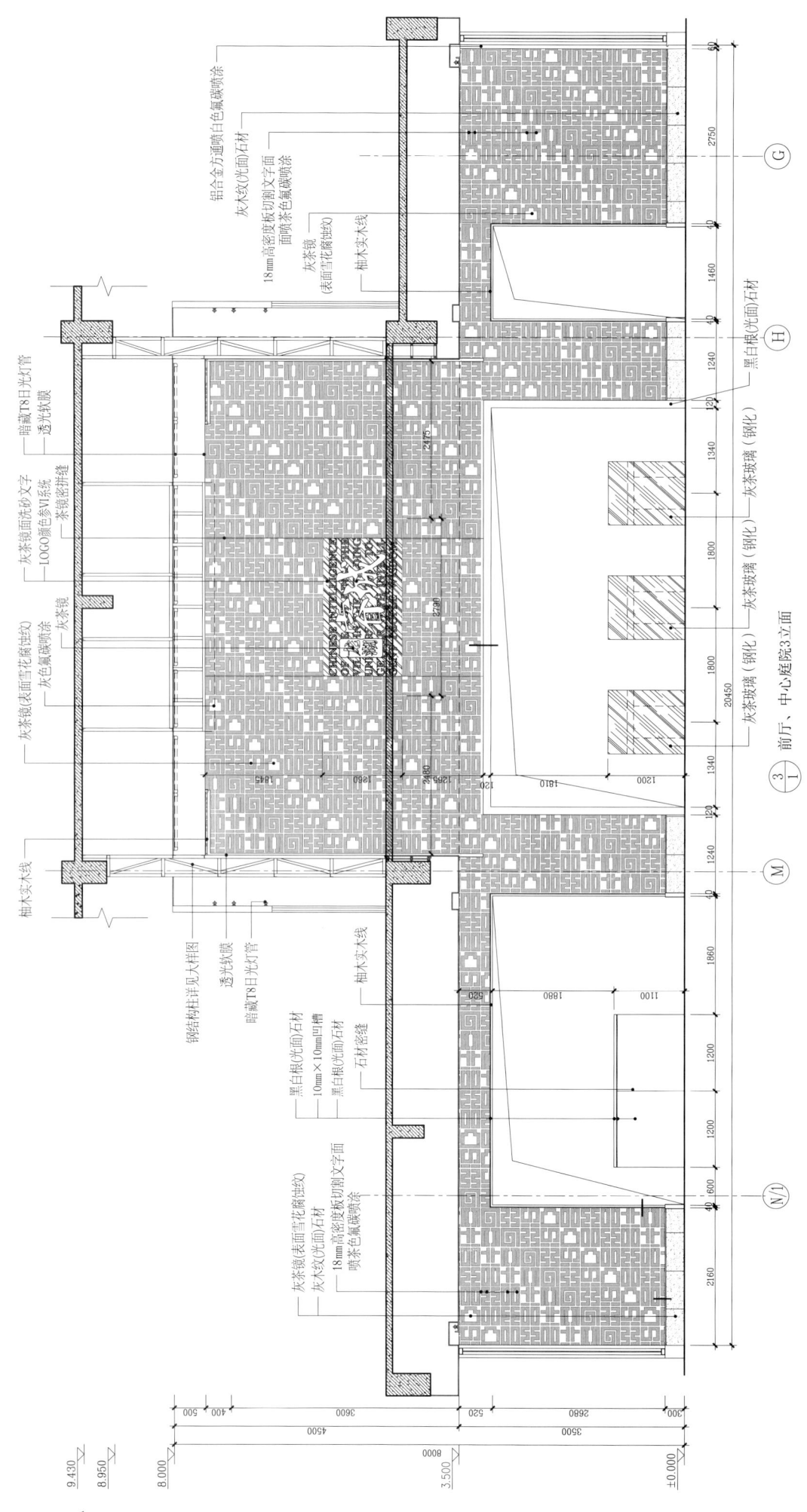

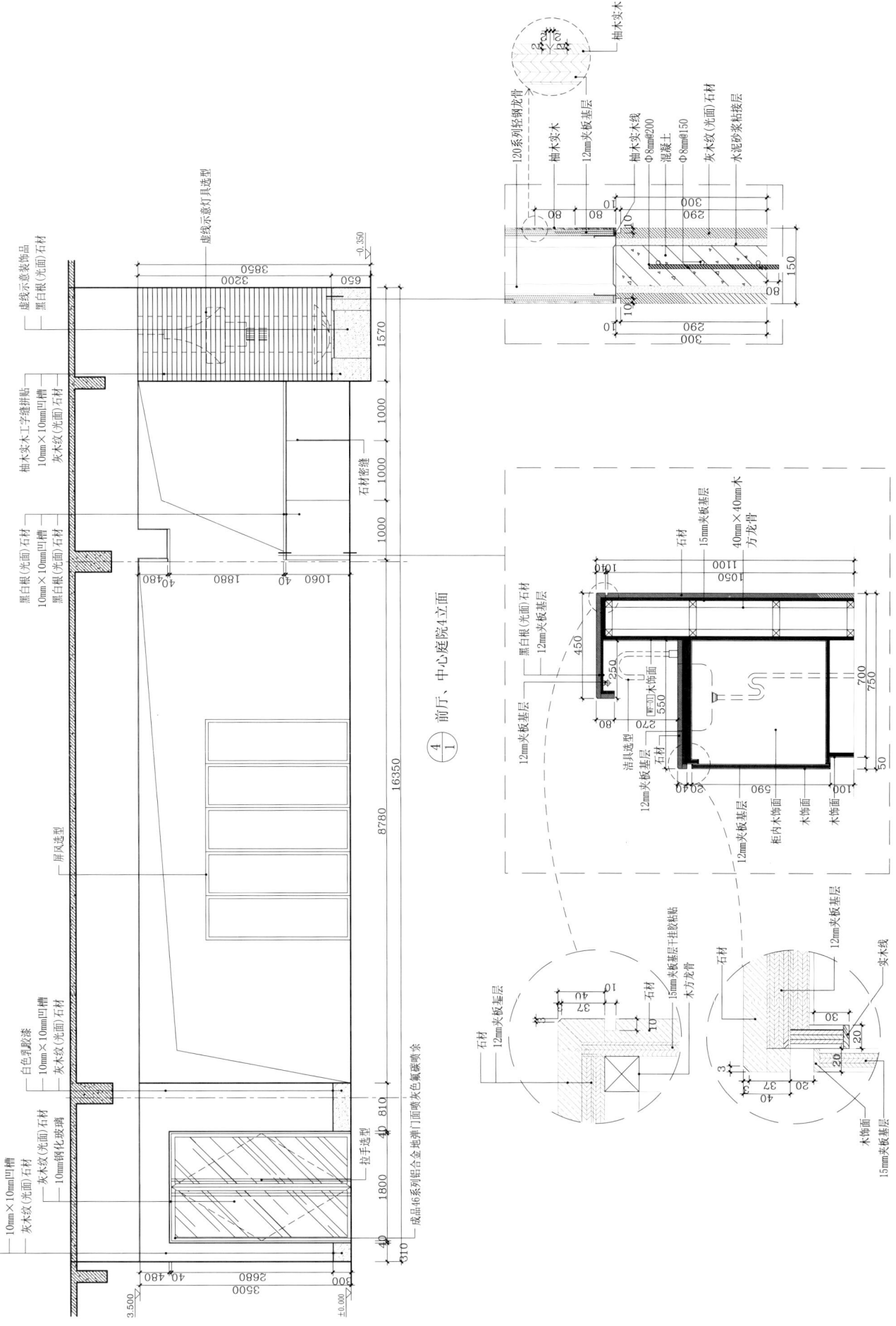

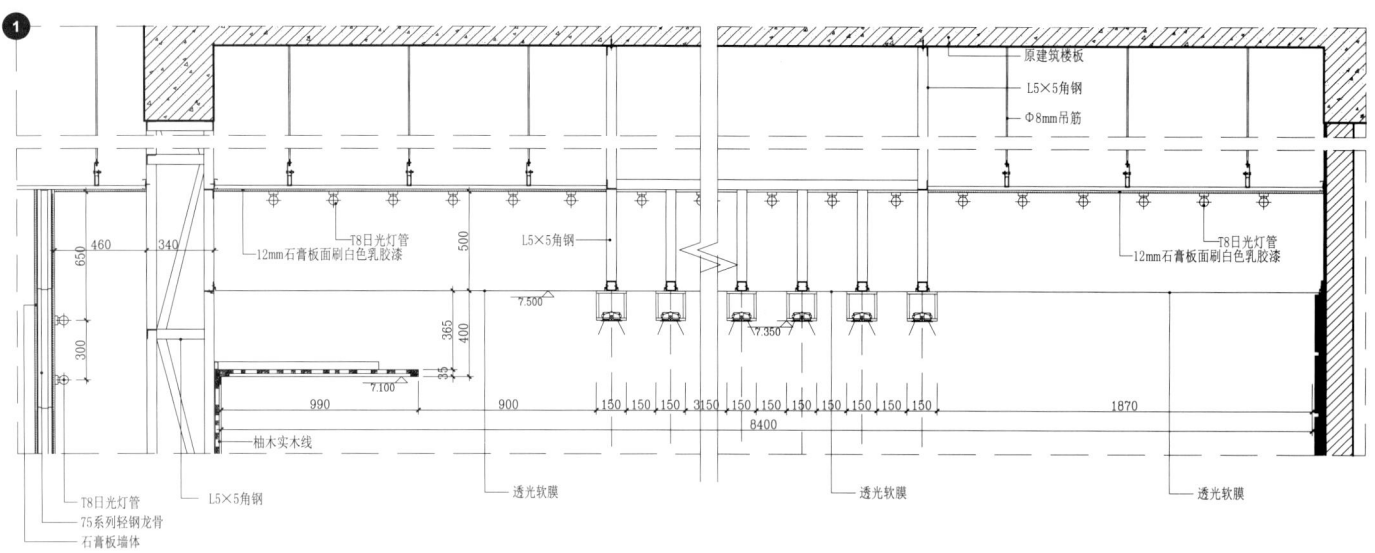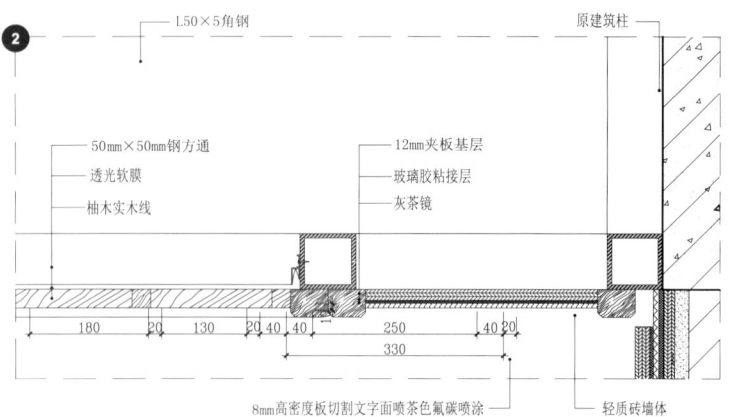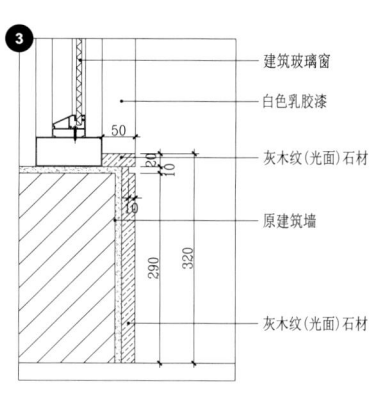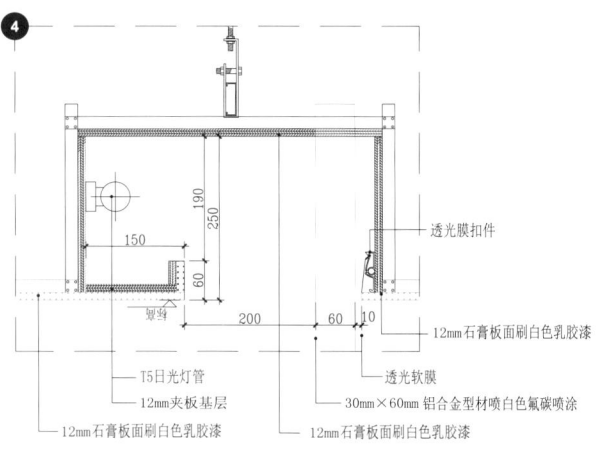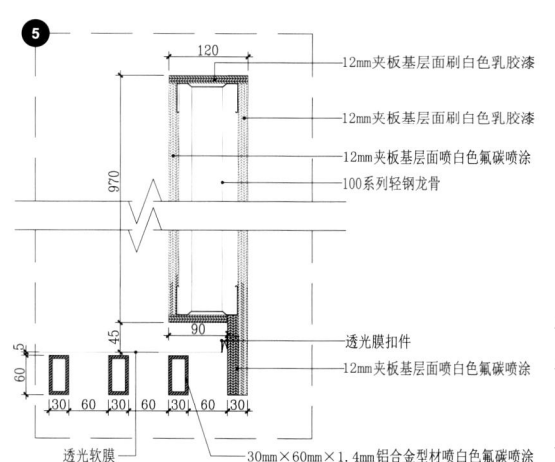

签约区域实景

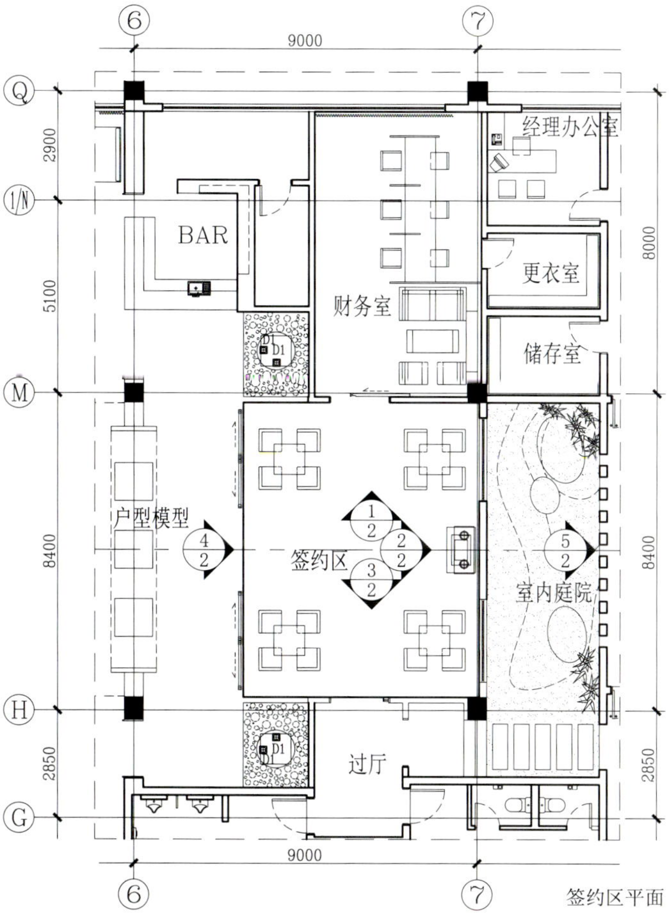

签约区平面

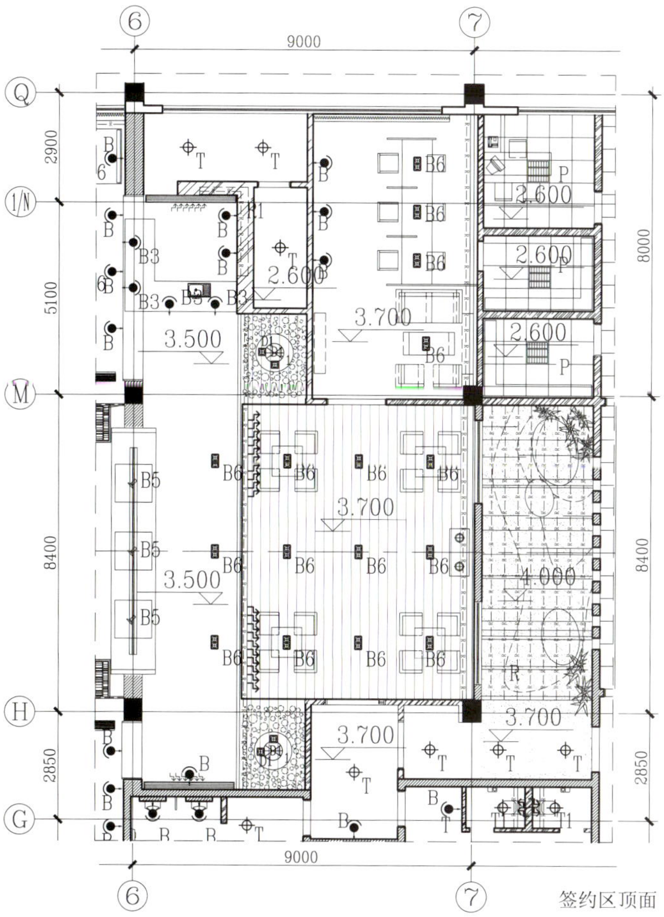

签约区顶面

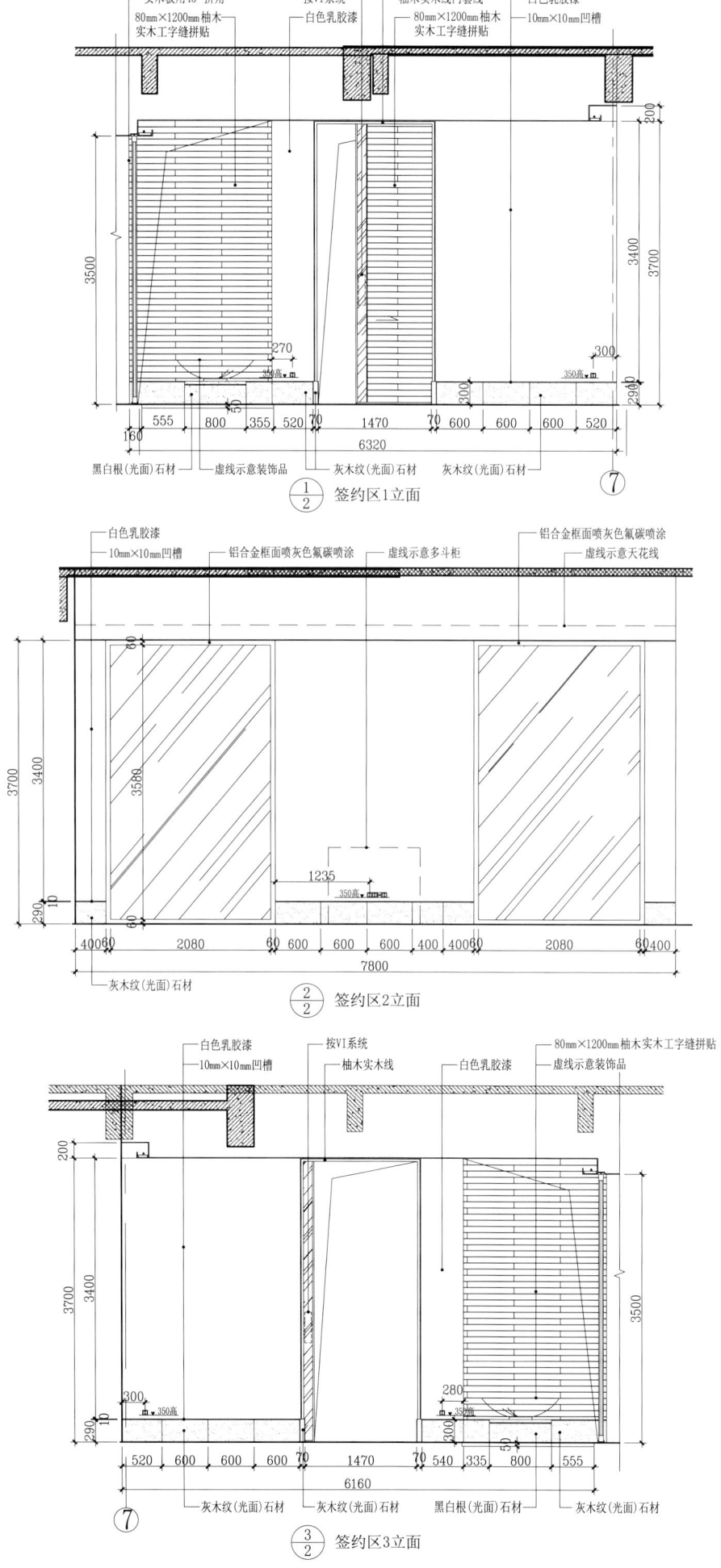

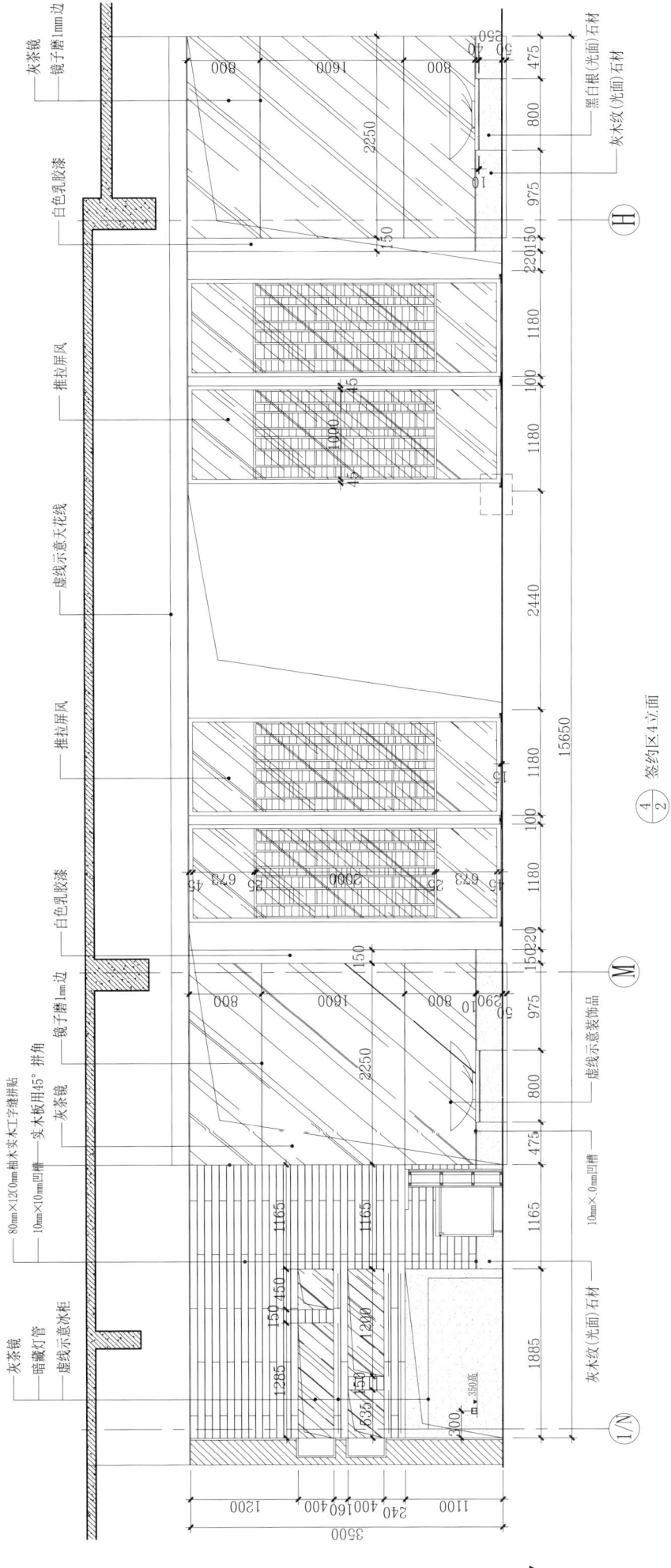

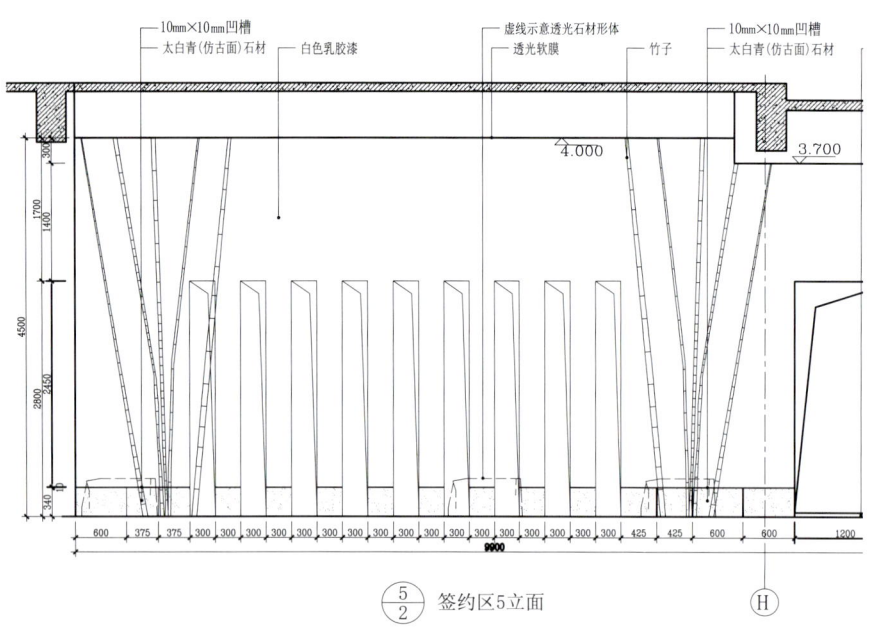

$\frac{5}{2}$ 签约区5立面

签约区域5立面实景

国品燕鲍翅馆
GUOPIN YANBAOCHIGUAN

设计单位：江苏省海岳酒店设计顾问有限公司
设　　计：姜湘岳、吴海燕
面　　积：1000m²
坐落地点：南京

国品燕鲍翅馆在竣工前曾是中山陵的经营用房，要将原本的结构改造后用作餐饮空间，建筑遗留下来的问题无疑是艰巨的。经过全面考量，在基本保证建筑不做太大改动的状态下，设计师进行了再创作。

在与业主沟通时，他希望此次设计不同于社会上一般的餐饮场所，体现一种五星级会所的尊贵感。基于这样的要求，设计师最终确定了主要设计风格：非宫廷式的尊贵，亲近自然的"中山陵语言"的描绘。会所、餐饮、温泉、茶社四部分完美结合，打造南京最高等的餐饮休闲场所。

整体设计尊重了建筑和景观的关系。将中山陵的景致恰到好处地融入室内，让就餐真正成为一种享受。与此同时，为了呼应室外，在细部处理上可谓煞费苦心。首先在灯的做法上，抛弃原来灯具加工的方式，自己设计加工，自己组合，让艺术品和照明结合起来，飞上顶部水晶树枝的鸟，给来客带来了自然的惊喜。墙面上的画，由专业摄影师到中山陵实地拍摄，足见用心深刻。

餐饮部分，设计之初的立意，希望营造一种既高贵又轻松的感觉。极色——"黑"的运用让高贵的格调平添了一份沉静。采用类似木地板铺设的方式，将夹板错落并追求反差的拼贴，使得流水般的纹理、暖暖的咖啡色，在黑色背景前特别具有戏剧的味道。以梅花、鸟、树作为装饰要素，运用在墙面、地面及顶面上，力求使室内的气质贴近中山陵的自然纯粹。

温泉部分，设计师想要呈现的是一种完全放松的境界。为了周到地诠释这种理念，在色调和灯光上，设计师都采用单一着色，浅白基调贯穿一气。

茶社部分，最重要的是强调一种私密性，为商务聊天、聚会议事提供一处与众不同的地方。竹子围合的入口低调端庄。

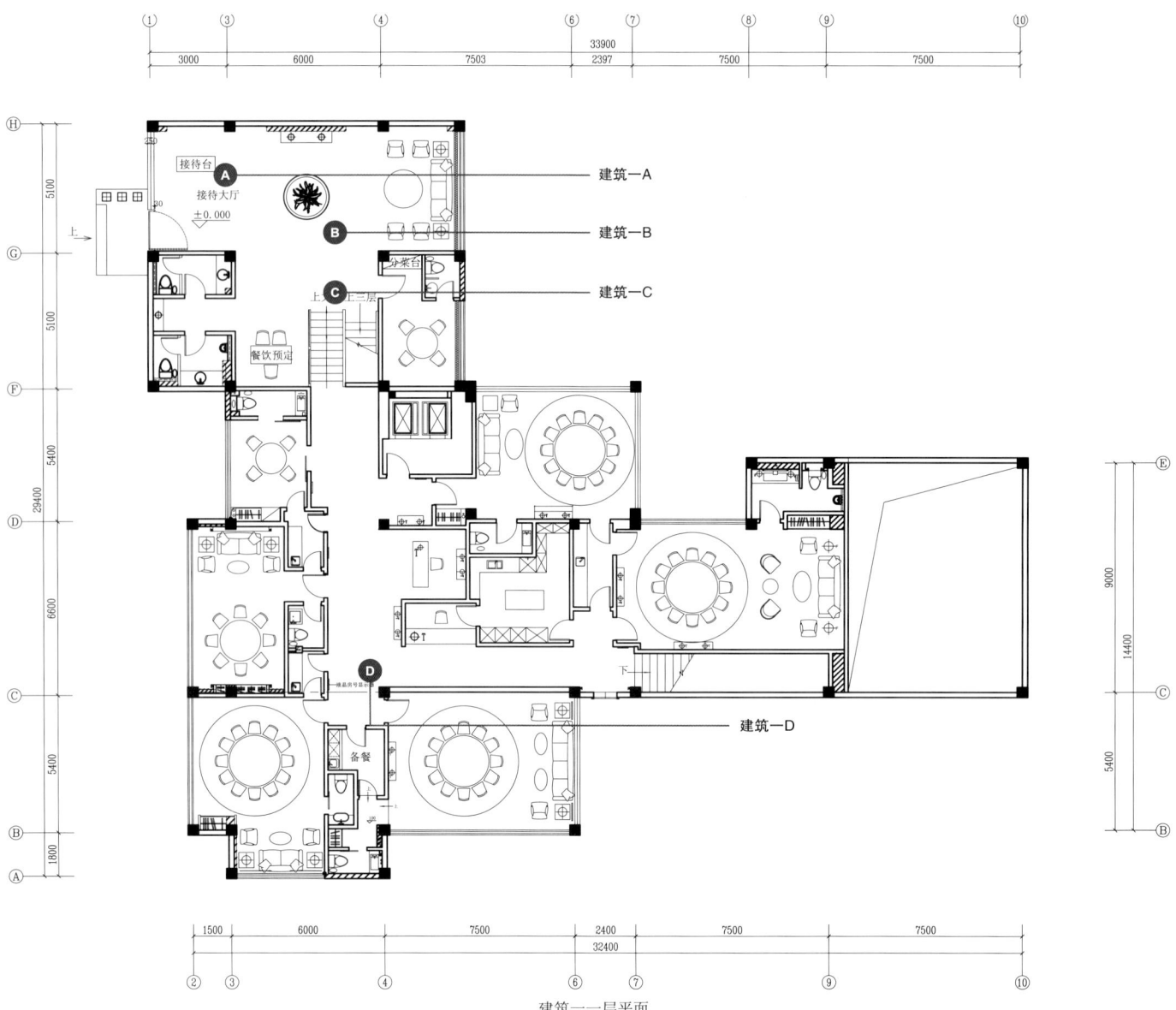

建筑一一层平面

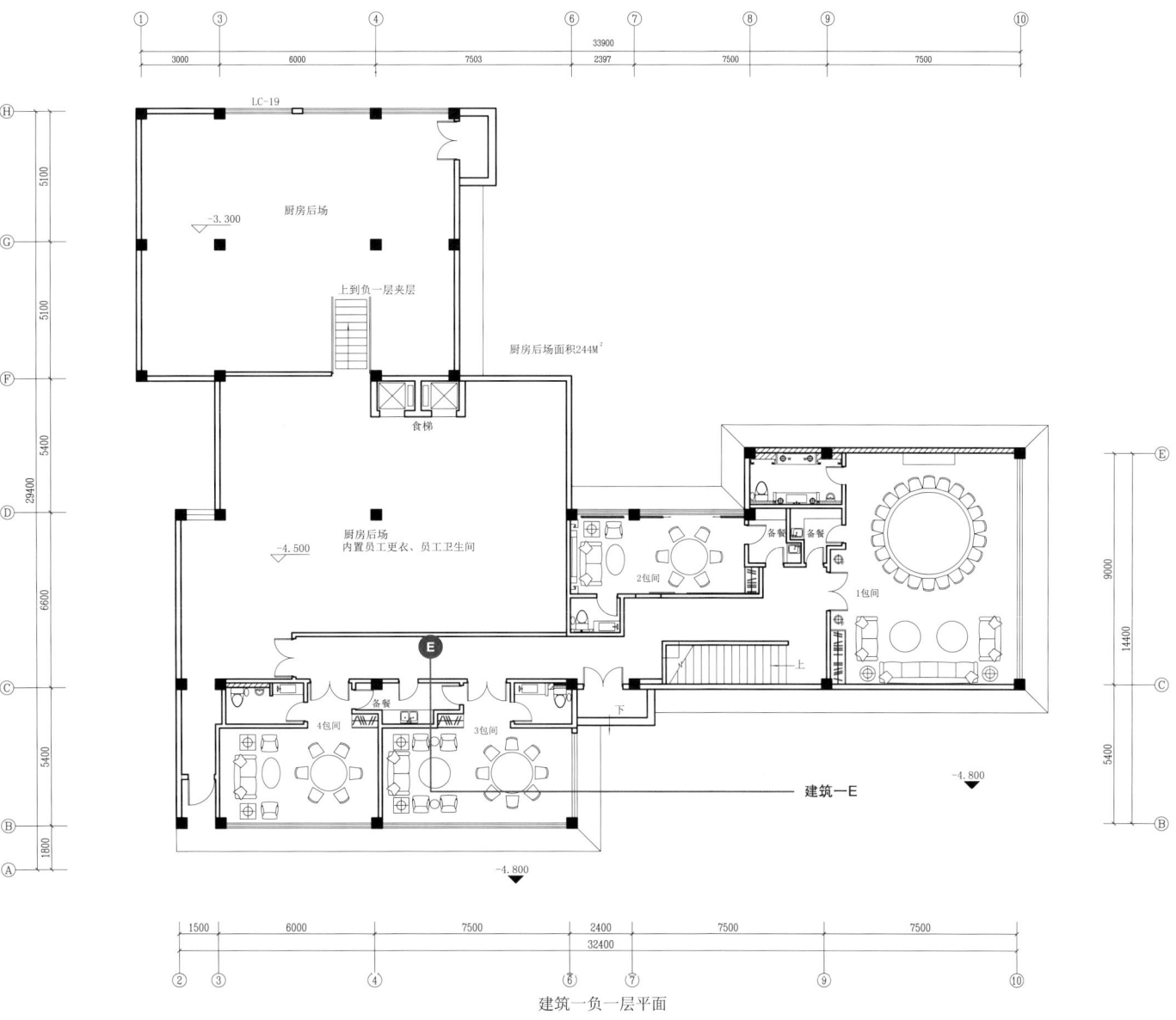

建筑一负一层平面

A实景 B实景 C实景 D实景

E实景　　　　　　　　　　　　　　　　　　　　走道立面装饰品实景

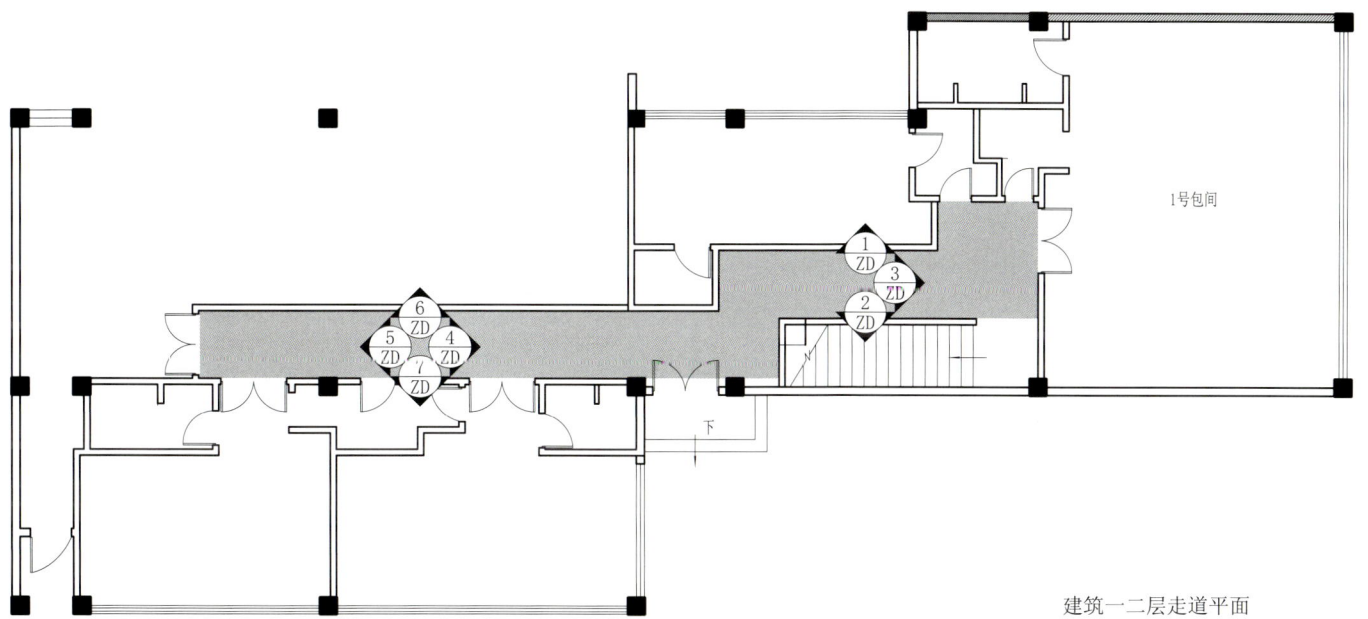

建筑一二层走道平面

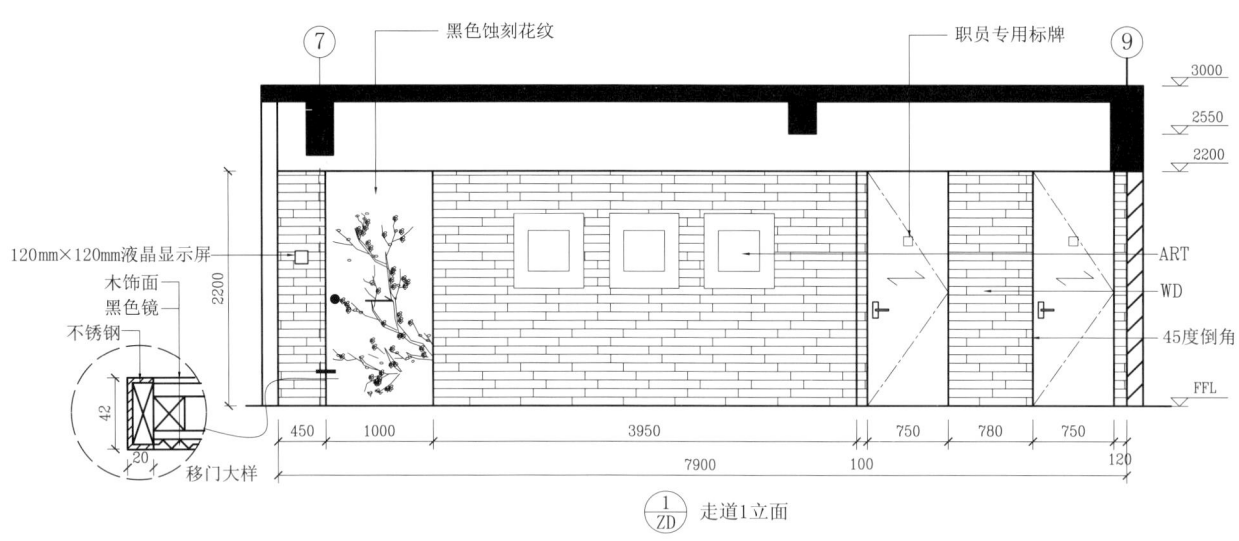

$\dbinom{1}{ZD}$ 走道1立面

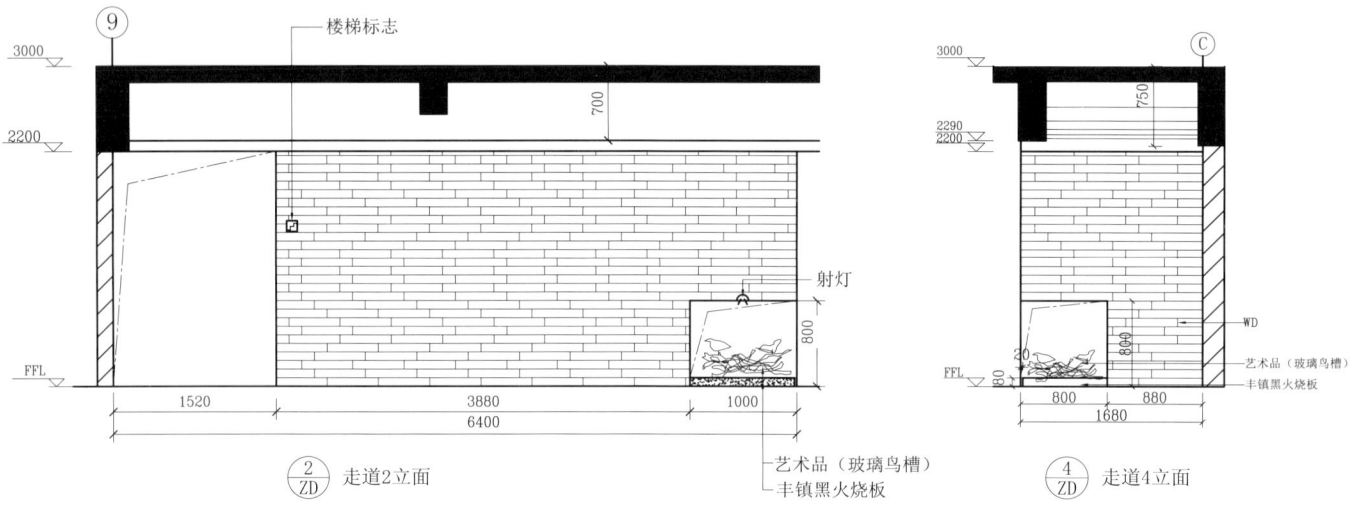

$\dbinom{2}{ZD}$ 走道2立面

$\dbinom{4}{ZD}$ 走道4立面

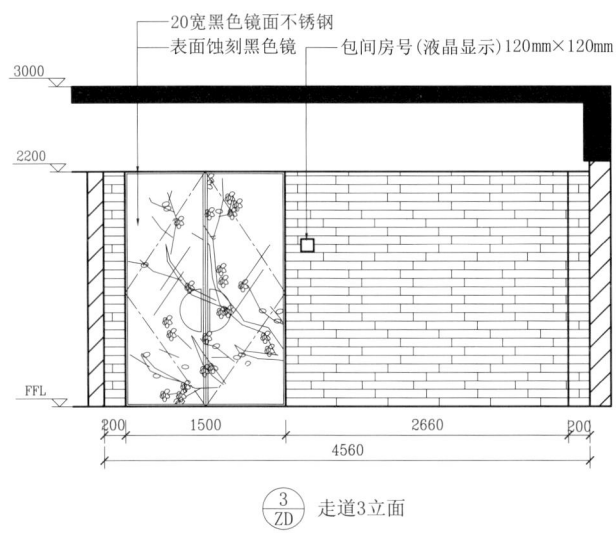

$\dbinom{3}{ZD}$ 走道3立面

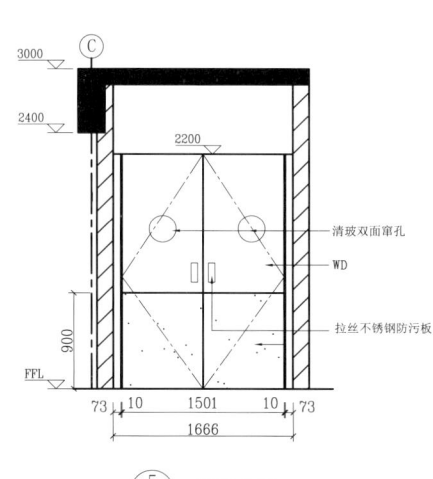

$\dbinom{5}{ZD}$ 走道5立面

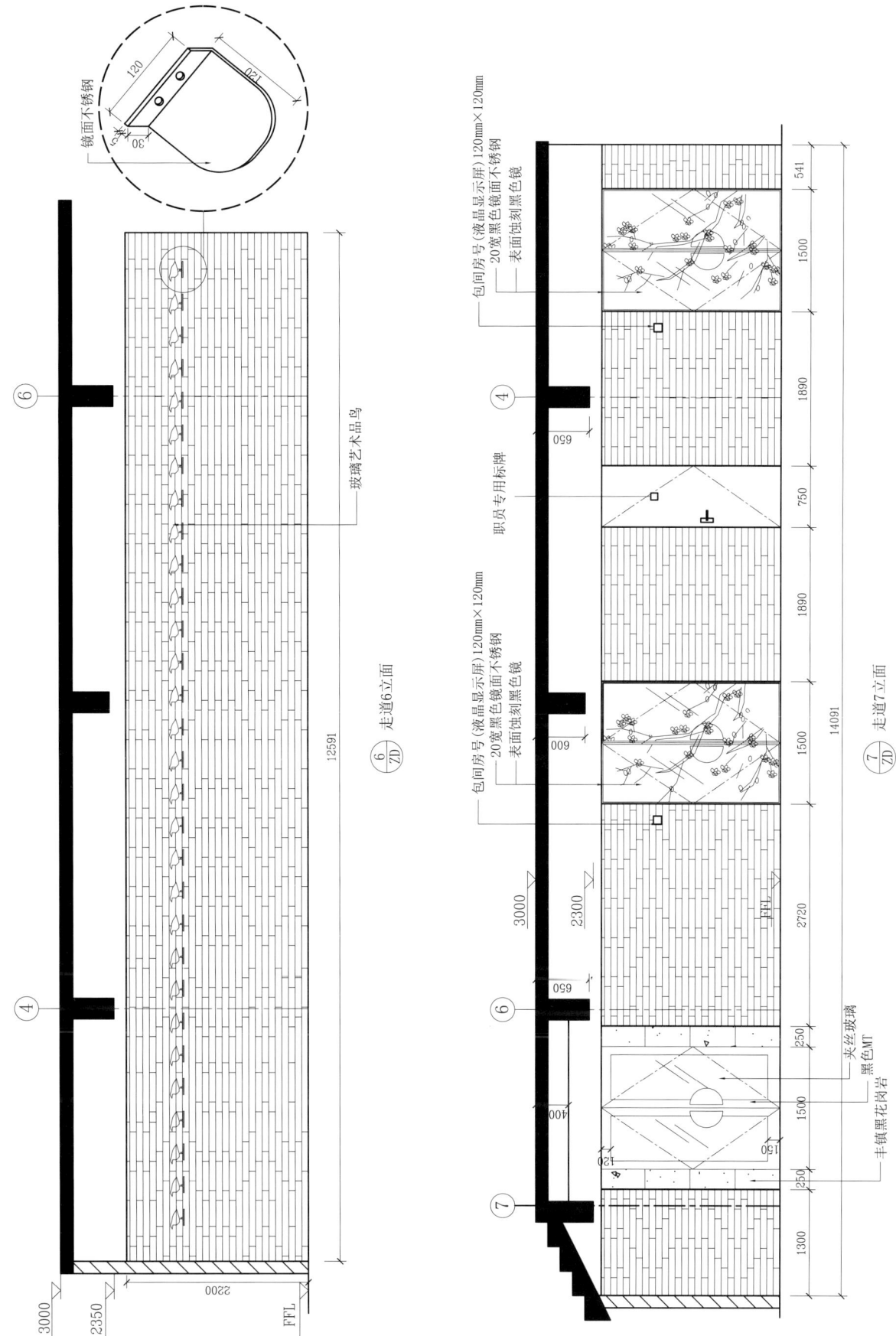

1号包间实景

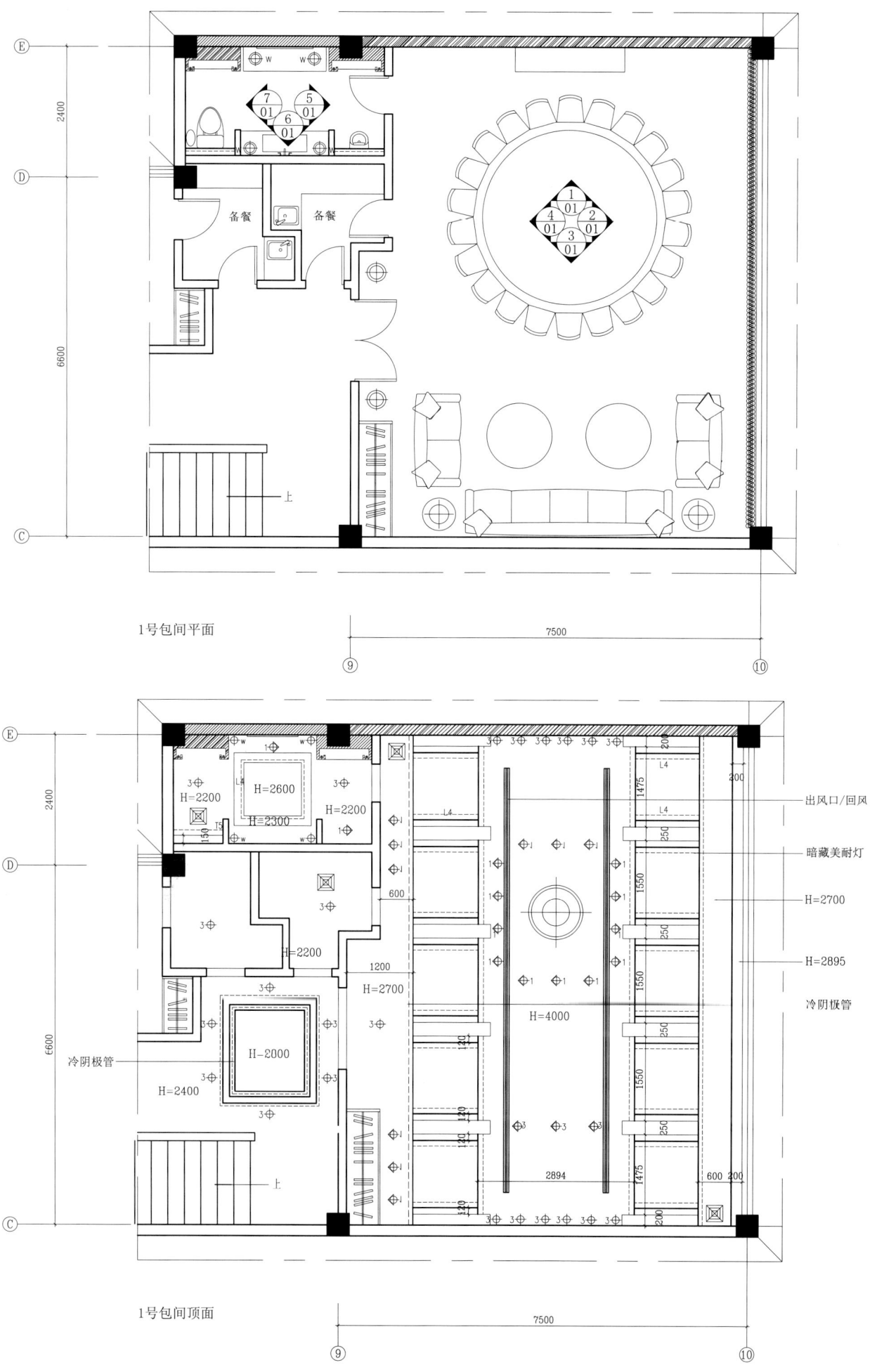

1号包间平面

1号包间顶面

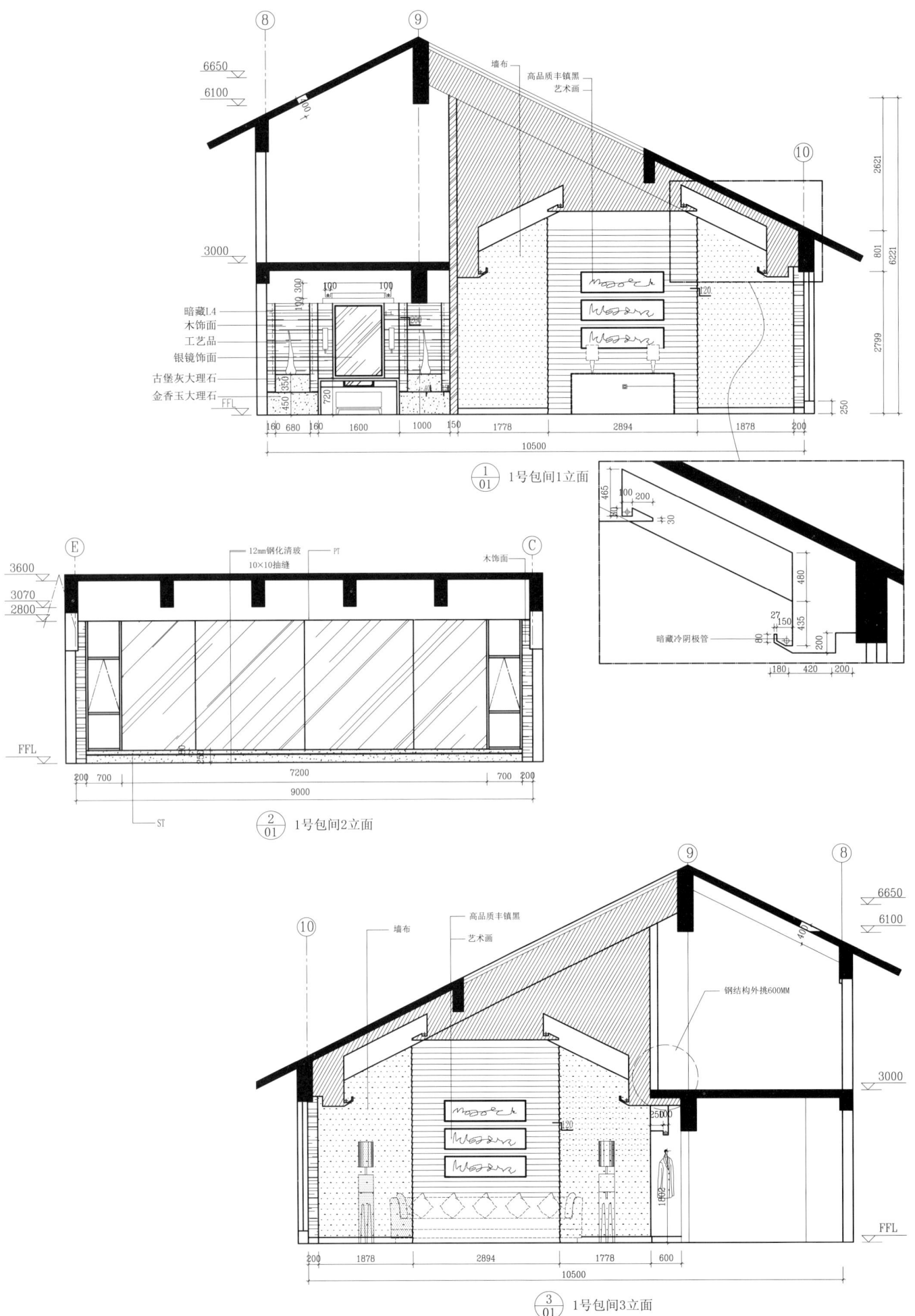

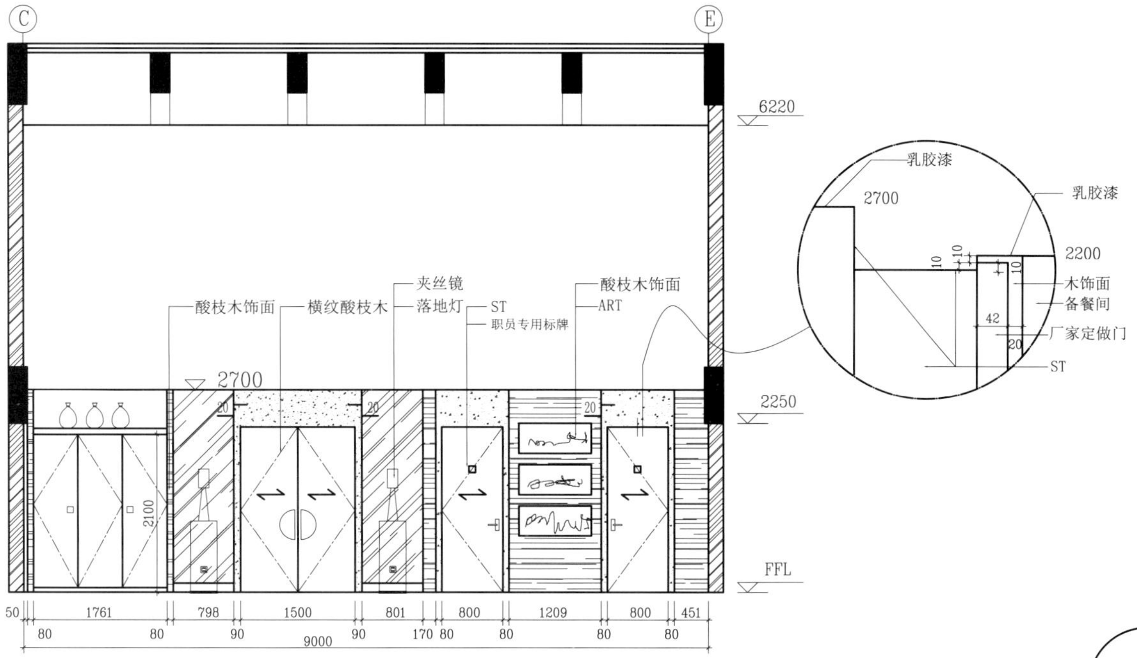

④/01 1号包间4立面

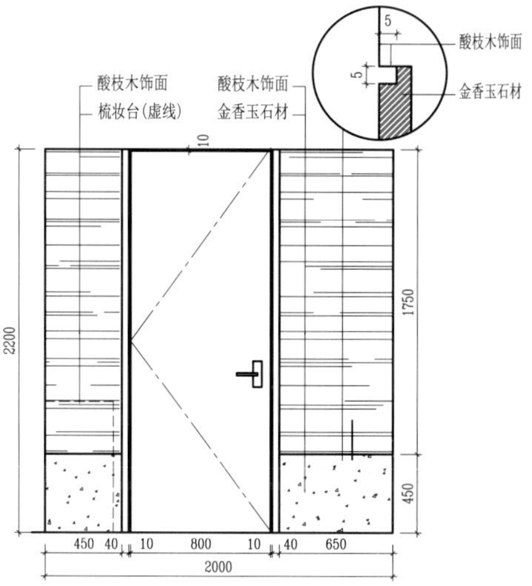

⑤/01 1号包间5立面

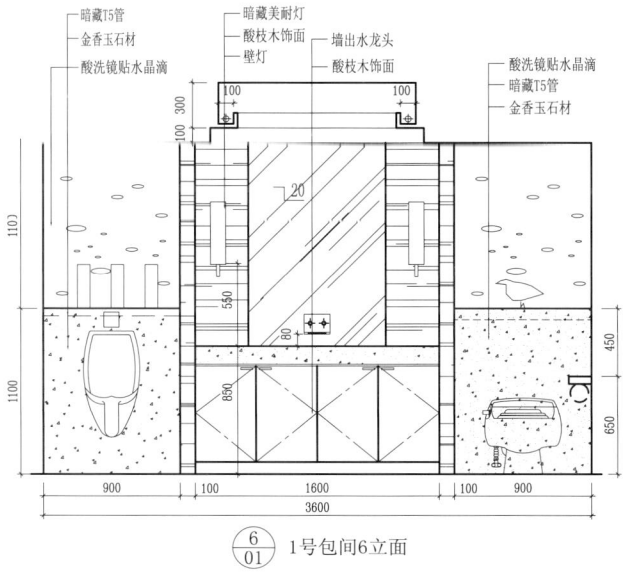

⑥/01 1号包间6立面

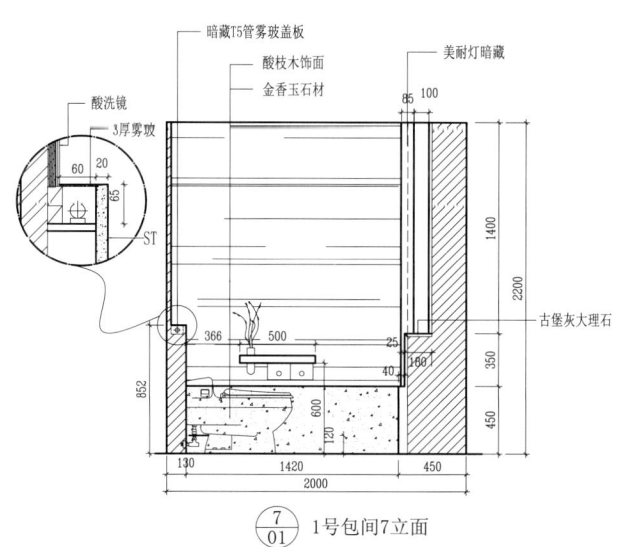

⑦/01 1号包间7立面

F实景

G实景

H实景

I实景

J实景

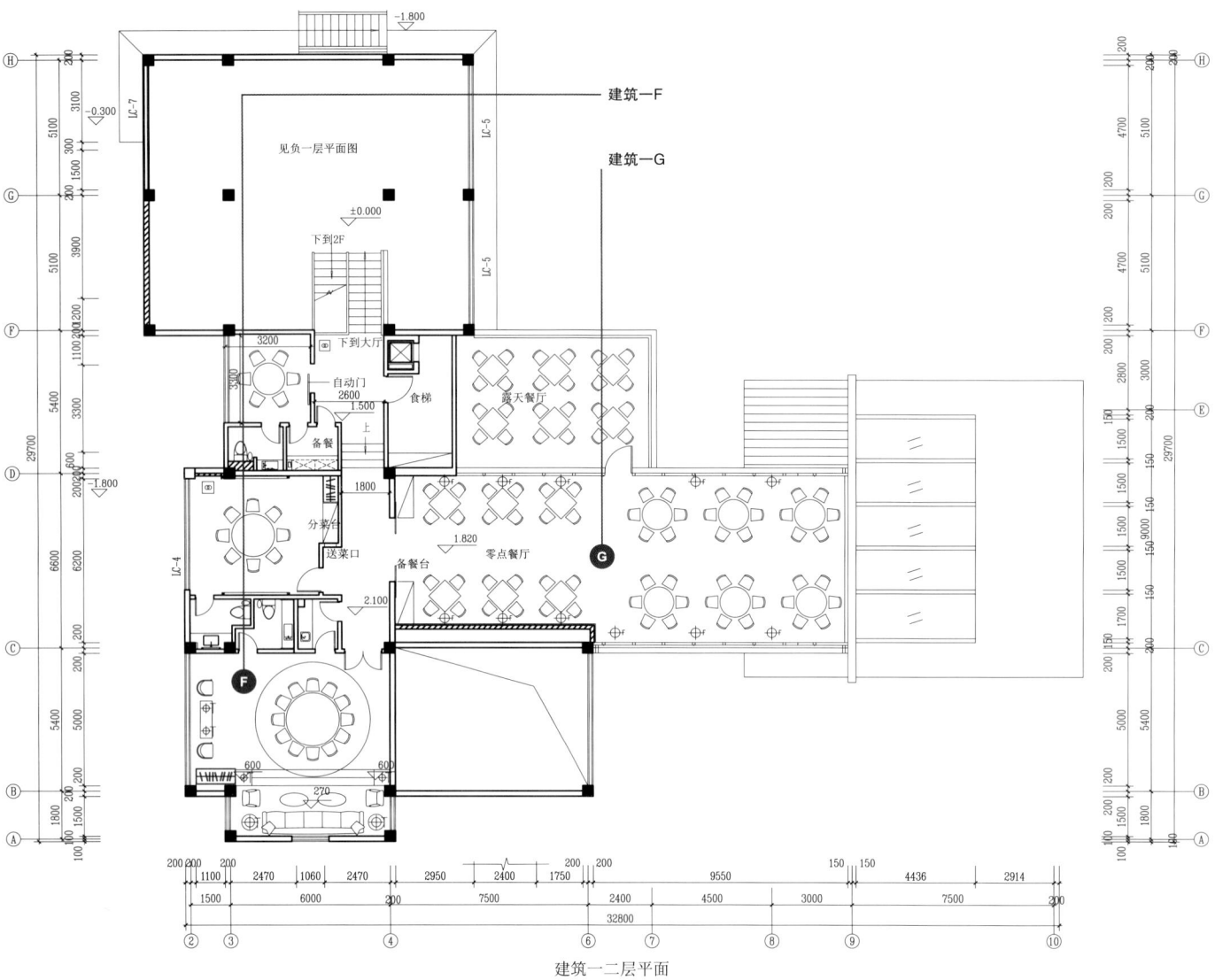

建筑一二层平面

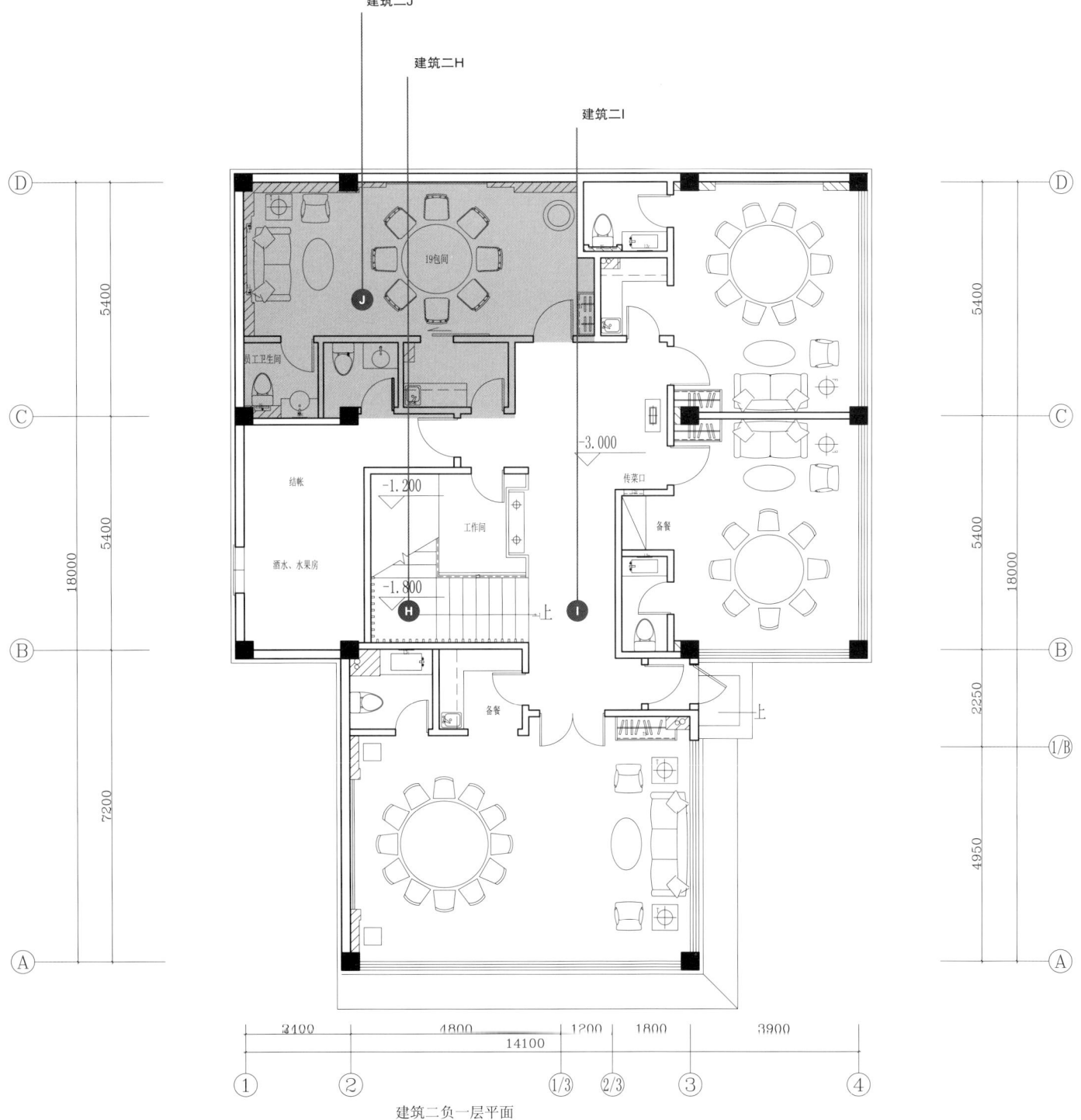

建筑二负一层平面

19号包间实景

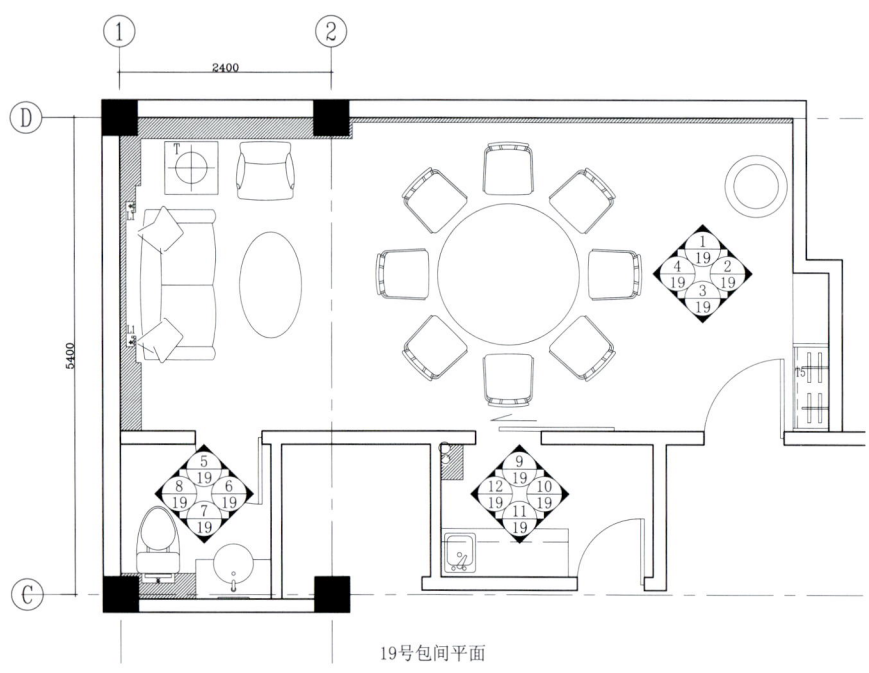

19号包间平面

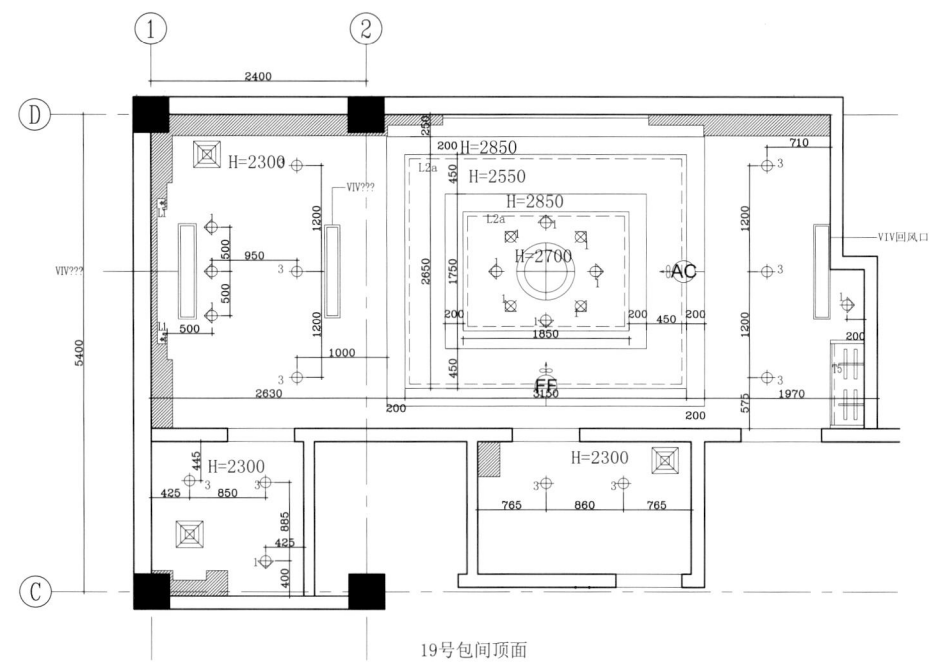

19号包间顶面

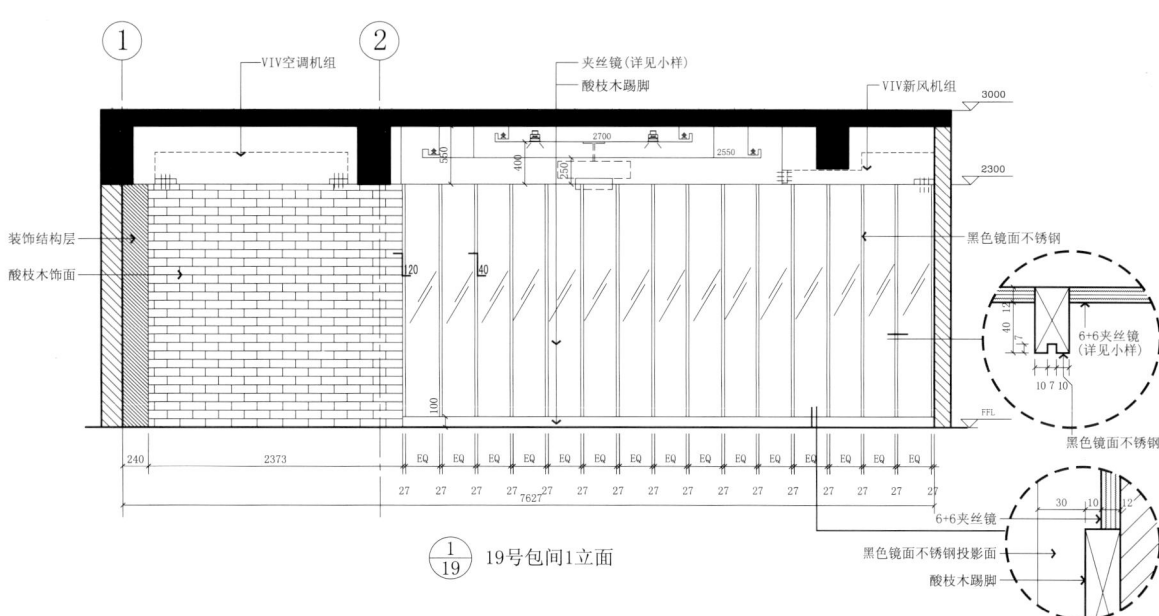

$\dfrac{1}{19}$ 19号包间1立面

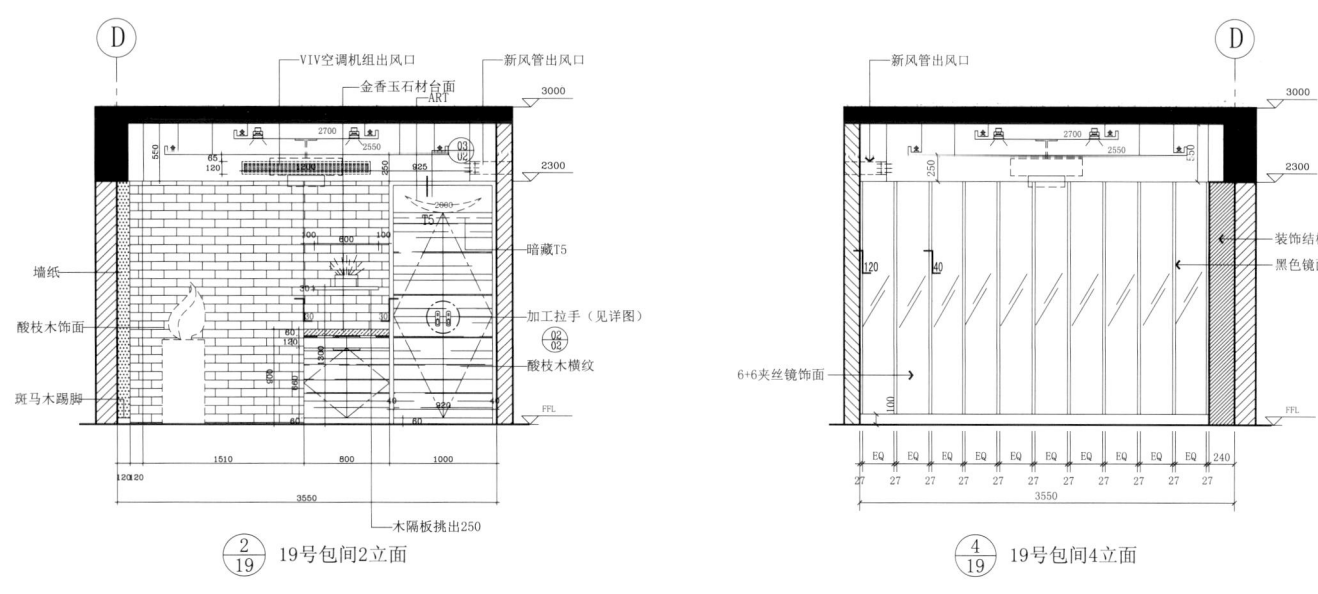

$\dfrac{2}{19}$ 19号包间2立面 $\dfrac{4}{19}$ 19号包间4立面

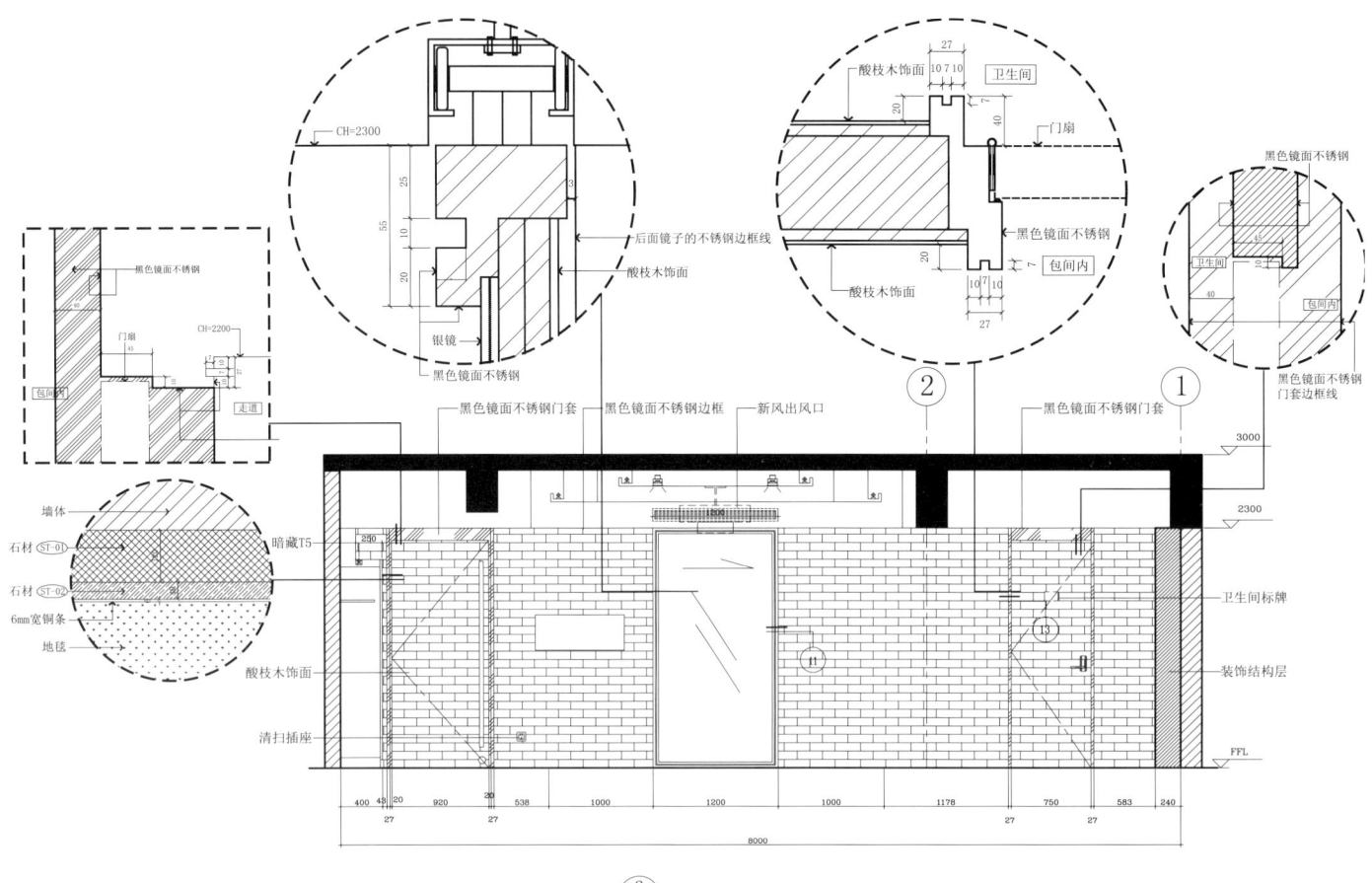

③/19 19号包间3立面

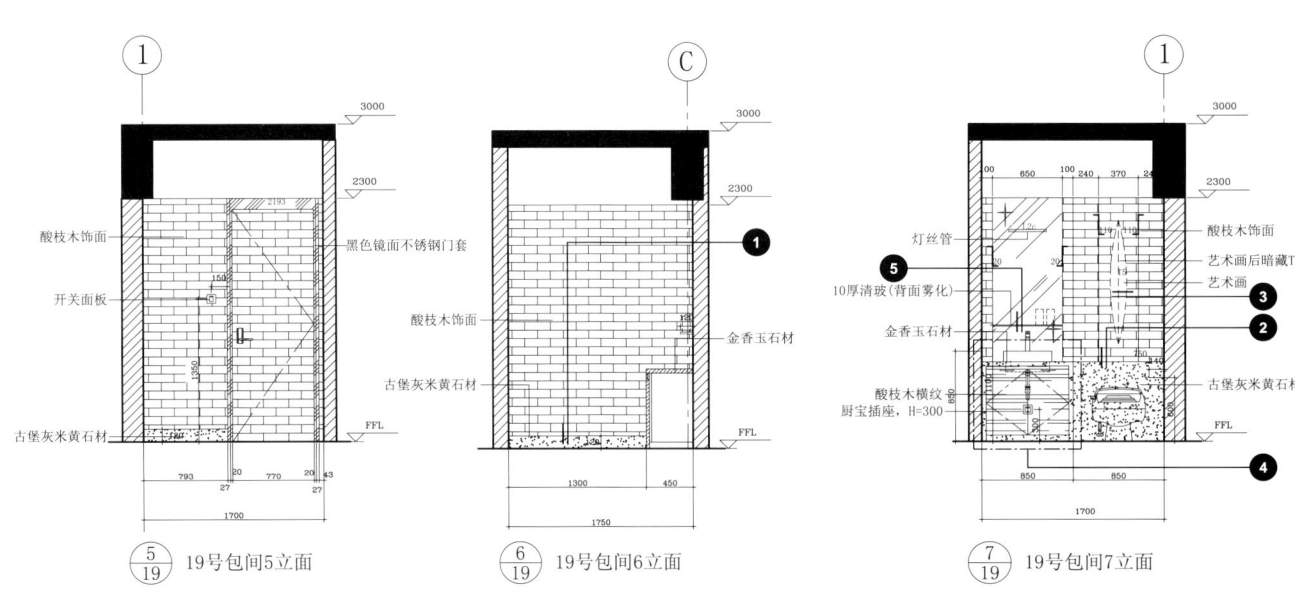

⑤/19 19号包间5立面　　⑥/19 19号包间6立面　　⑦/19 19号包间7立面

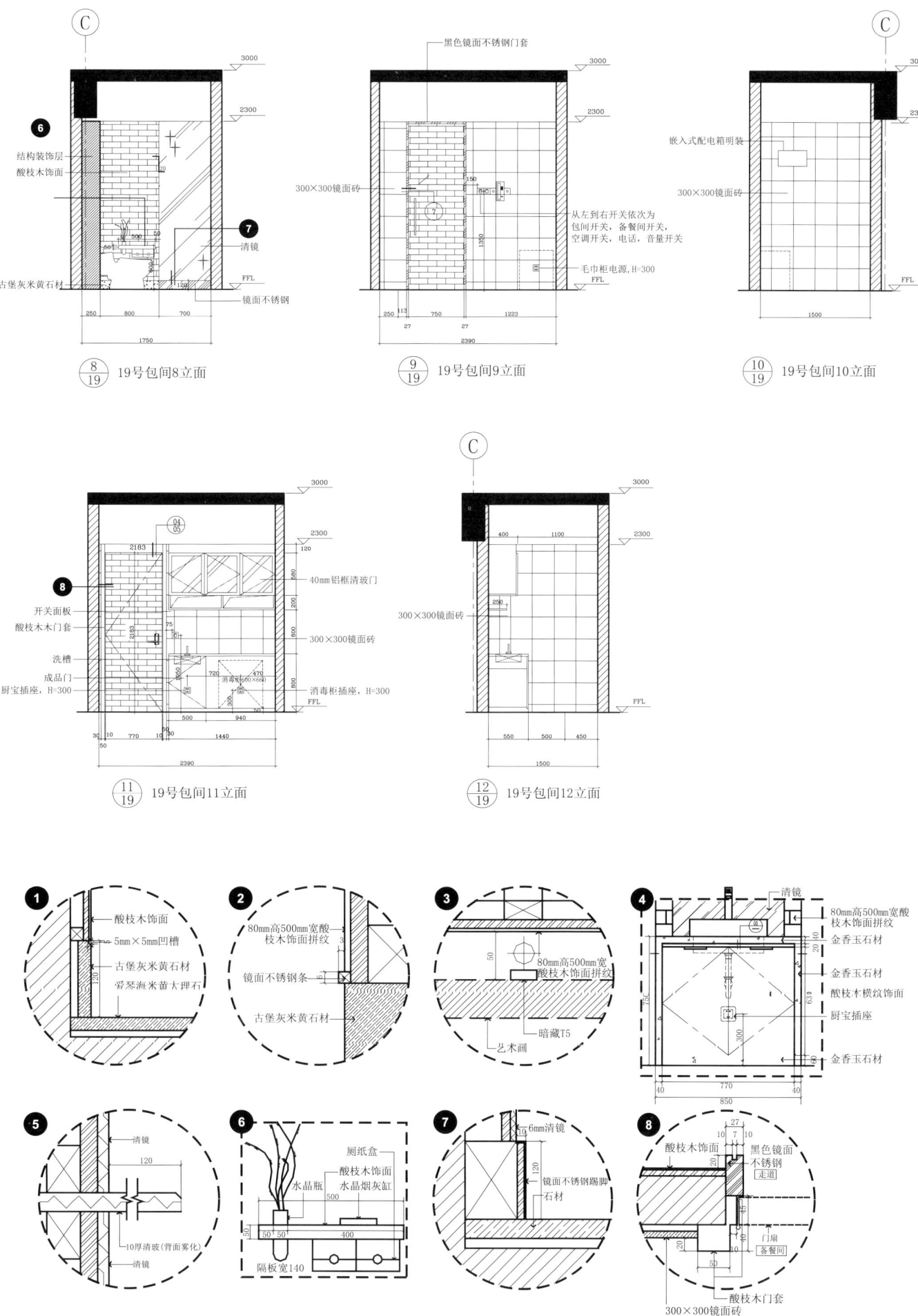

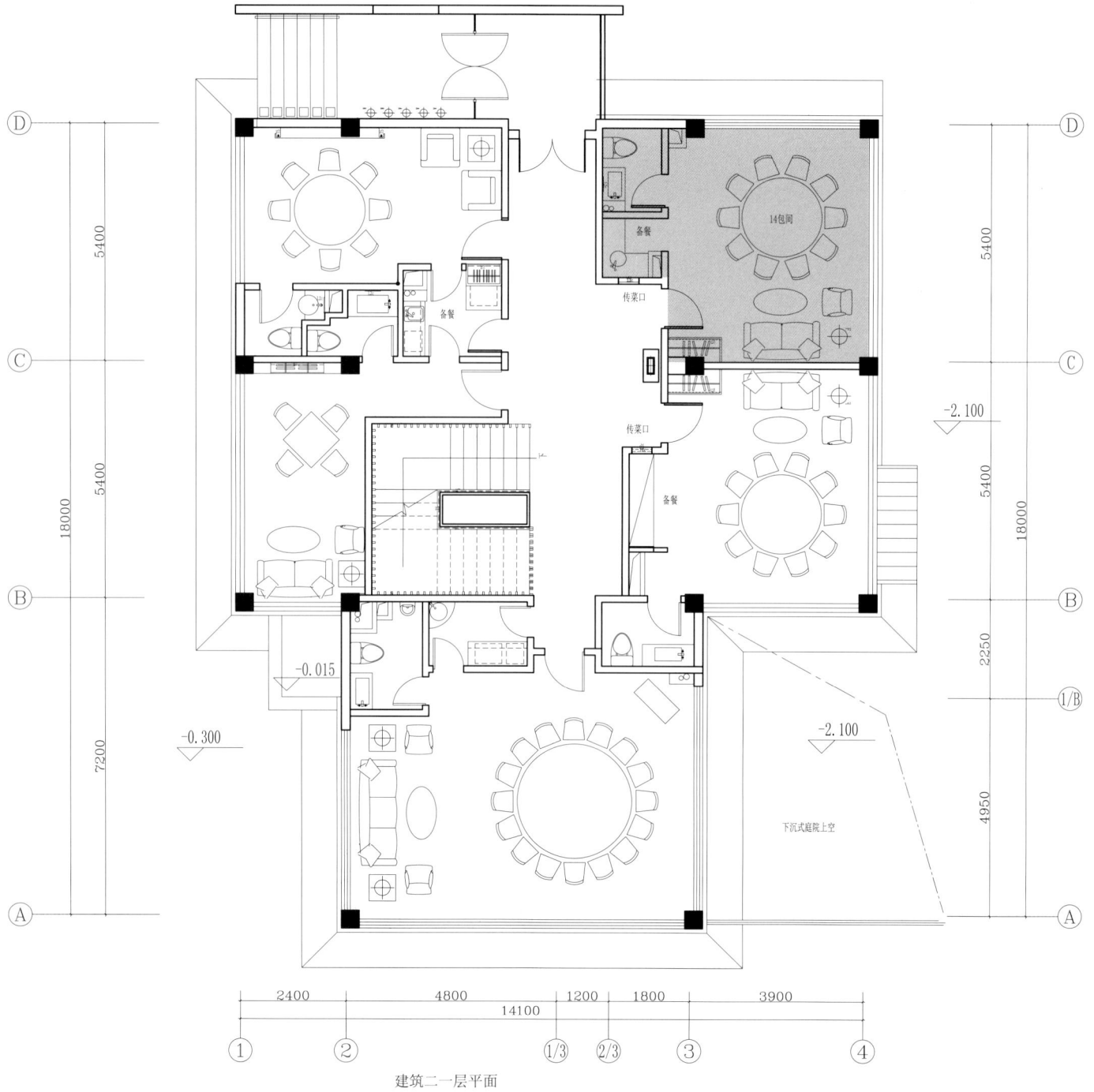

建筑二一层平面

14号包间实景

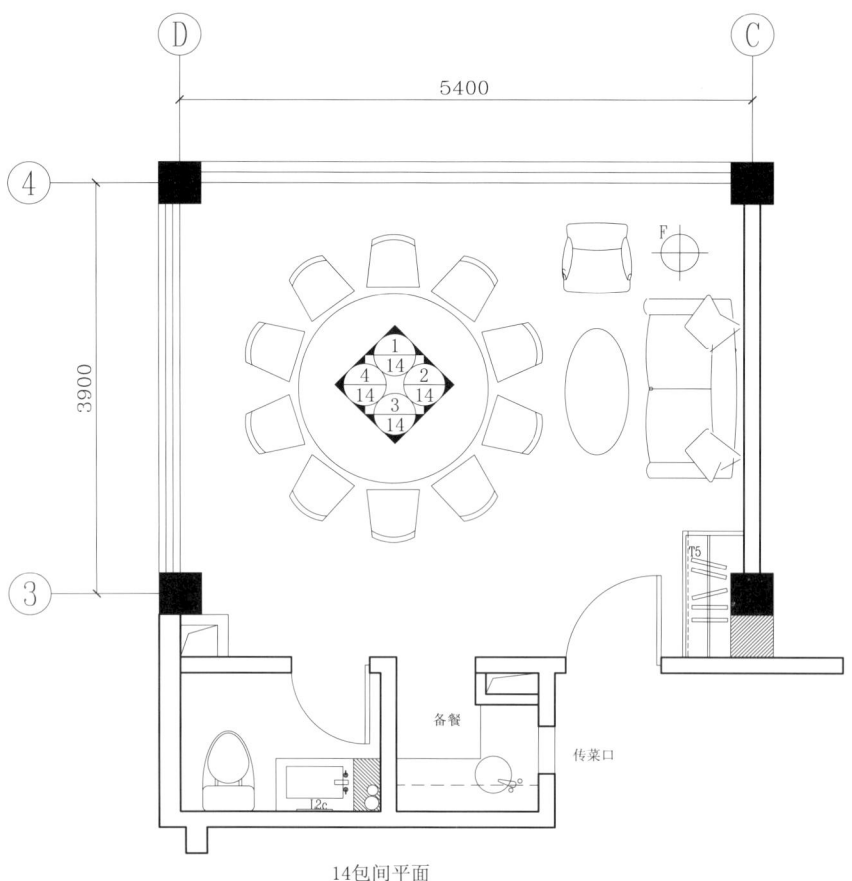

14包间平面

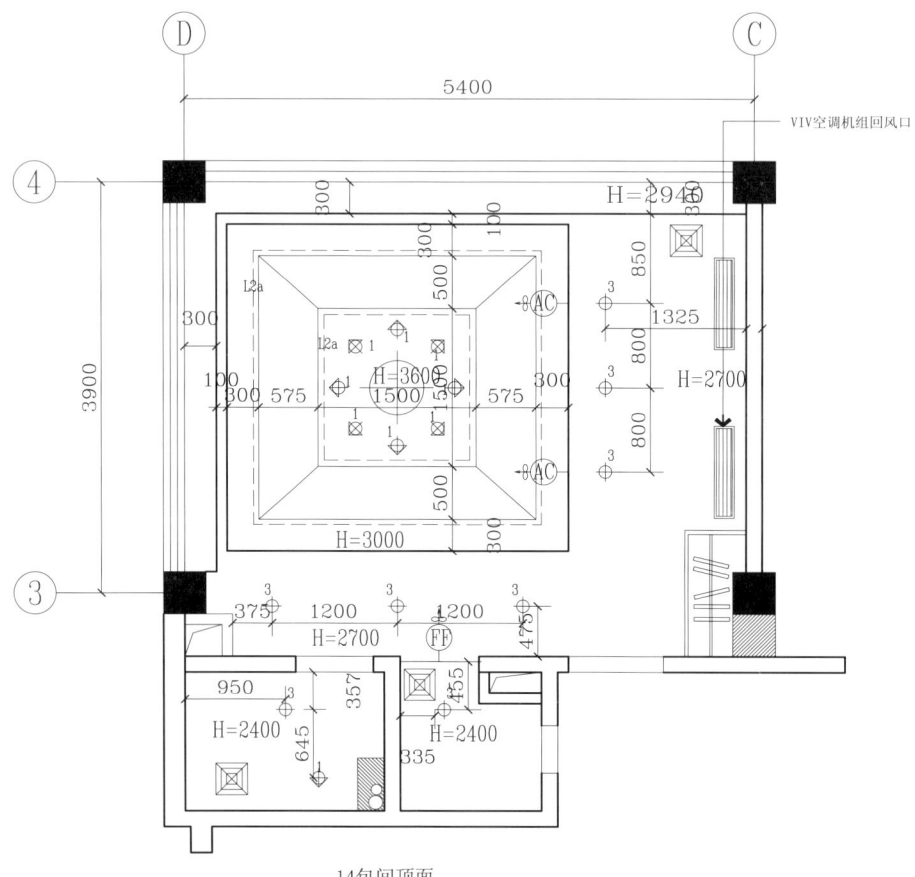

14包间顶面

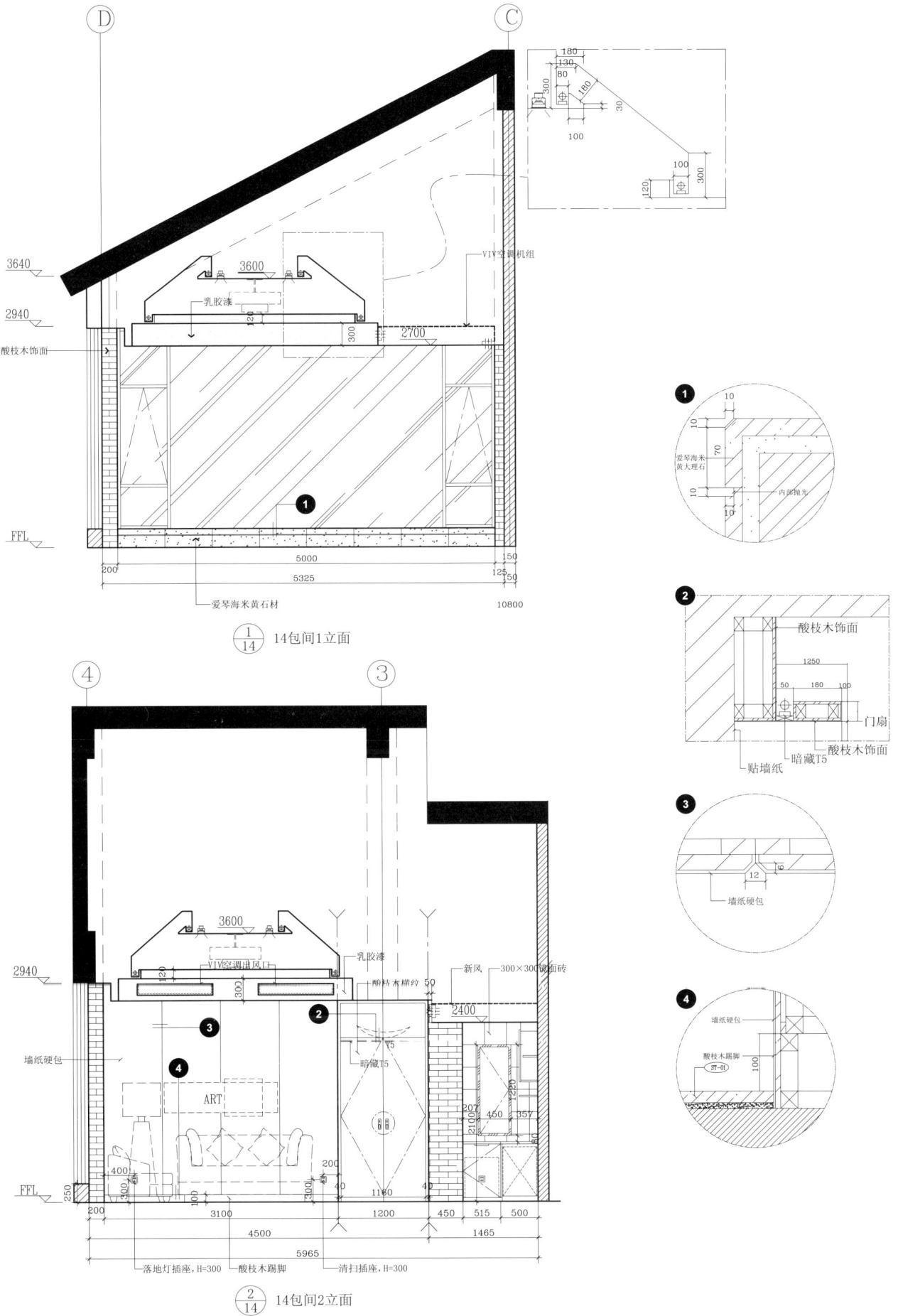

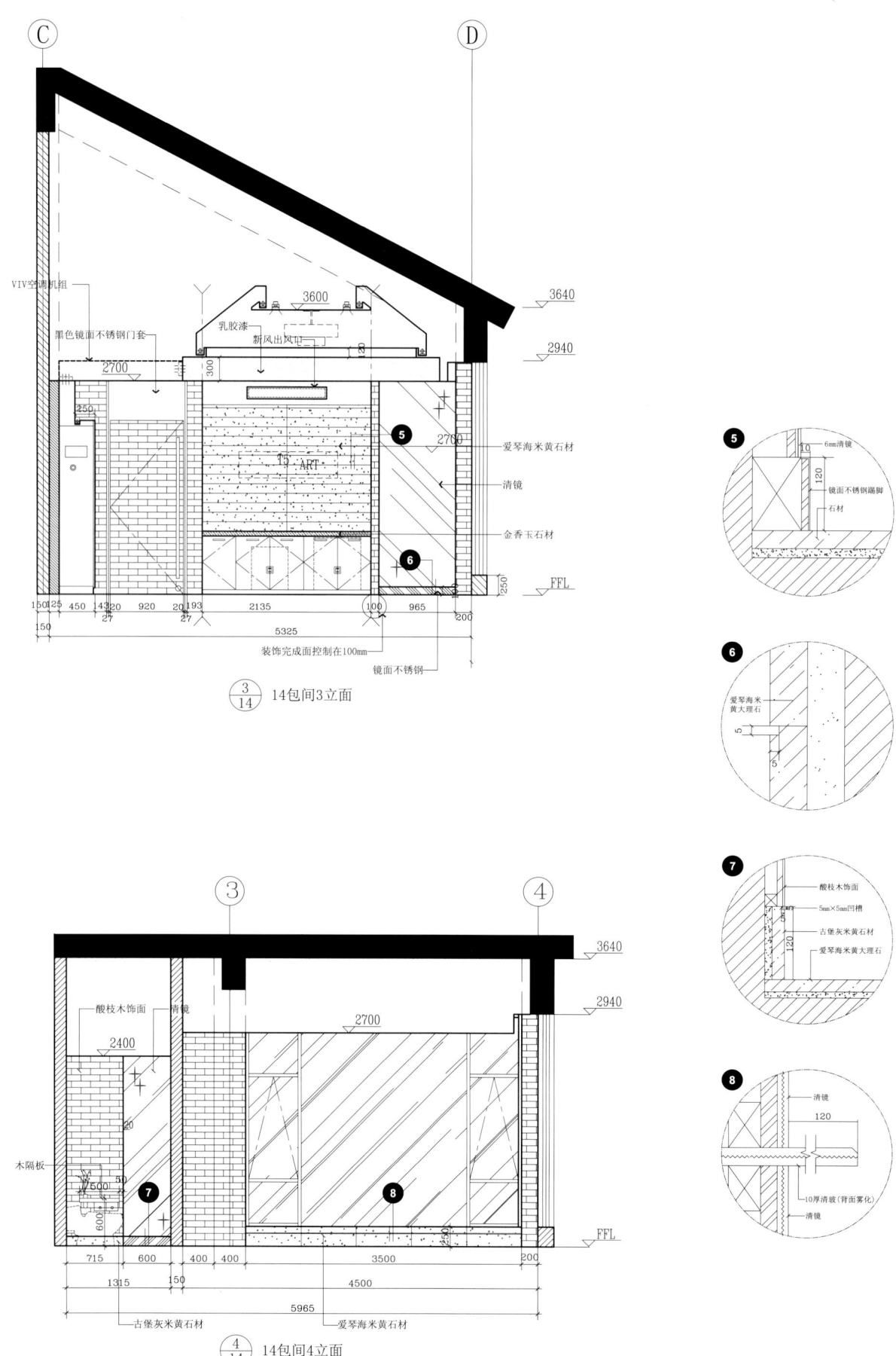

老东吴食府
LAODONGWU SHIFU

设计单位：上海微建建筑空间设计有限公司
设 计：宋微建、李鹏、戴超
面 积：1563m^2
坐落地点：苏州

  门头的改造灵感来自建筑的柱与梁的组合关系，以钢架为骨，玻璃和透光片为表，体现江南的儒雅和清灵。入口处定制木门上的镂空花纹图案由苏州园林的窗格花修改而来，左手边的灰砖镂空墙体起到屏风的作用，阻挡了视线的直接穿透。大堂散座区原建筑的水泥柱被暴露，与木纹石的地面和白色的天花形成对比。顶面的吊顶造型借用了原有管线的间隙，尽量提升了现有空间的高度。借地面石材的颜色深浅变化把各功能区划分开来，并以弧线形式排列的木隔断和门格花作阻挡。总台整合了原来两个服务台的功能需求，弧线的造型流畅优美。包厢的墙面所用材料有青砖、肌理板材、茶色玻璃和陶片，整体色调清雅，顶面荷叶形的天花吊顶和与之匹配的水晶吊灯给室内带来一丝灵动。

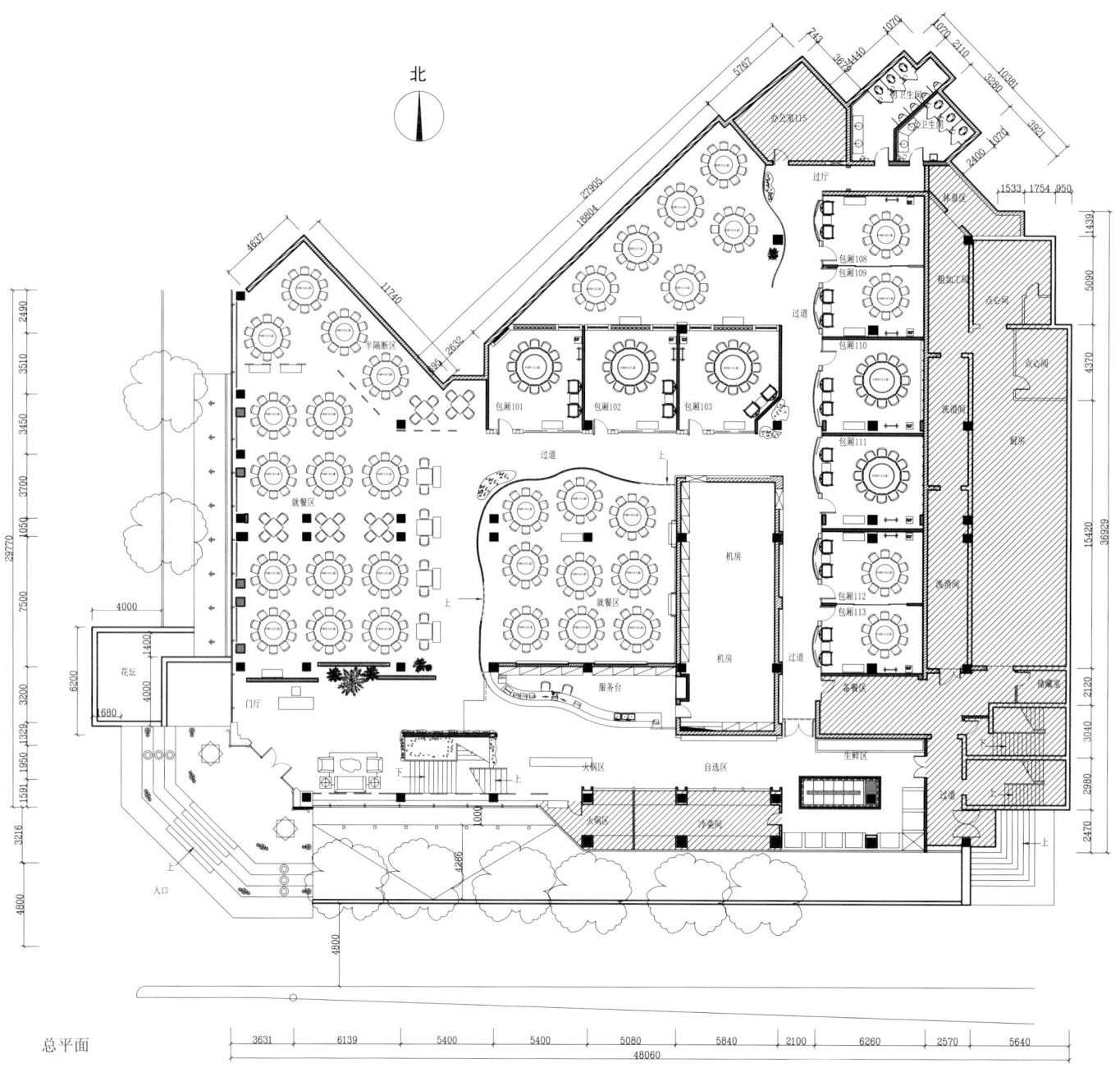

总平面

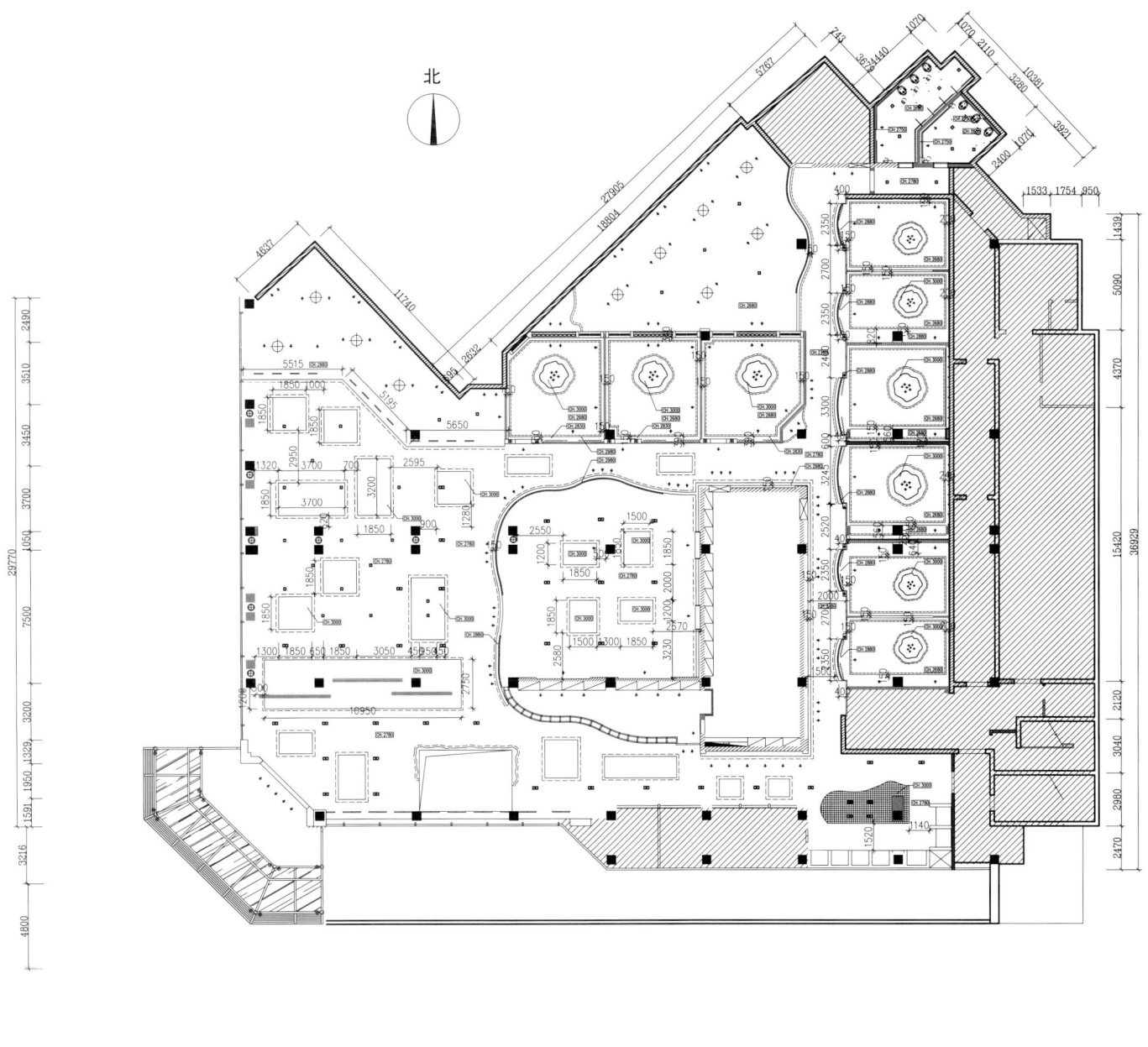

总顶面

门头实景

老東吴食府

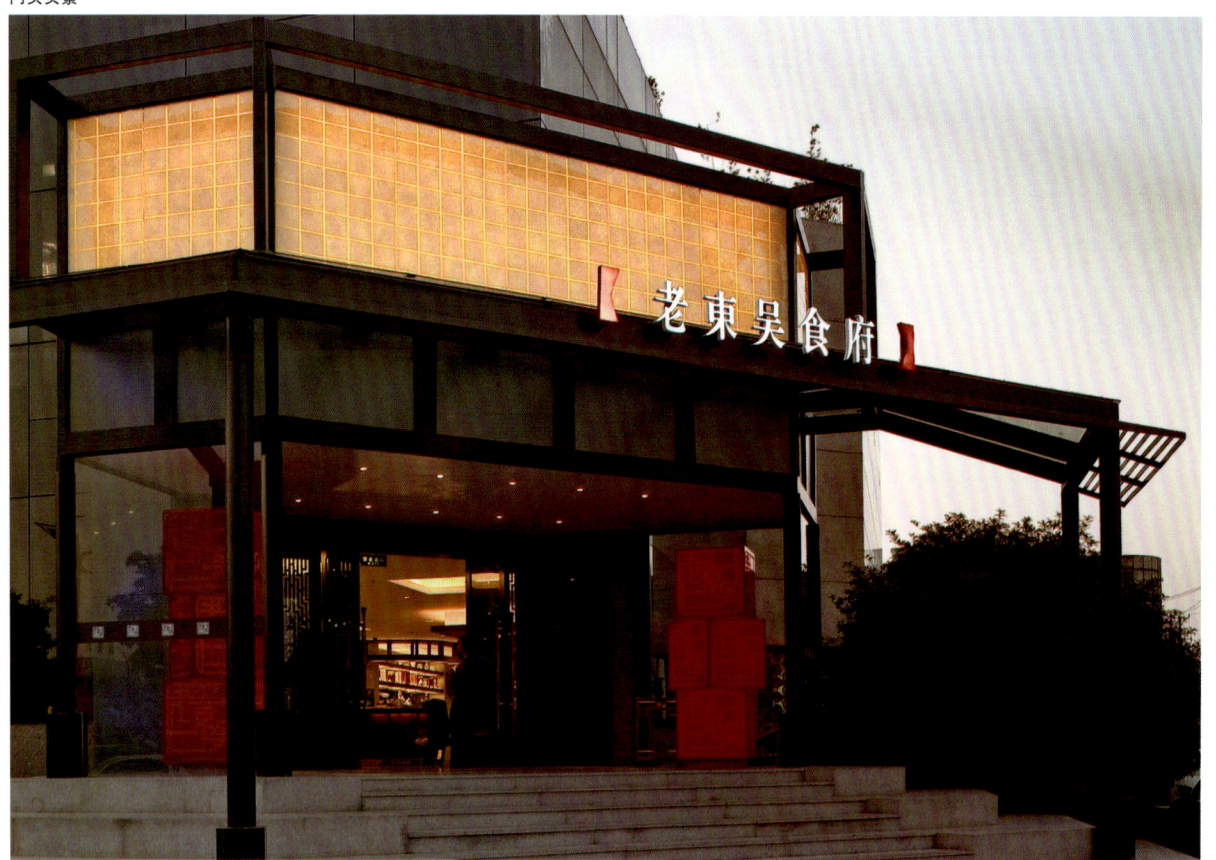

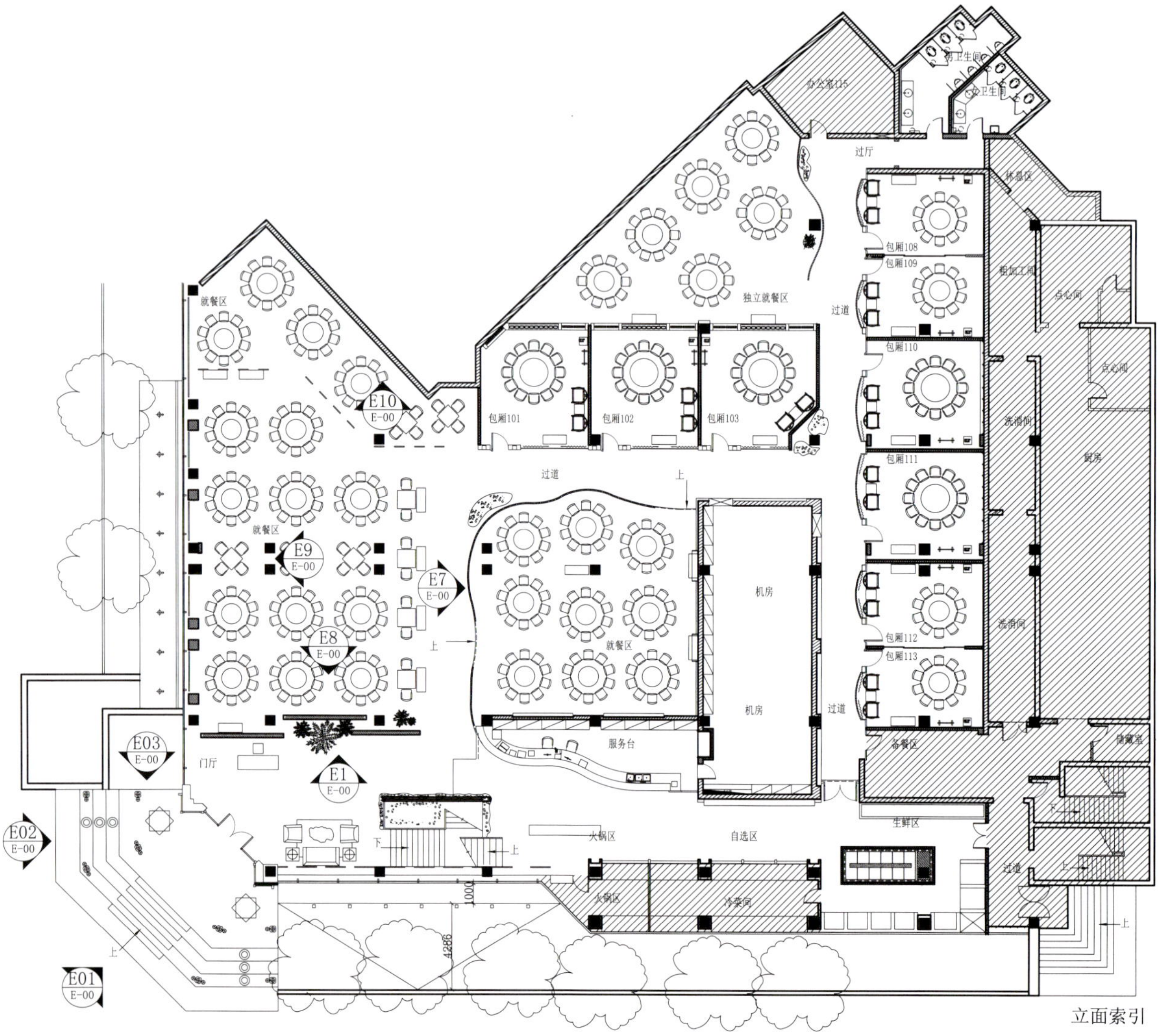
办公室115
过厅
包厢108
包厢109
独立就餐区
就餐区
过道
包厢110
包厢101
包厢102
包厢103
包厢111
机房
机房
包厢112
包厢113
服务台
门厅
火锅区
自选区
生鲜区
净菜间
点心间
厨房
洗消间
E10
E9
E8
E7
E1
E02
E03
E01
1000
4286

立面索引

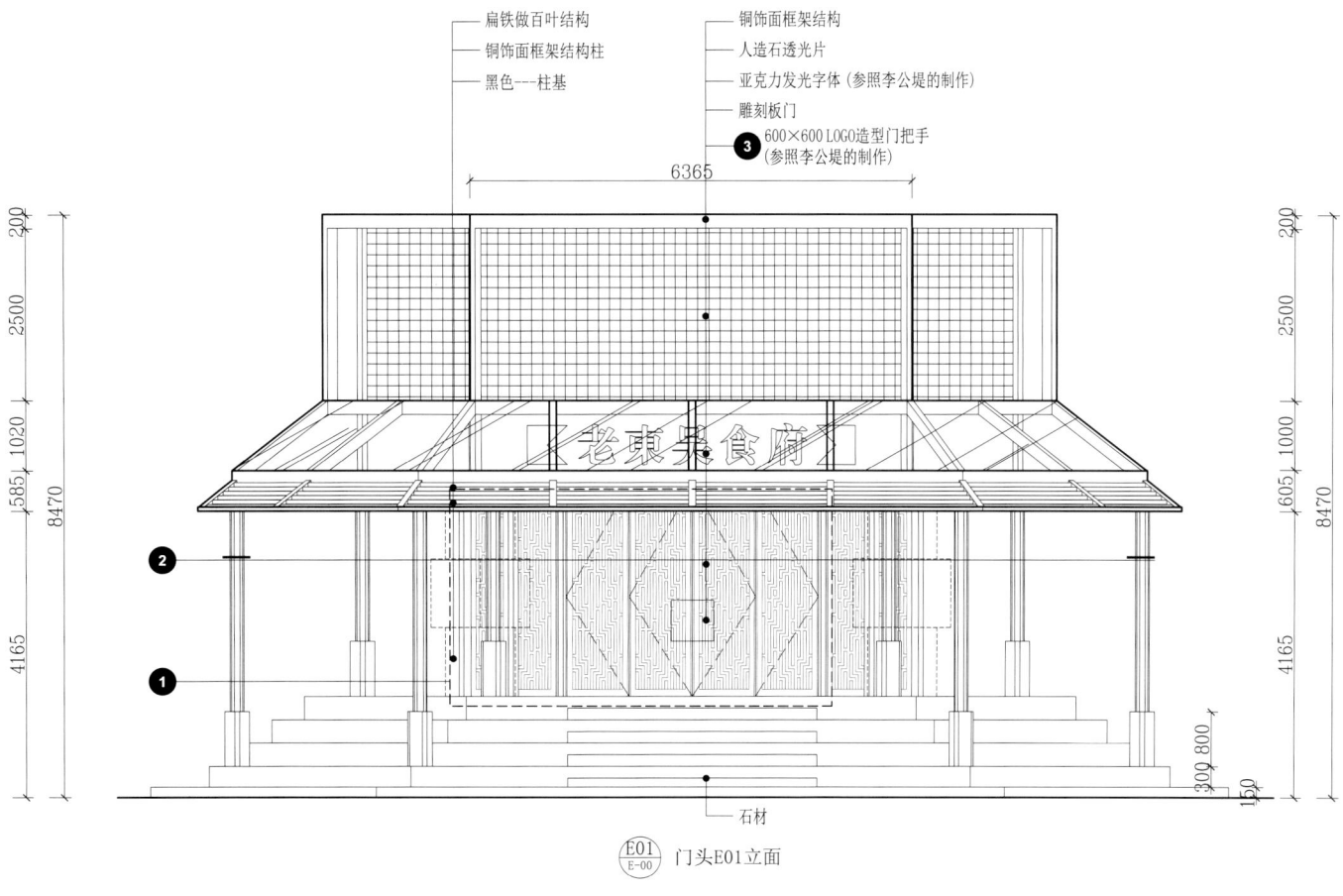

E01/E-00 门头E01立面

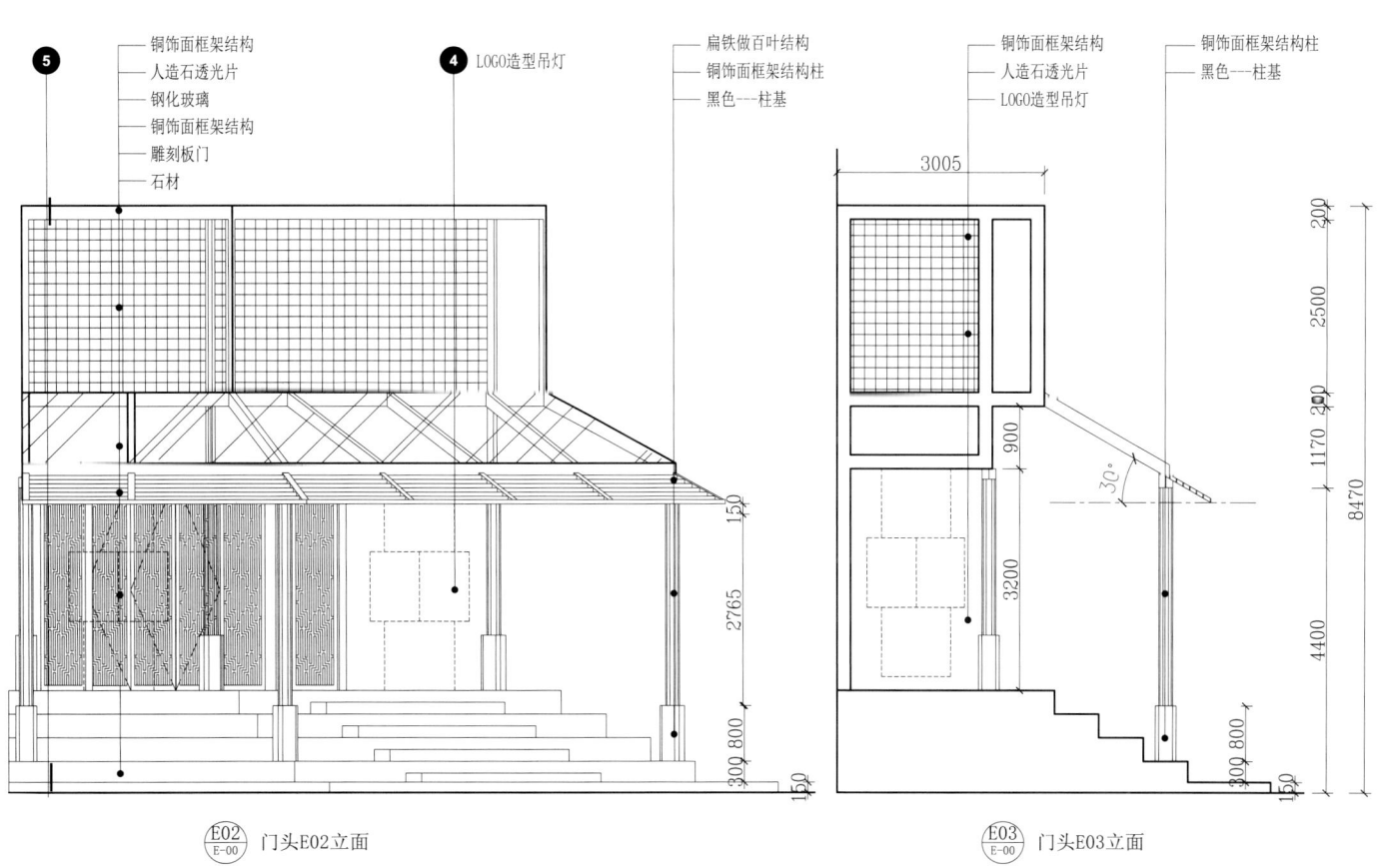

E02/E-00 门头E02立面

E03/E-00 门头E03立面

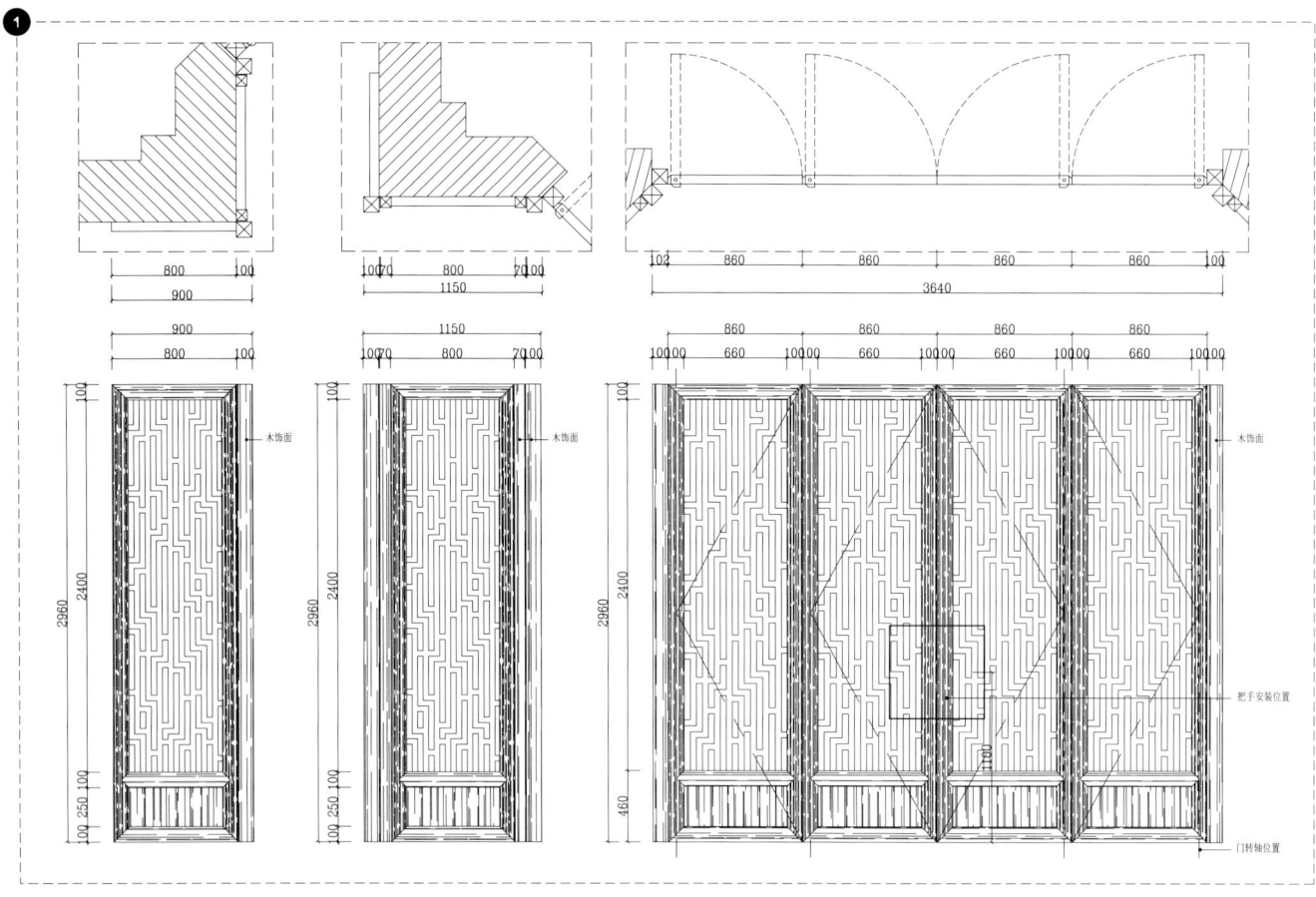

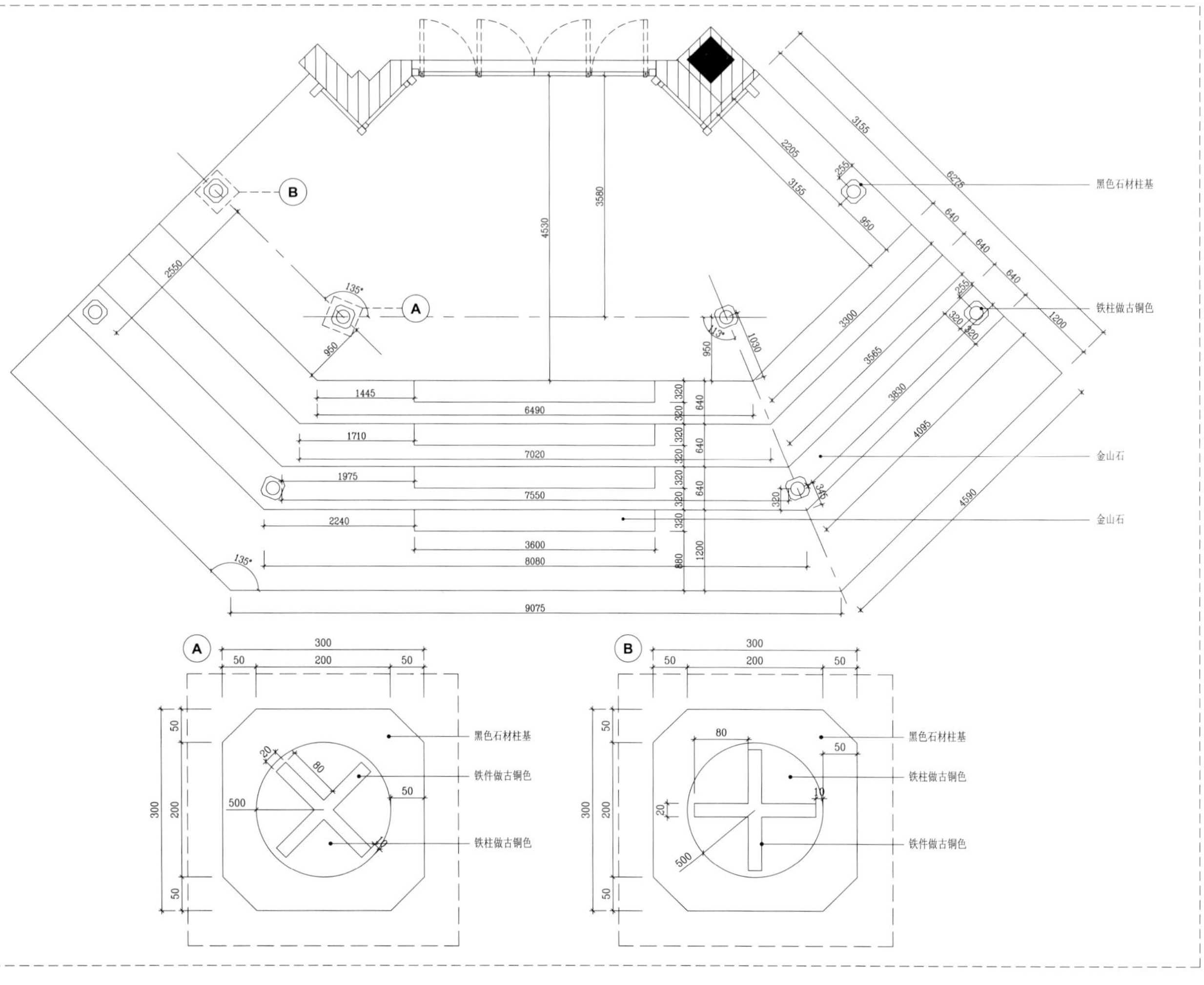

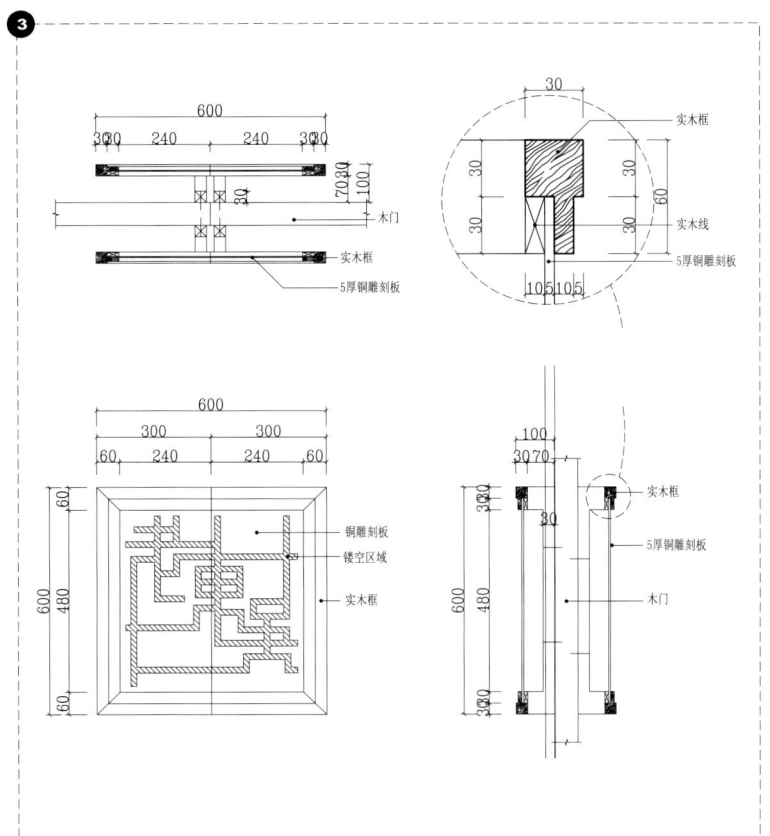

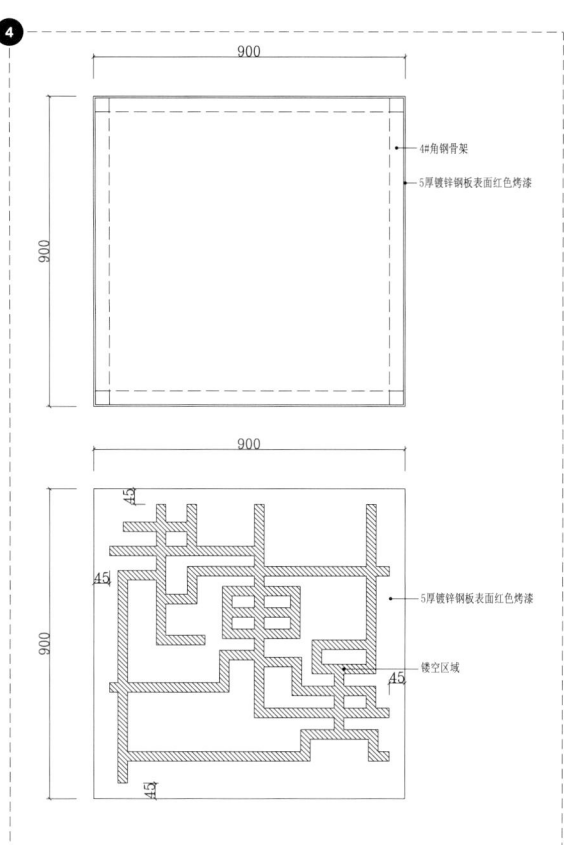

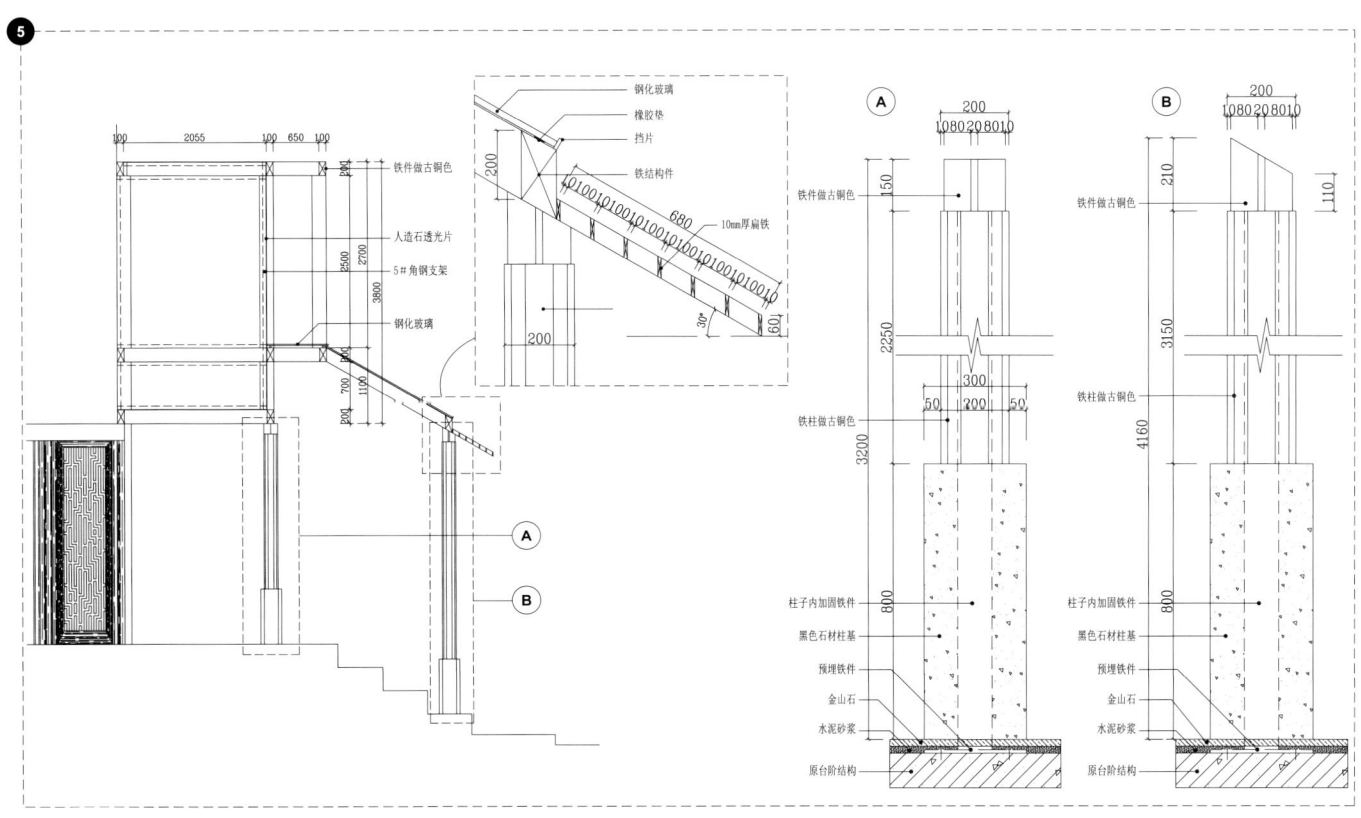

总台实景

大堂实景

大堂半隔断区实景

大堂半隔断区实景

大堂半隔断区实景

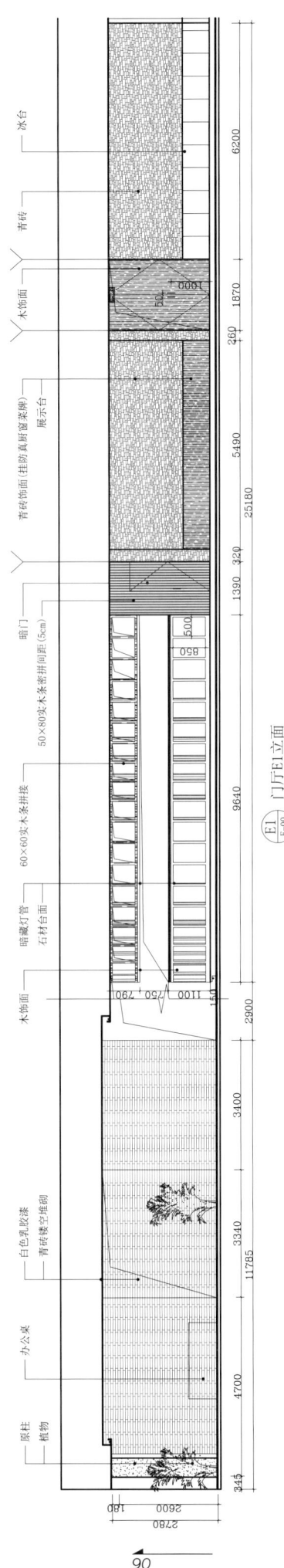
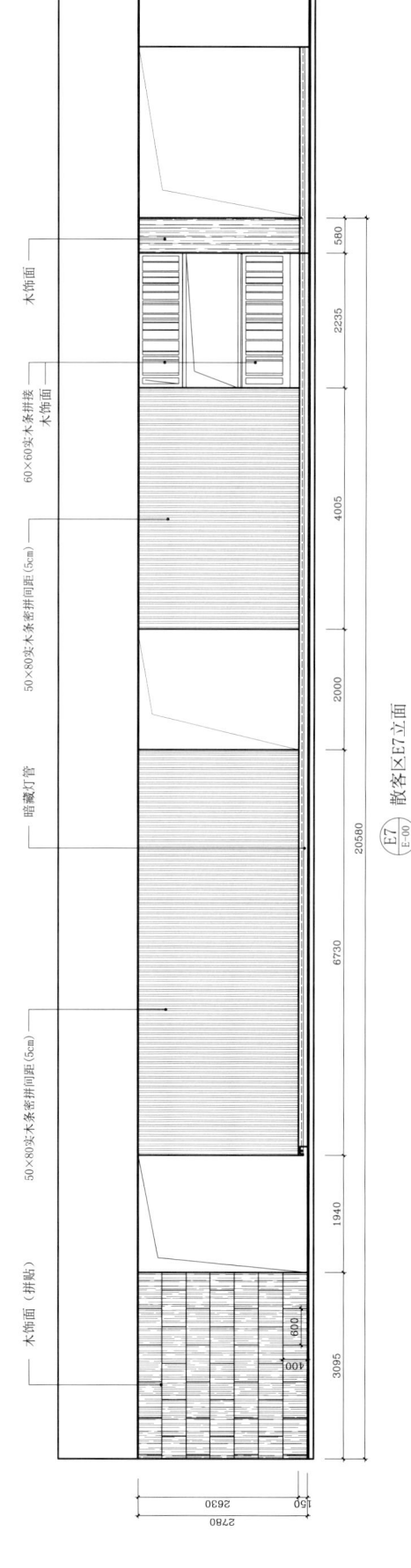

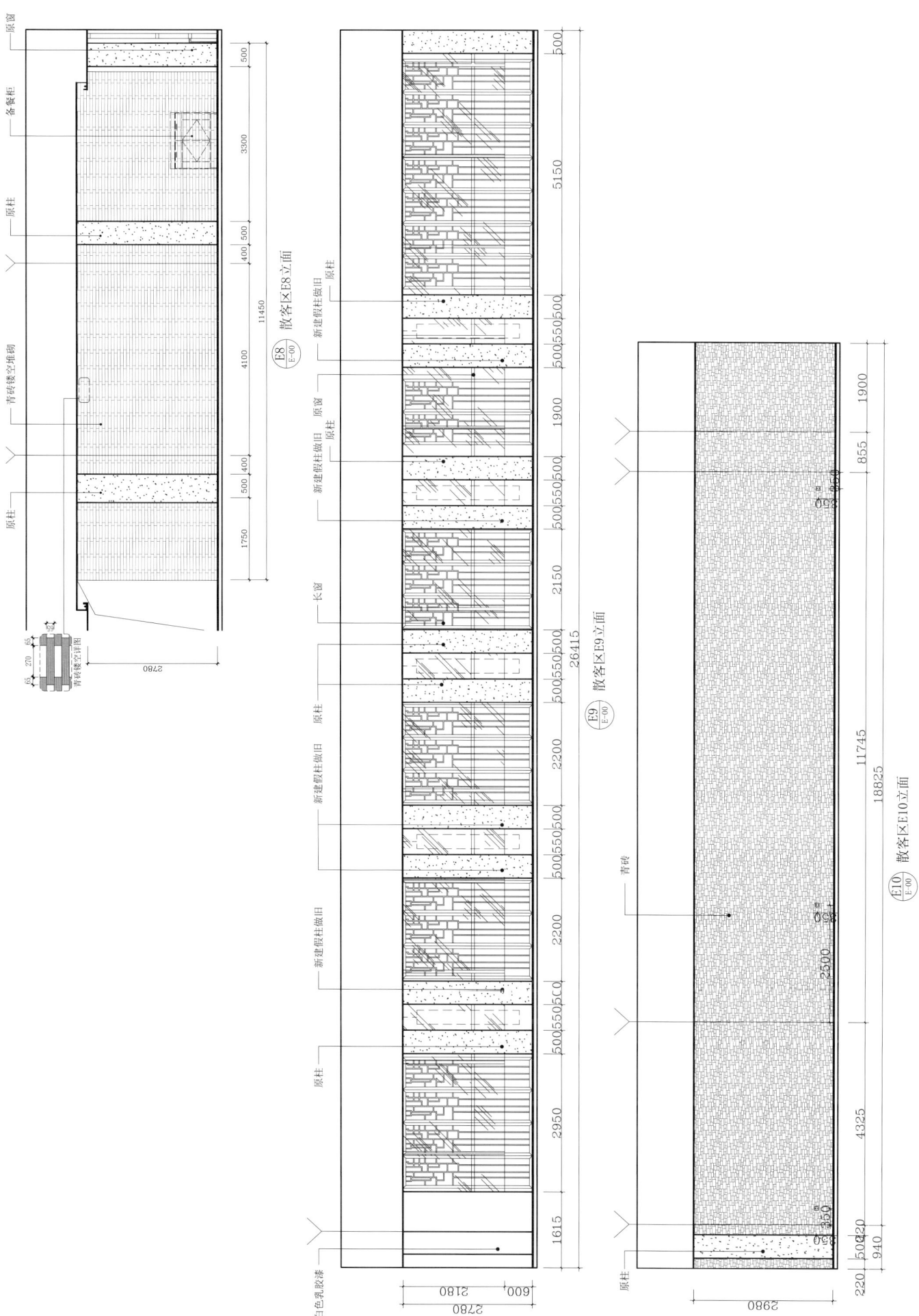

包间走道实景

包间走道实景

101包间实景

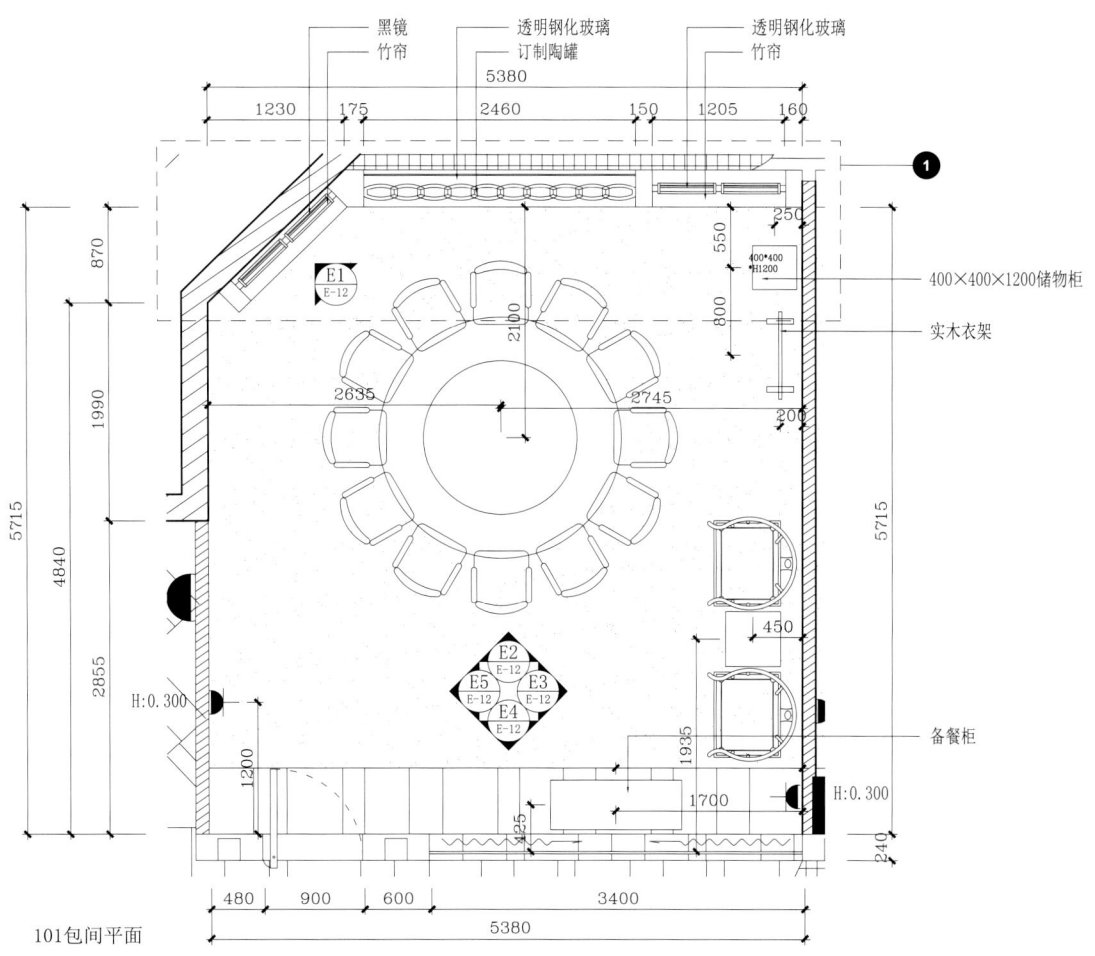

101包间平面

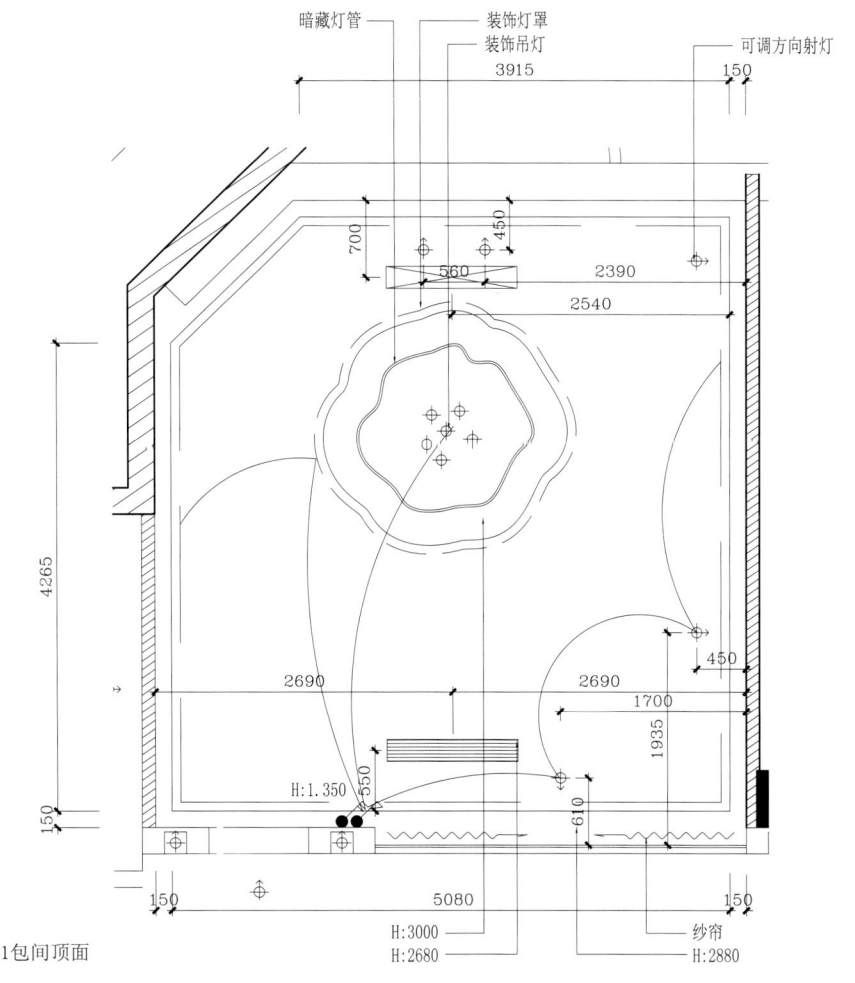

101包间顶面

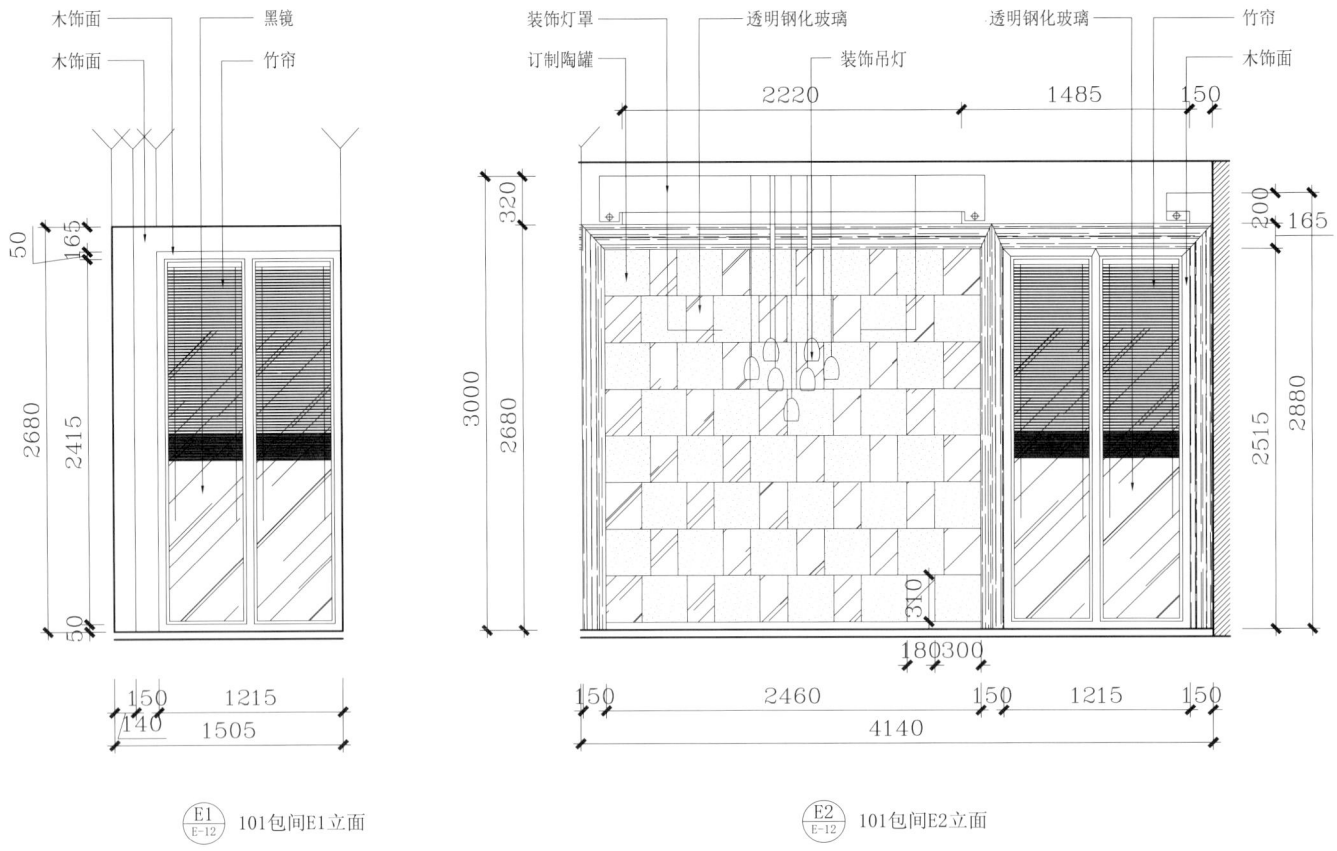

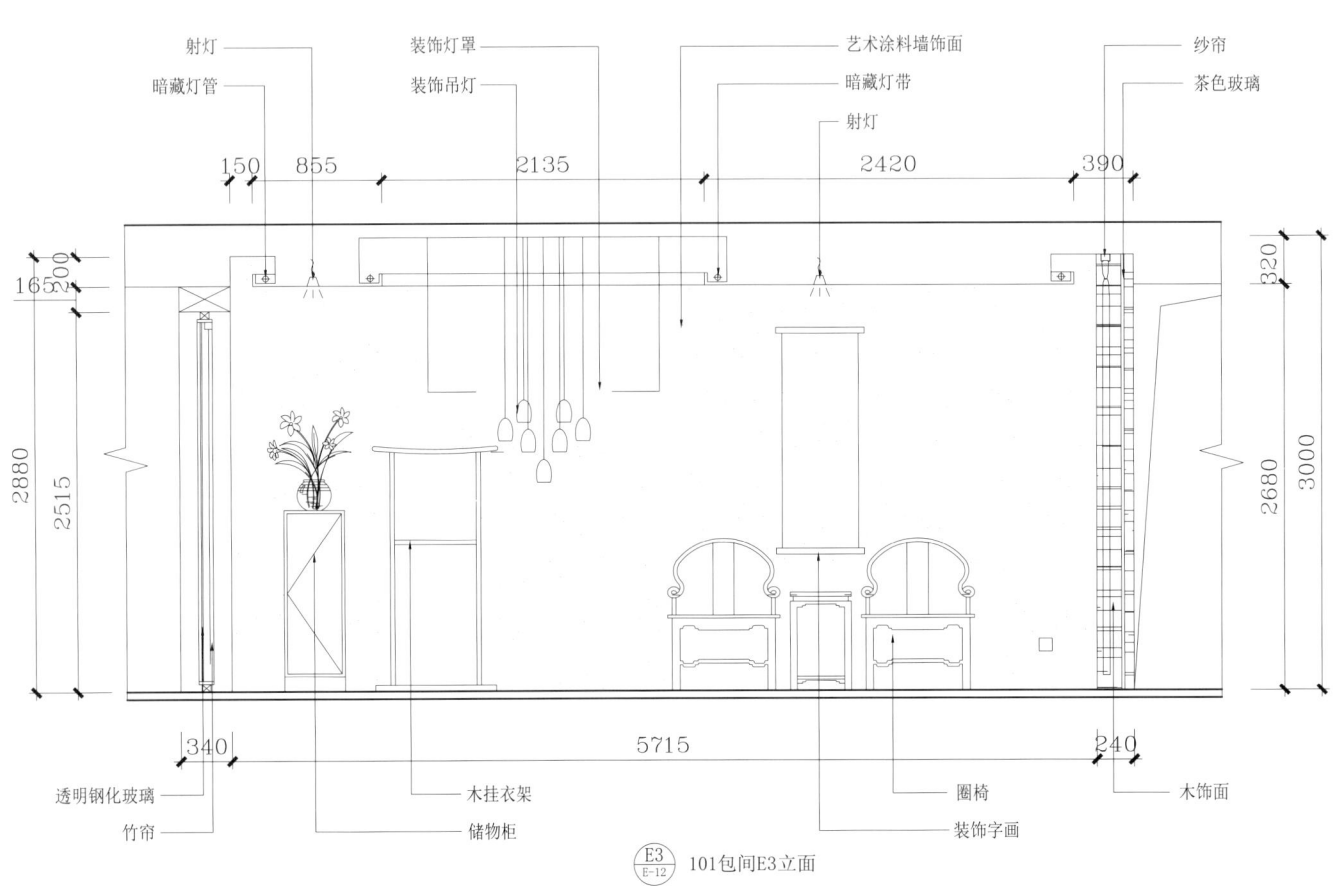

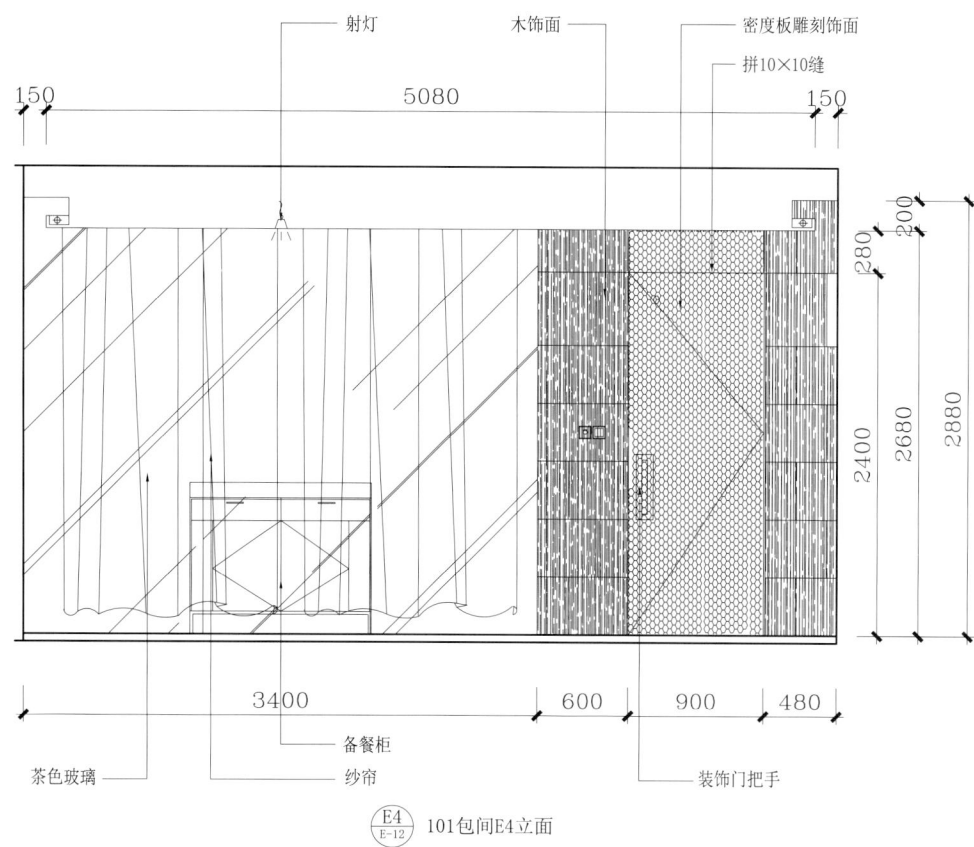

E4 101包间E4立面

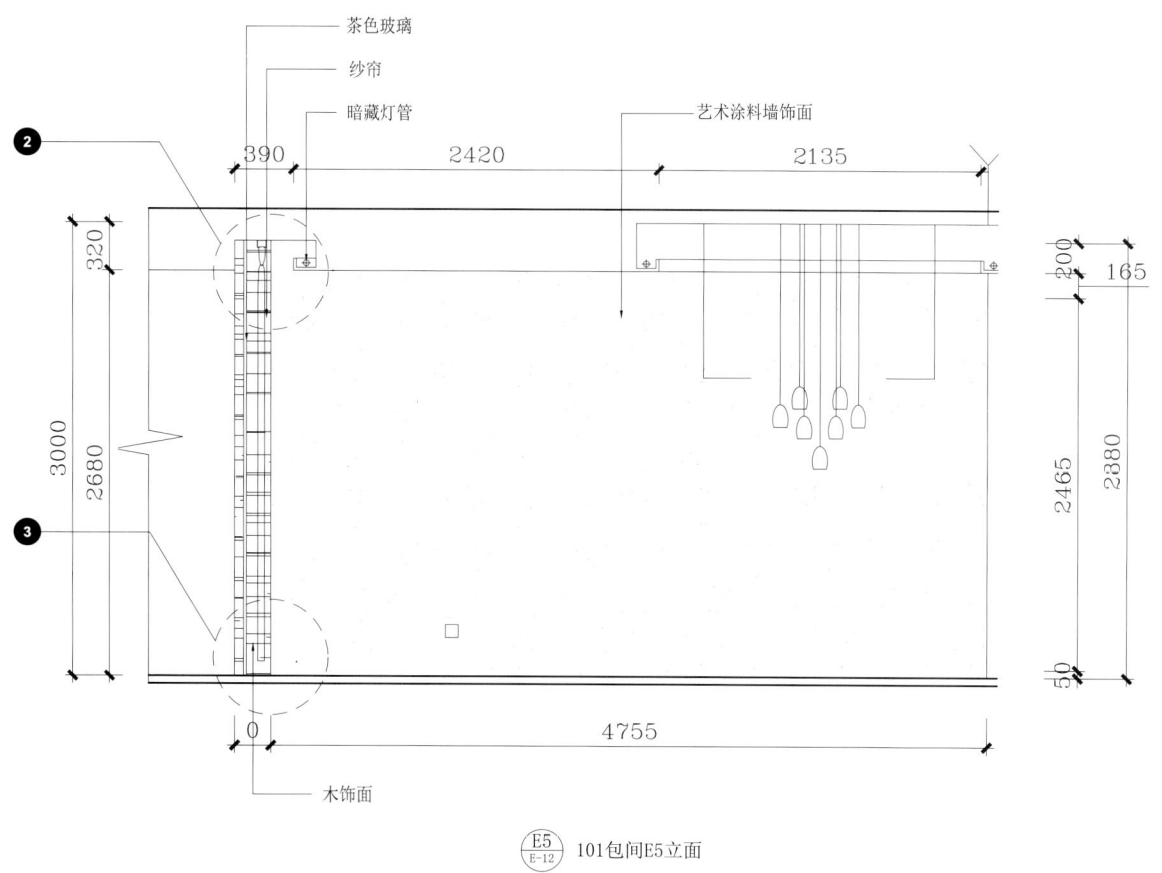

E5 101包间E5立面

1

12透明钢化玻璃
12透明钢化玻璃
竹帘
竹帘
木饰面
A
B
C
顶面离墙20mm
木饰面墙面
专用胶粘接
订制陶罐
木饰面
12透明钢化玻璃
订制陶罐
木饰面
独立就餐区石材地面
60*60方钢管
包厢内地毯地面
原始地面
木饰面
竹帘
12钢化透明玻璃
木饰面
60*60方钢管
包厢内地毯地面
原始地面
顶面离墙20mm
墙体
黑镜
竹帘

2

成品不锈钢玻璃夹
透明硅胶密封
茶色玻璃，上下做木档固定，
左右两边可用透明硅胶密封。
纱帘

3

纱帘
透明硅胶密封
茶色玻璃，左右两边与墙面接口处，
可用透明硅胶密封。
成品不锈钢玻璃夹
石材地面

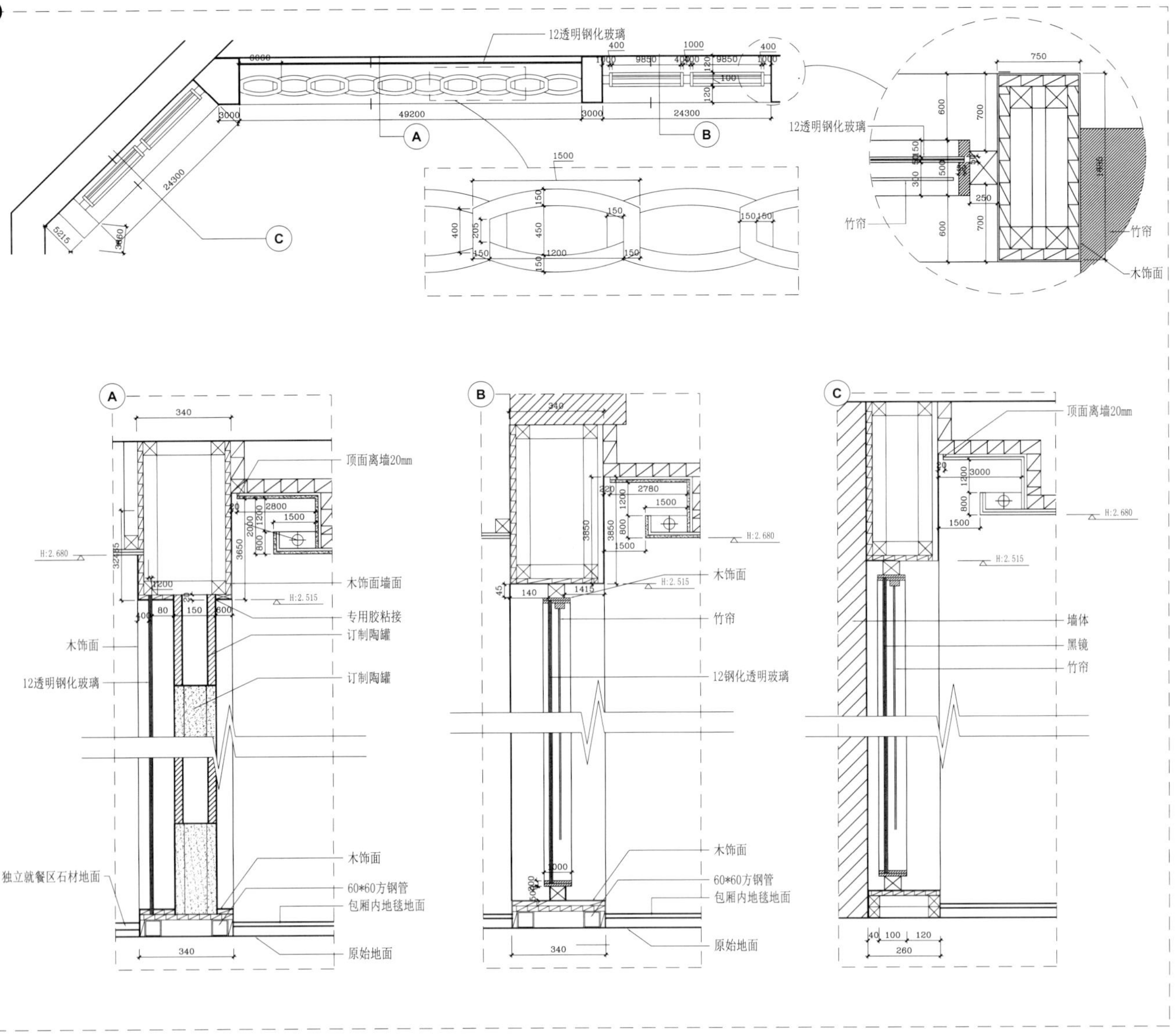

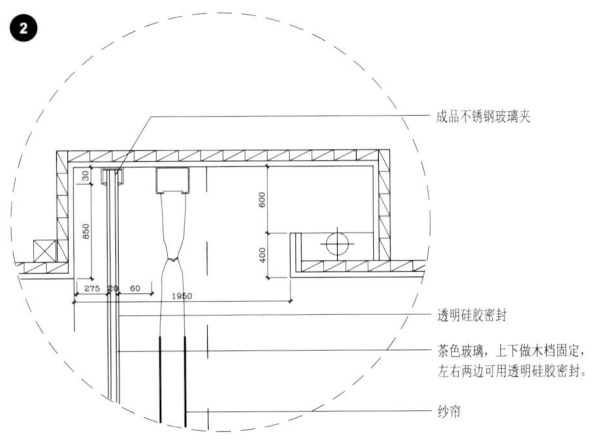

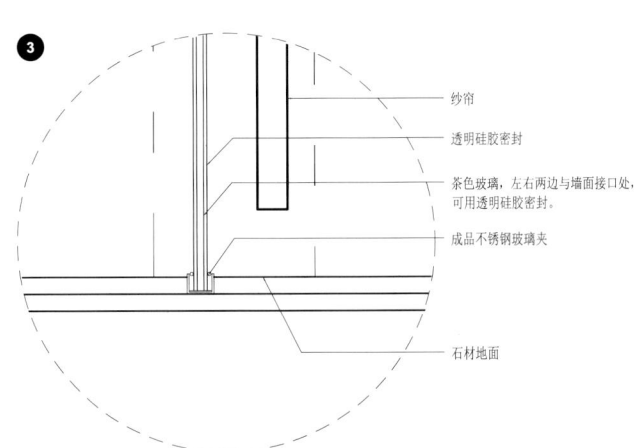

独立就餐区走道实景

独立就餐区平面

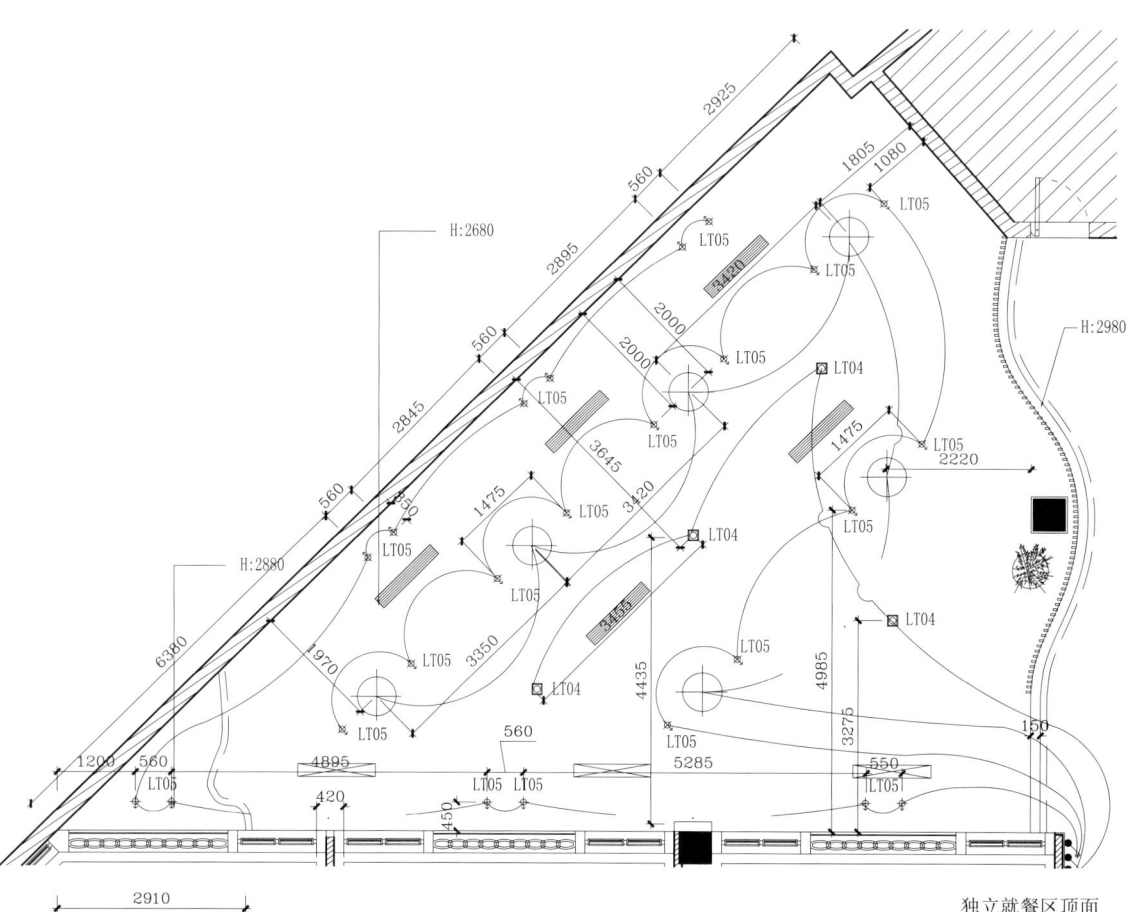

独立就餐区顶面

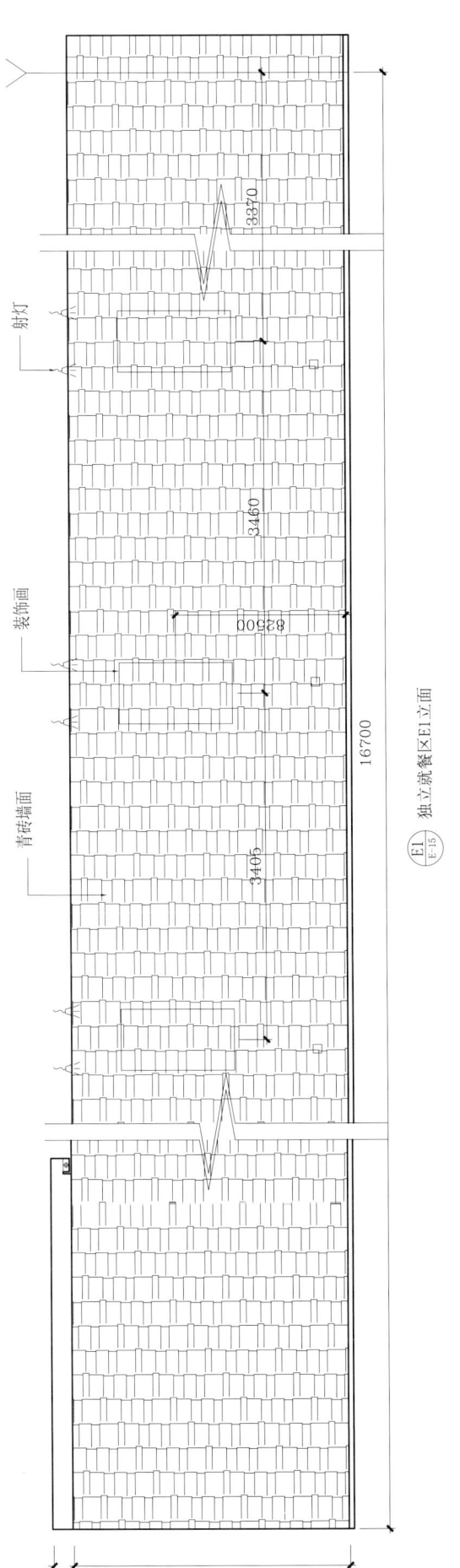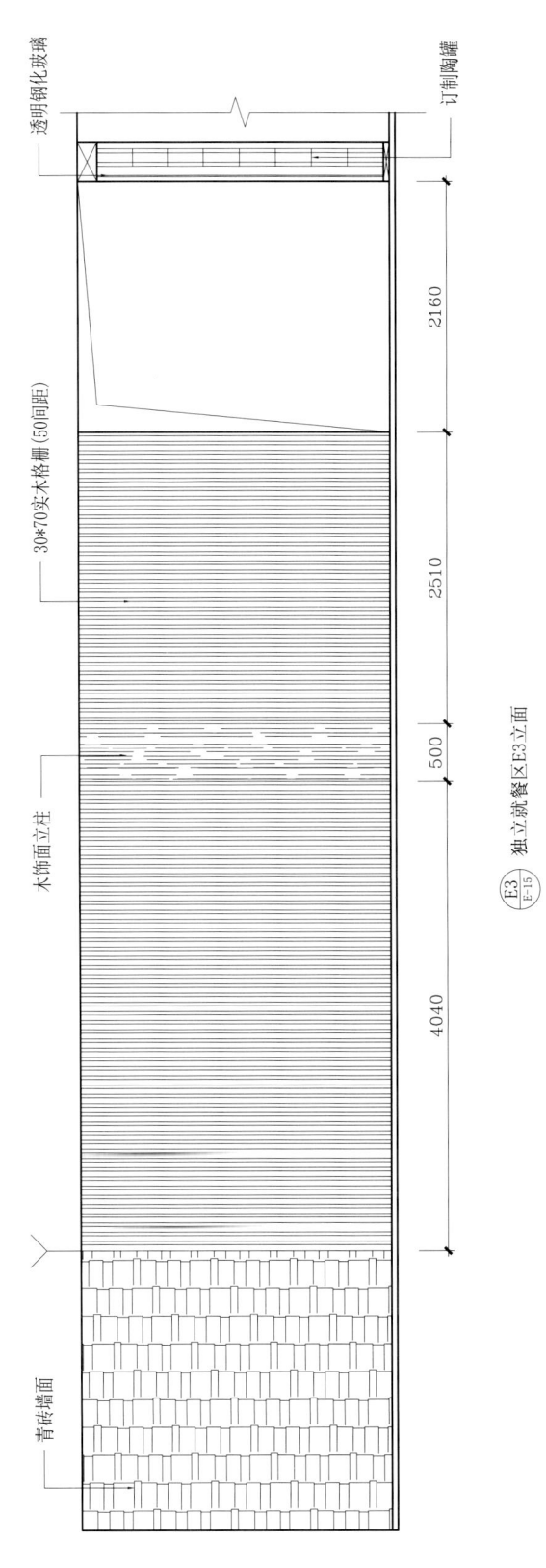

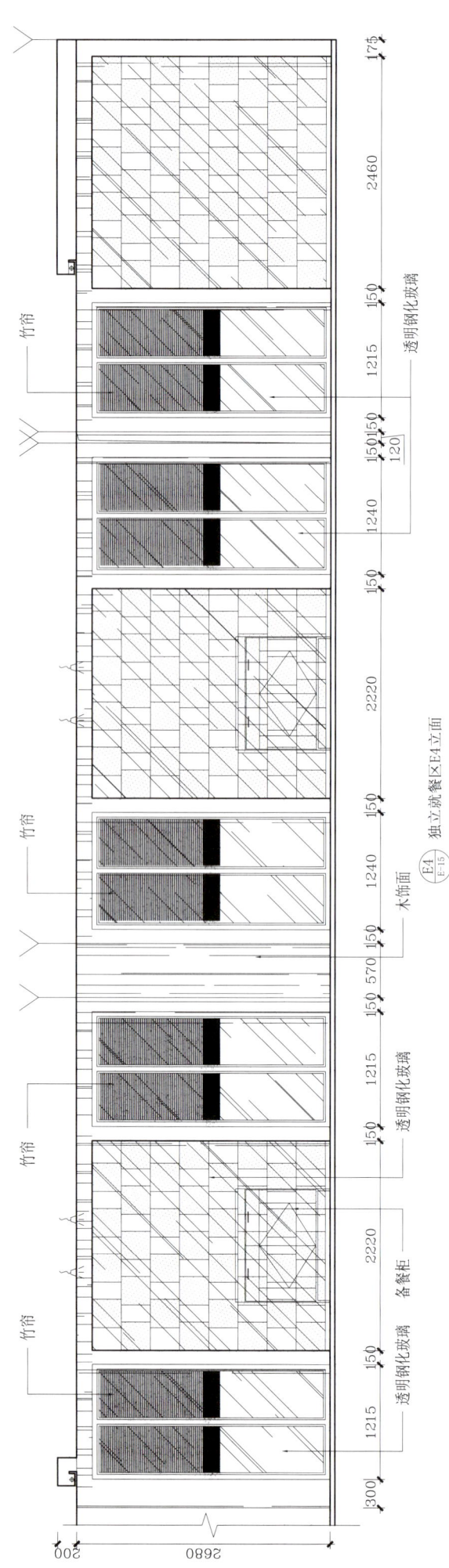
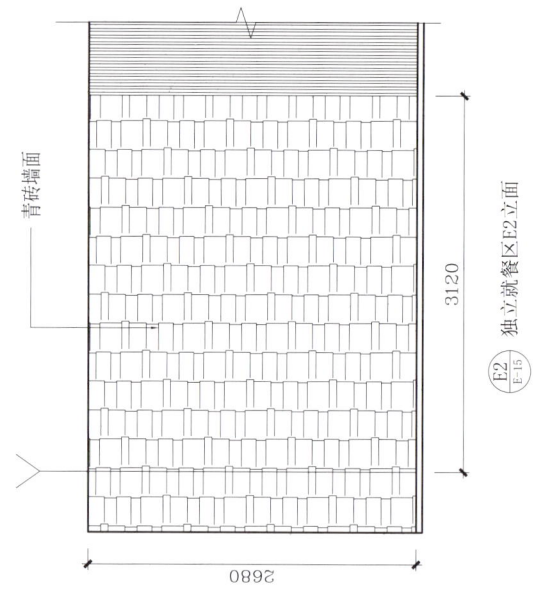

包间靠椅实景

包间家具实景

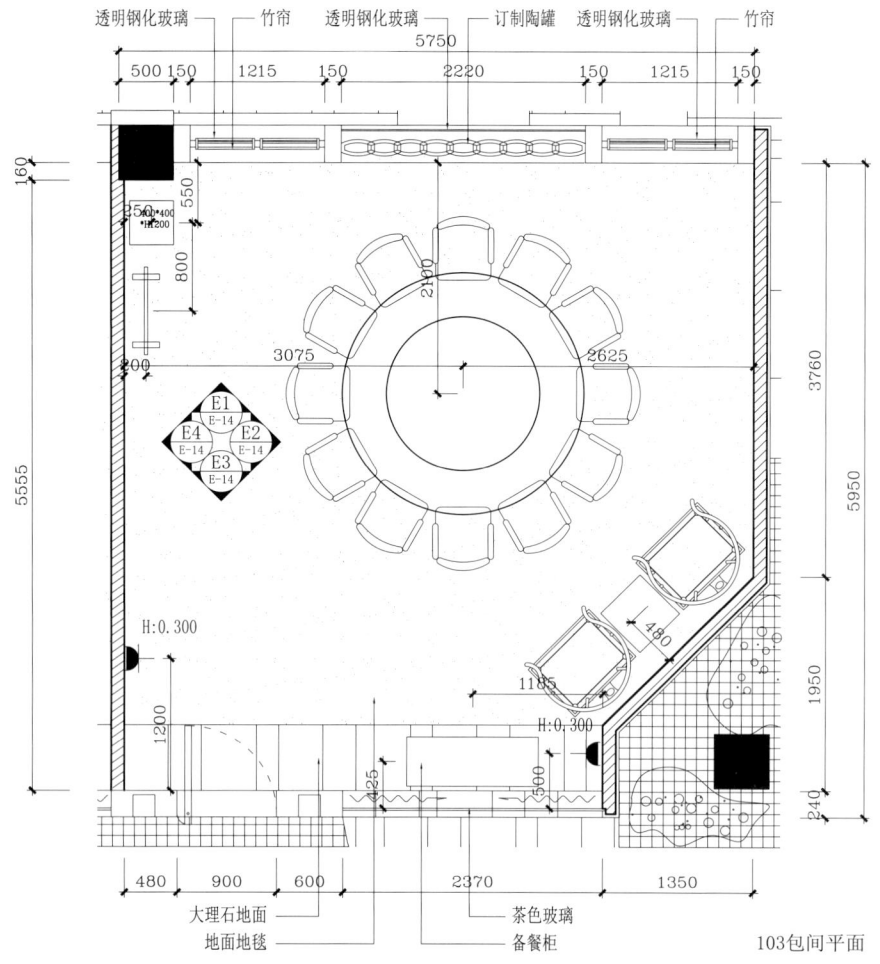

103包间平面

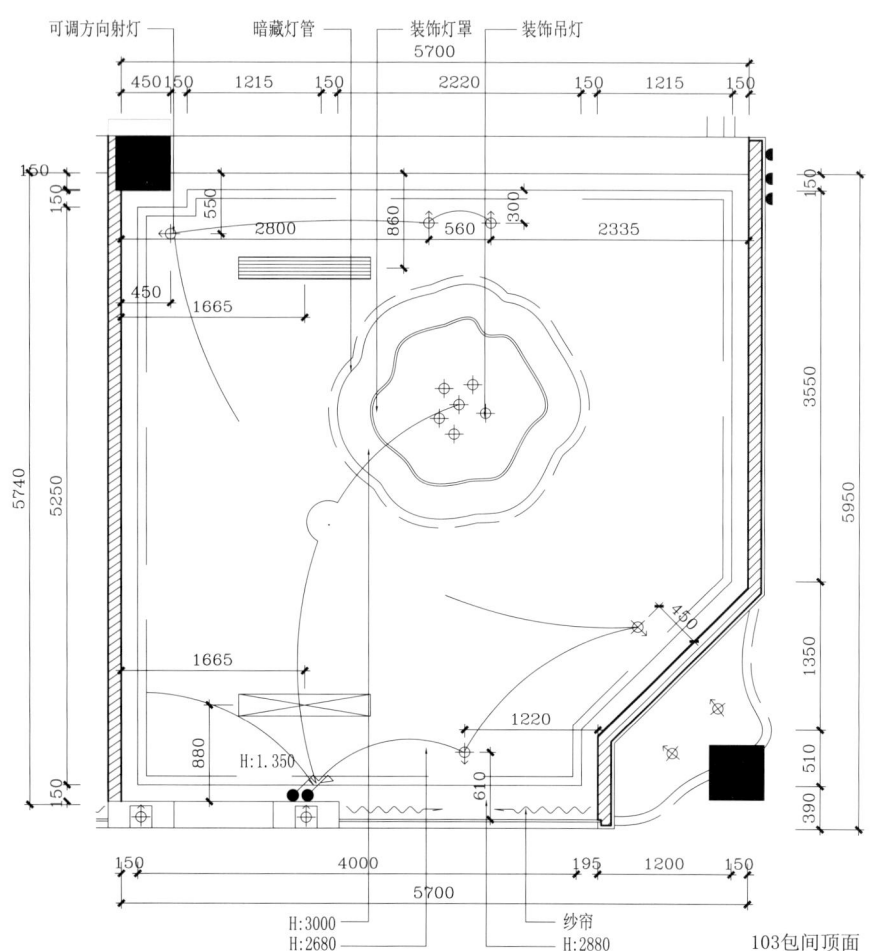

103包间顶面

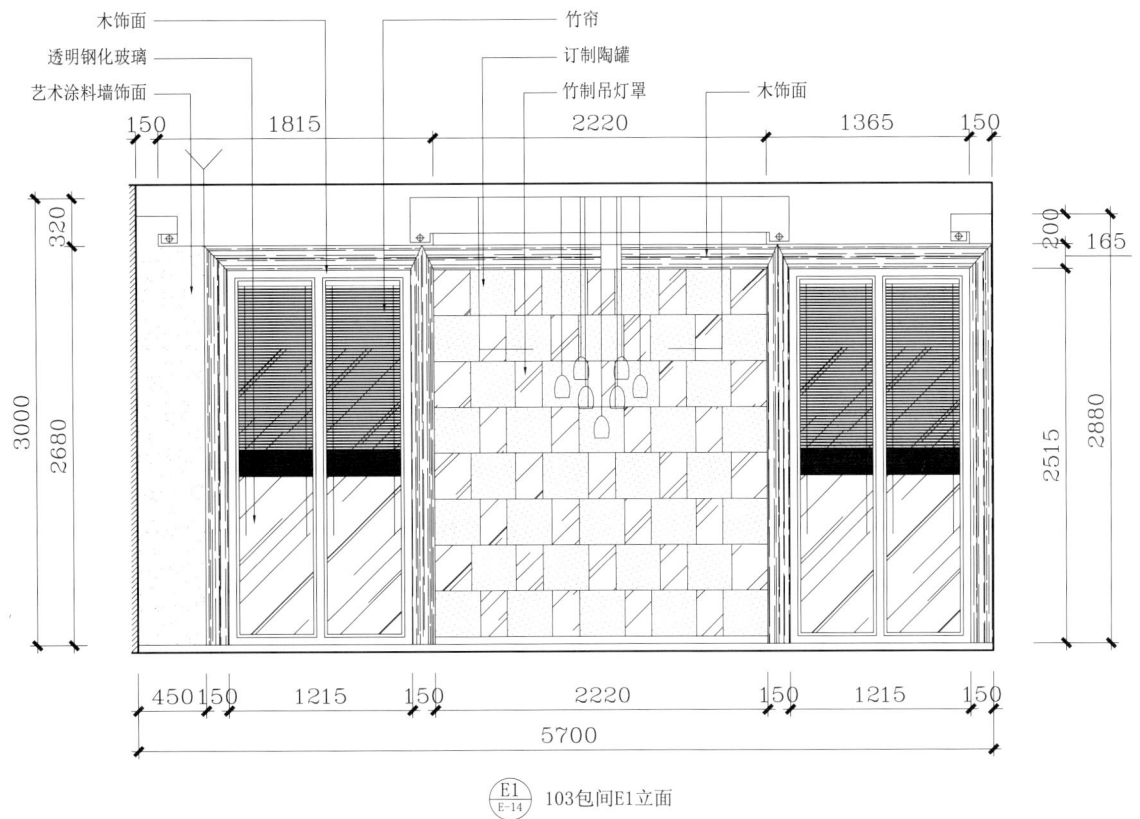

E1 103包间E1立面

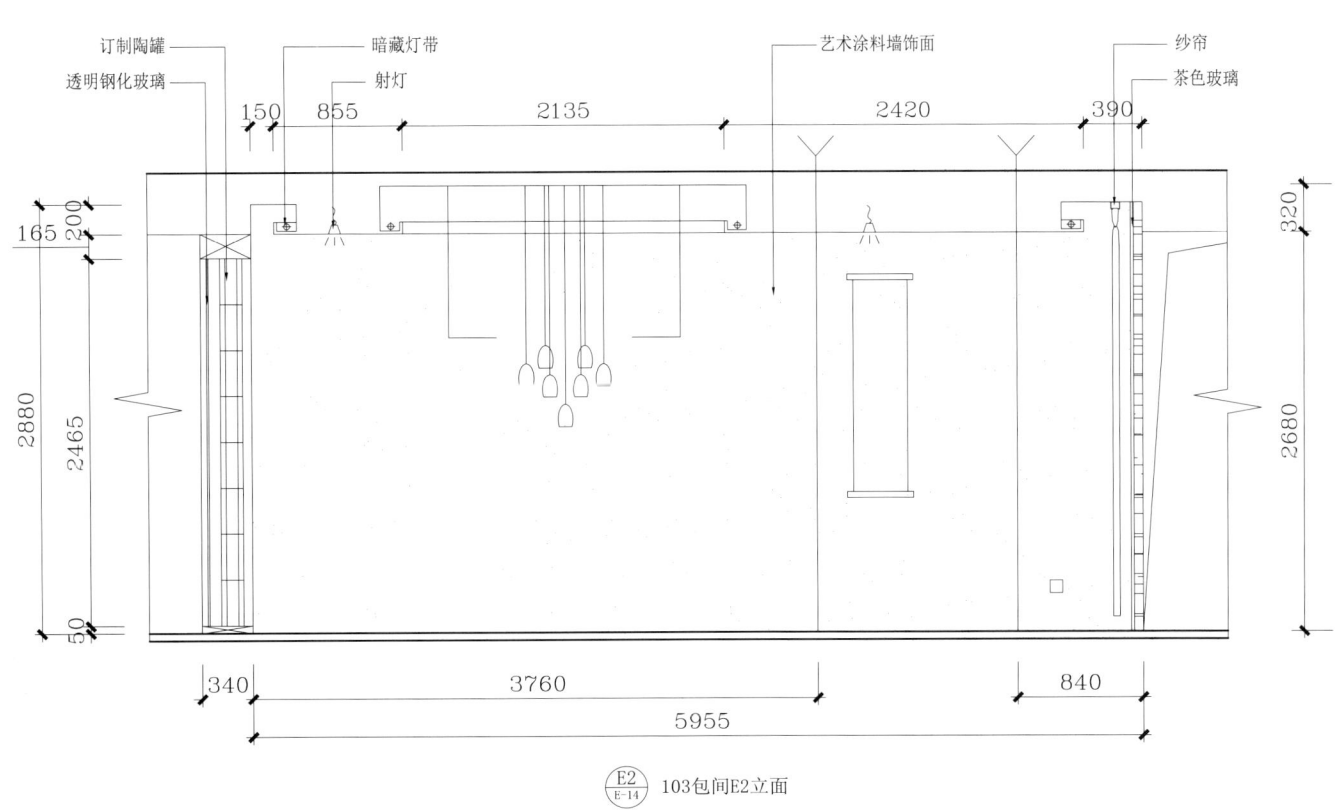

E2 103包间E2立面

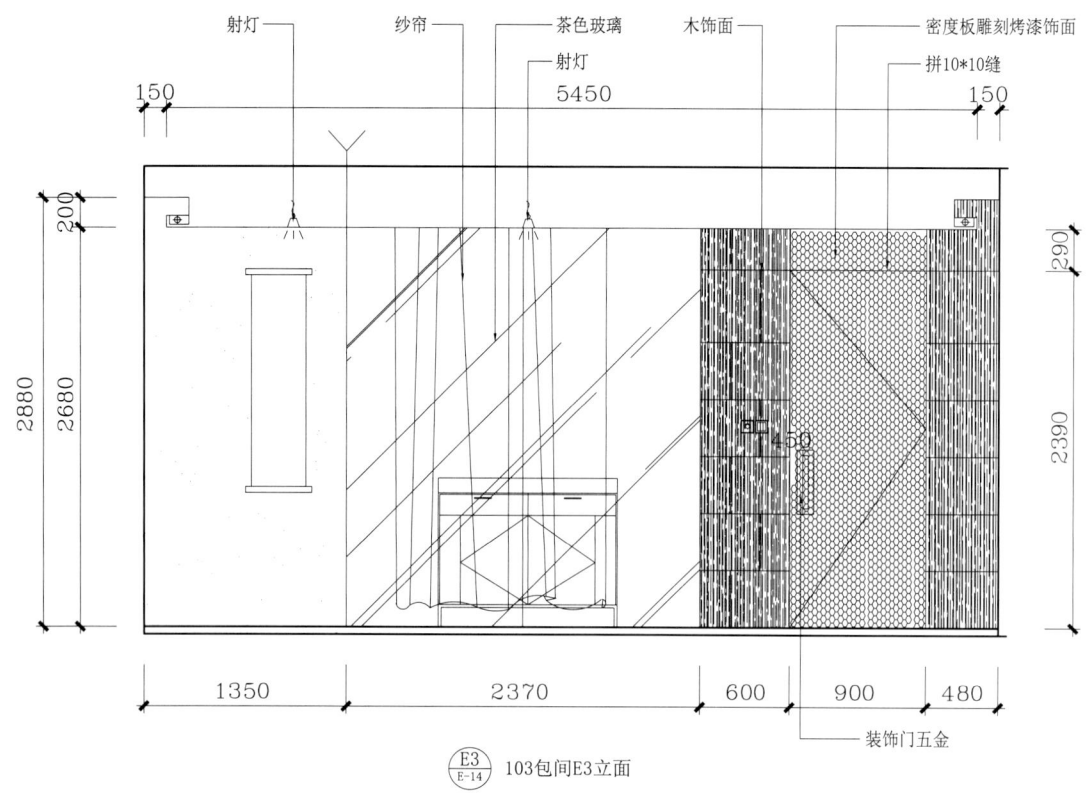

E3 103包间E3立面

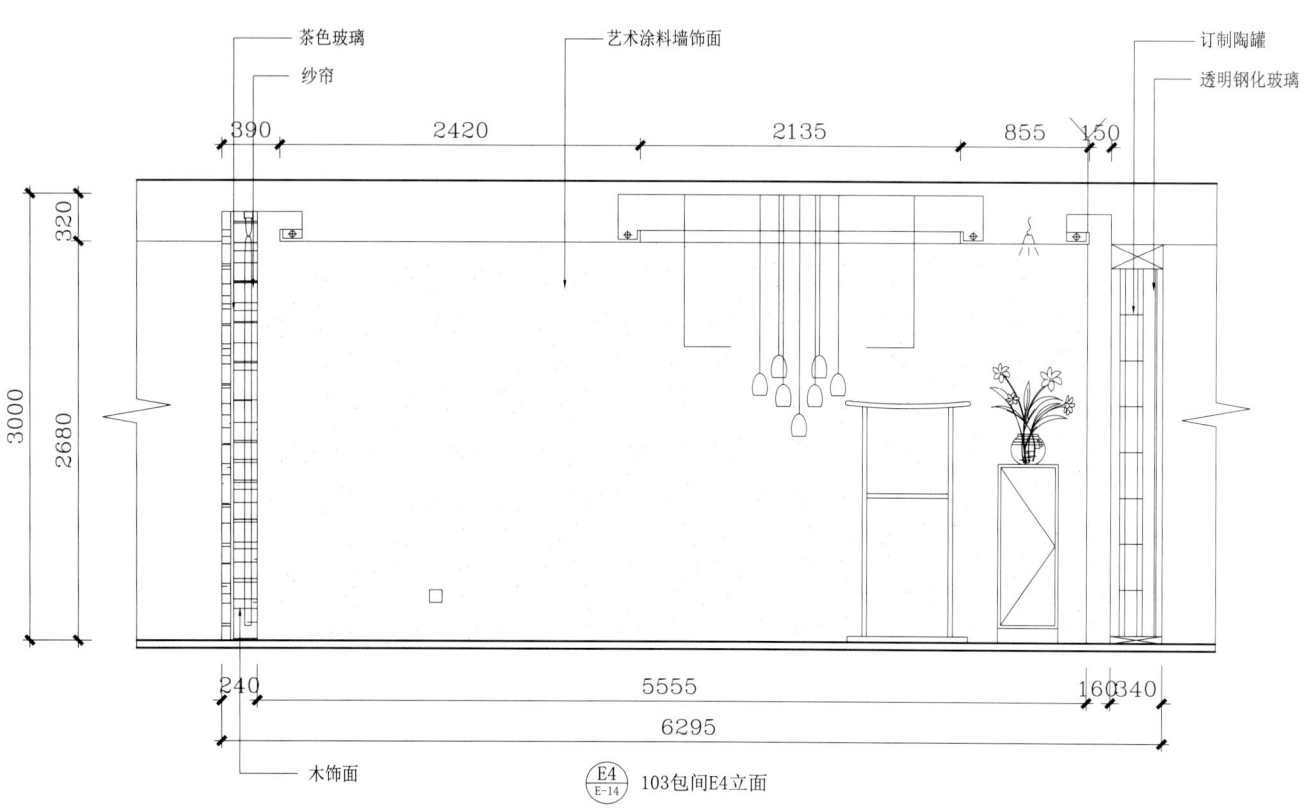

E4 103包间E4立面

廿一会所
NIANYI HUISUO

设计单位：南京筑内空间设计顾问有限公司
设　　计：陈卫新
面　　积：2000m²
坐落地点：南京

廿一（京昆）会所位于古城南京"甘熙故宅"一侧，修复的古戏台是院落的核心。设计师在院中围绕戏台做了三面围合的浅池，到了晚上，冷色调的地面光与戏台之上的光影倒影相映成趣，似真似幻。

考虑到老宅子及院落间的通道连贯与服务功能，设计师对原建筑局部进行了改造与加建，使建筑最大程度上适合现代使用。

会所的部分建筑属于清代保留建筑，所以在这些地方采取了保护性措施，减少了对房屋本身的尺度、材质等观感的影响。

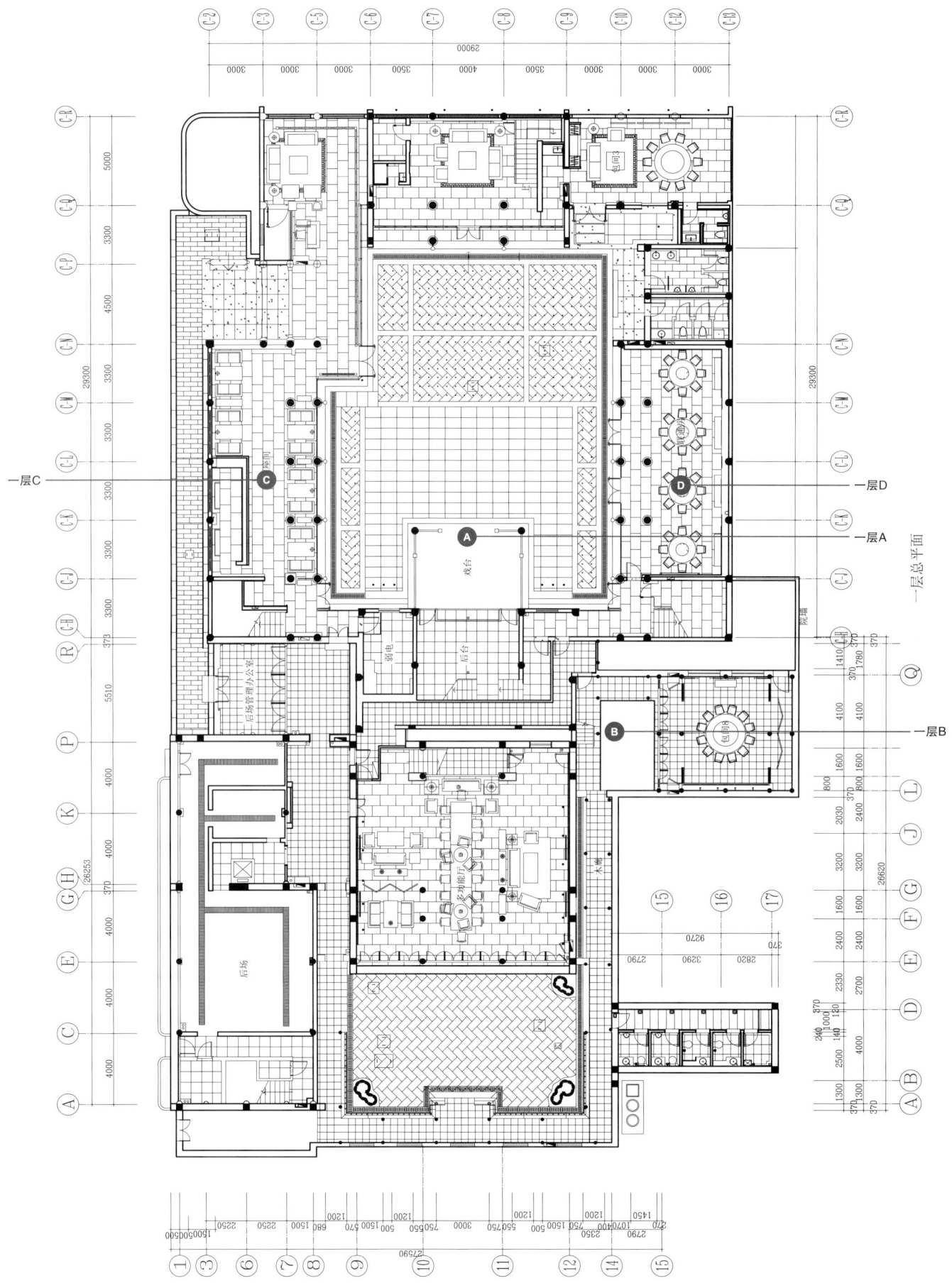

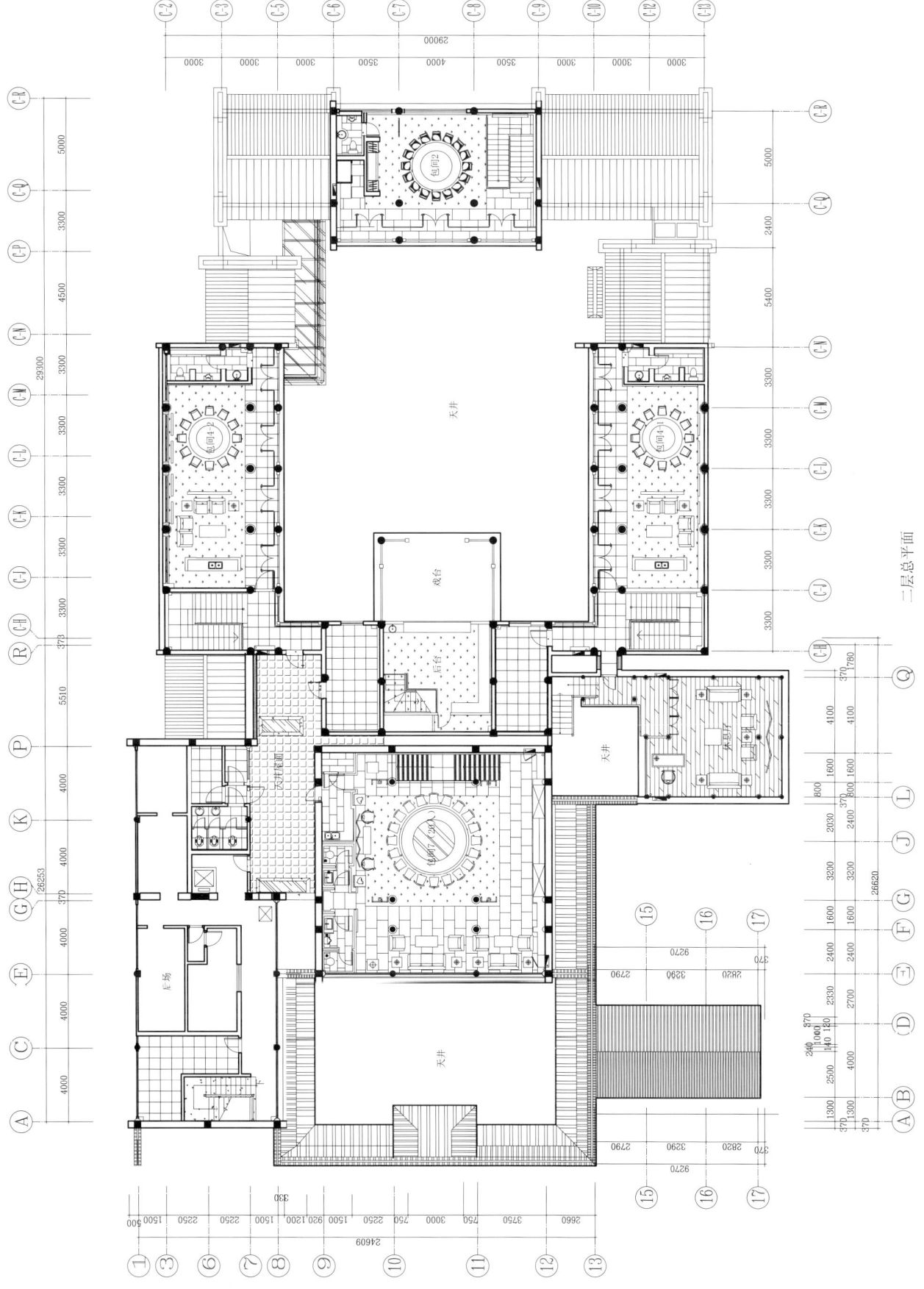

A实景

B实景

C实景

D实景

图例	说明
⊕	筒灯（雷士NDL860E 开孔尺寸∅100）
⊕	射灯（雷士NDL860C 开孔尺寸∅100）
⊕	照画灯（雷士NDL860B 开孔尺寸∅100）
—	暖白色冷阴极管灯带
●	音响喇叭
○	暗藏式喷淋头

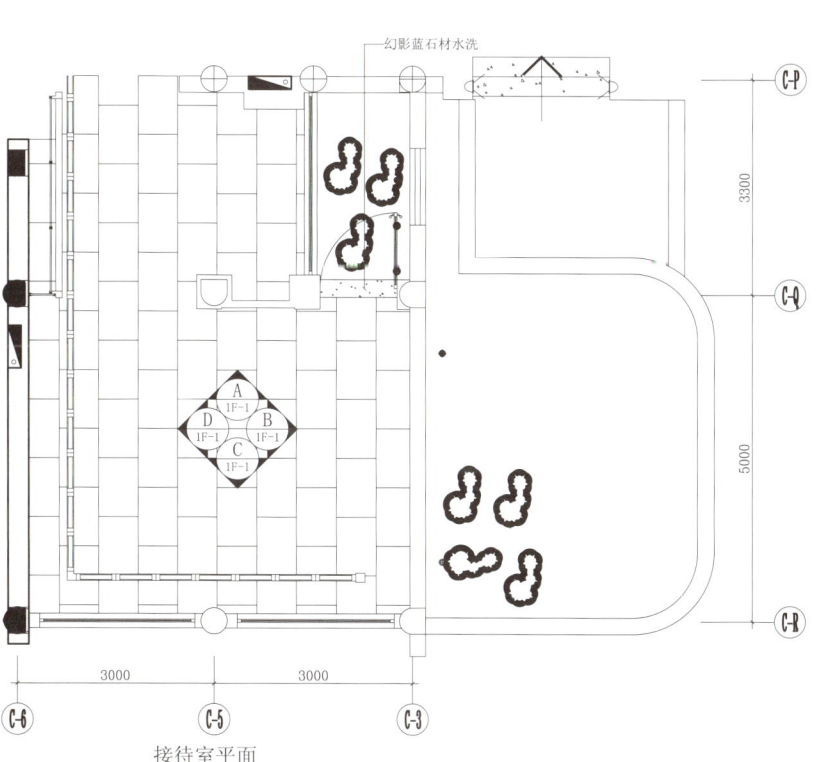

接待室平面

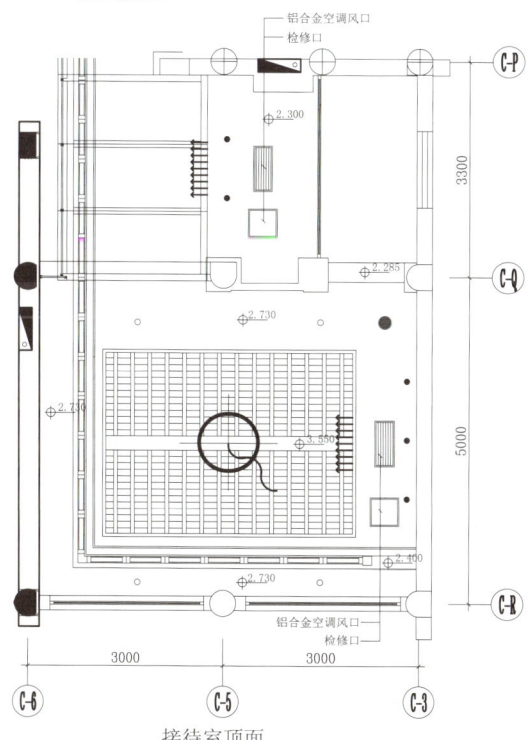

接待室顶面

E实景

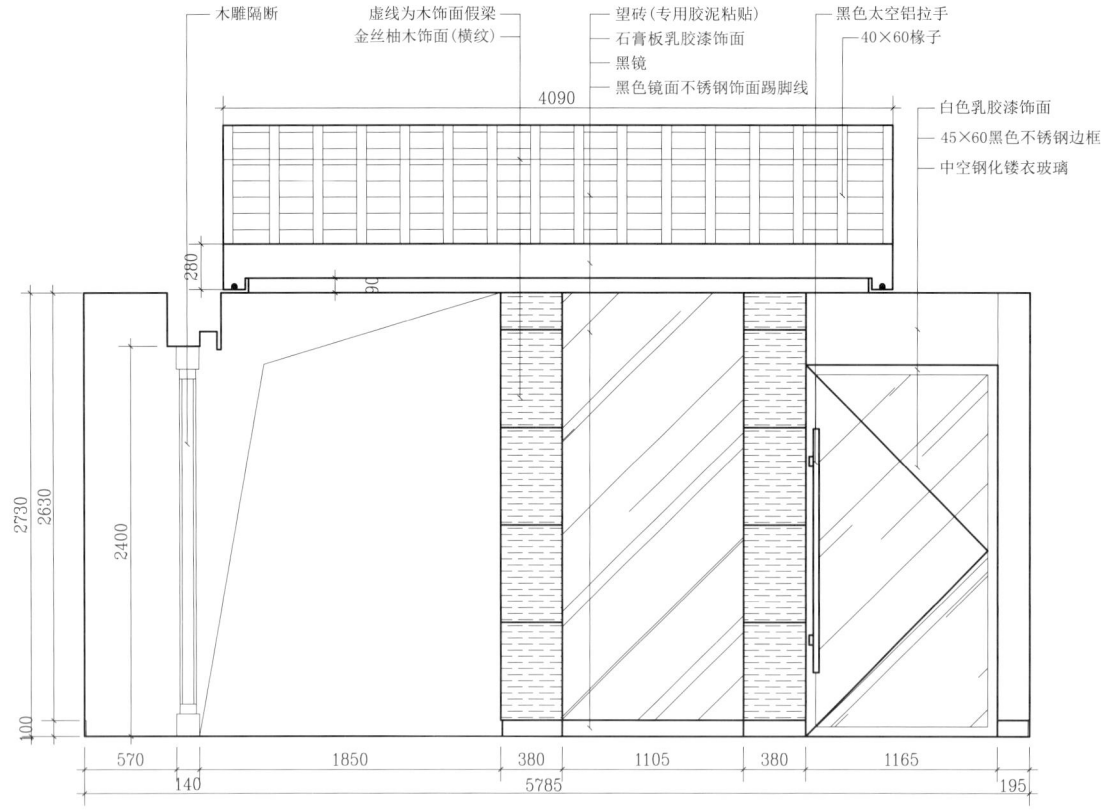

A / 1F-1 接待室立面A

B / 1F-1 接待室立面B

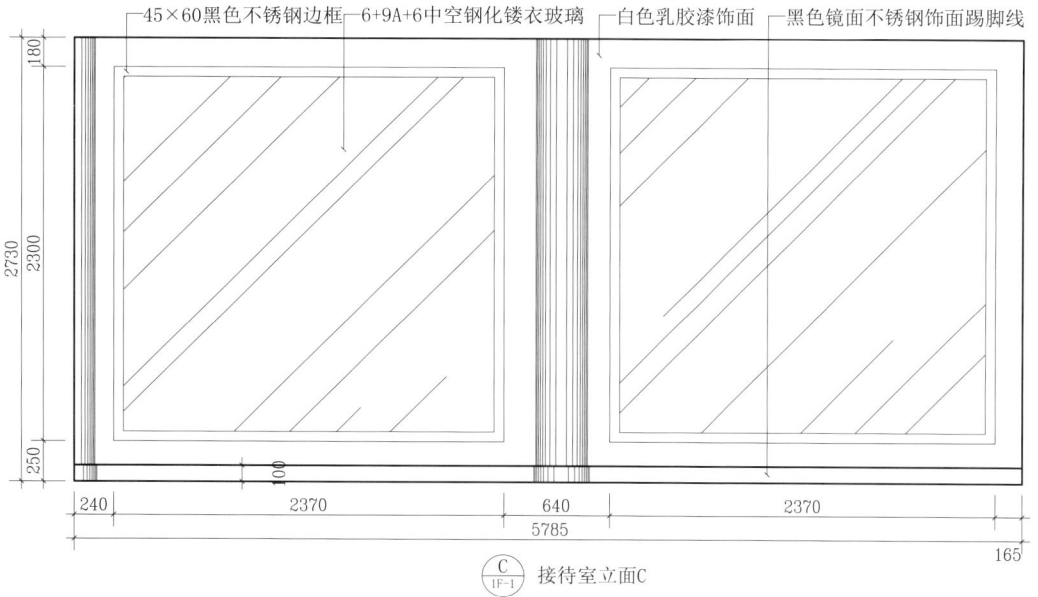

C/1F-1 接待室立面C

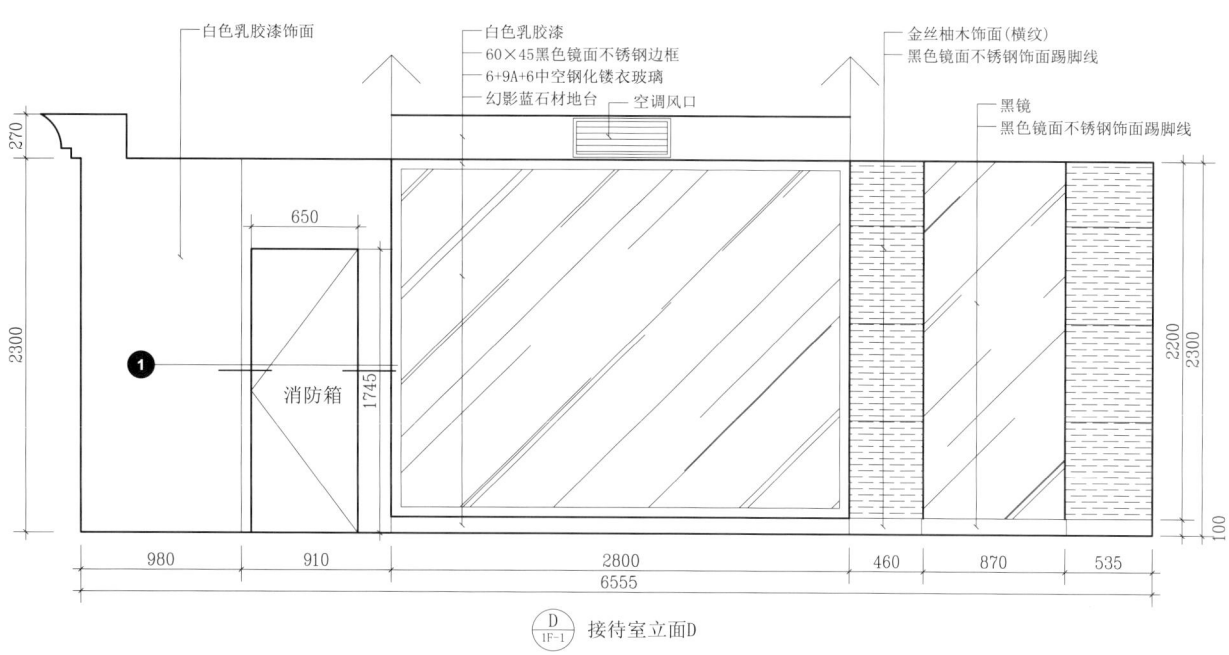

D/1F-1 接待室立面D

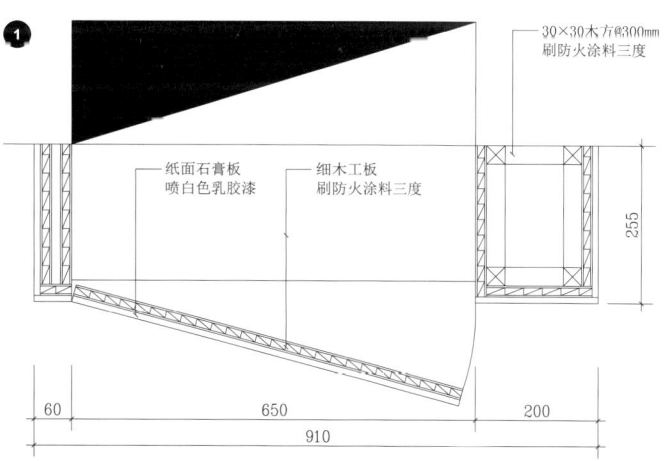

联通房实景

联通房实景

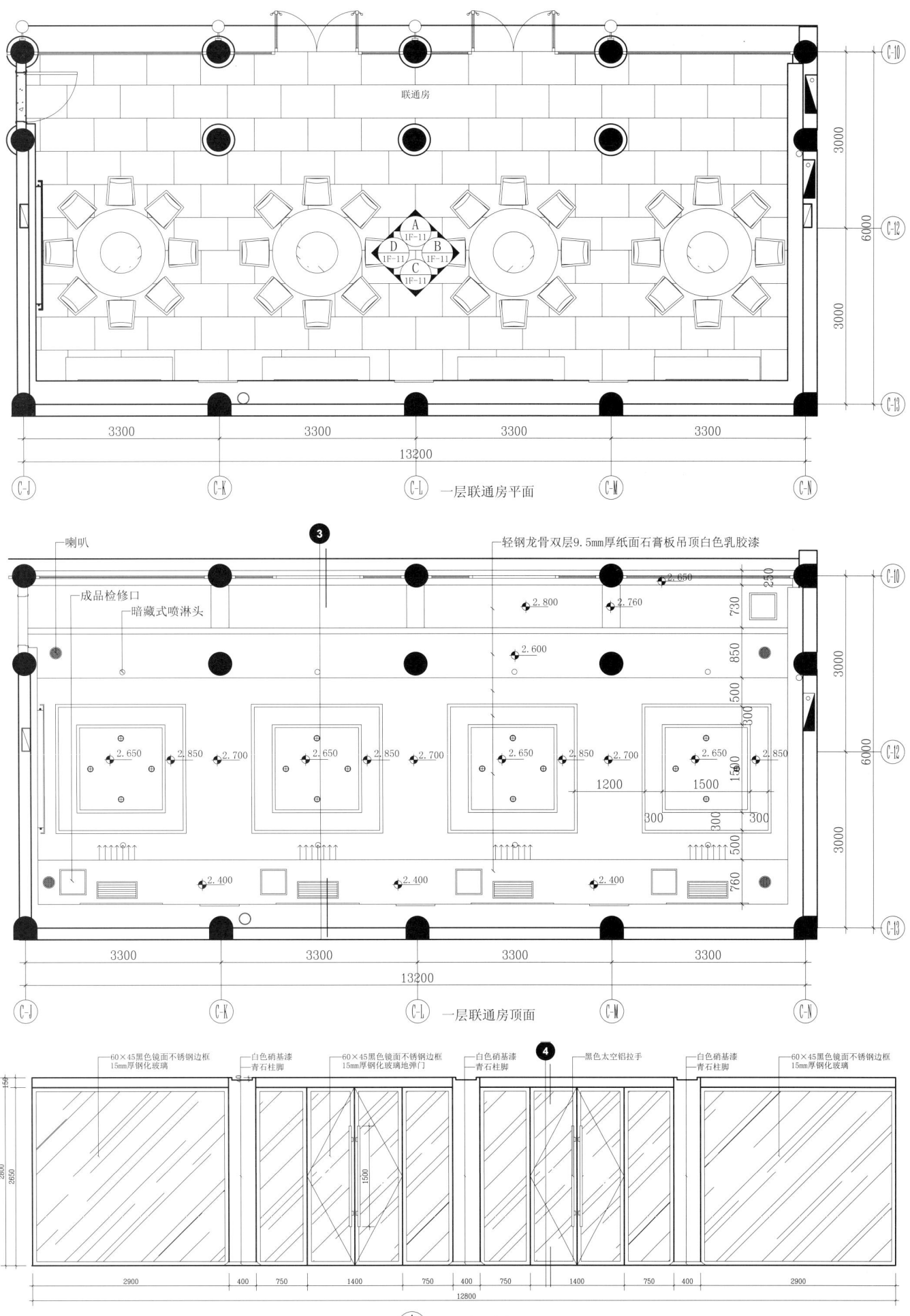

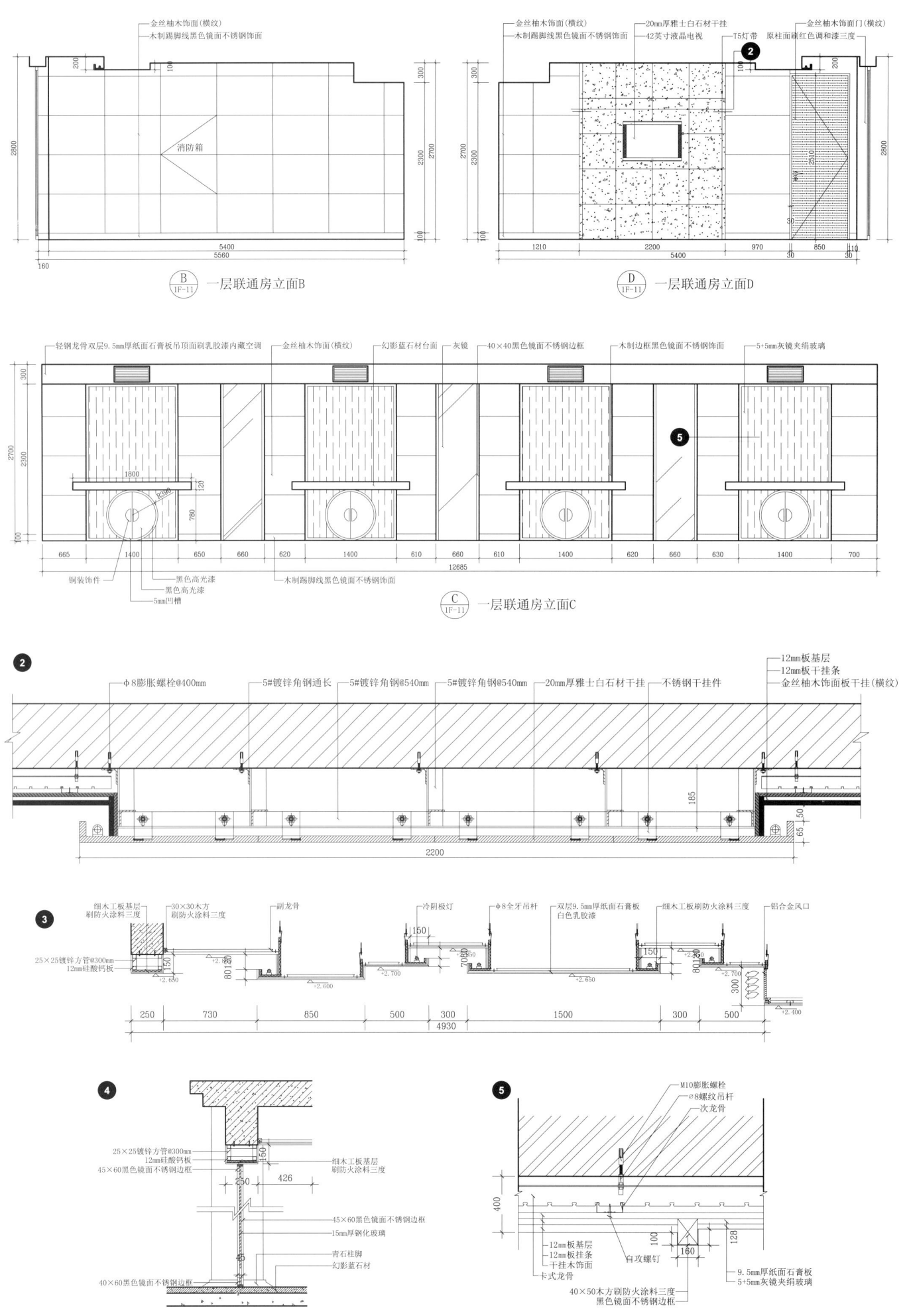

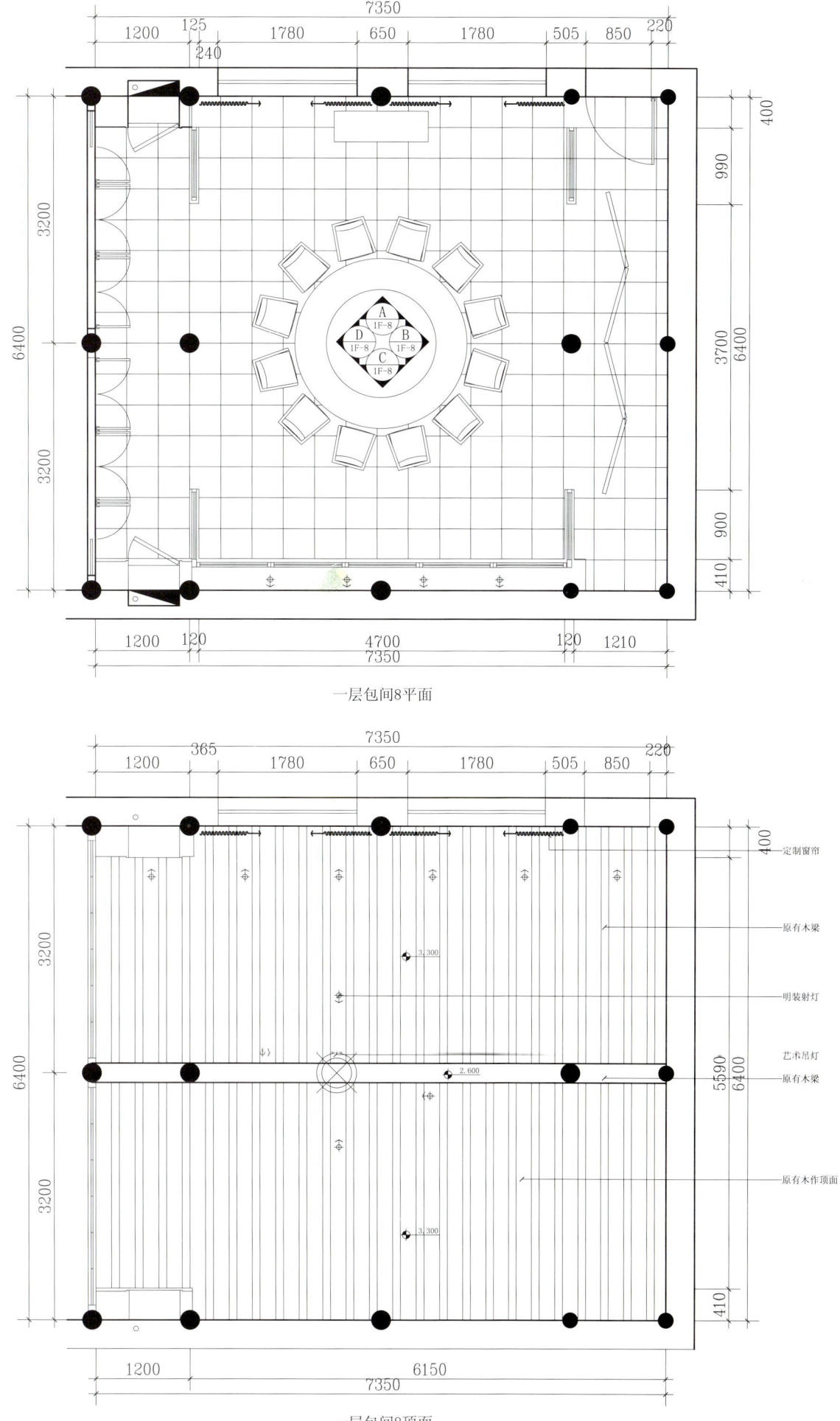

一层包间8平面

一层包间8顶面

一层包间8实景

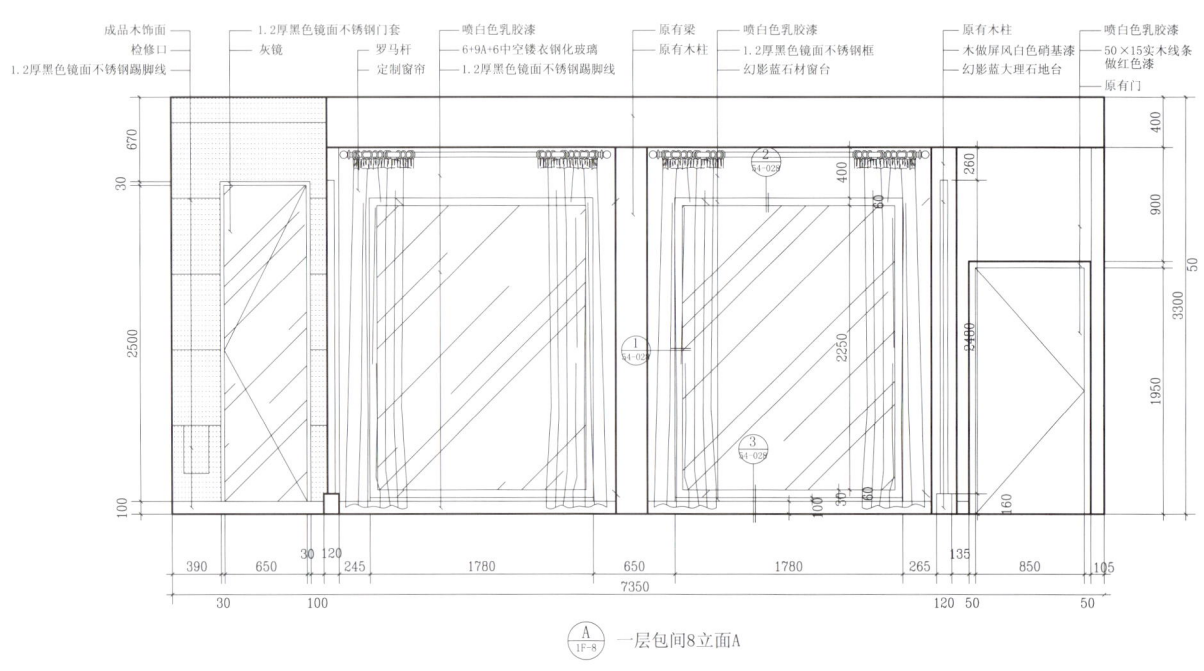

A/1F-8　一层包间8立面A

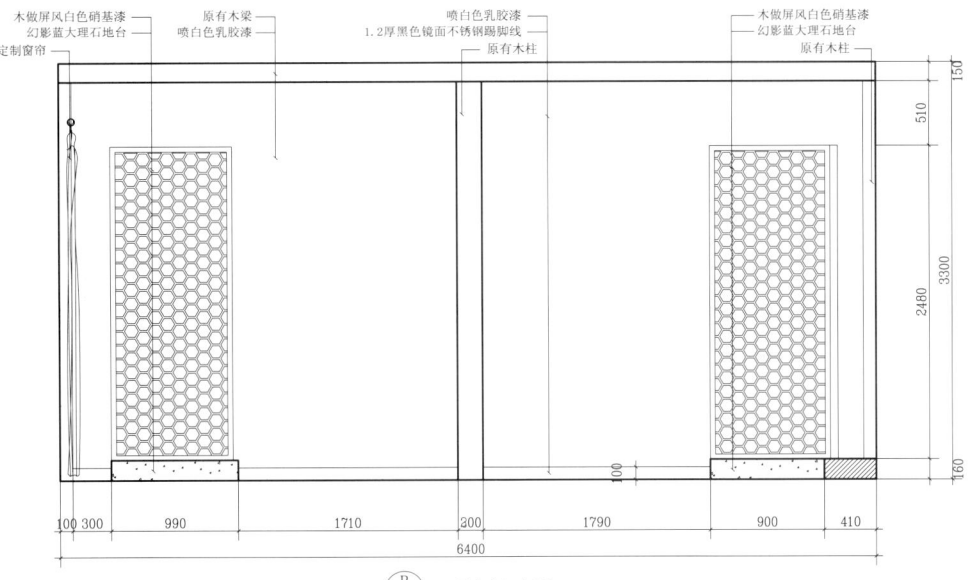

B/1F-8 一层包间8立面B

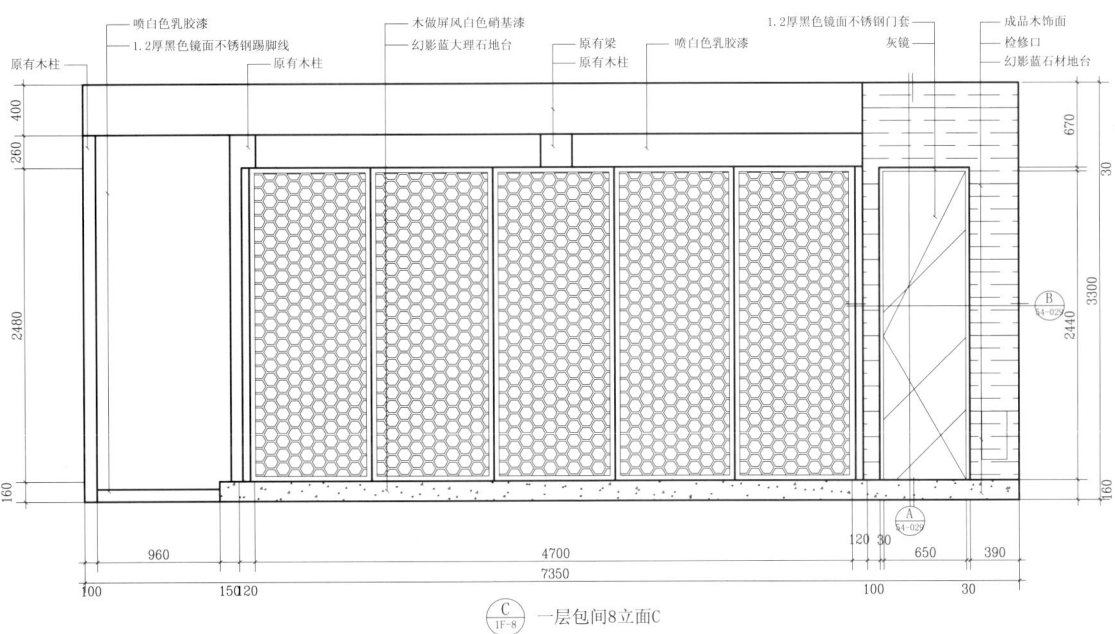

C/1F-8 一层包间8立面C

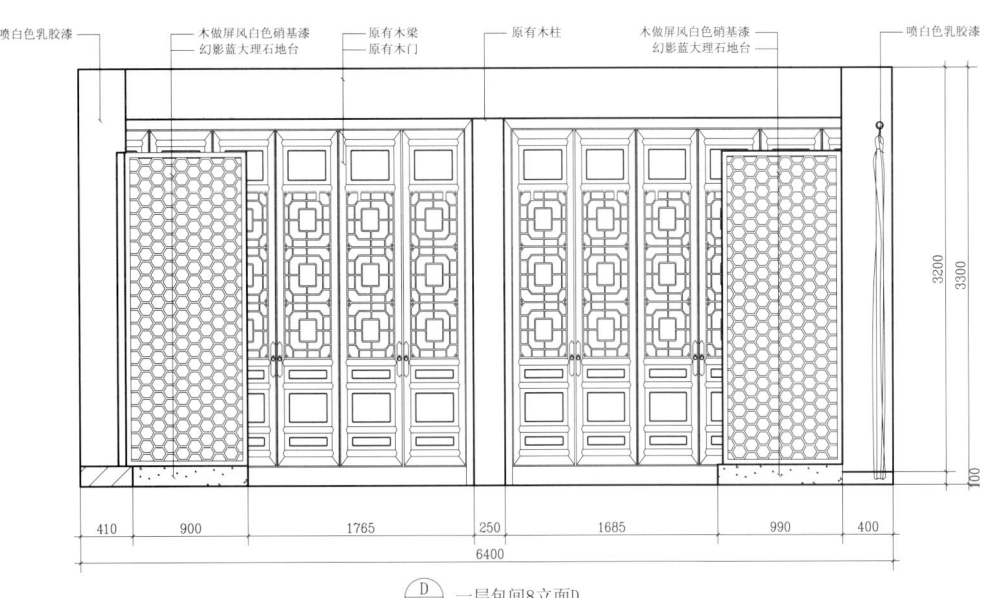

D/1F-8 一层包间8立面D

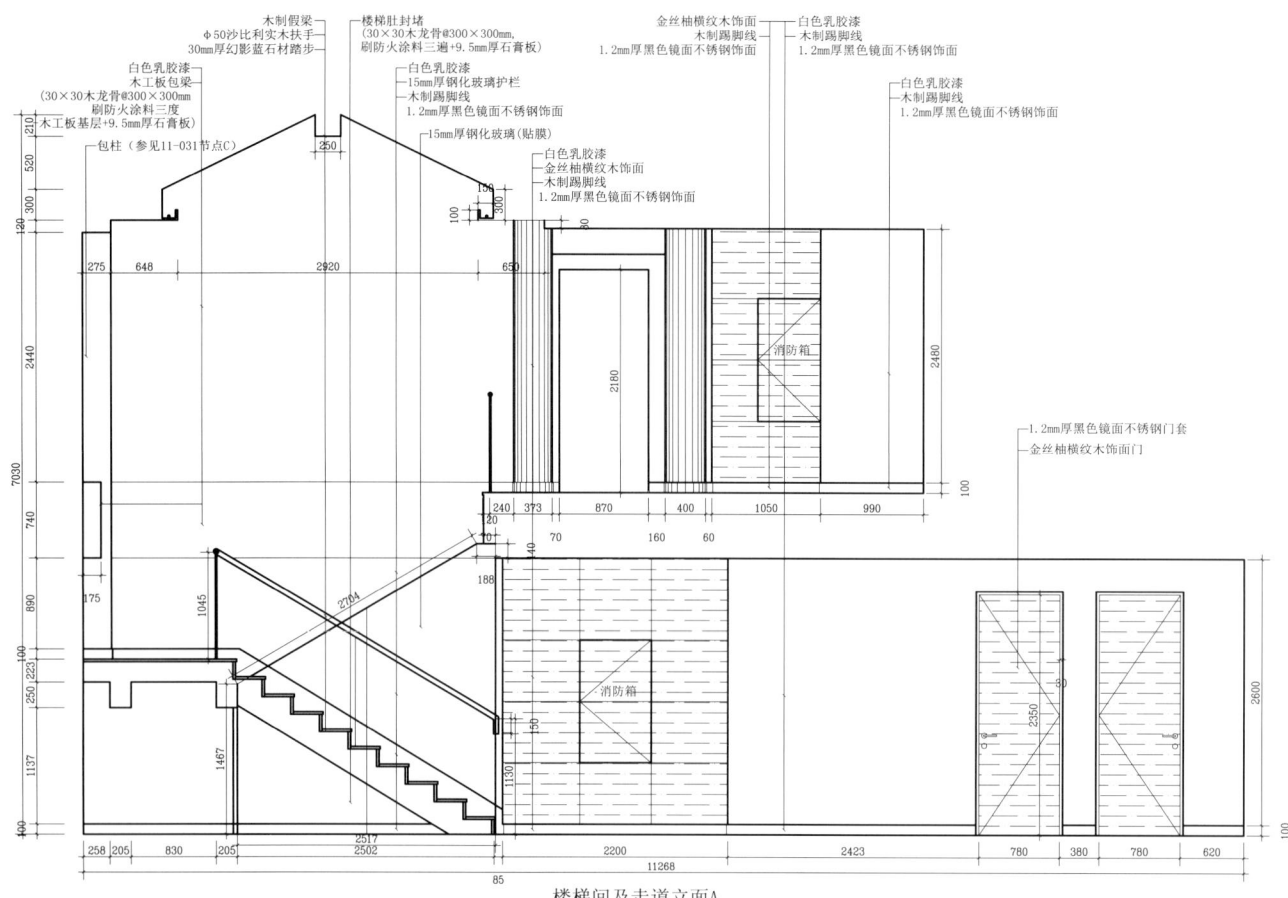

楼梯间及走道立面A

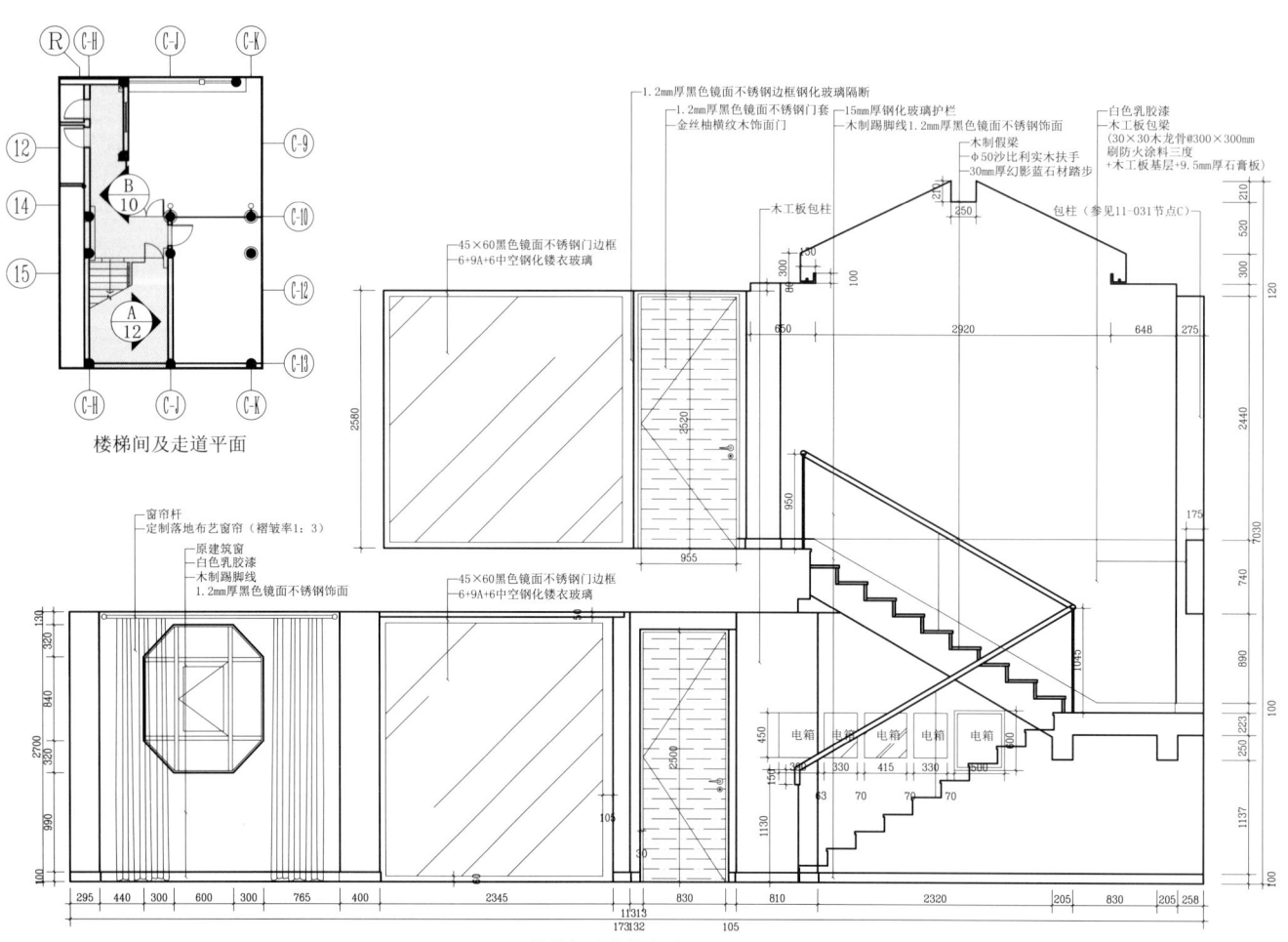

楼梯间及走道平面

楼梯间及走道立面B

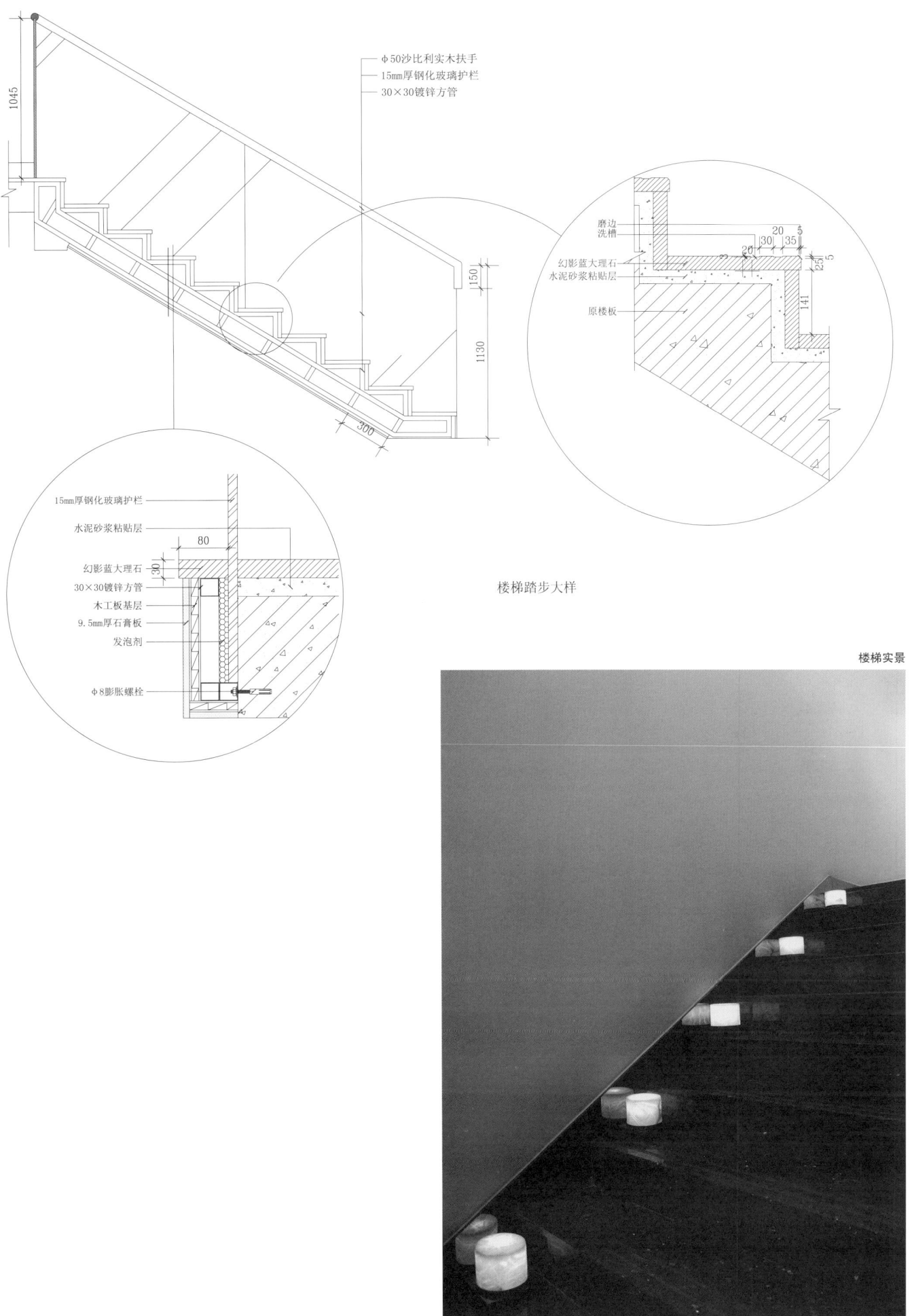

楼梯踏步大样

楼梯实景

一层散座间实景

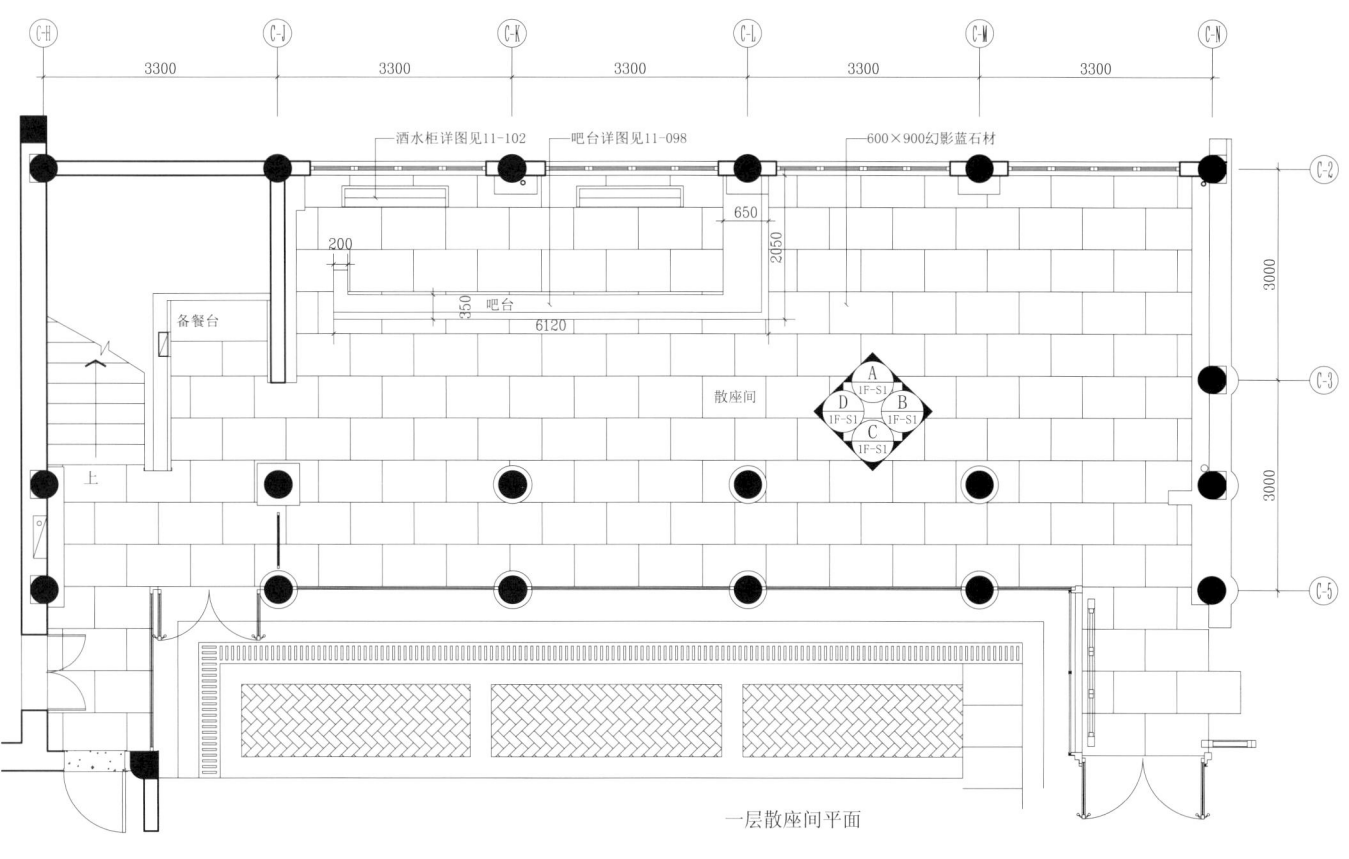

一层散座间平面

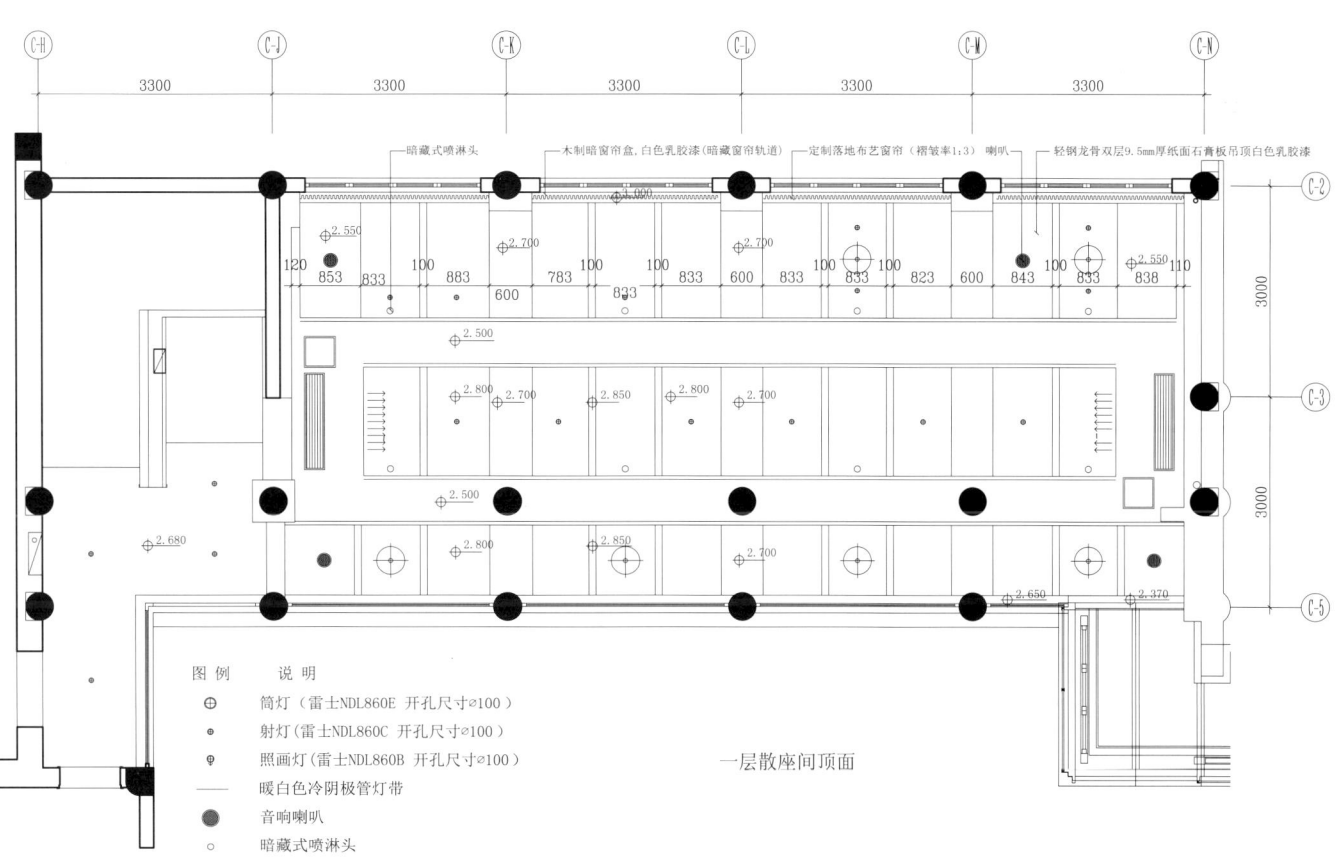

图例	说明
⊕	筒灯（雷士NDL860E 开孔尺寸∅100）
·	射灯（雷士NDL860C 开孔尺寸∅100）
⊕	照画灯（雷士NDL860B 开孔尺寸∅100）
—	暖白色冷阴极管灯带
●	音响喇叭
○	暗藏式喷淋头

一层散座间顶面

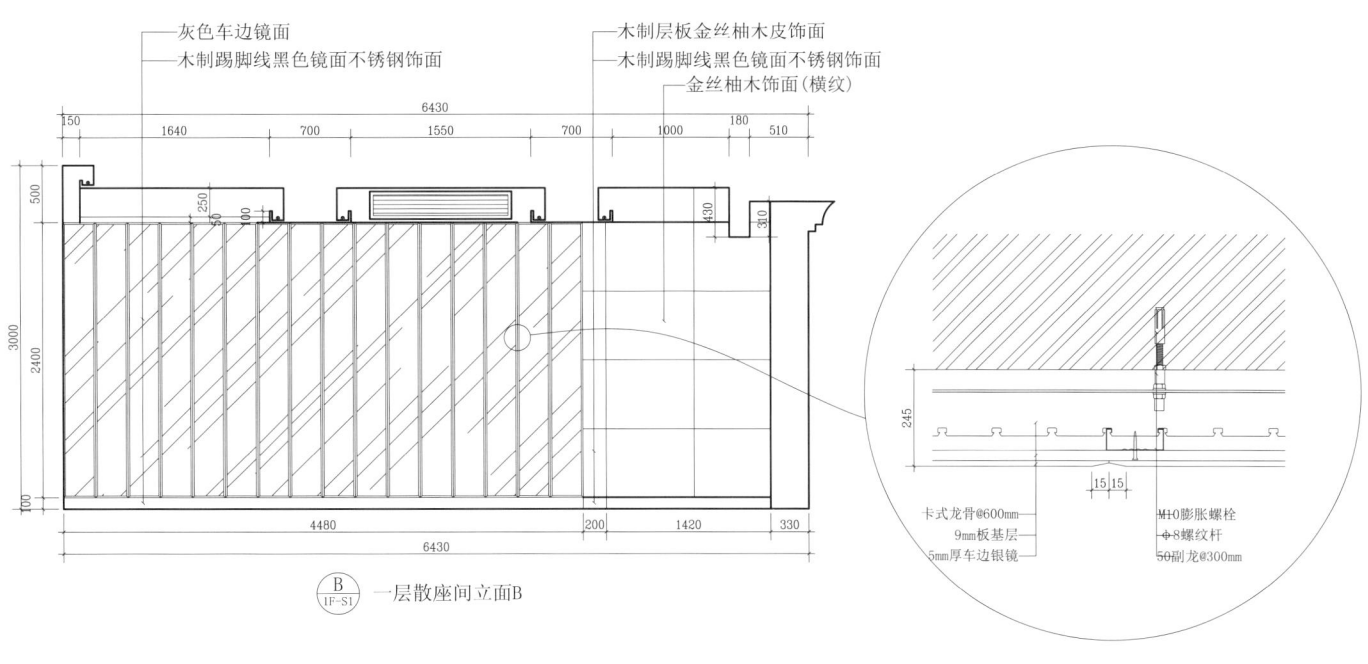
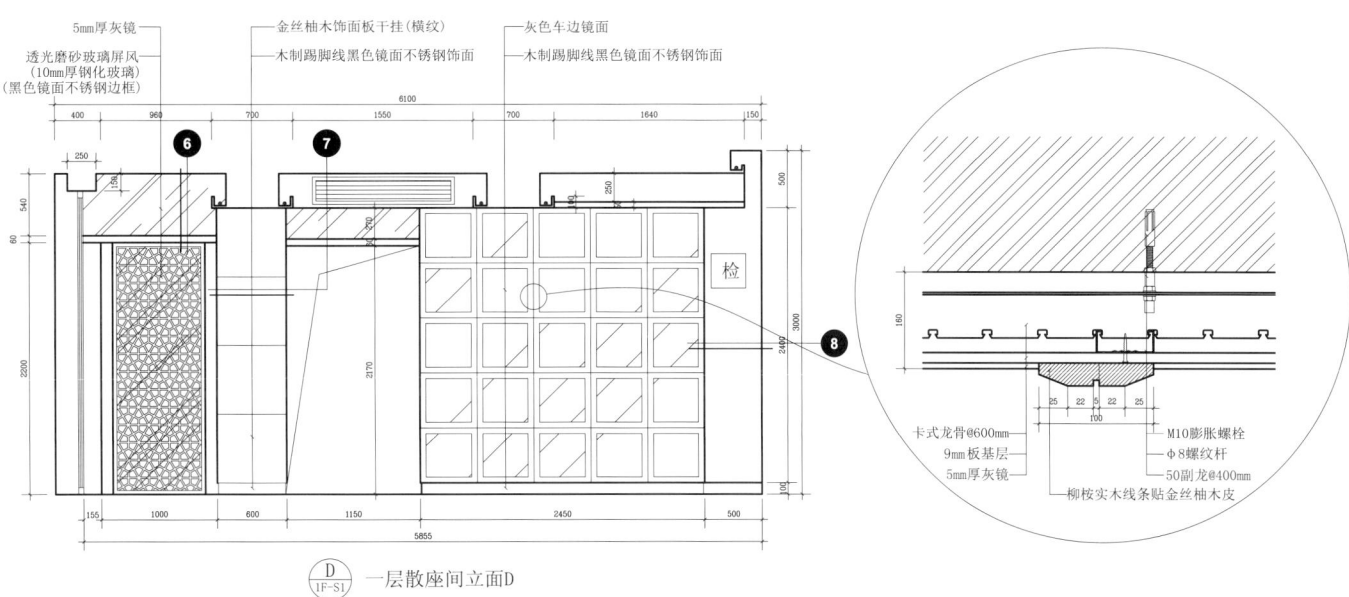
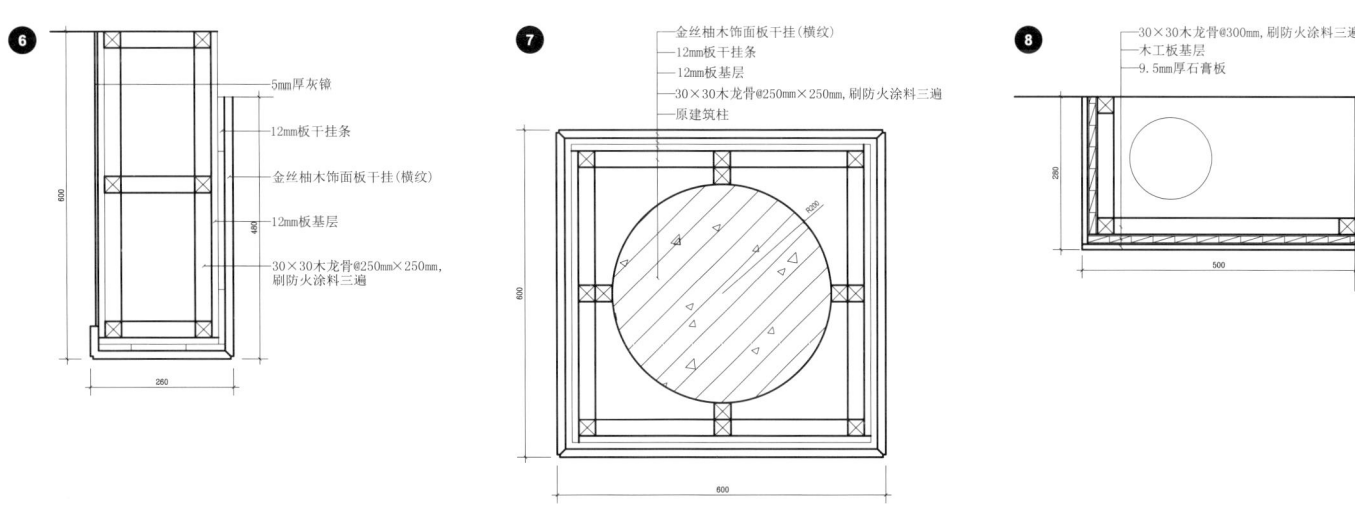

二层休息厅实景

二层4-2包间实景

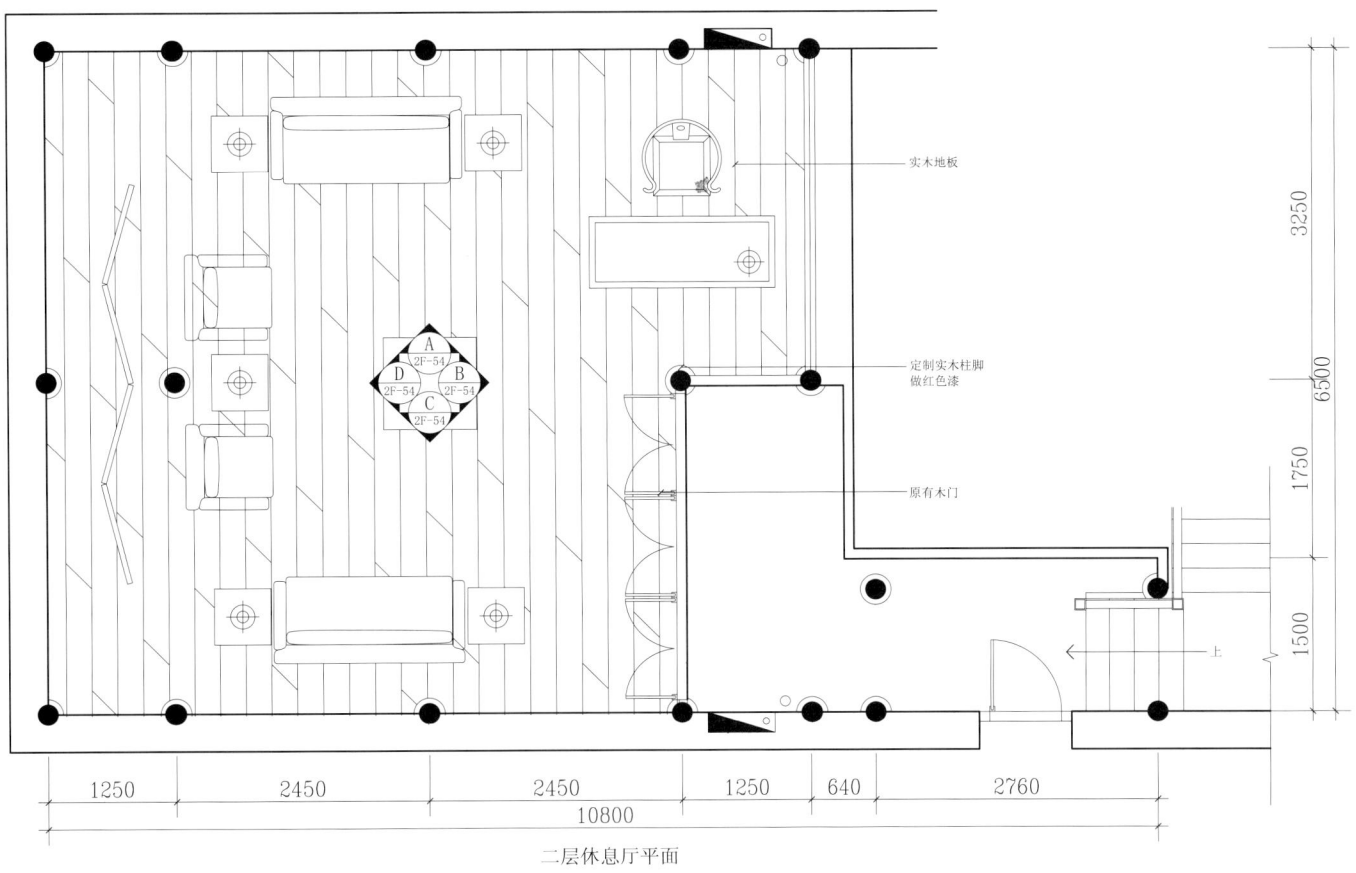

二层休息厅平面

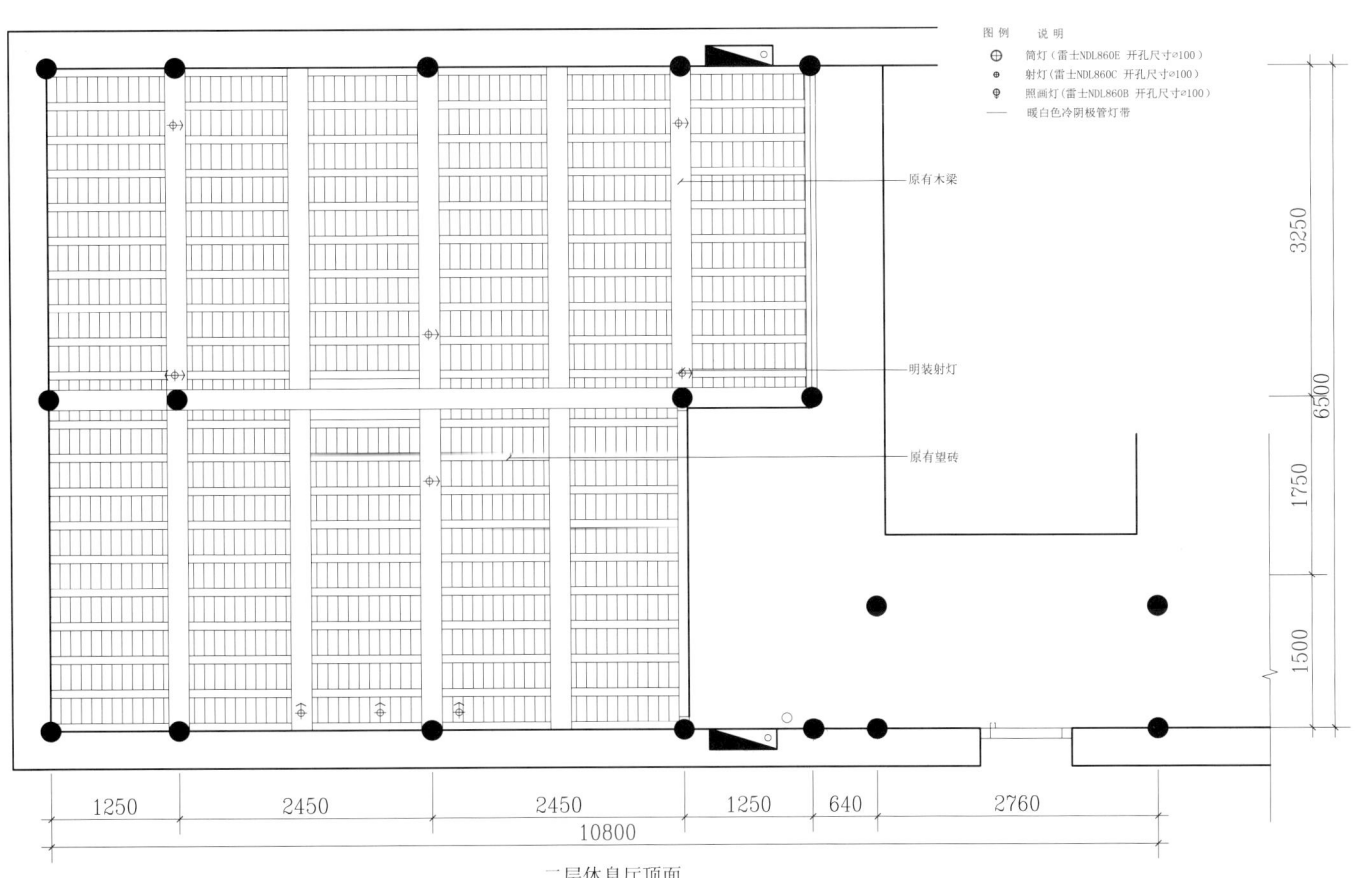

图例	说明
⊕	筒灯（雷士NDL860E 开孔尺寸⌀100）
⊙	射灯（雷士NDL860C 开孔尺寸⌀100）
⊙	照画灯（雷士NDL860B 开孔尺寸⌀100）
—	暖白色冷阴极管灯带

二层休息厅顶面

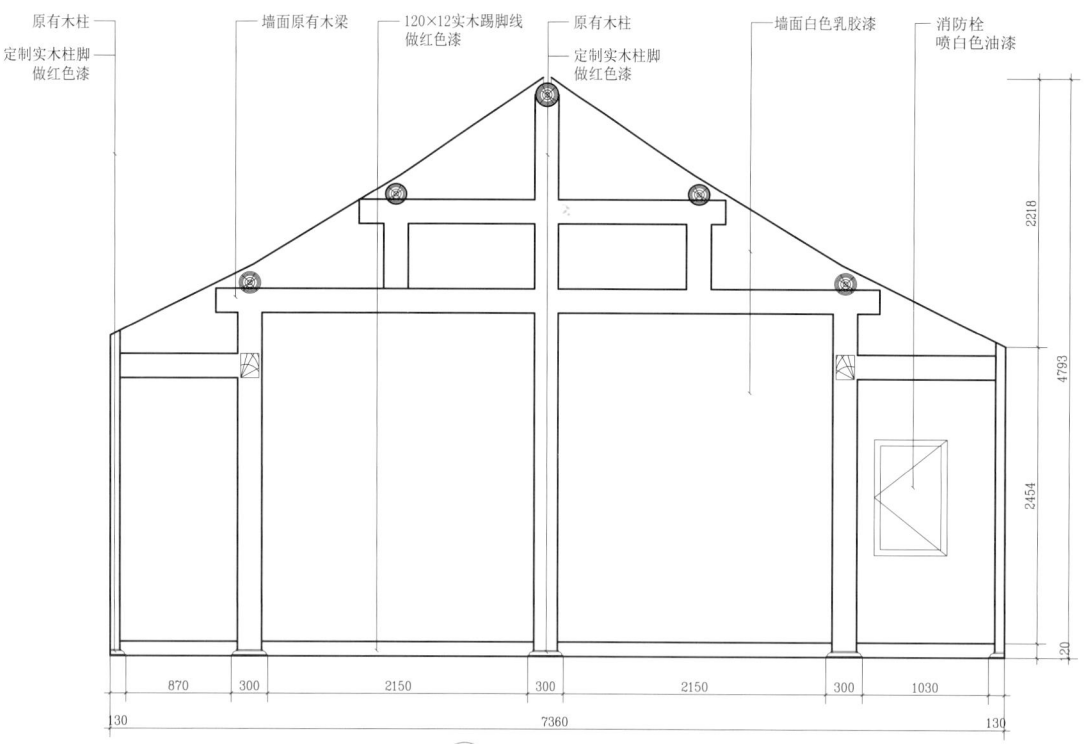

二层休息厅A立面

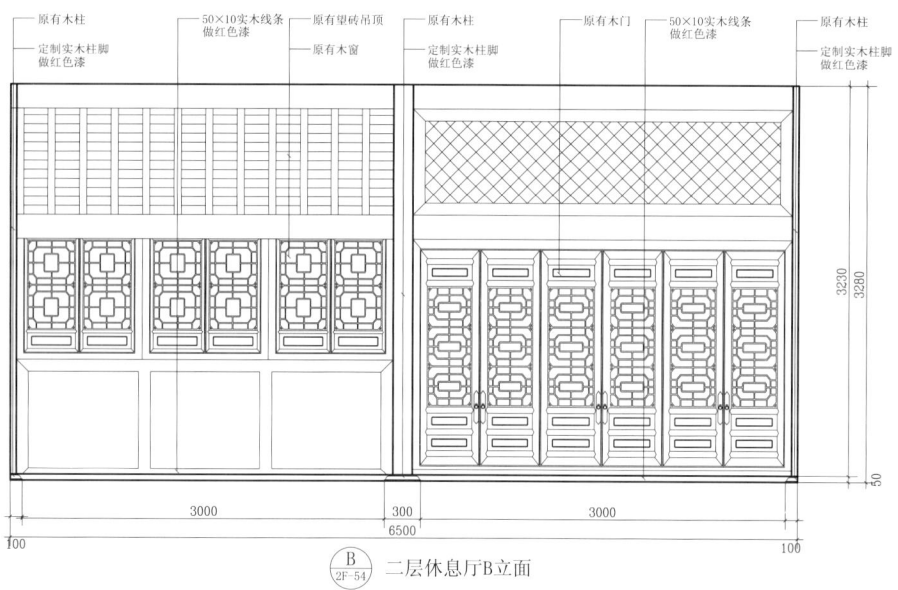

二层休息厅B立面

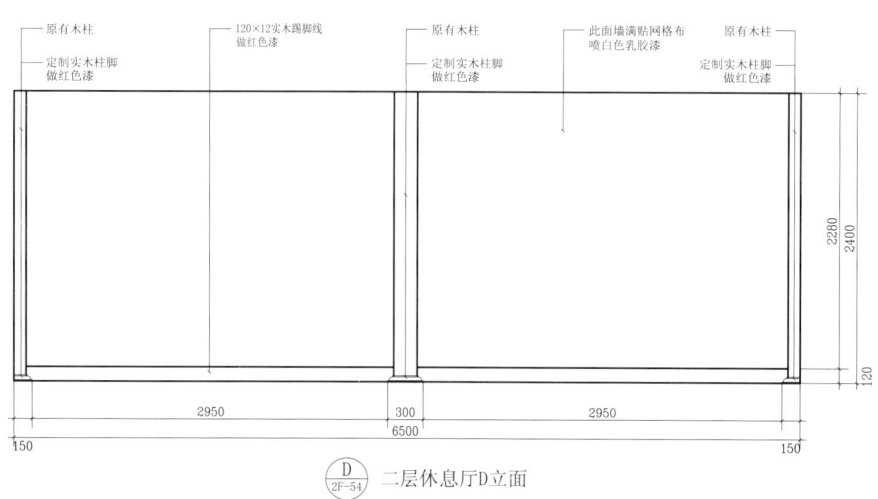

二层休息厅D立面

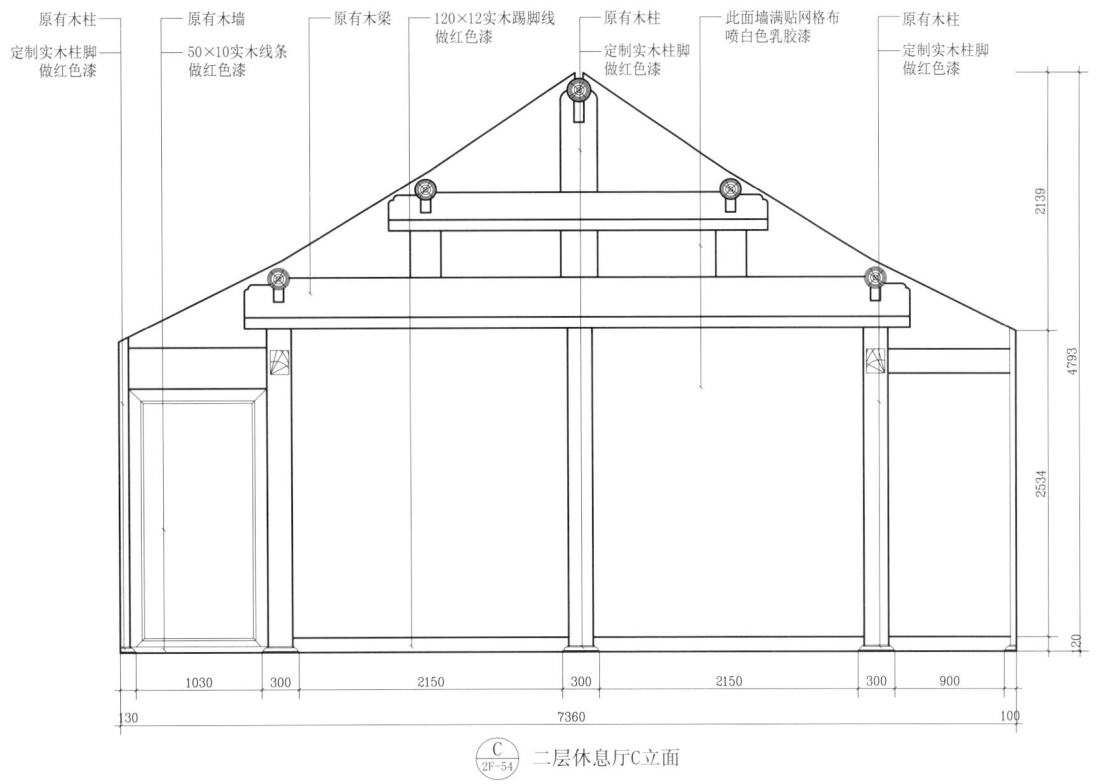

二层休息厅C立面

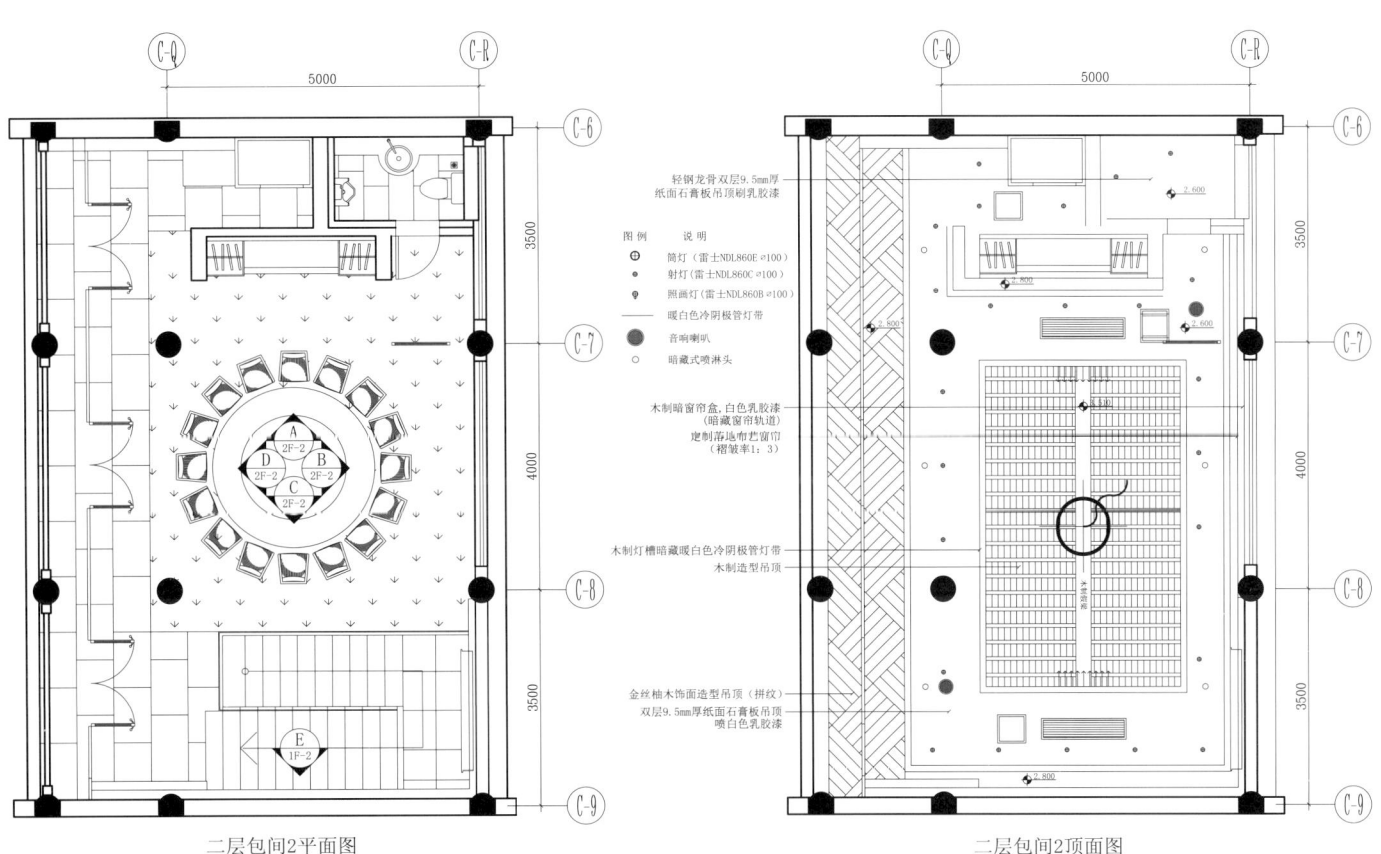

二层包间2平面图

二层包间2顶面图

二层包间2立面A

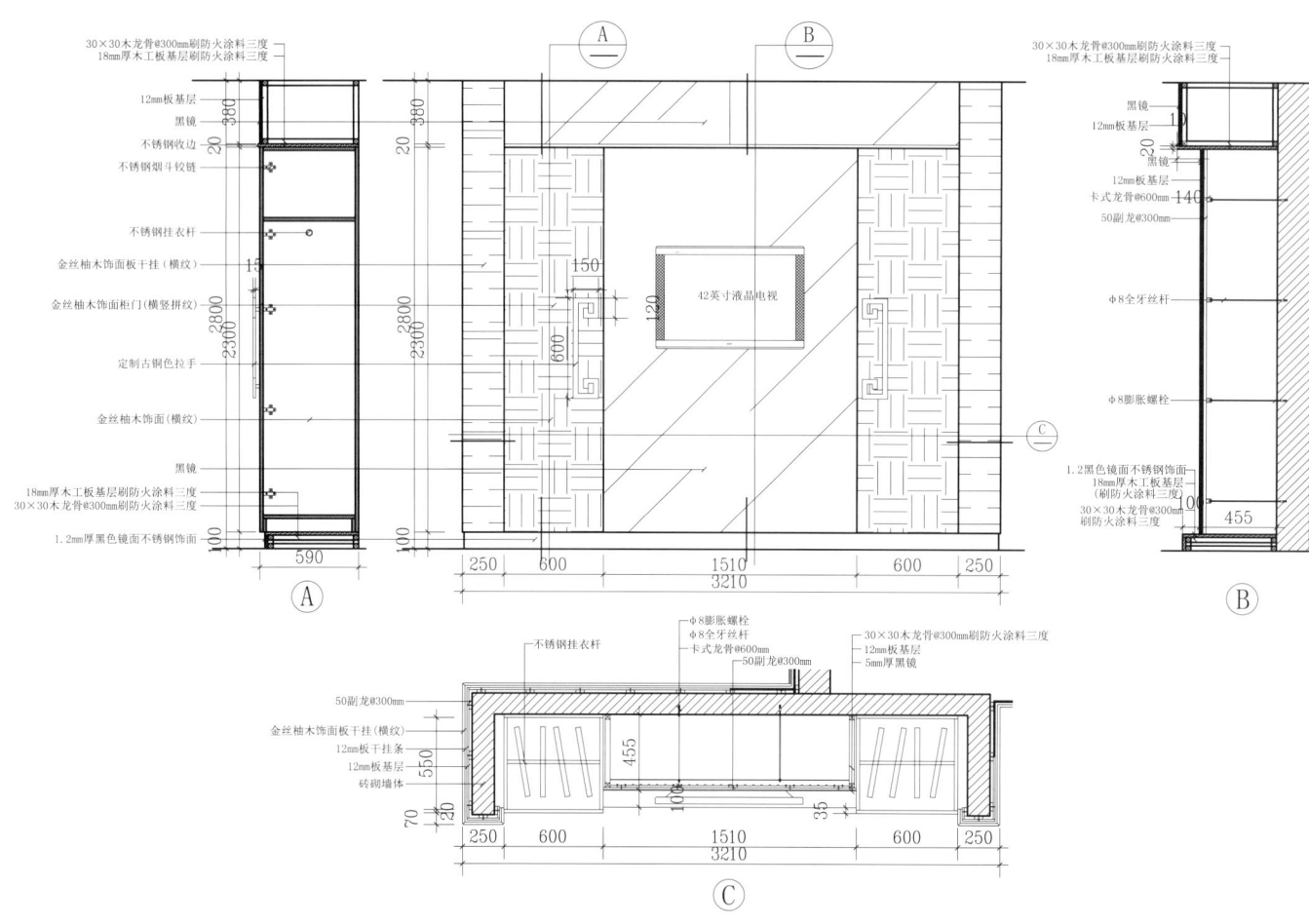

二层包间2衣柜详图

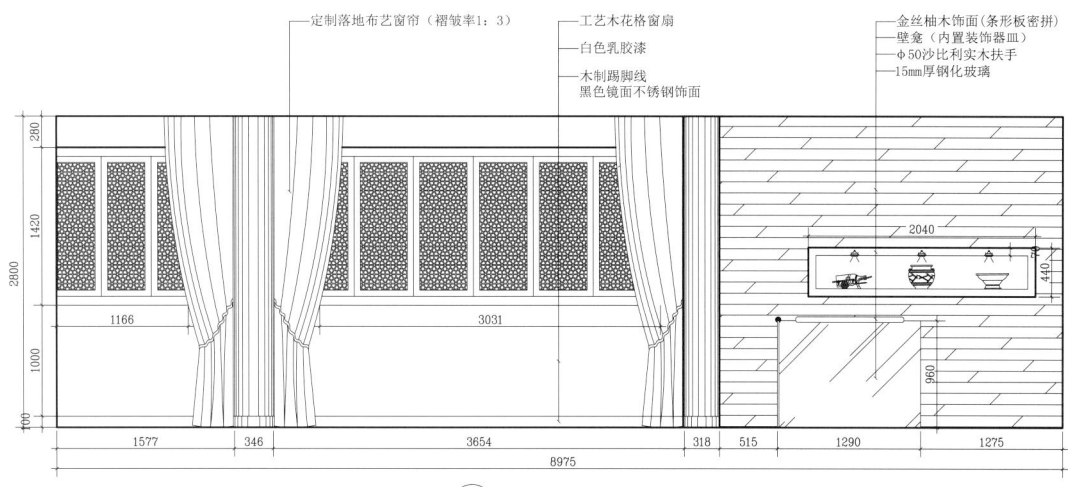

B / 2F-2 二层包2间立面B

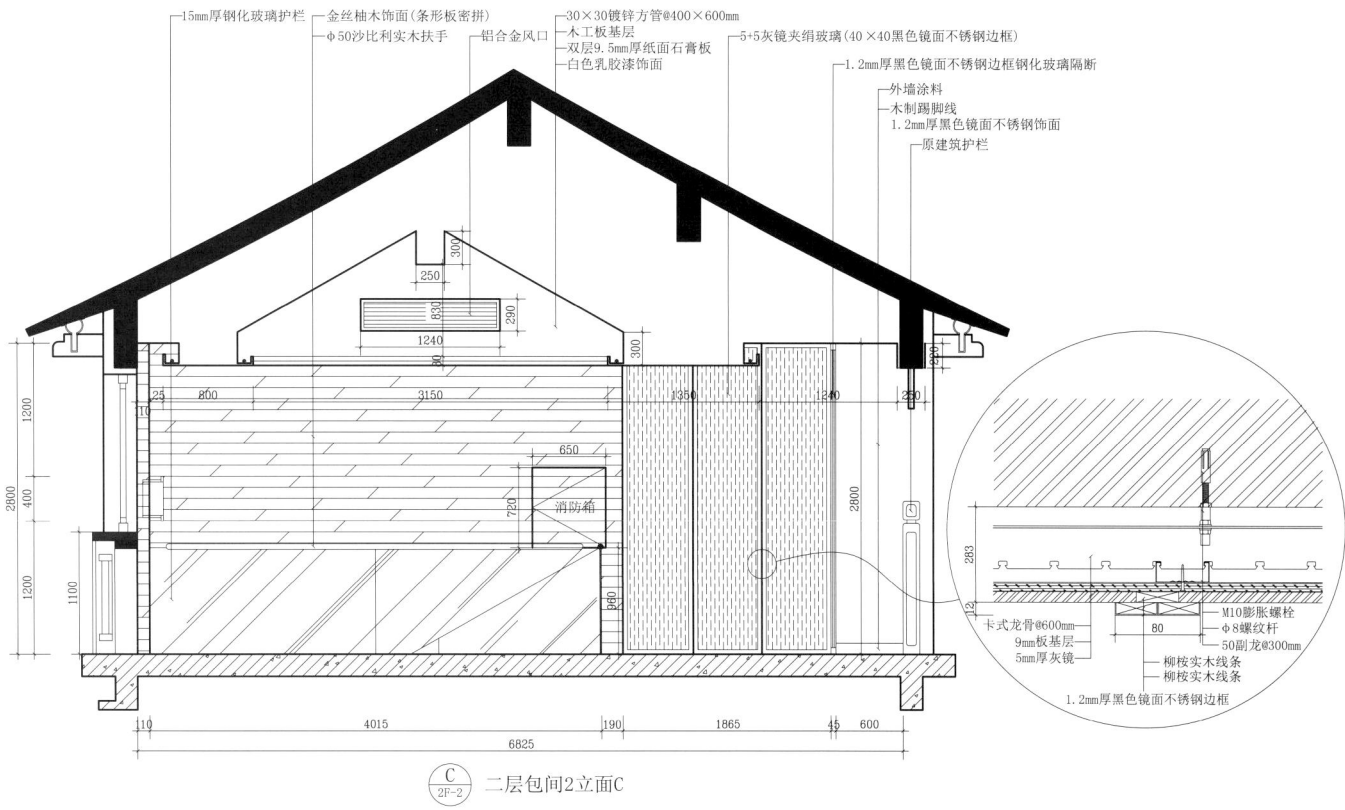

C / 2F-2 二层包间2立面C

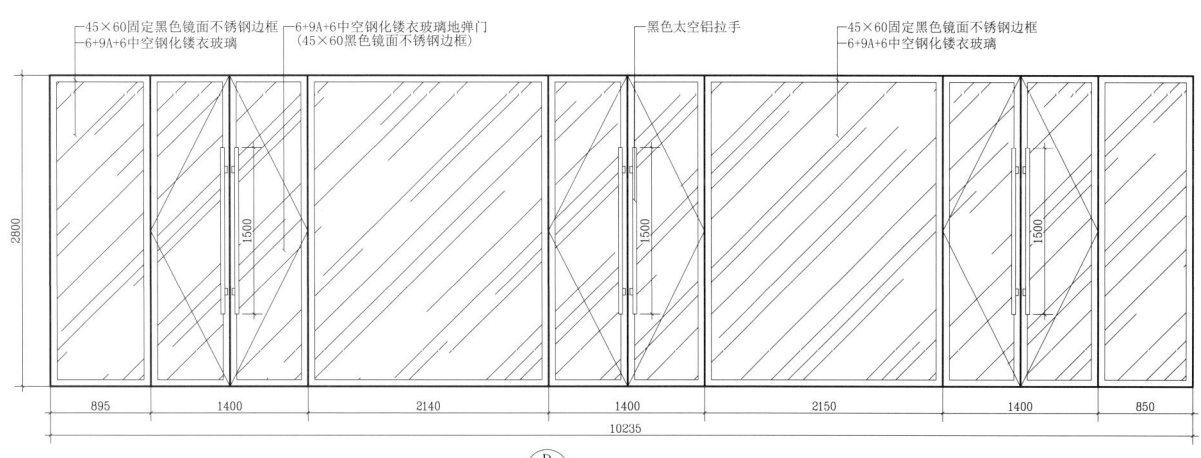

D / 2F-2 二层包间2立面D

二层4-2包间平面

二层4-2包间顶面

图例	说明
⊕	筒灯（雷士NDL860E 开孔尺寸⌀100 ）
•	射灯（雷士NDL860C 开孔尺寸⌀100 ）
•	照画灯（雷士NDL860B 开孔尺寸⌀100 ）
-----	暖白色冷阴极管灯带
●	音响喇叭
○	暗藏式喷淋头

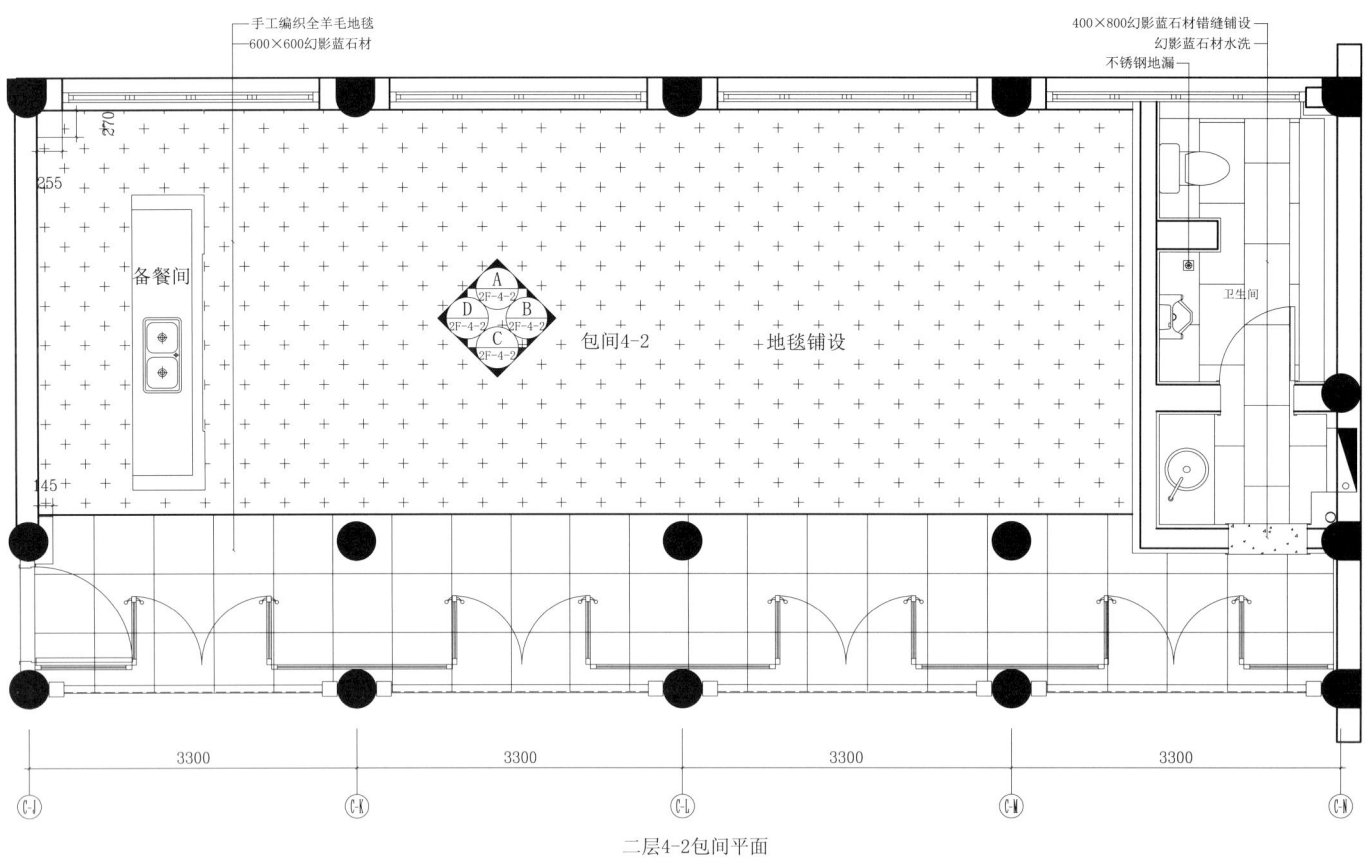

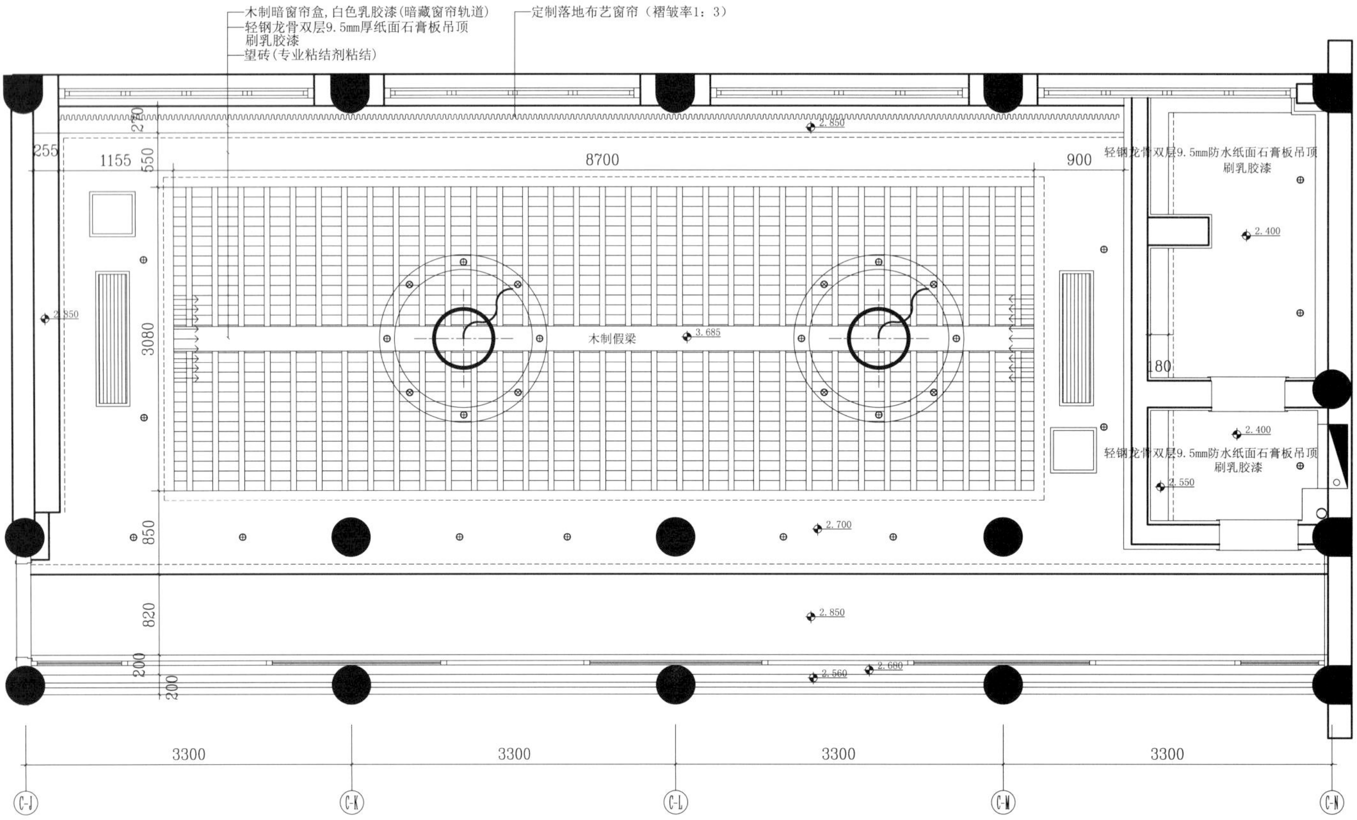

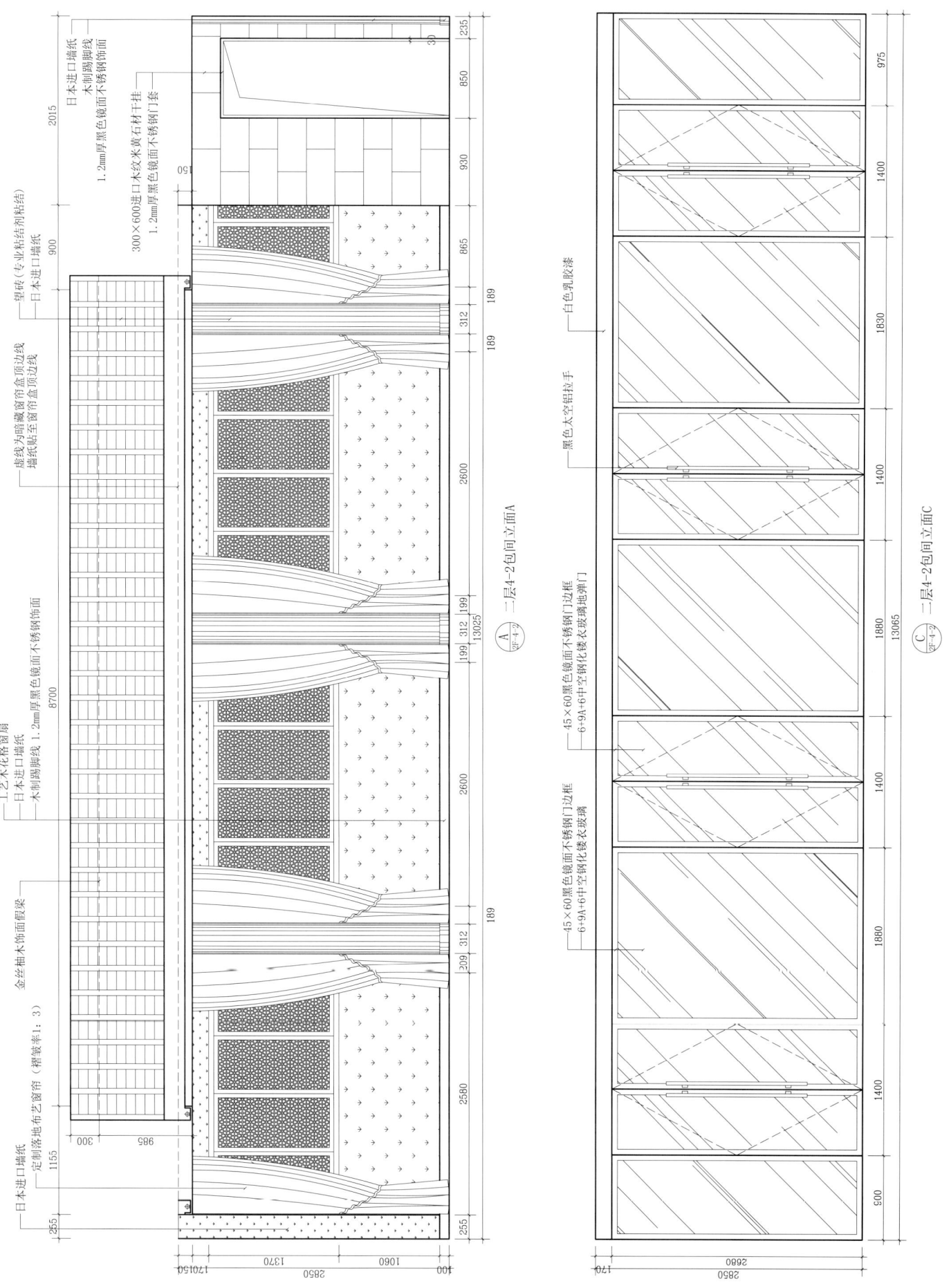

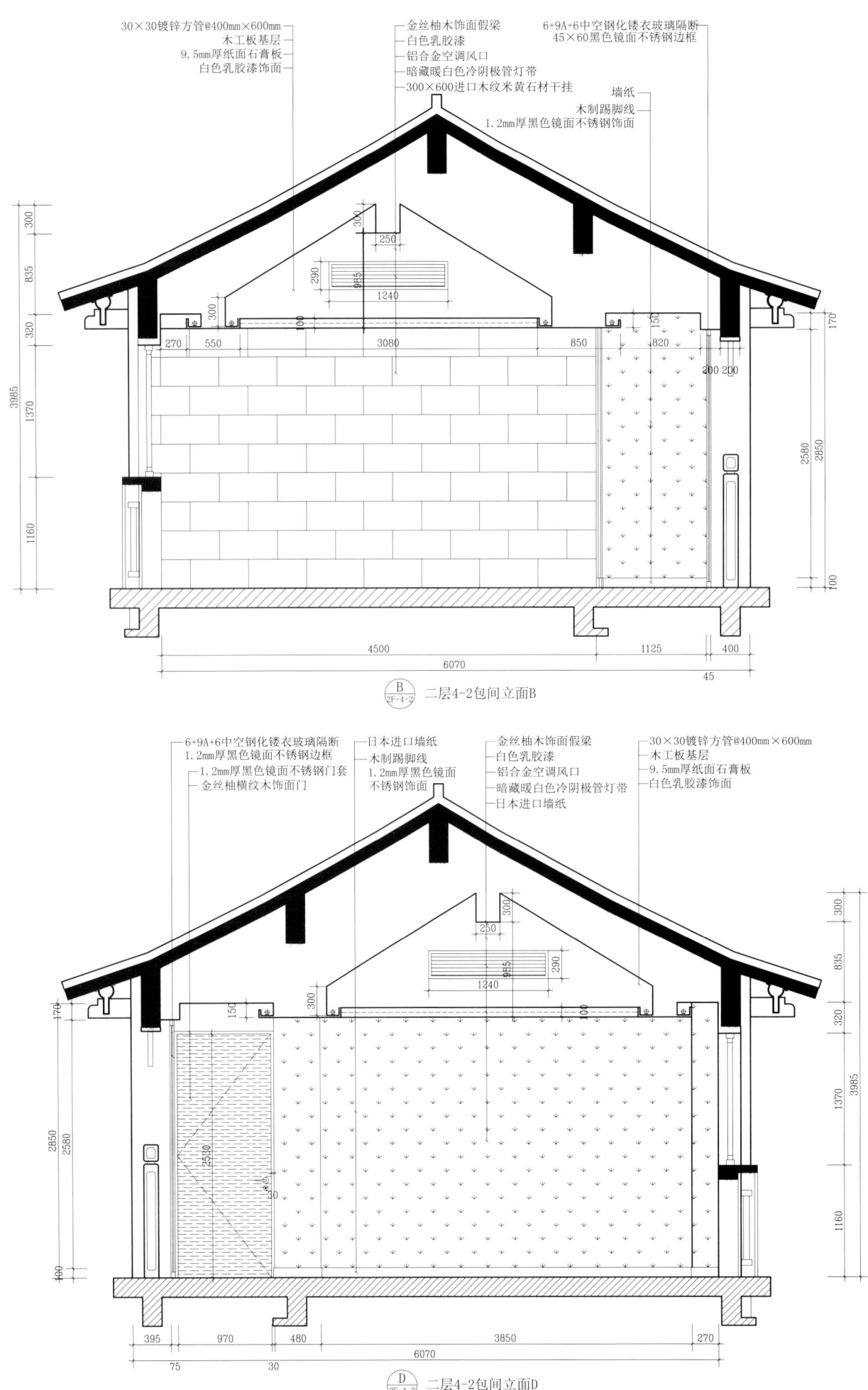

汇海楼
HUIHAILOU

设计单位：上海微建建筑空间设计有限公司
设　　计：宋微建
面　　积：2273m²
坐落地点：北京

　　汇海楼是一家有着百年历史老字号的饭庄，创办于1908年，清光绪三十四年。汇海楼，顾名思义，汇海内之宾客，聚天下之朋友。本店位于北京，前期定位为高端餐饮兼顾休闲（散客）与商务（包间）的餐厅。故在店内的设计上不仅要体现出历史文化底蕴，又要将特有的本地文化融入其中。在造型上以中式为主，并对形式符号性语言进行提炼，使其老店新做的形象更能被传达出来。在色彩上以深色木质、石材为主基调，嵌入朱砂红漆家具，以红、金、黑三色为元素的设计，不仅体现出老店厚重的韵味，也体现出本地京味文化。

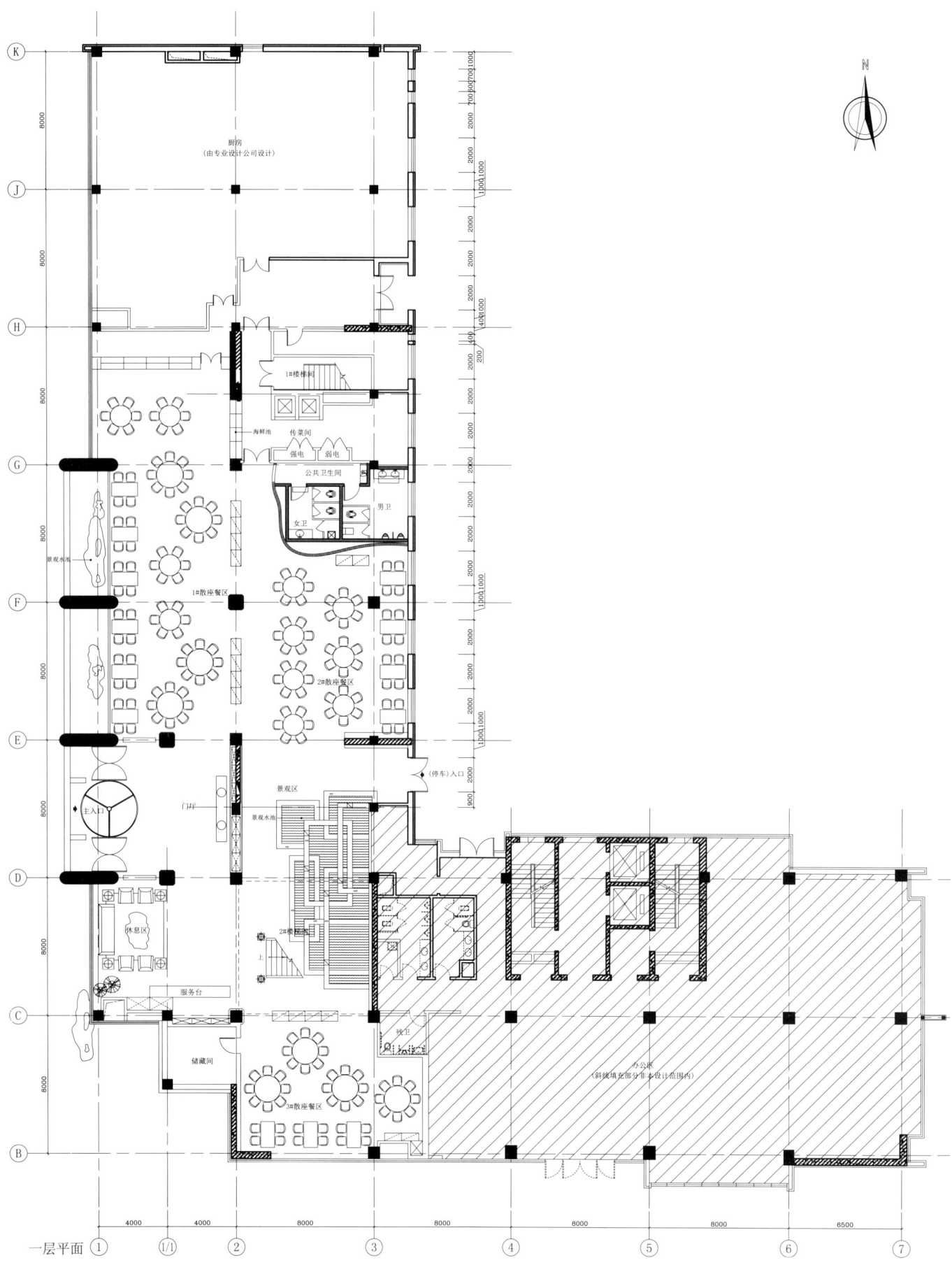

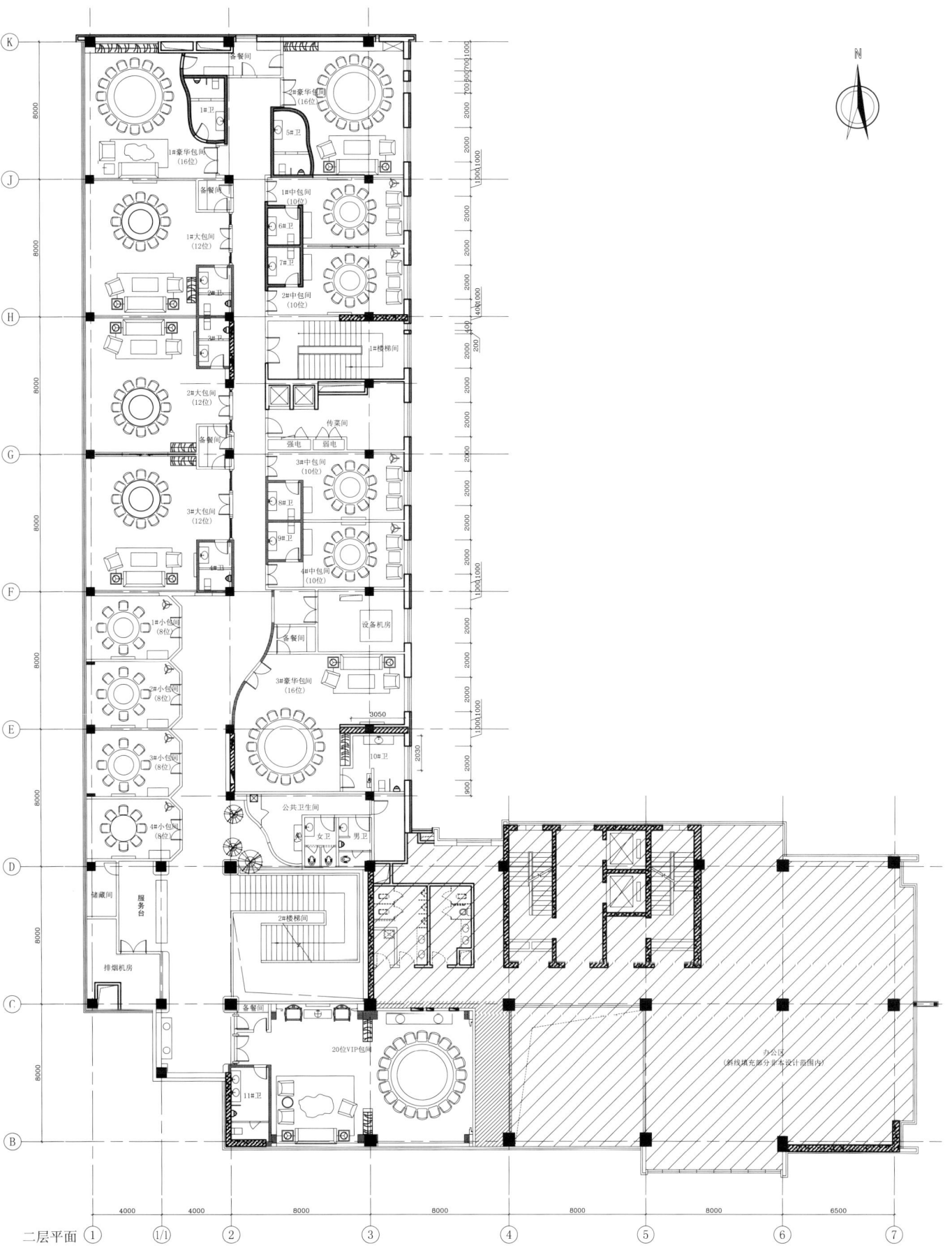

二层平面

门头外立面实景

门头外立面实景

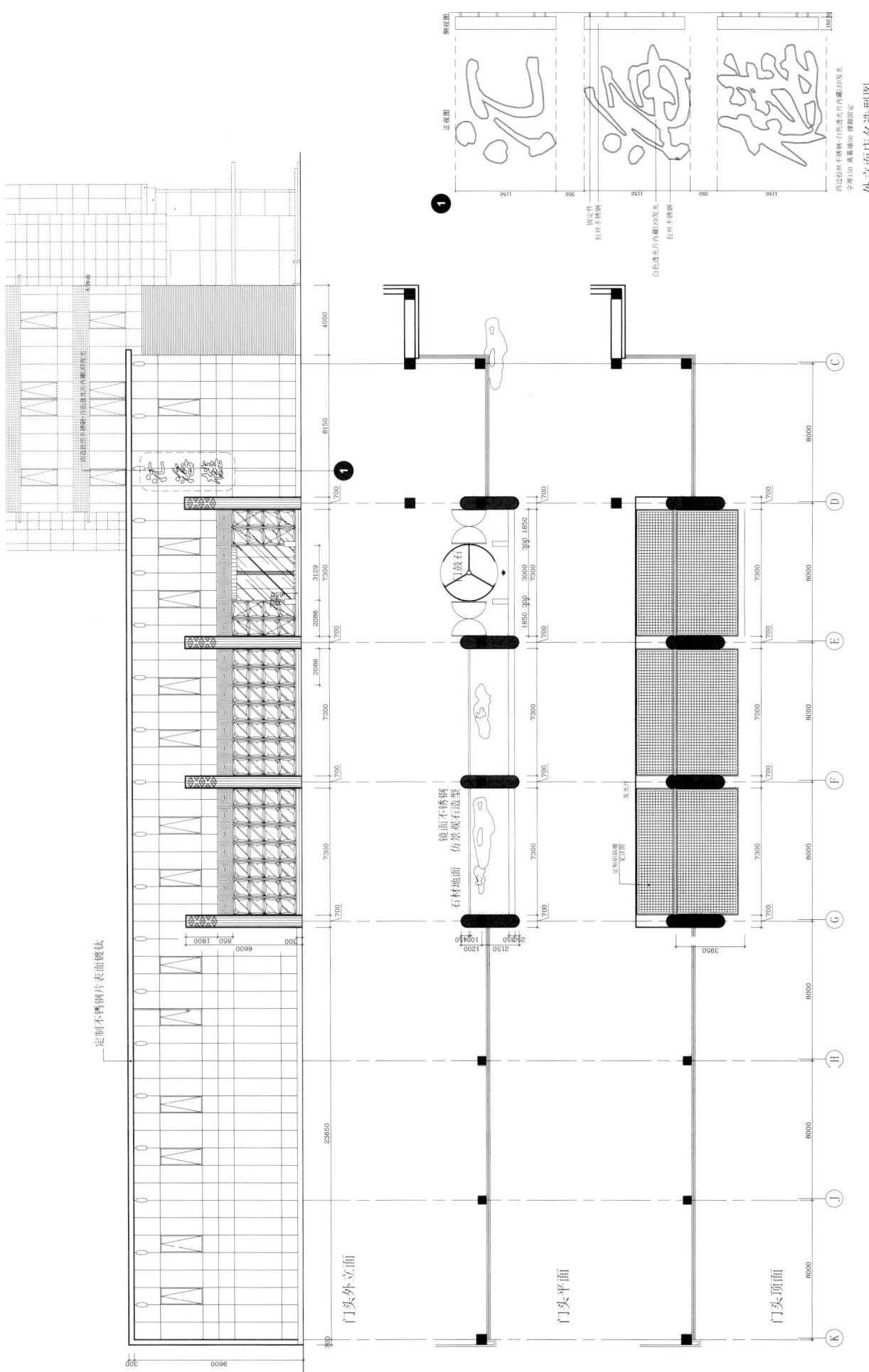

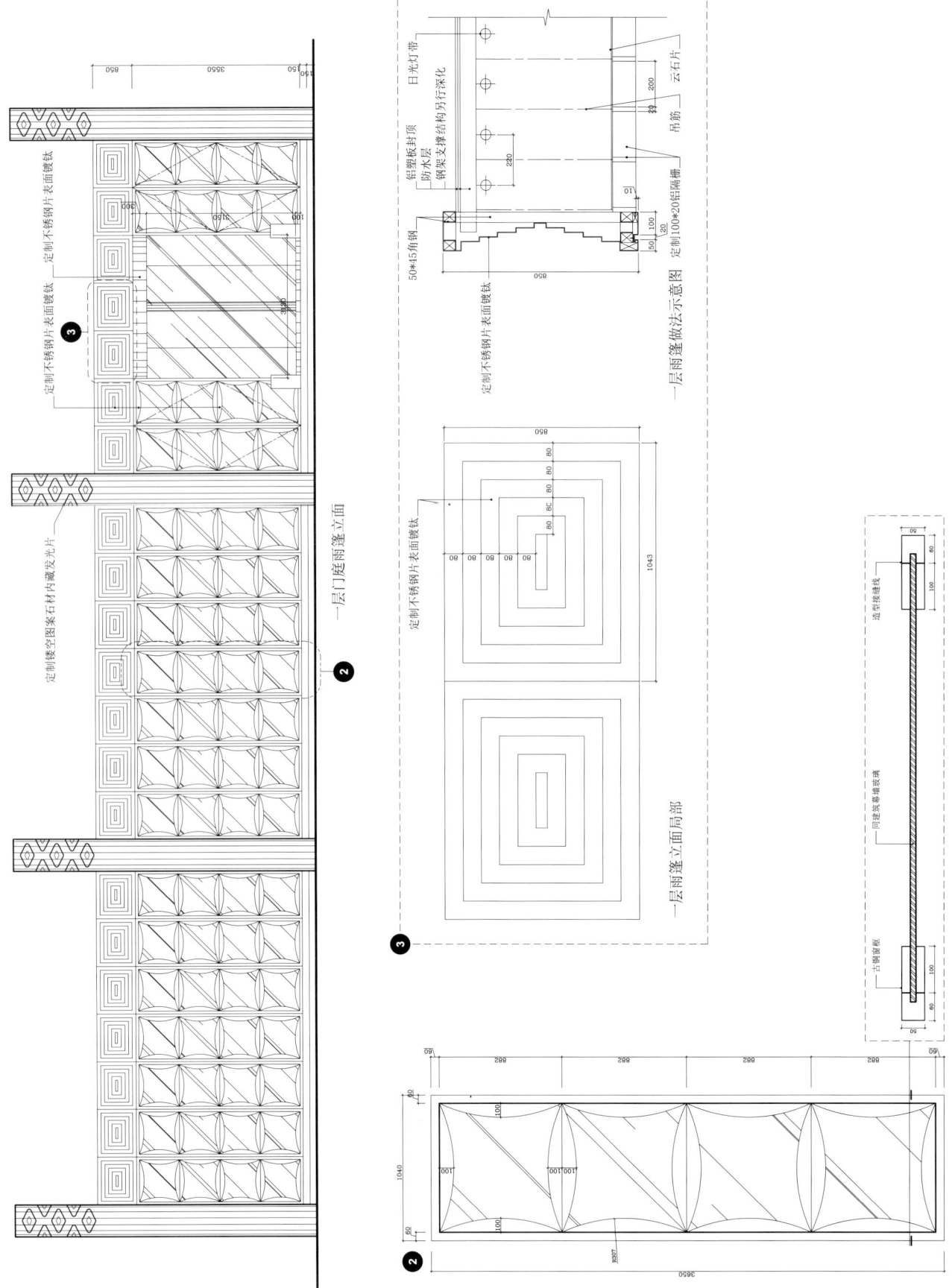

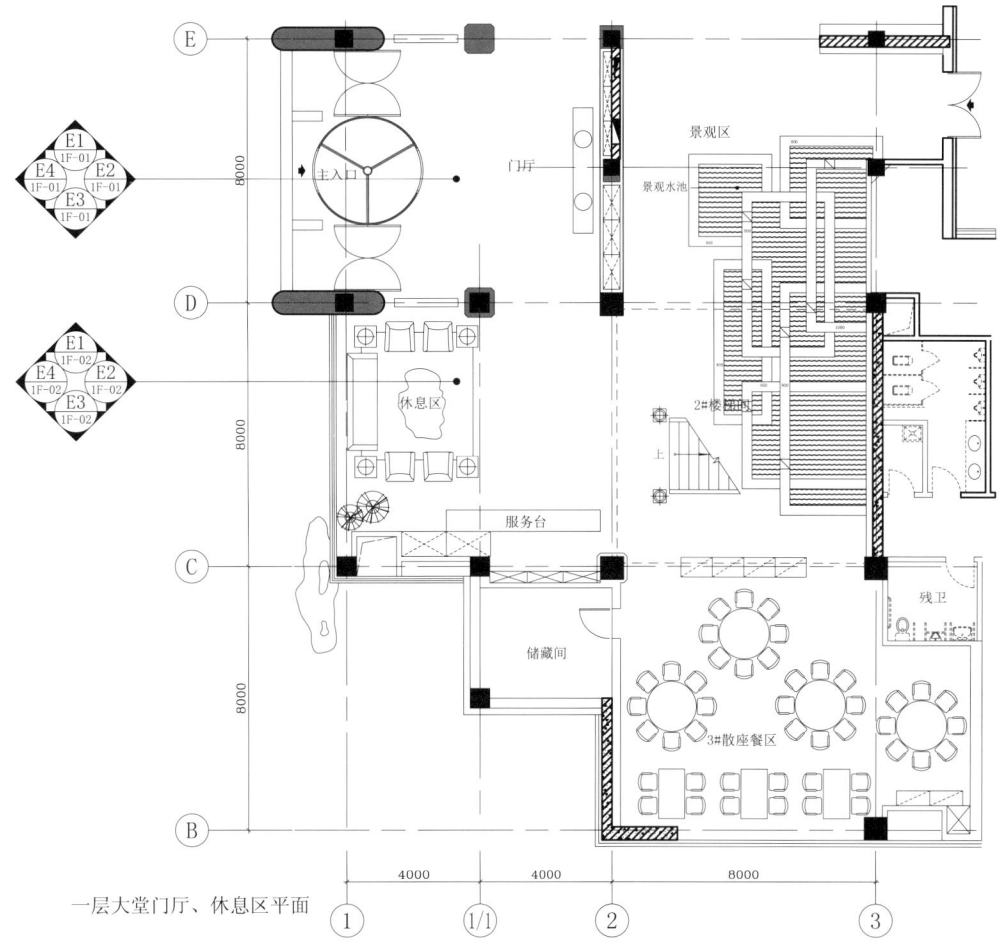

一层大堂门厅、休息区平面

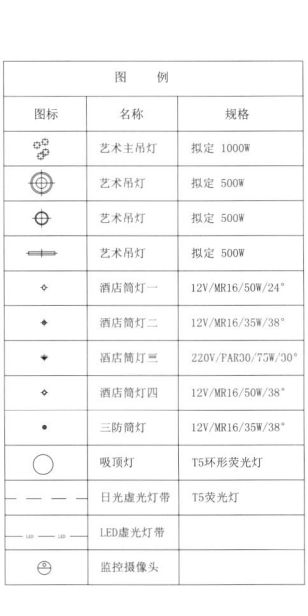

图 例		
图标	名称	规格
	艺术主吊灯	拟定 1000W
	艺术吊灯	拟定 500W
	艺术吊灯	拟定 500W
	艺术吊灯	拟定 500W
	酒店筒灯一	12V/MR16/50W/24°
	酒店筒灯二	12V/MR16/35W/38°
	酒店筒灯三	220V/PAR30/75W/30°
	酒店筒灯四	12V/MR16/50W/38°
	三防筒灯	12V/MR16/35W/38°
	吸顶灯	T5环形荧光灯
	日光虚光灯带	T5荧光灯
	LED虚光灯带	
	监控摄像头	

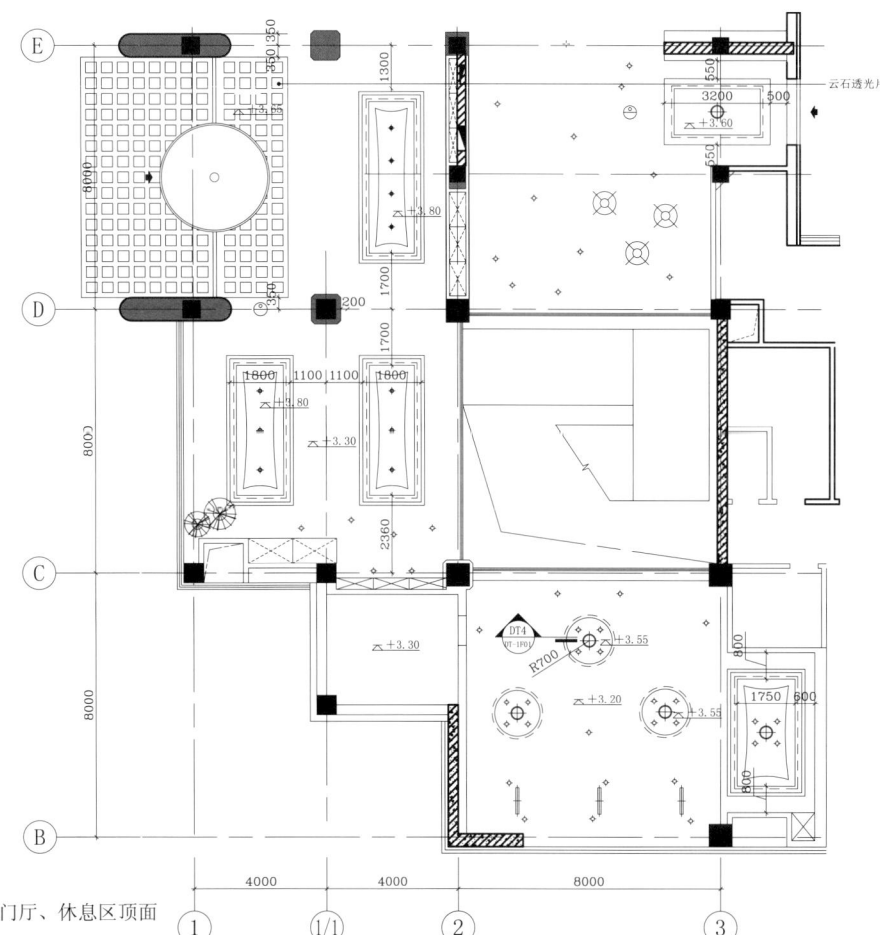

一层大堂门厅、休息区顶面

大堂实景

大堂E2立面实景　　大堂E4立面实景

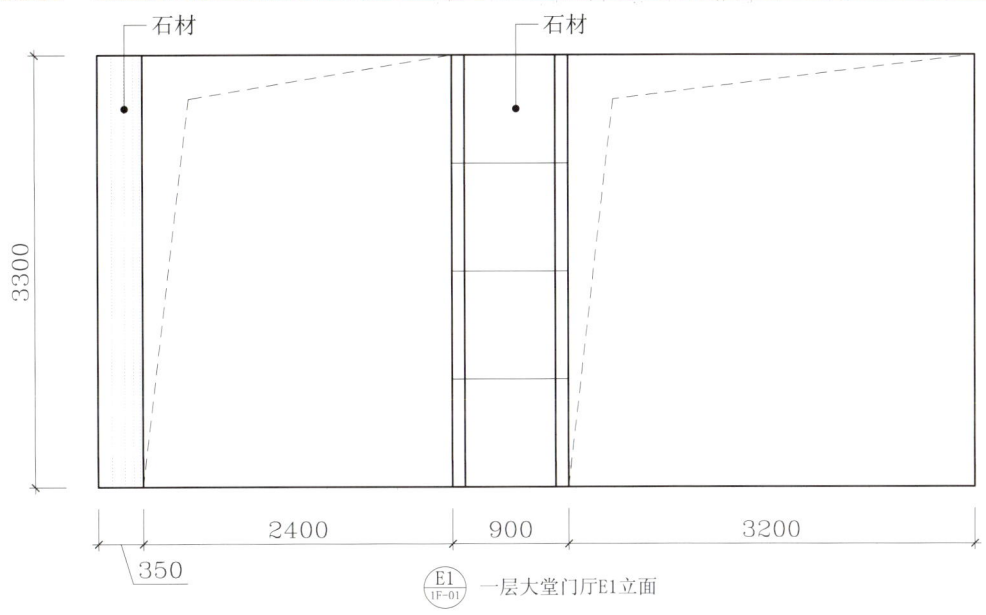

石材　　石材

3300

2400　900　3200

350

E1/1F-01　一层大堂门厅E1立面

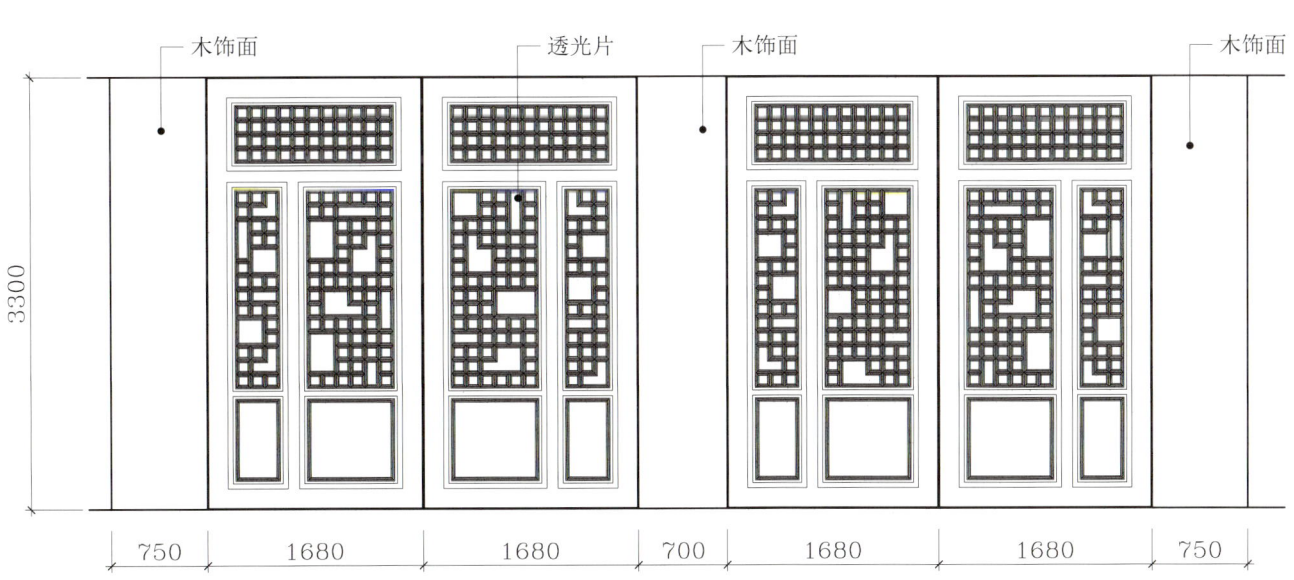

木饰面　　透光片　　木饰面　　木饰面

3300

750　1680　1680　700　1680　1680　750

E2/1F-01　一层大堂门厅E2立面

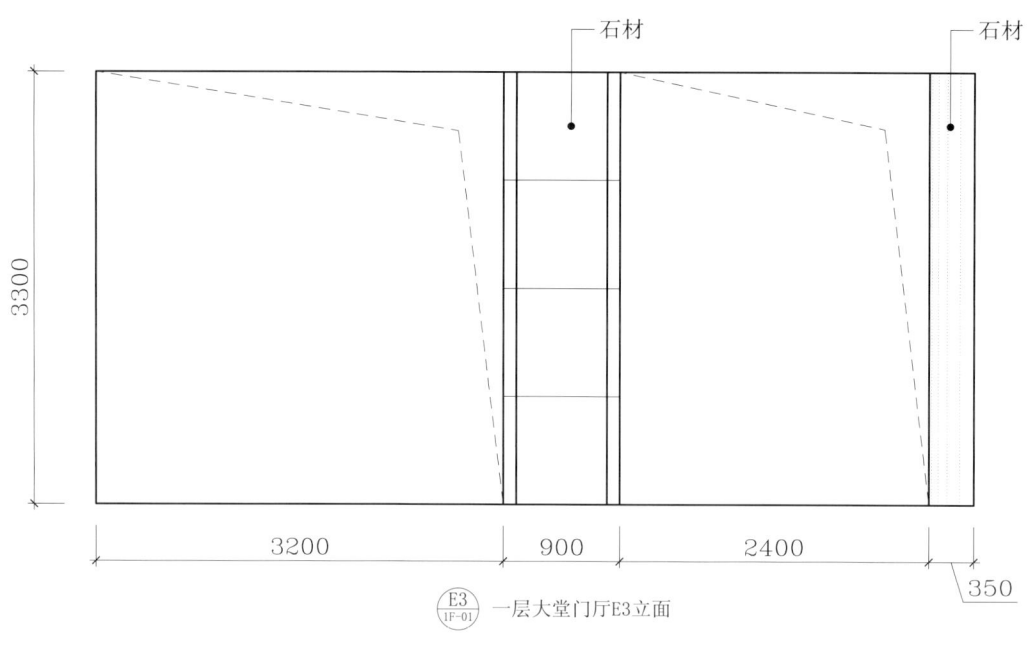

E3 一层大堂门厅E3立面

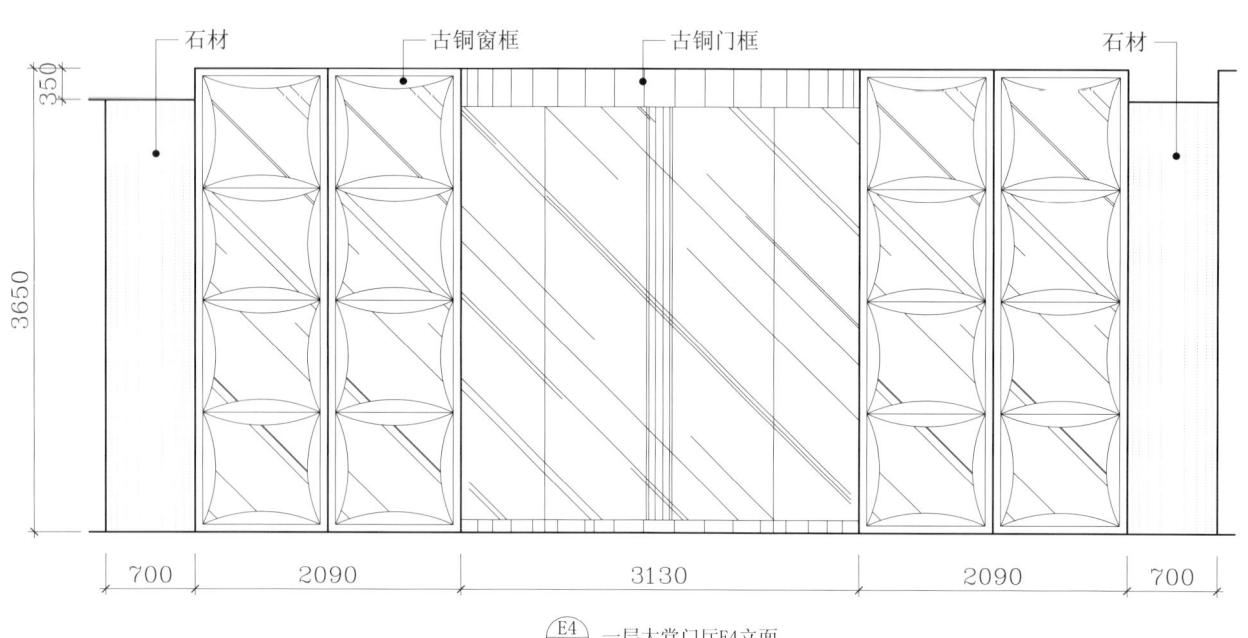

E4 一层大堂门厅E4立面

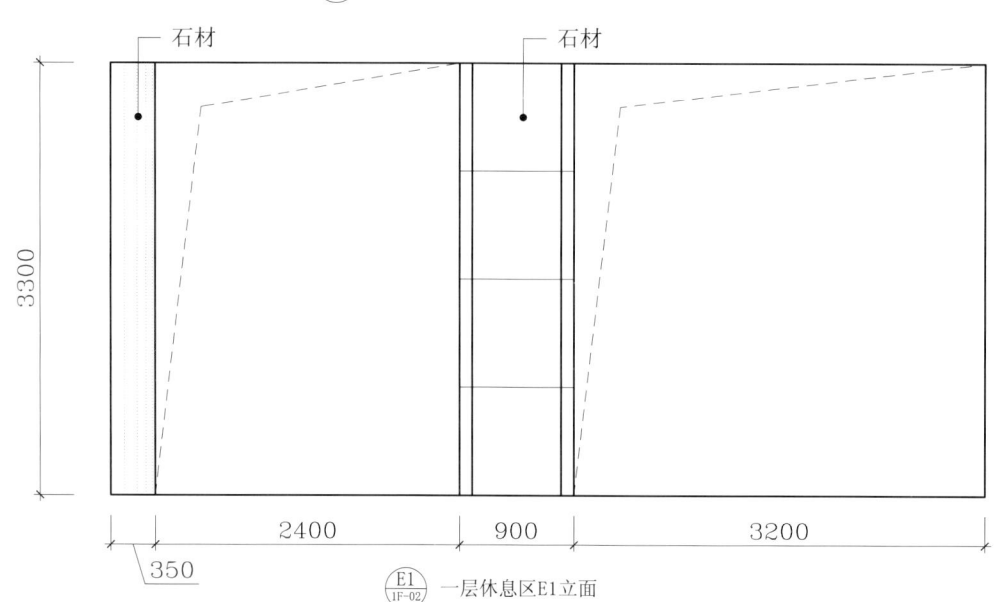

E1 一层休息区E1立面

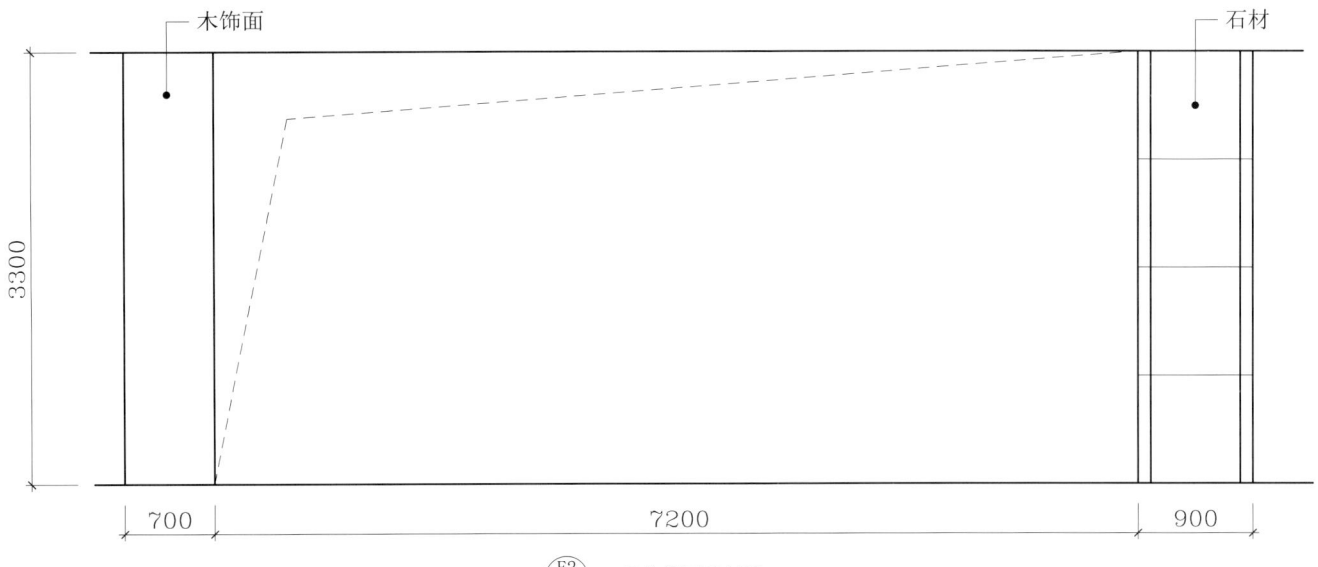

E2 / 1F-02 一层休息区E2立面

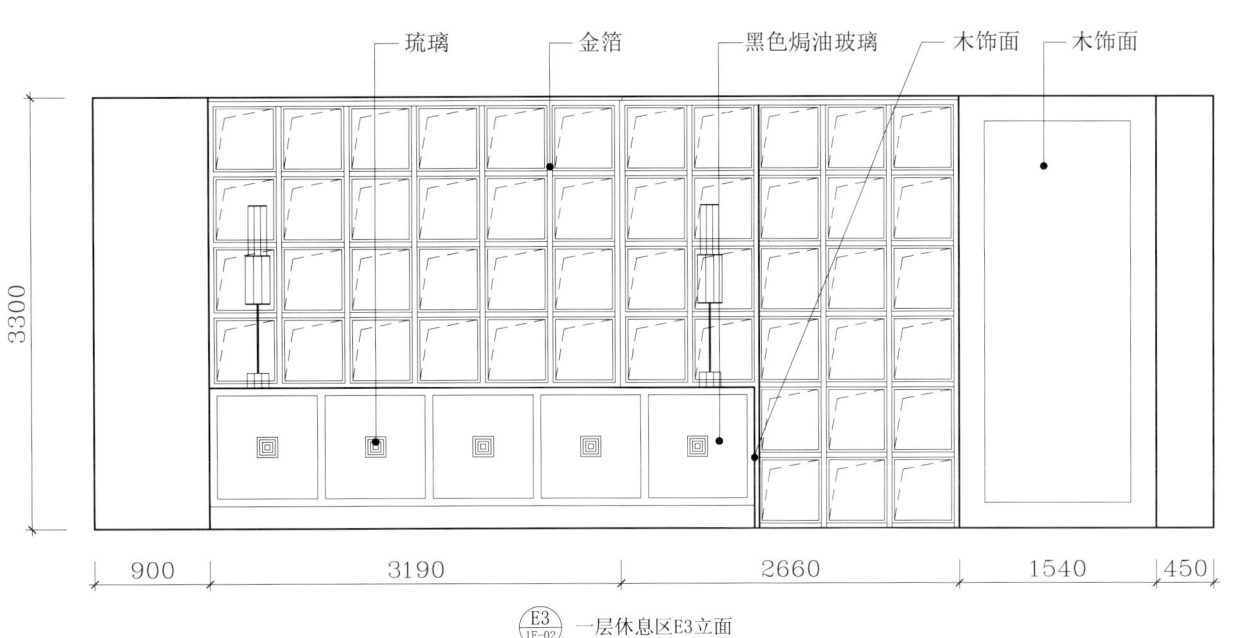

E3 / 1F-02 一层休息区E3立面

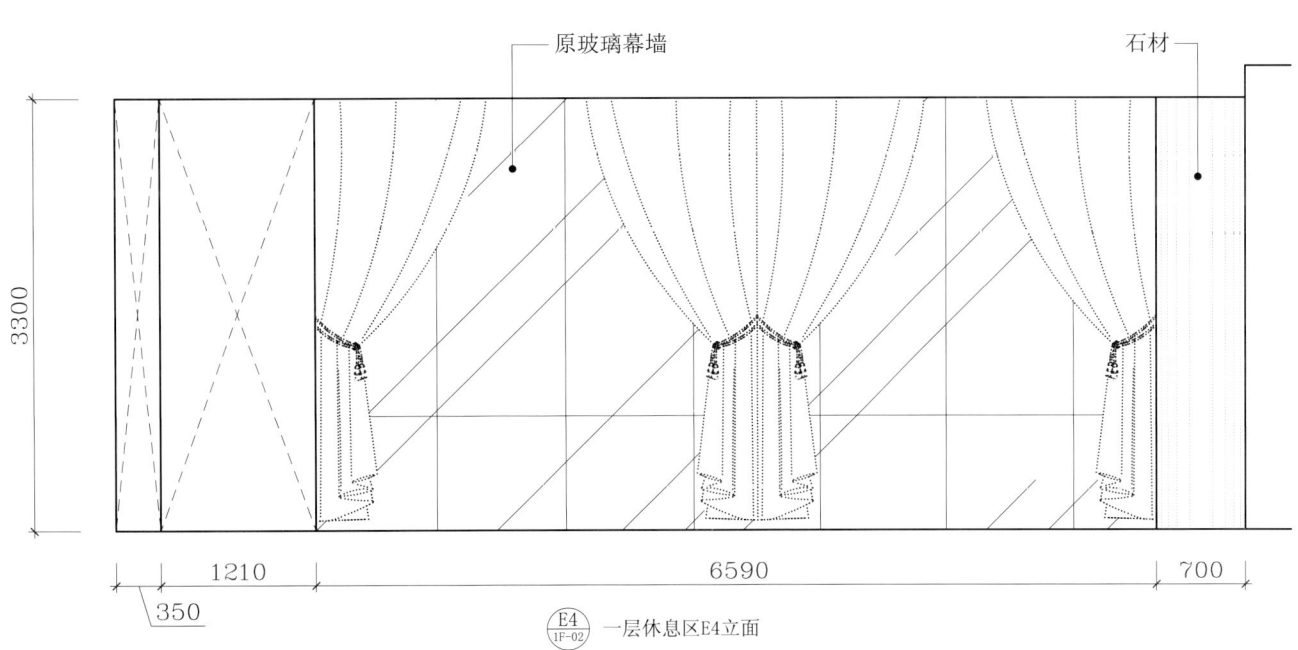

E4 / 1F-02 一层休息区E4立面

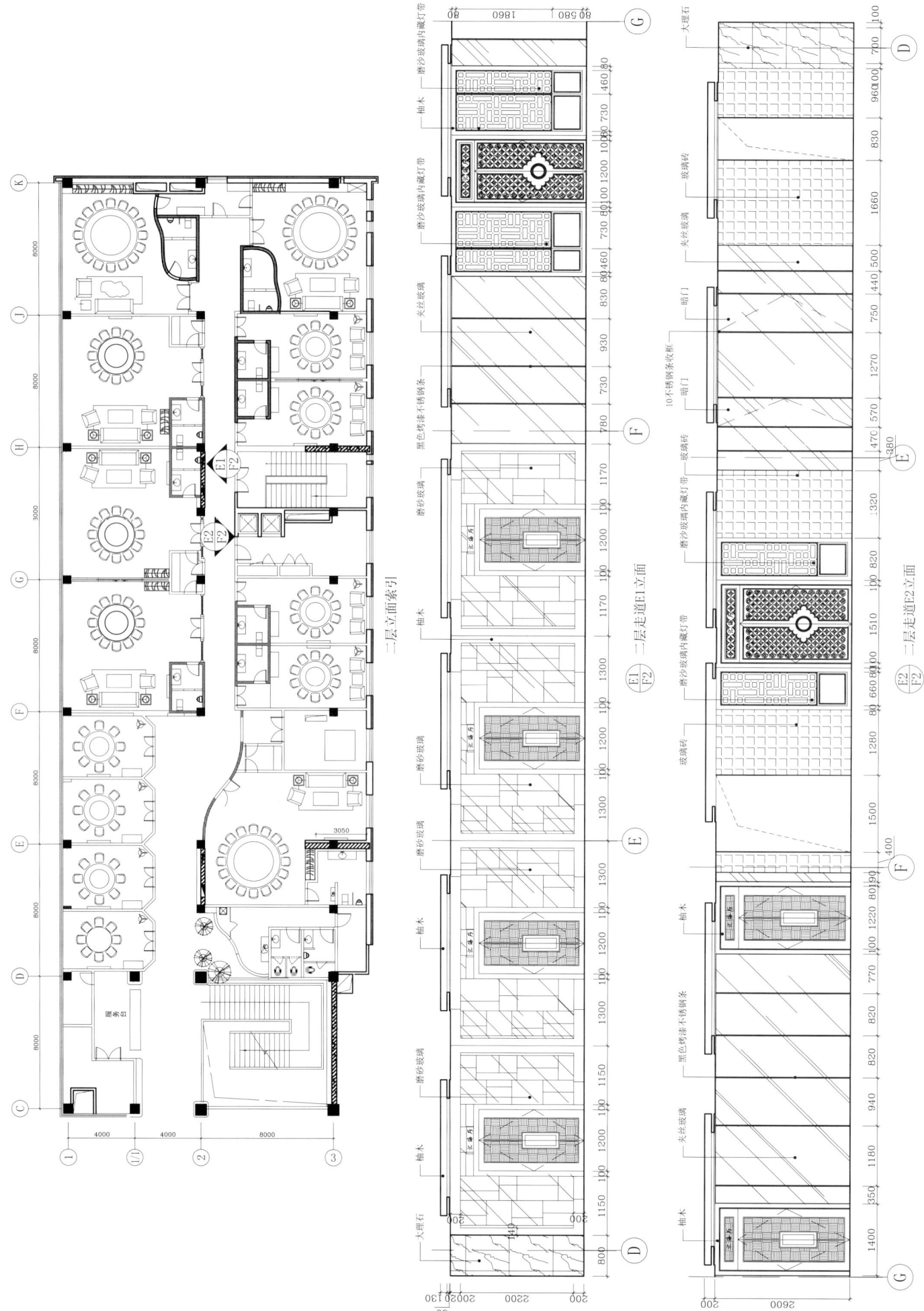

二层走道E1立面实景

二层走道E2立面实景

二层1号大包间实景

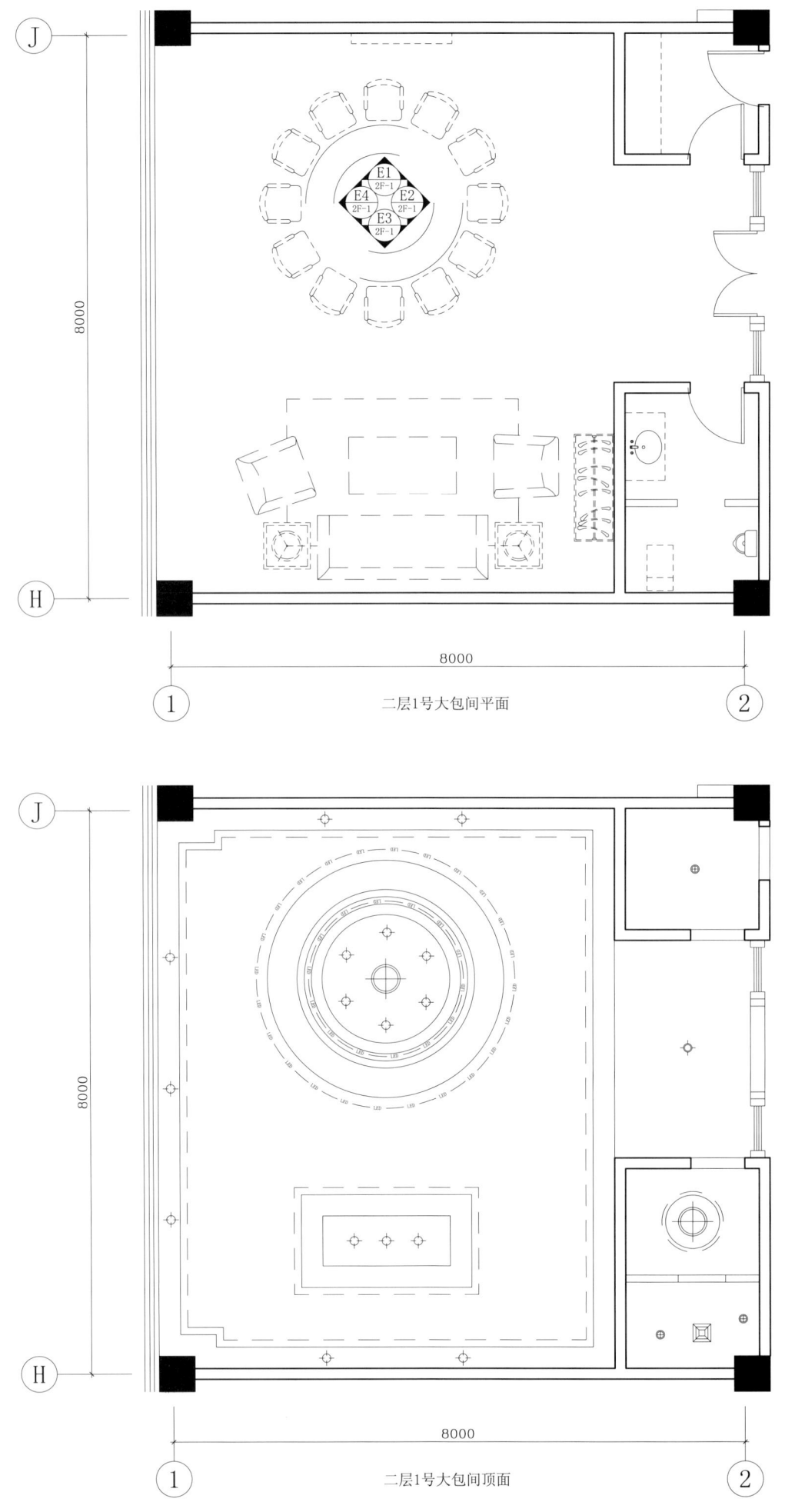

二层1号大包间平面

二层1号大包间顶面

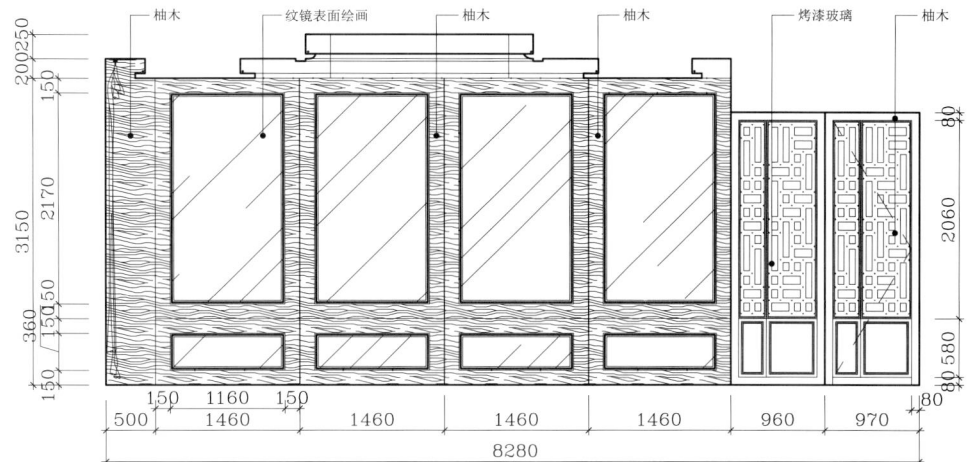

$\underset{1F-1}{\boxed{E1}}$ 二层1号大包间E1立面

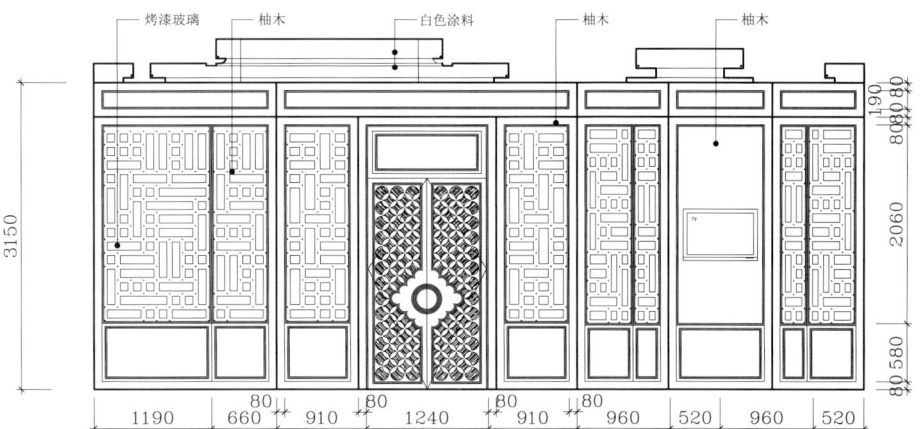

$\underset{1F-1}{\boxed{E2}}$ 二层1号大包间E2立面

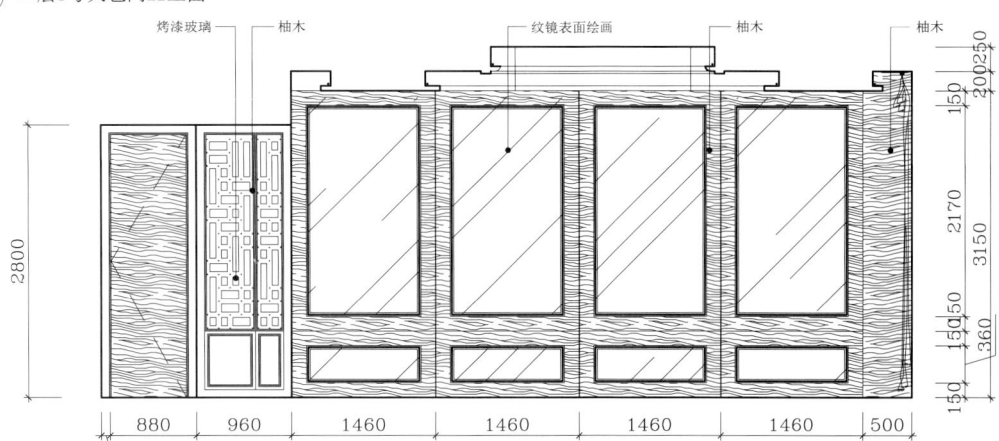

$\underset{1F-1}{\boxed{E3}}$ 二层1号大包间E3立面

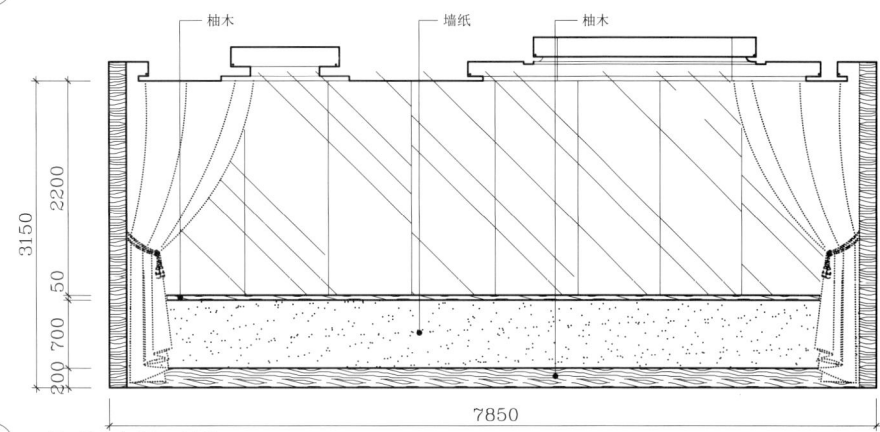

$\underset{1F-1}{\boxed{E4}}$ 二层1号大包间E4立面

二层VIP包间E5立面实景　　二层VIP包间E1立面实景

二层VIP包间E3立面实景

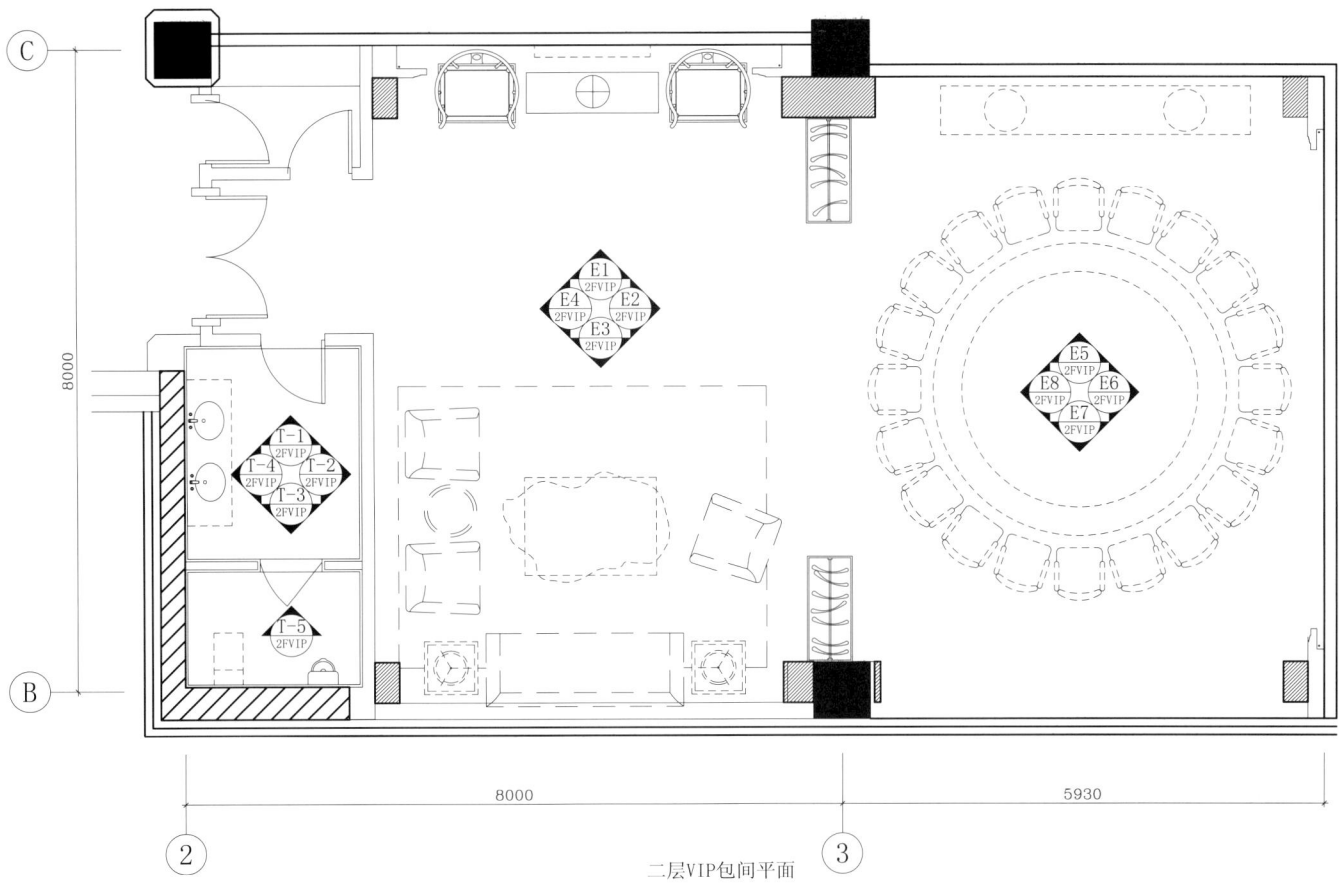

二层VIP包间平面

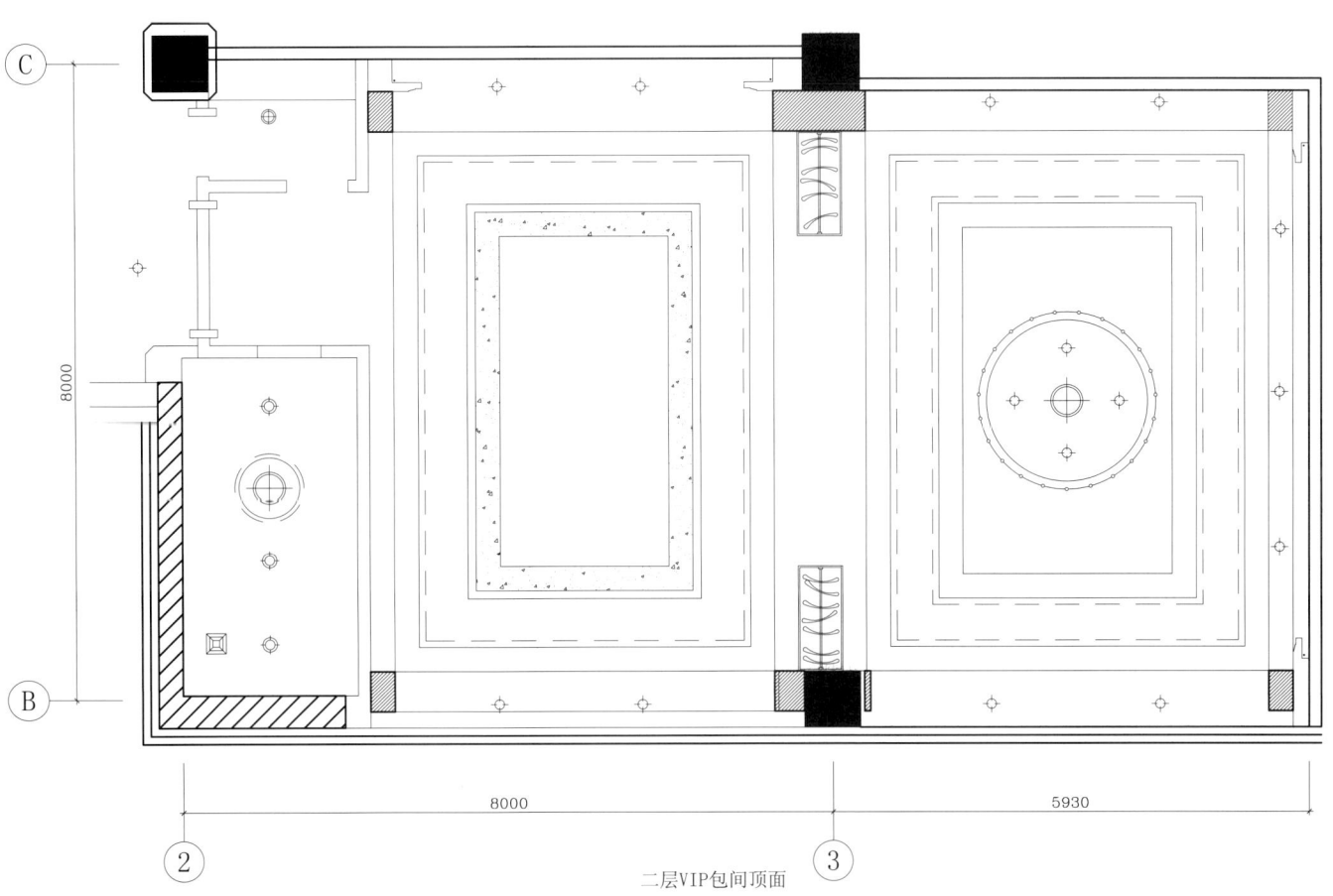

二层VIP包间顶面

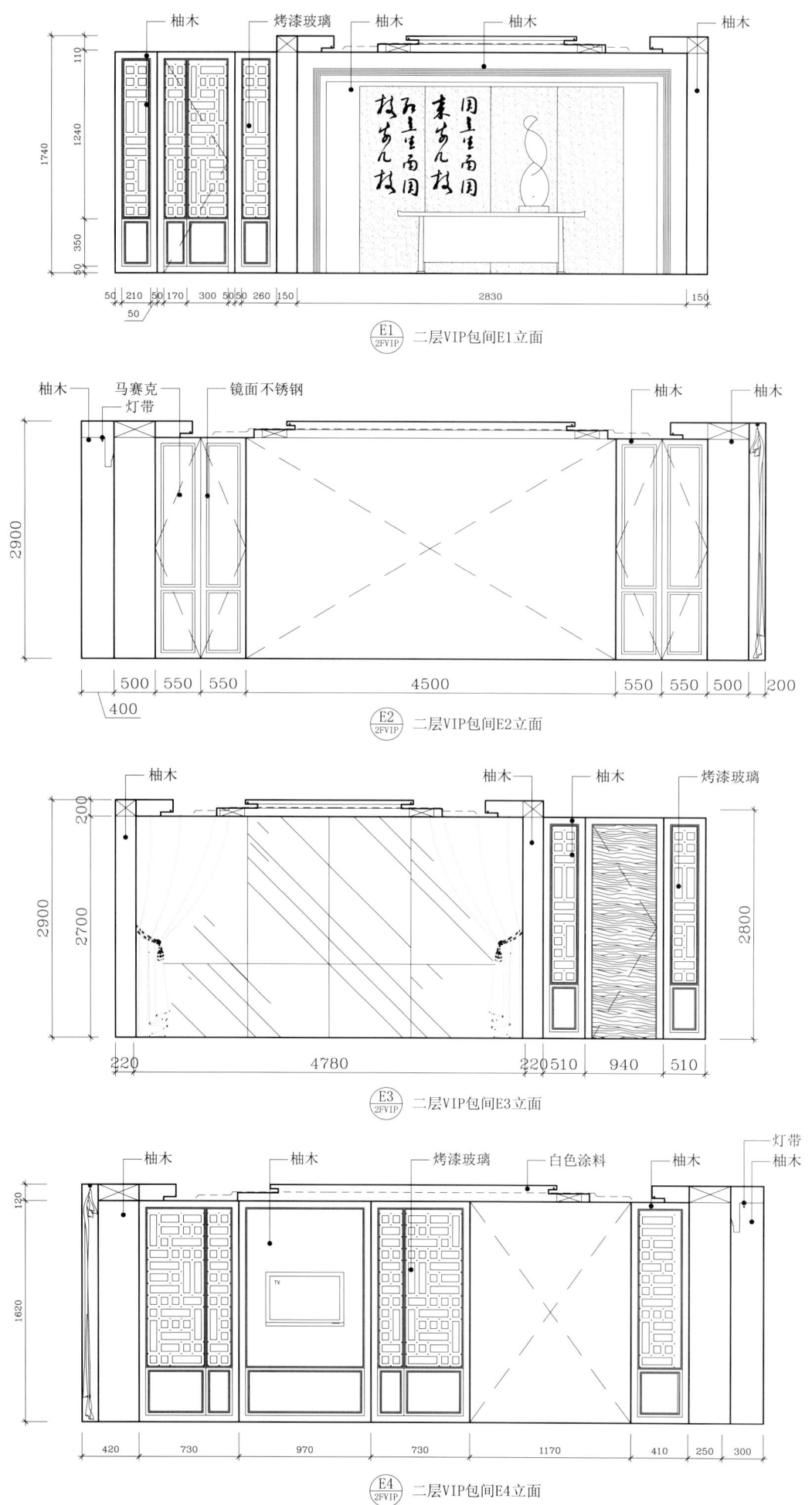

二层VIP包间E1立面

二层VIP包间E2立面

二层VIP包间E3立面

二层VIP包间E4立面

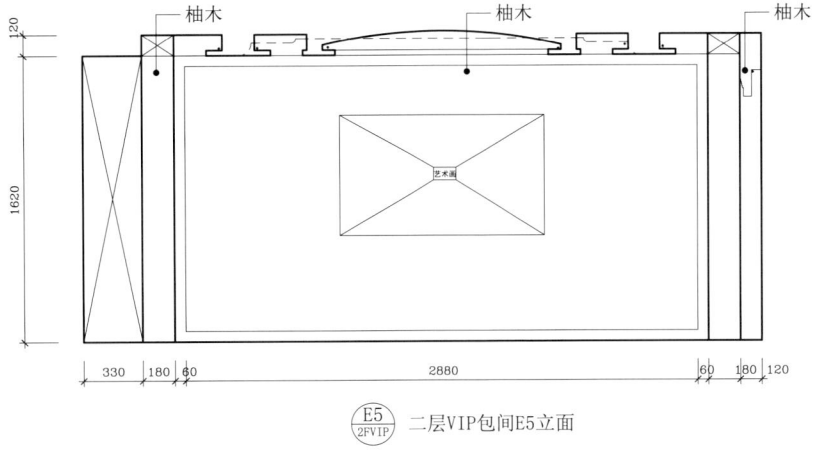

E5 二层VIP包间E5立面

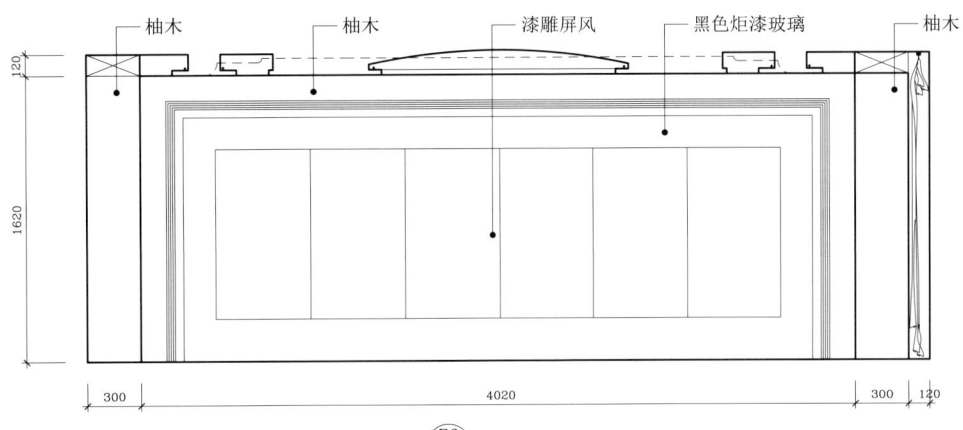

E6 二层VIP包间E6立面

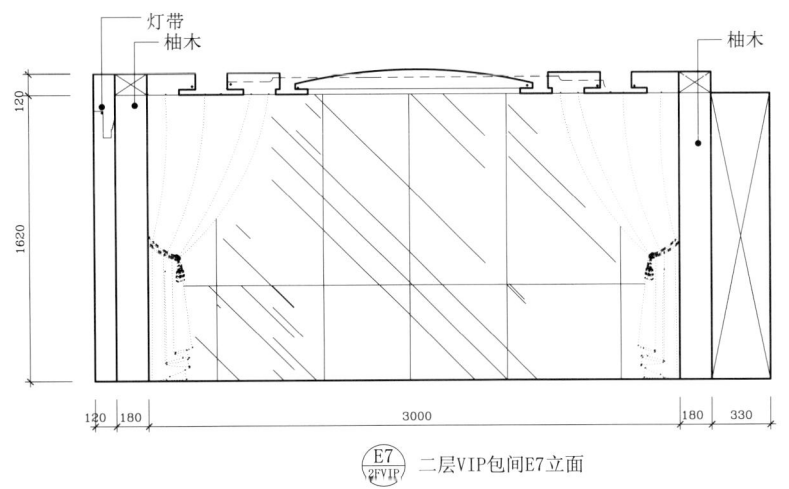

E7 二层VIP包间E7立面

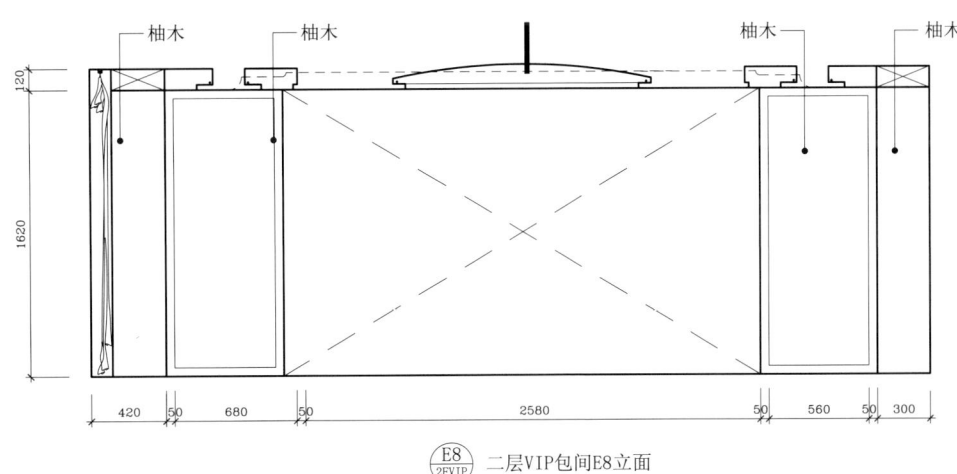

E8 二层VIP包间E8立面

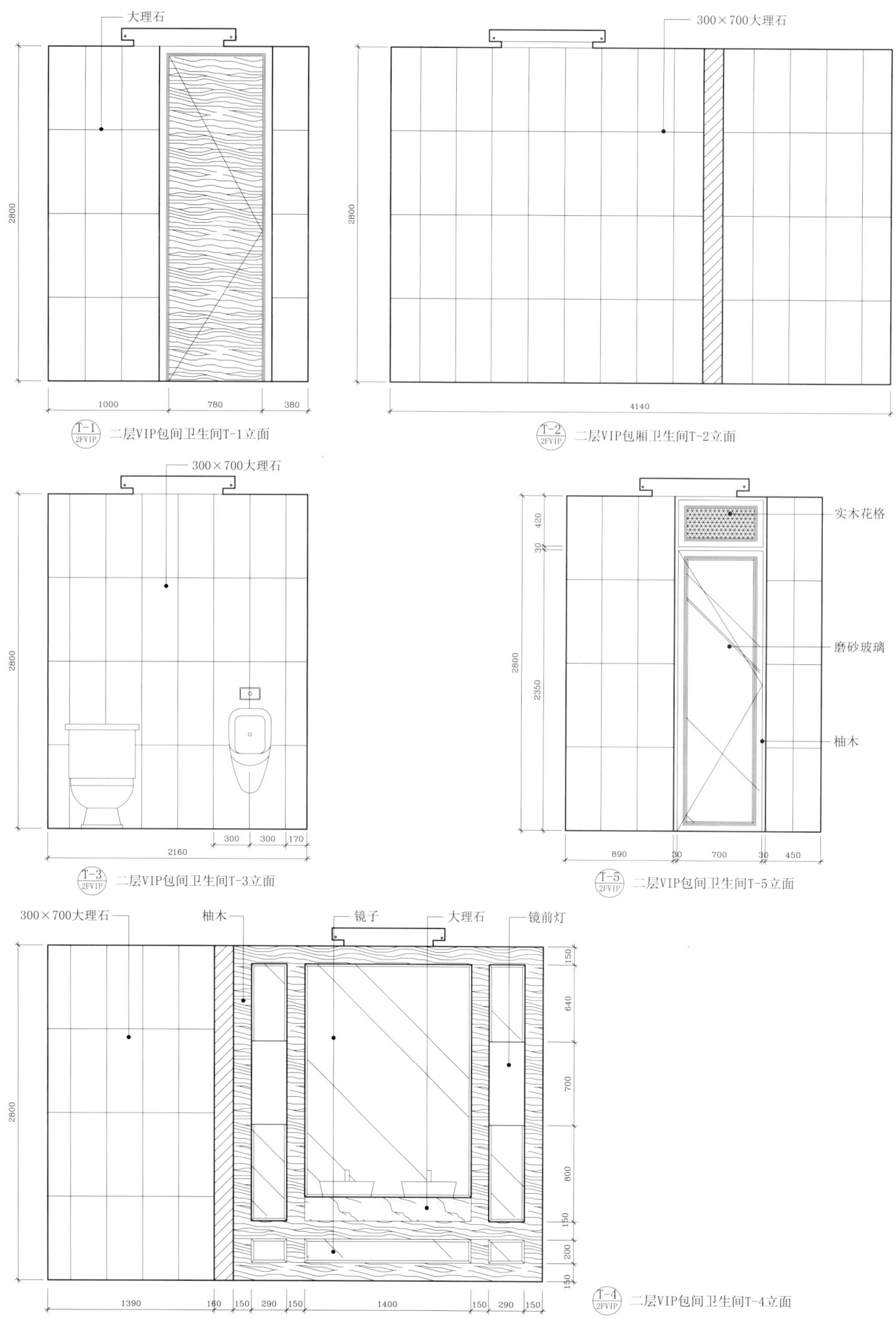

水产湖景饭店
SHUICHAN HUJING FANDIAN

设计单位：苏州国贸建筑装饰工程有限公司
设　　计：殷彤、周浩明
面　　积：5500m²
坐落地点：苏州

"源于心，寄之情，发于形"可能是每个设计人的共识。

本案位于中新苏州工业园区青剑湖商业板块，临湖面街，环境独特。设计者通过对原来各成一体的两座老建筑物的规划及改良，将其有机融合，形成两条有序的动线，分流普通区与VIP区的客户群，从而使商家的经营管理更趋于合理性。

装饰设计上，地域文化元素以及自然景色的借用，是我们主导的方向。由于本案业主多年来连锁经营的成功，以"蟹"为主题的产业品牌价值也在不断提升，使之对"水产"这一特色主题颇有情愫，因此我们通过一系列技术手段，使"阳春白雪"雅俗共赏，从而大大提升了社会群体的认知度。

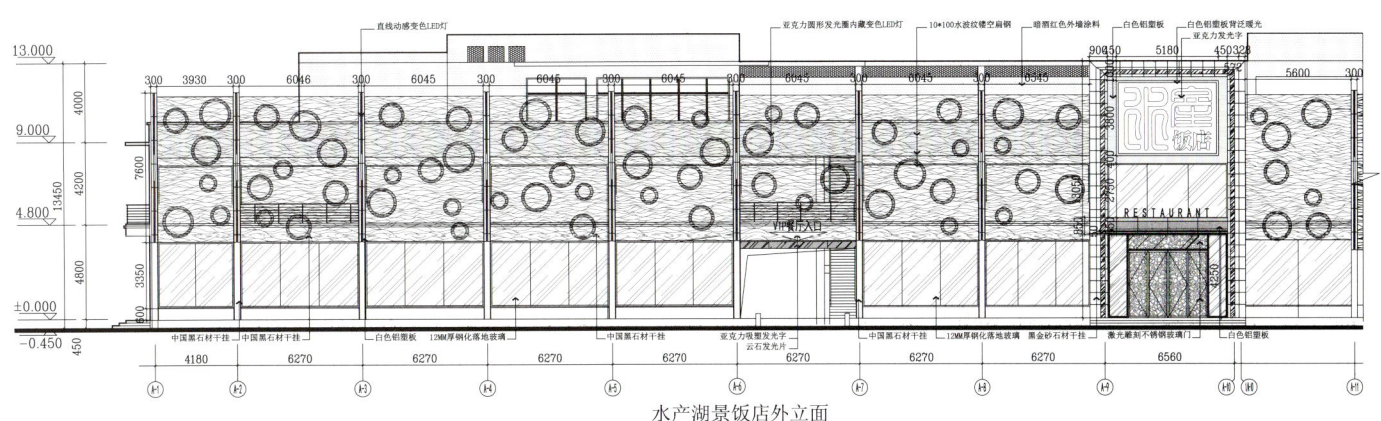

水产湖景饭店外立面

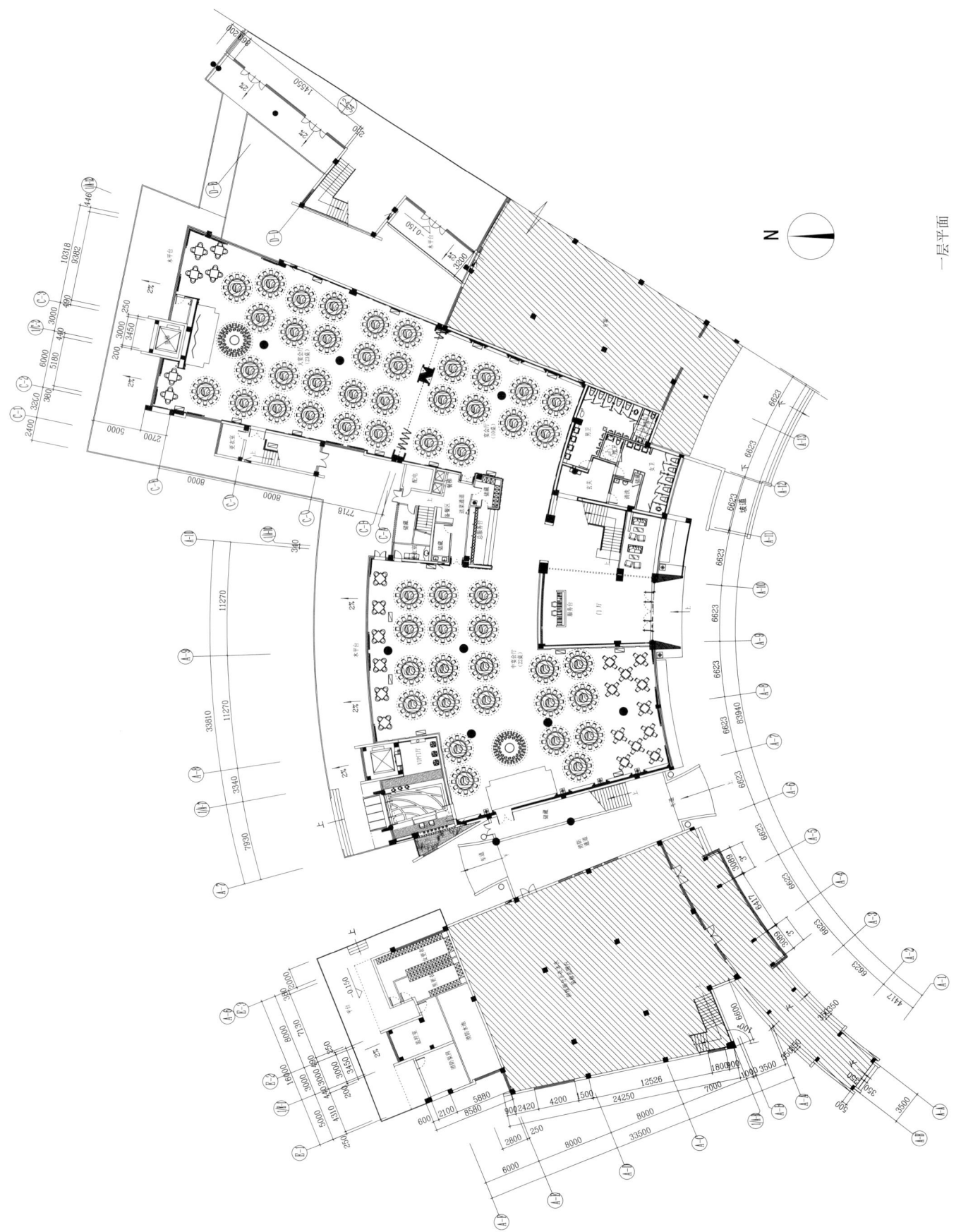

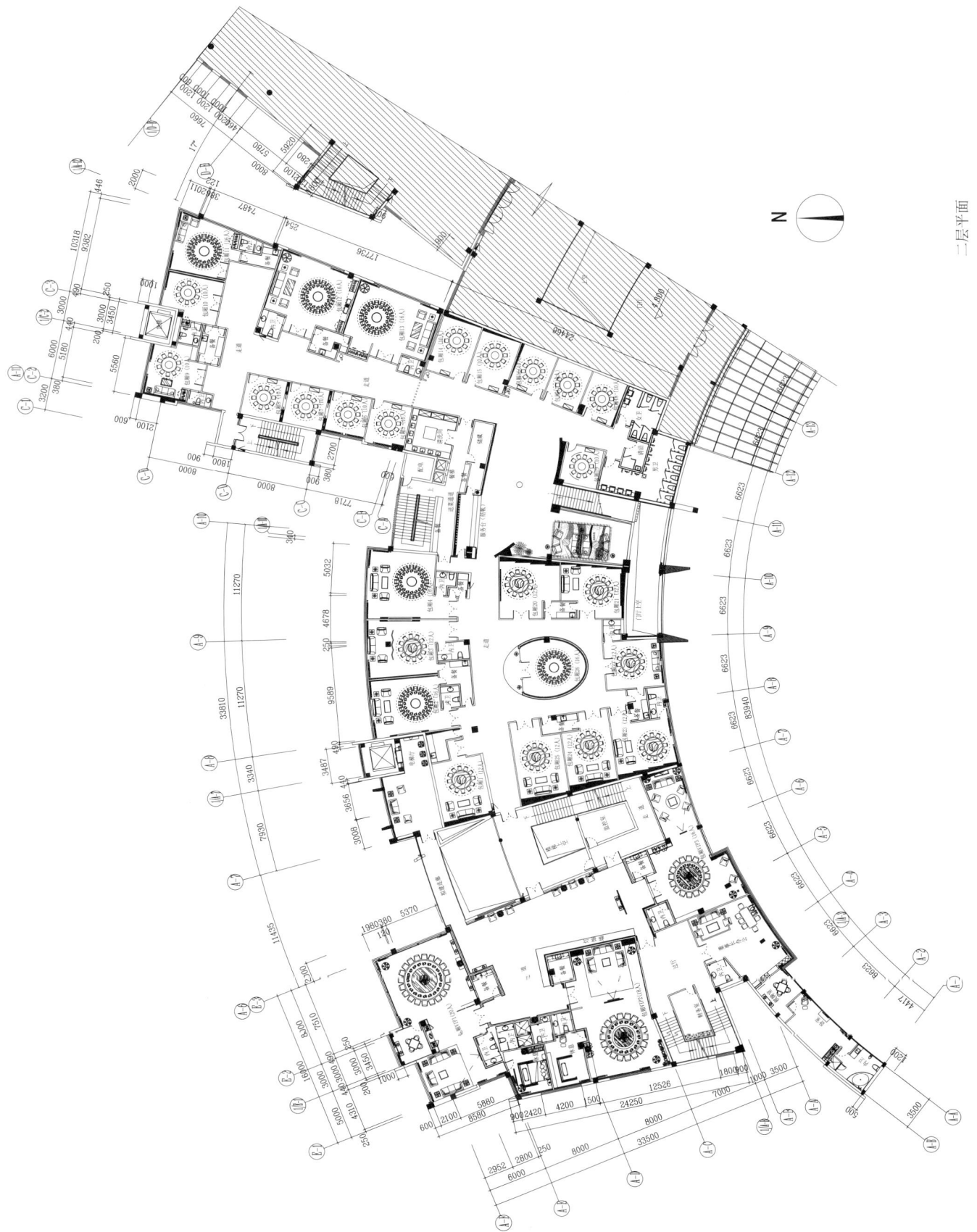

一层门厅实景

一层门厅效果图

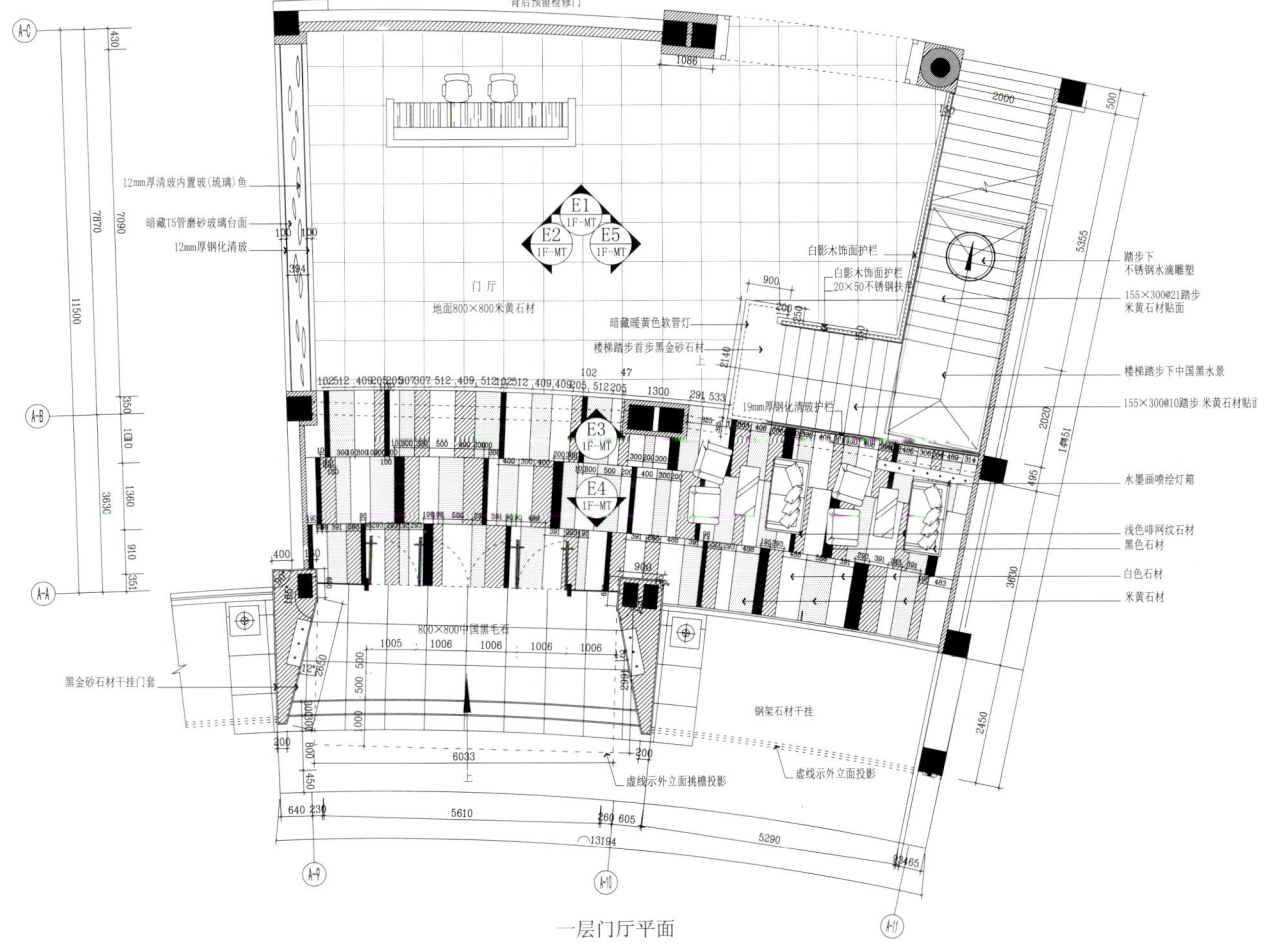

一层门厅平面

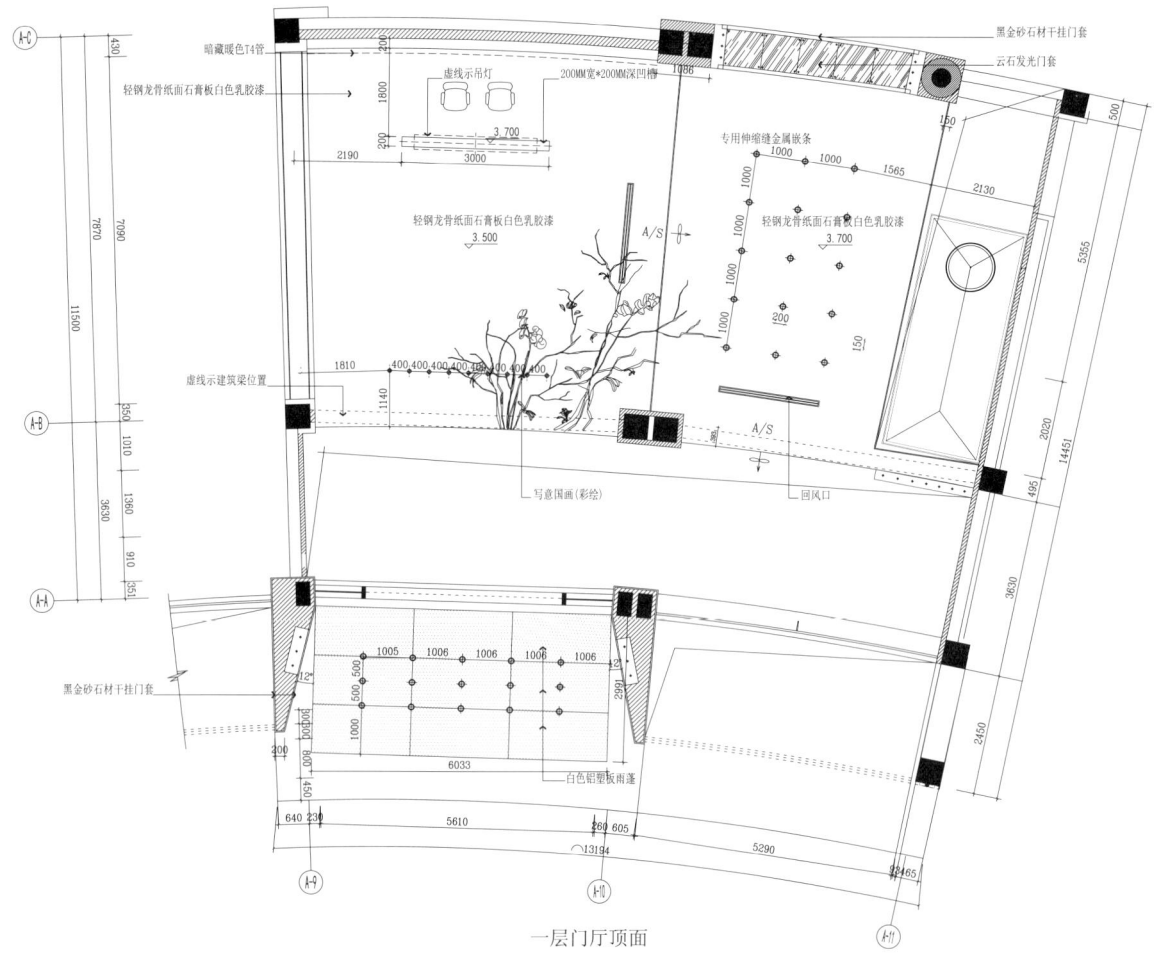

一层门厅顶面

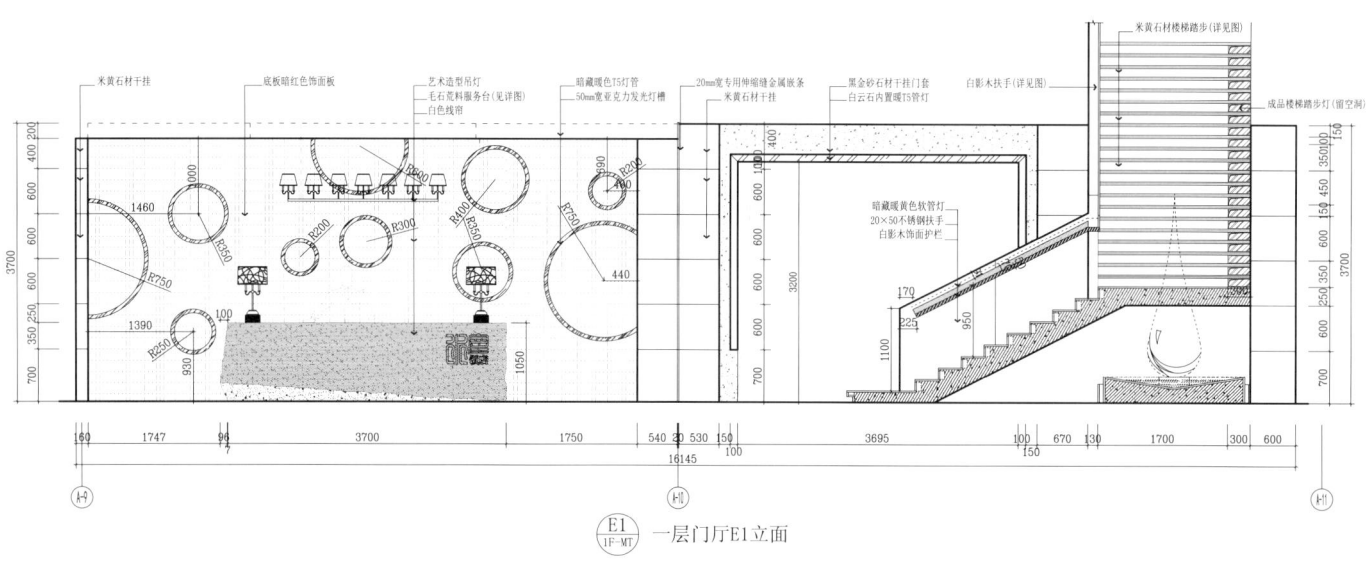

一层门厅E1立面

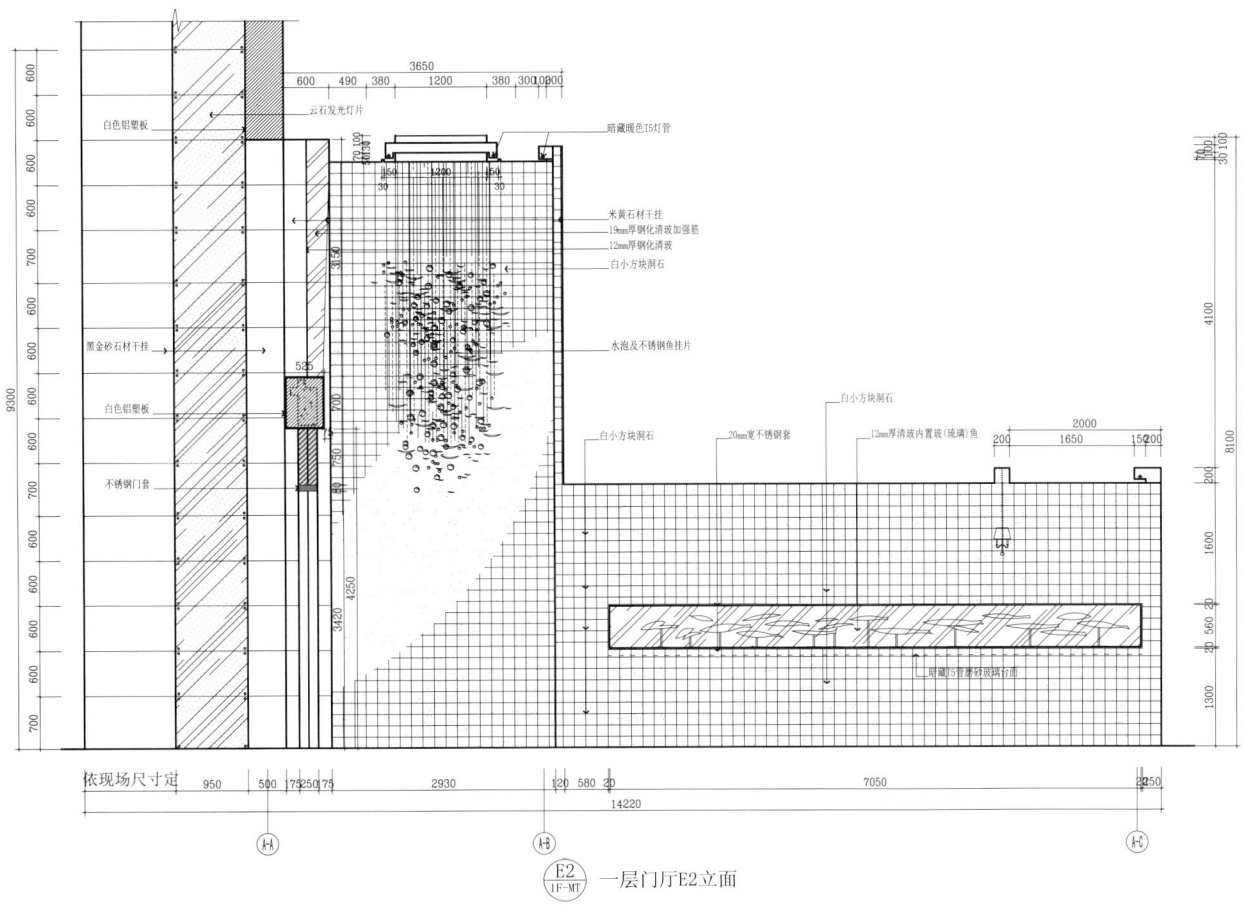

E2 一层门厅E2立面

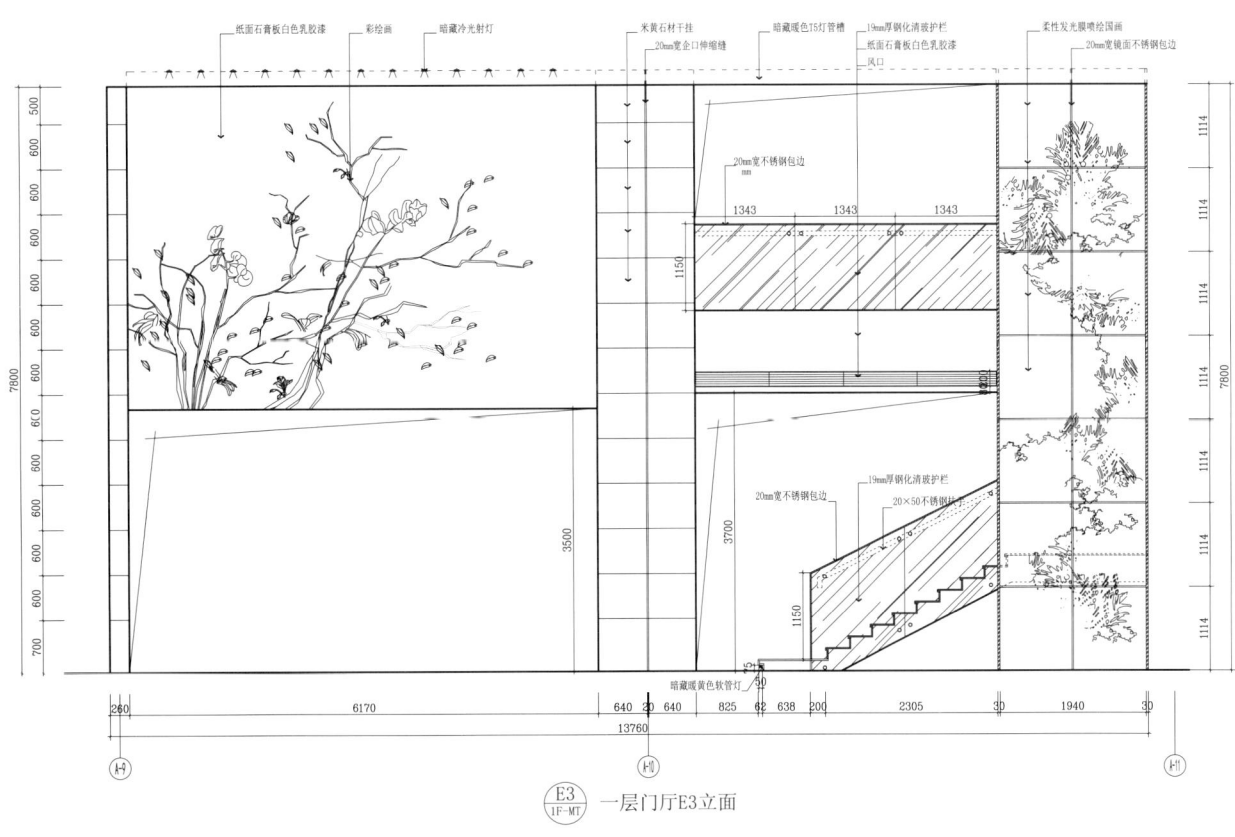

E3 一层门厅E3立面

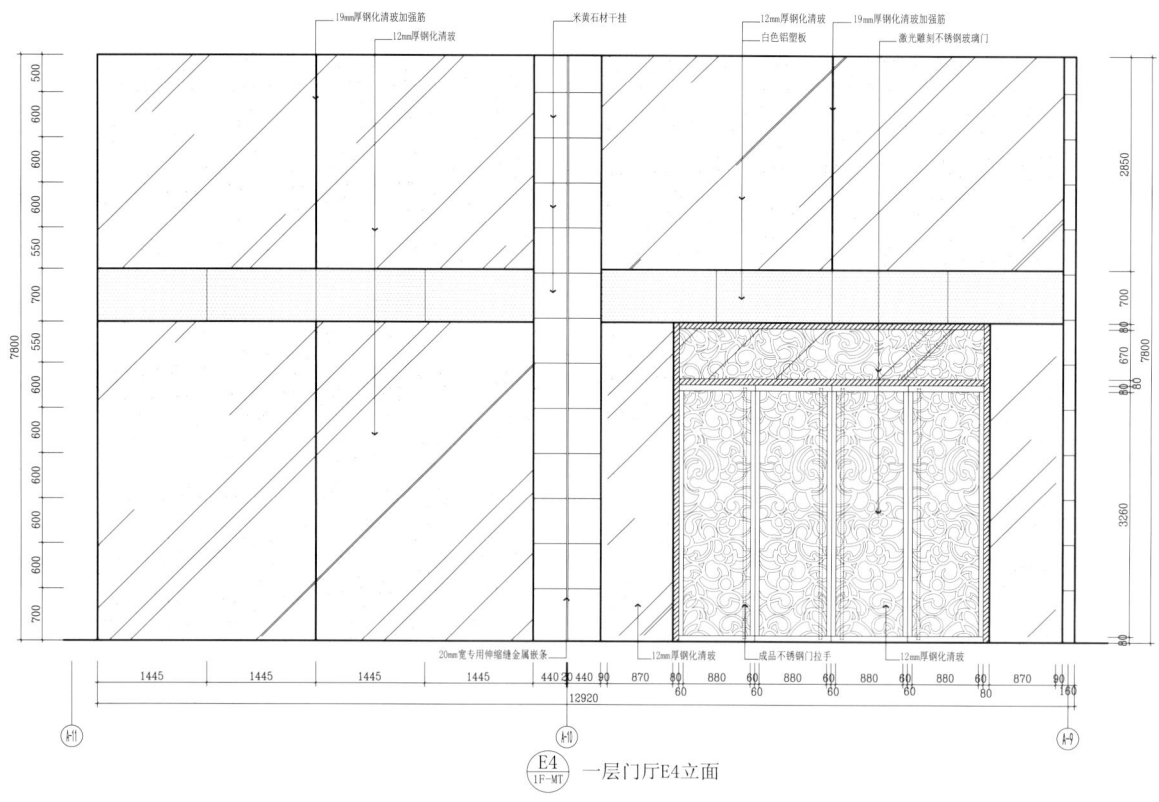

E4 一层门厅E4立面

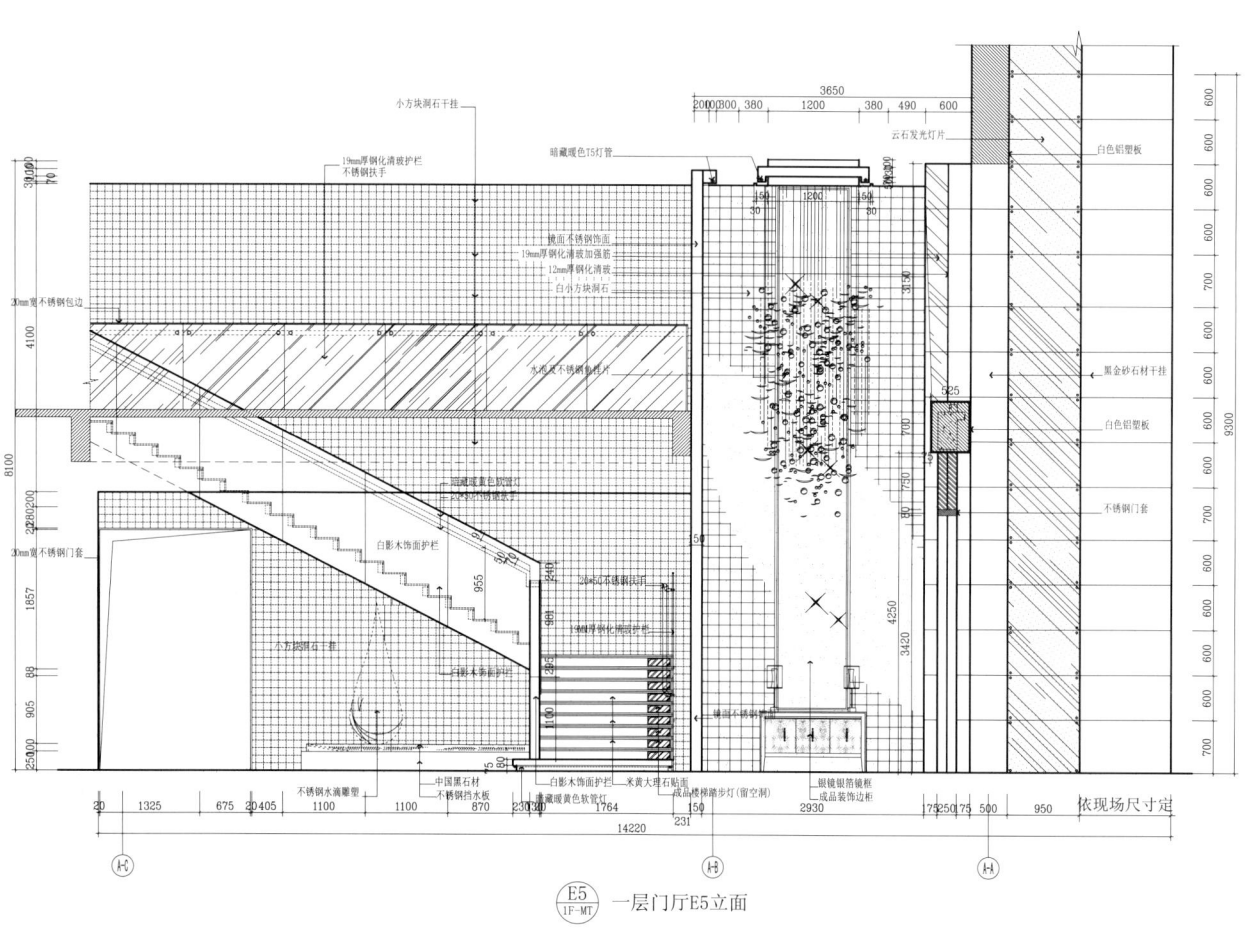

E5 一层门厅E5立面

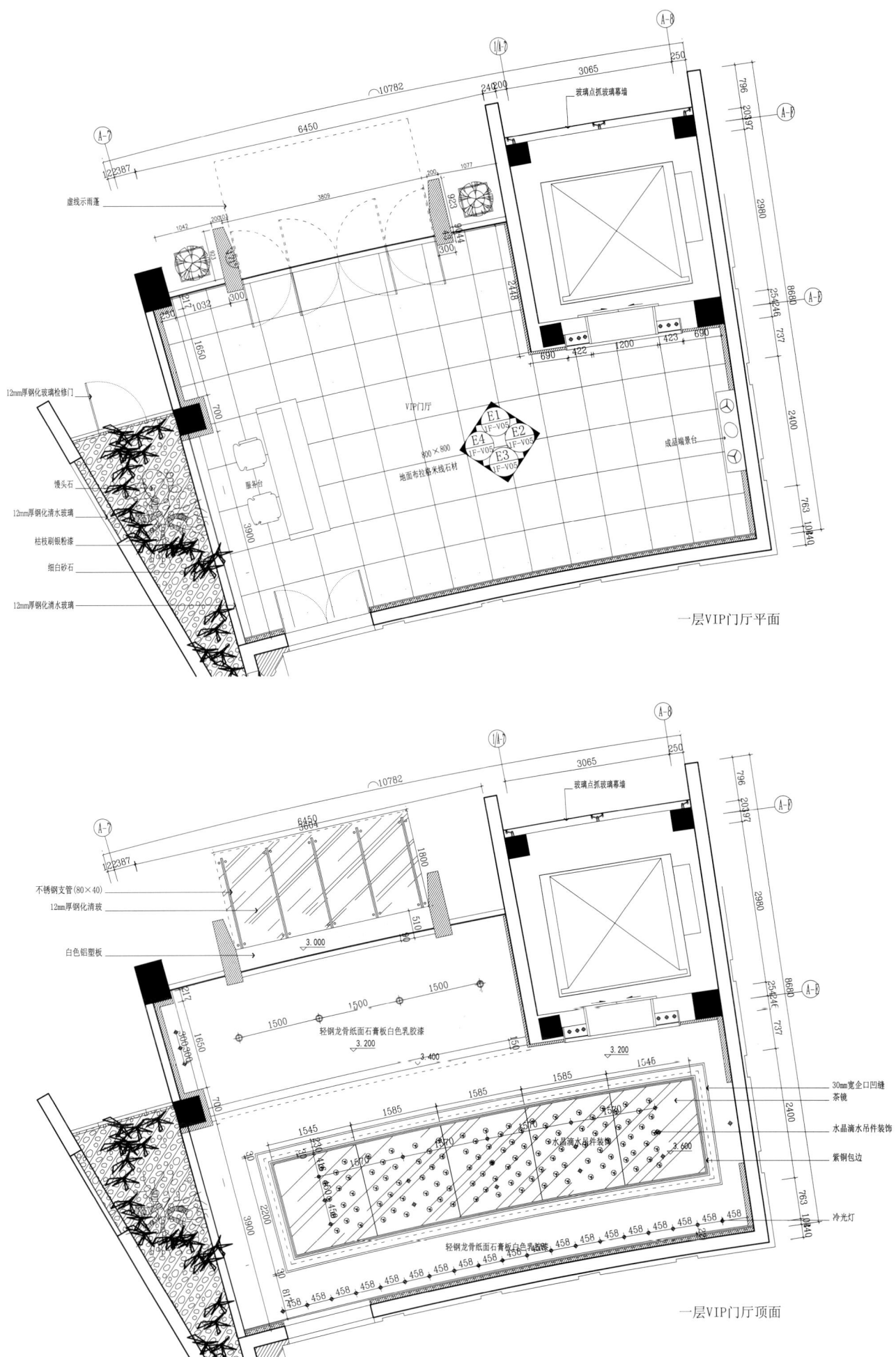

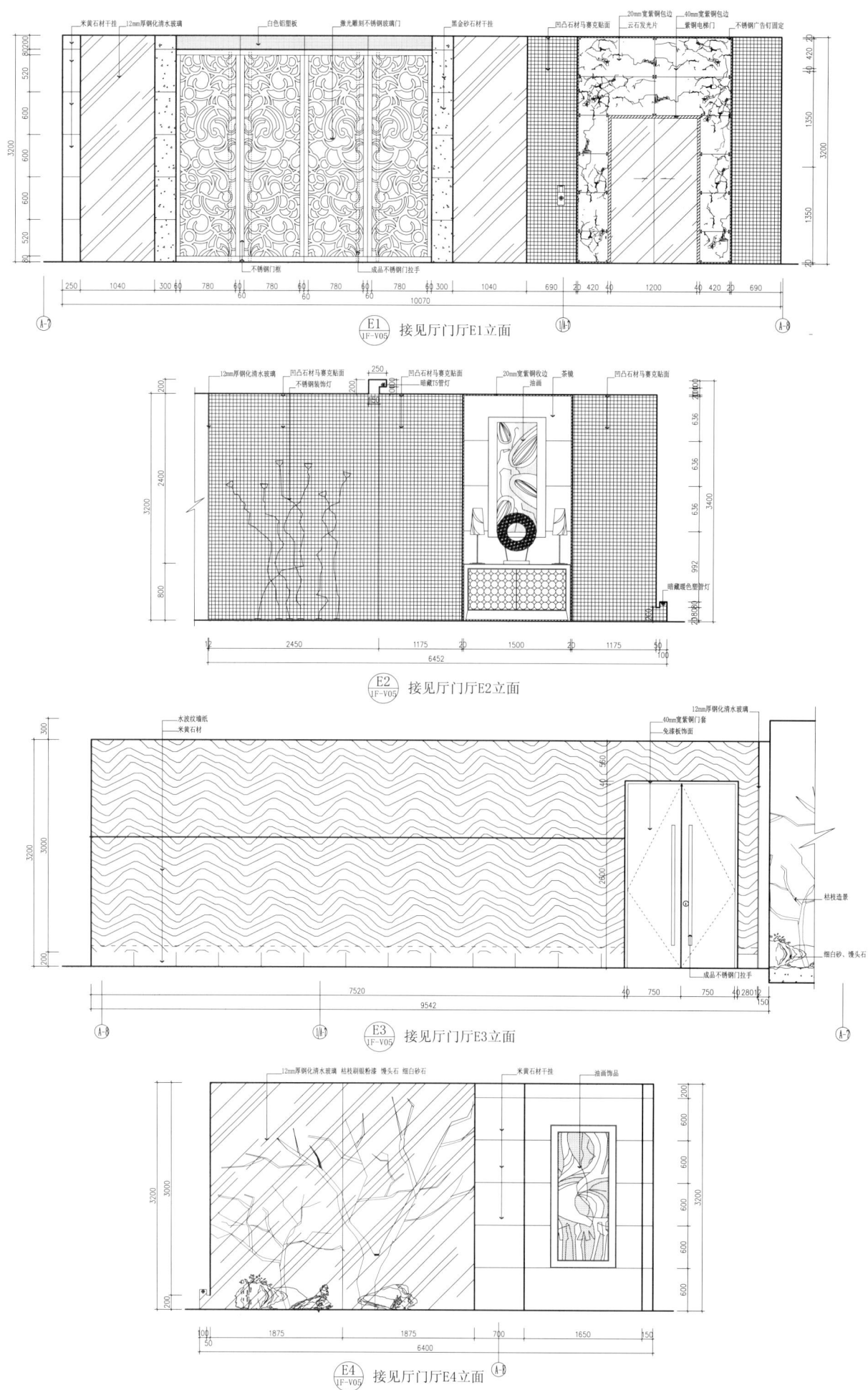

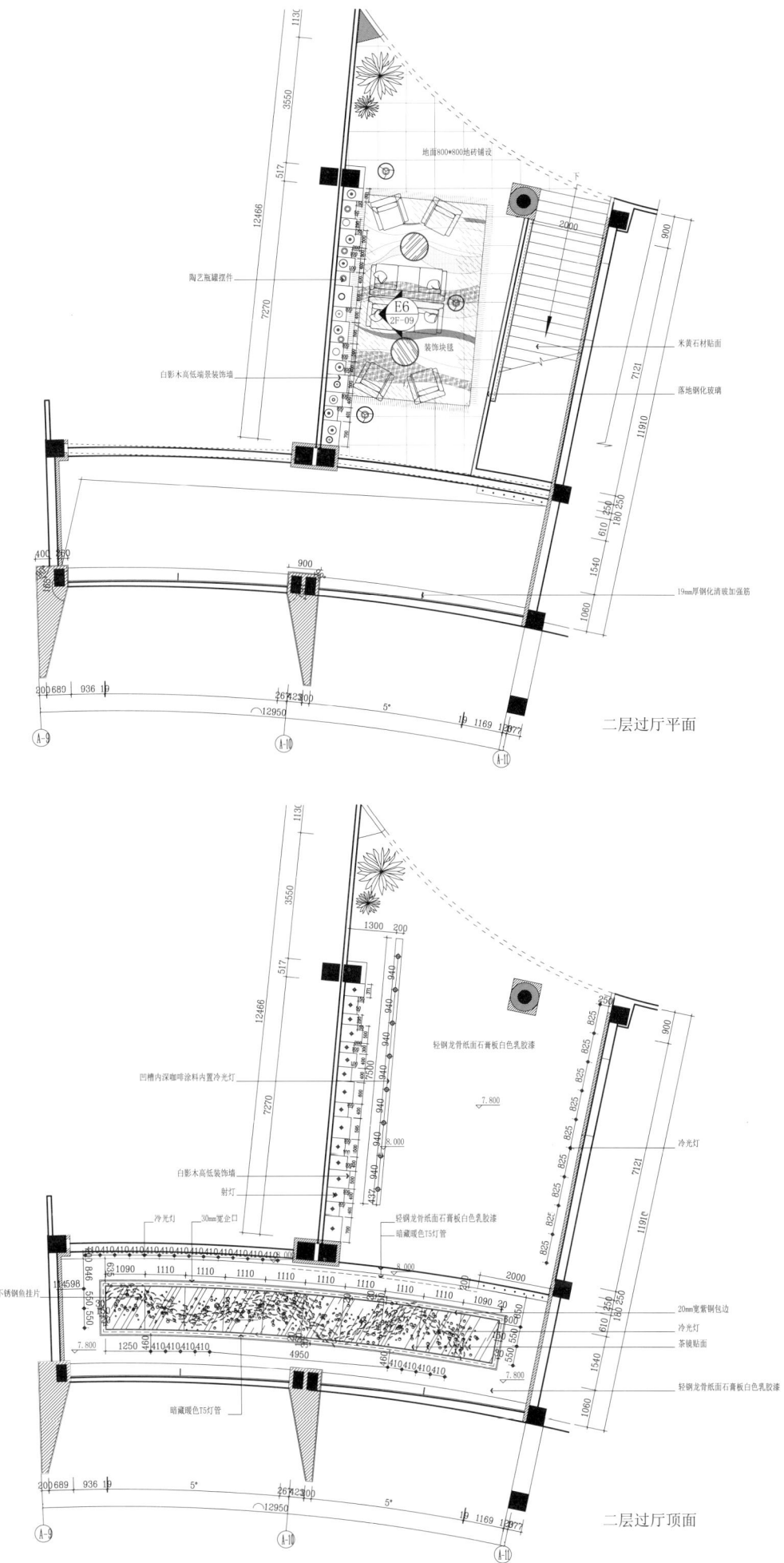

二层过厅平面

二层过厅顶面

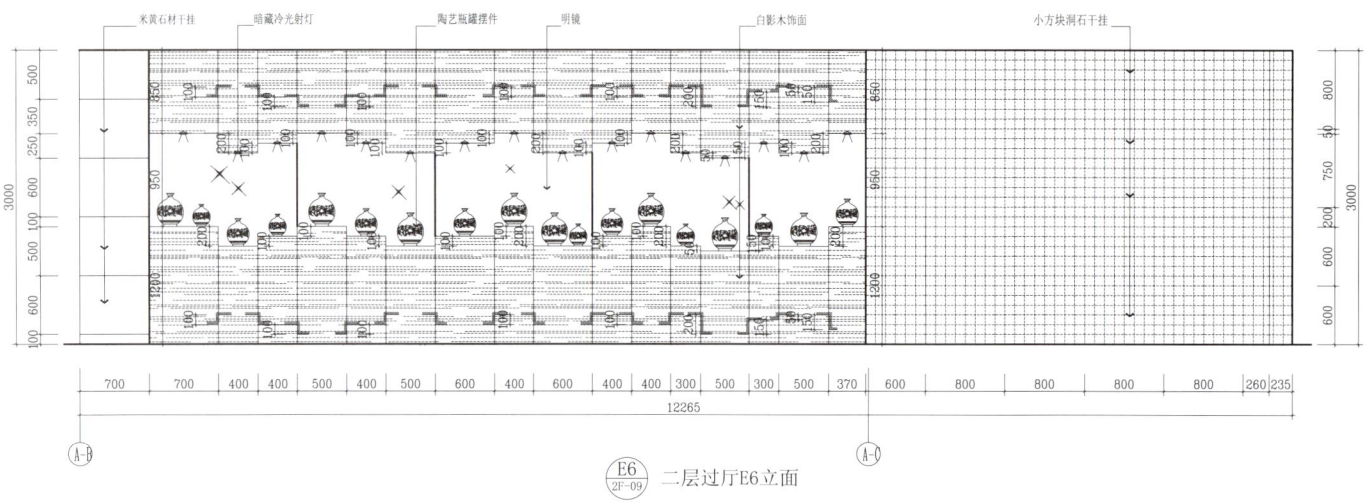

$\underset{2F-09}{E6}$ 二层过厅E6立面

二层过厅立面实景

二层VIP过厅实景

二层VIP过厅立面实景

二层VIP过厅立面实景

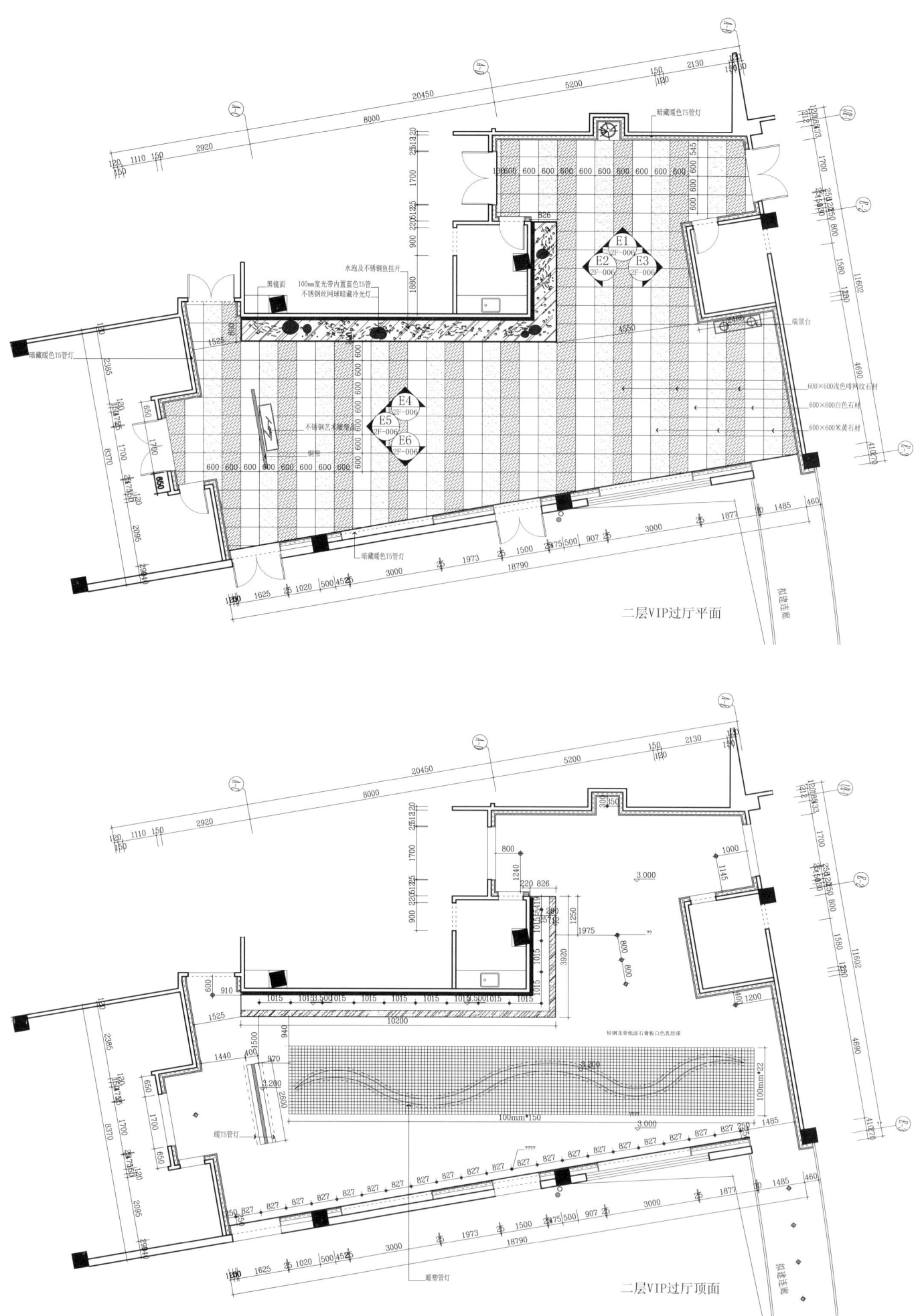

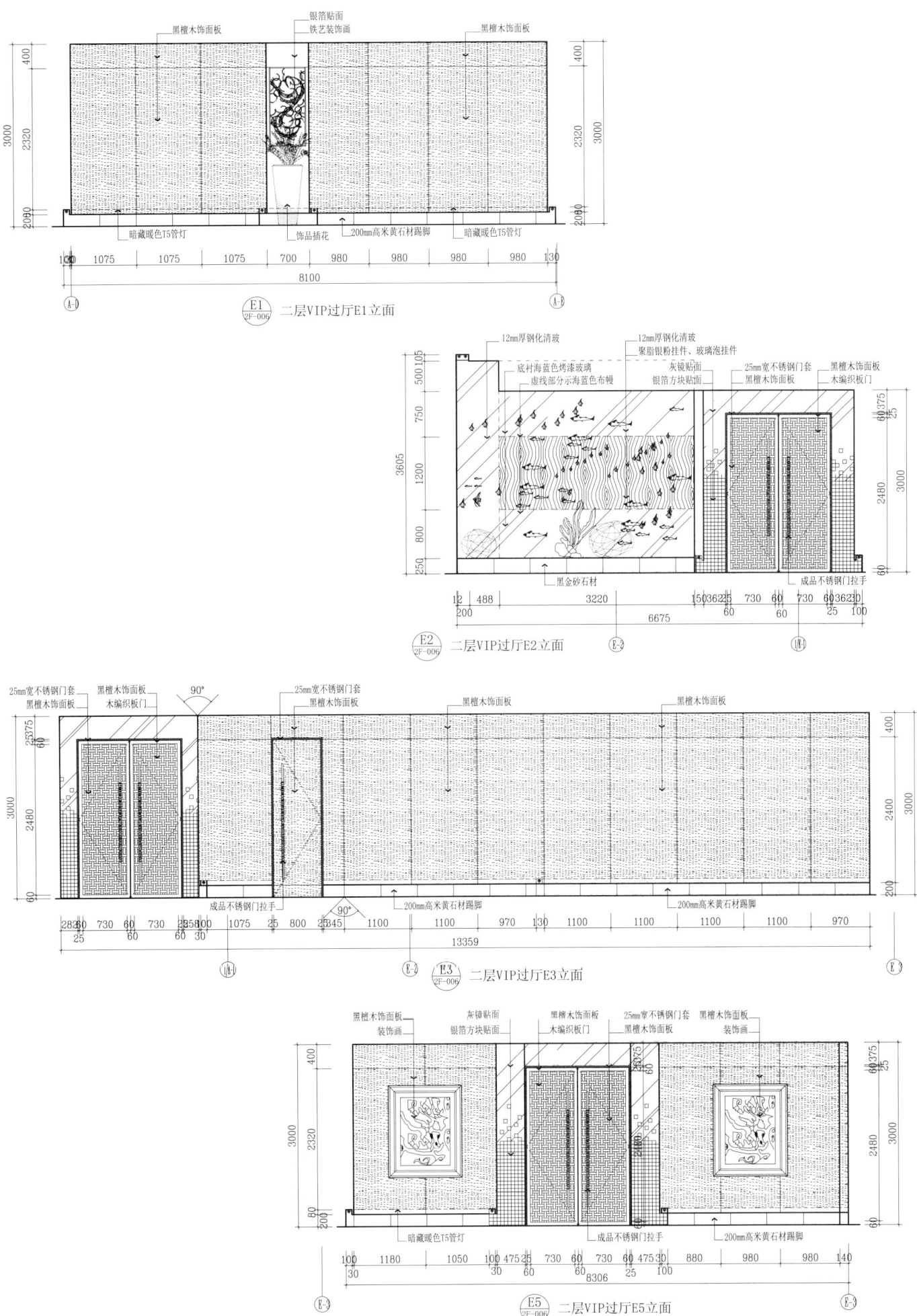

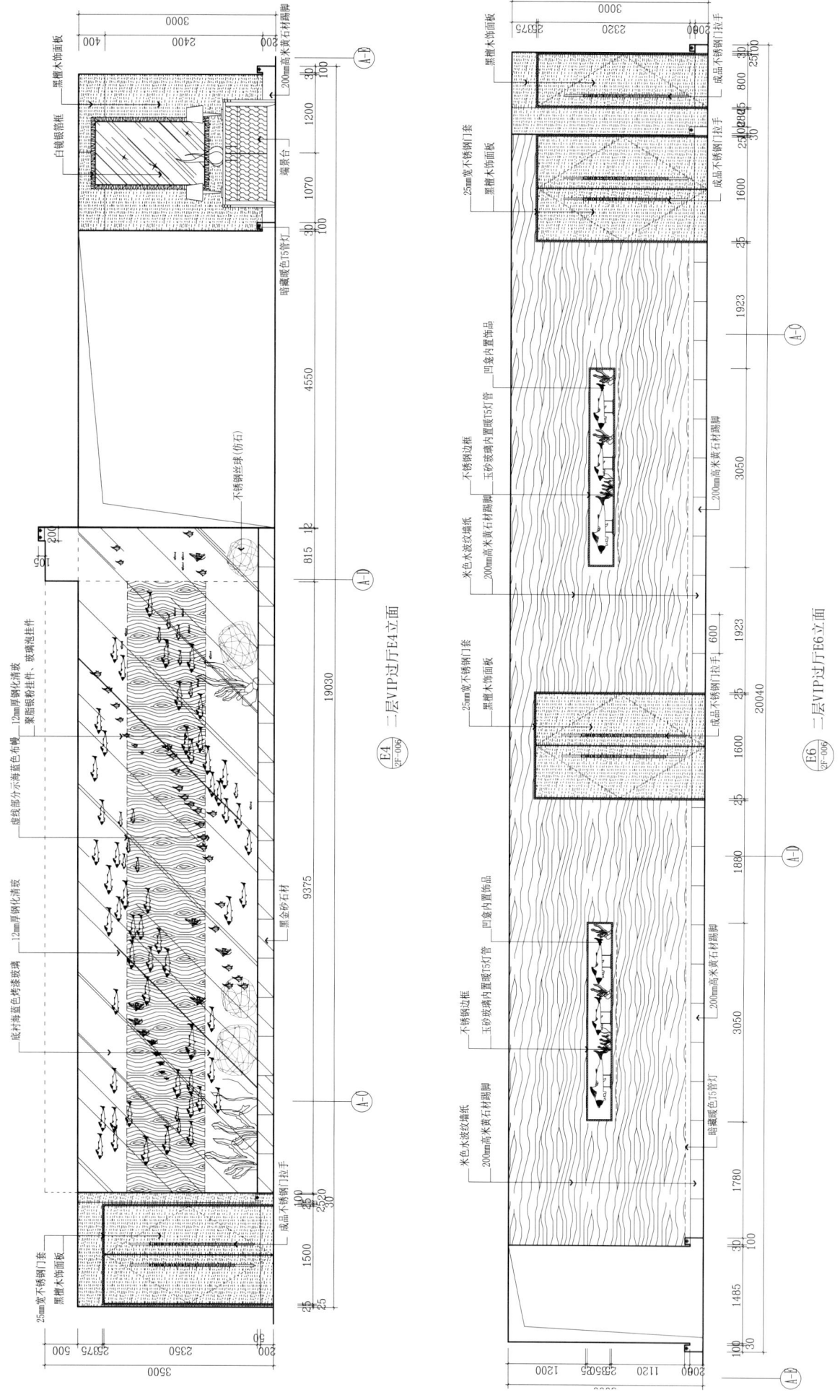

二层椭圆包厢实景

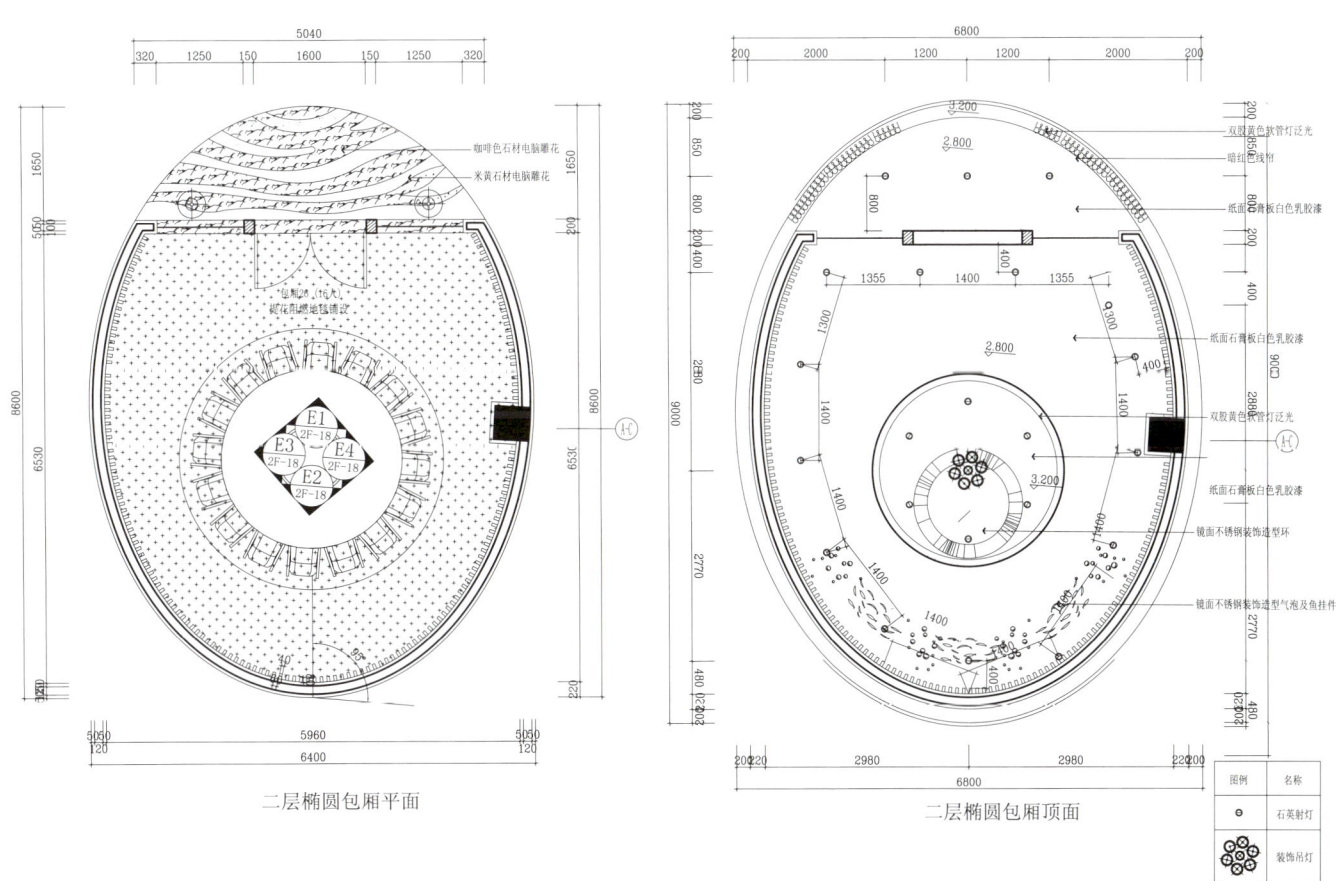

二层椭圆包厢平面

二层椭圆包厢顶面

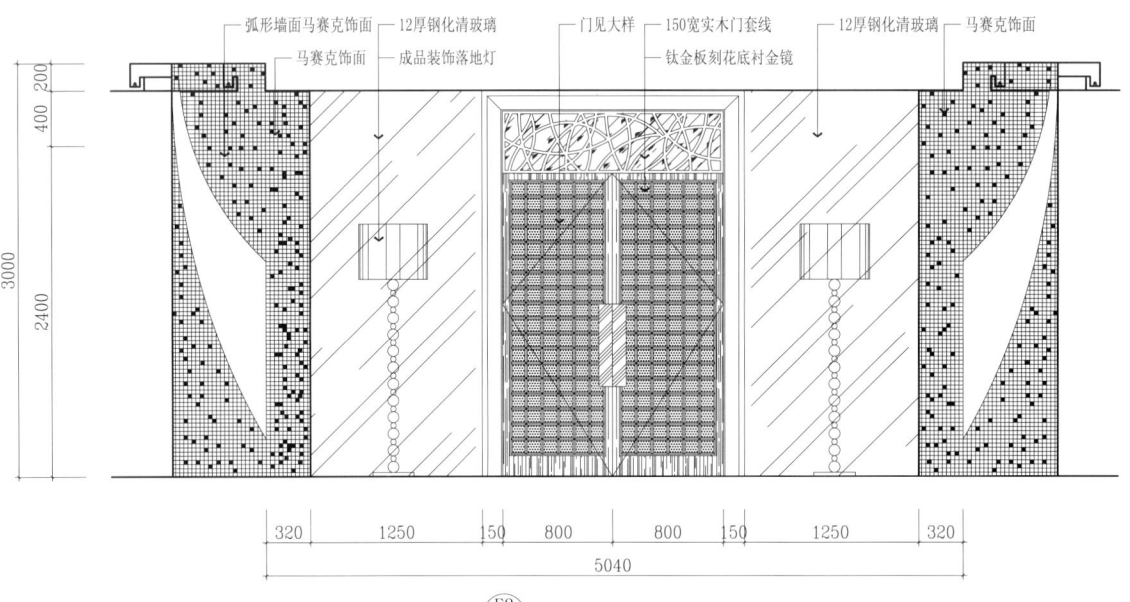

E1 2F-18 二层椭圆包厢E1立面

E2 2F-18 二层椭圆包厢E2立面

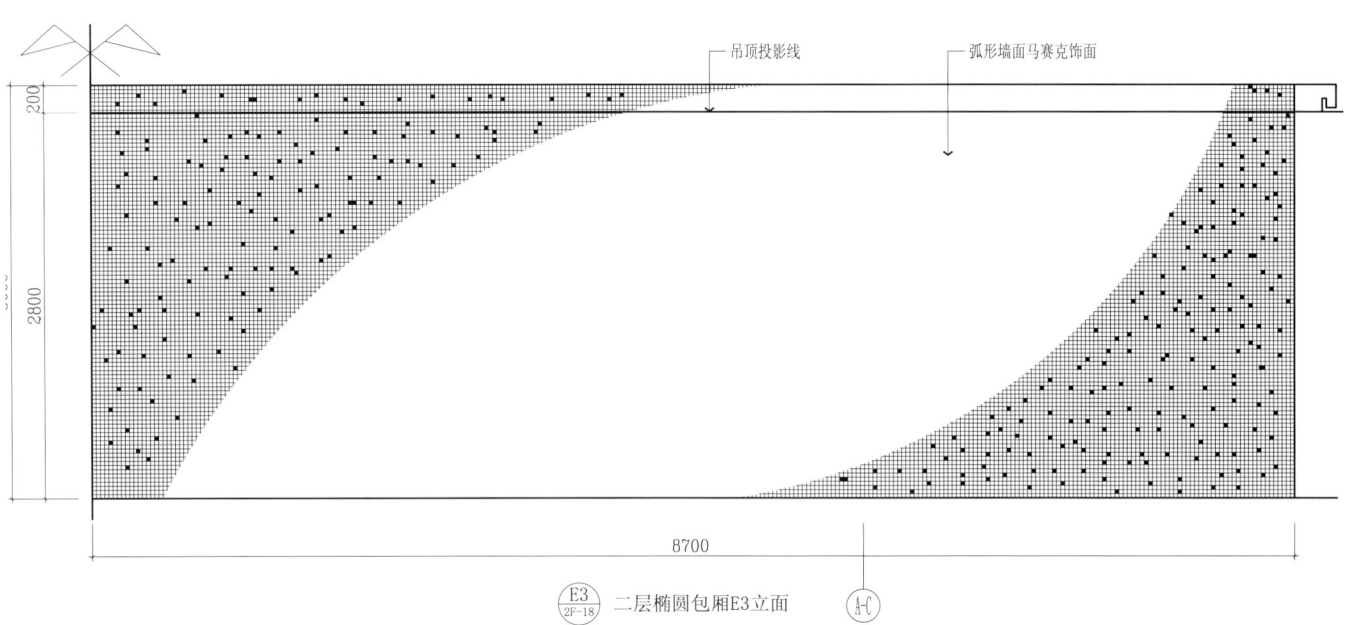

E3 2F-18 二层椭圆包厢E3立面

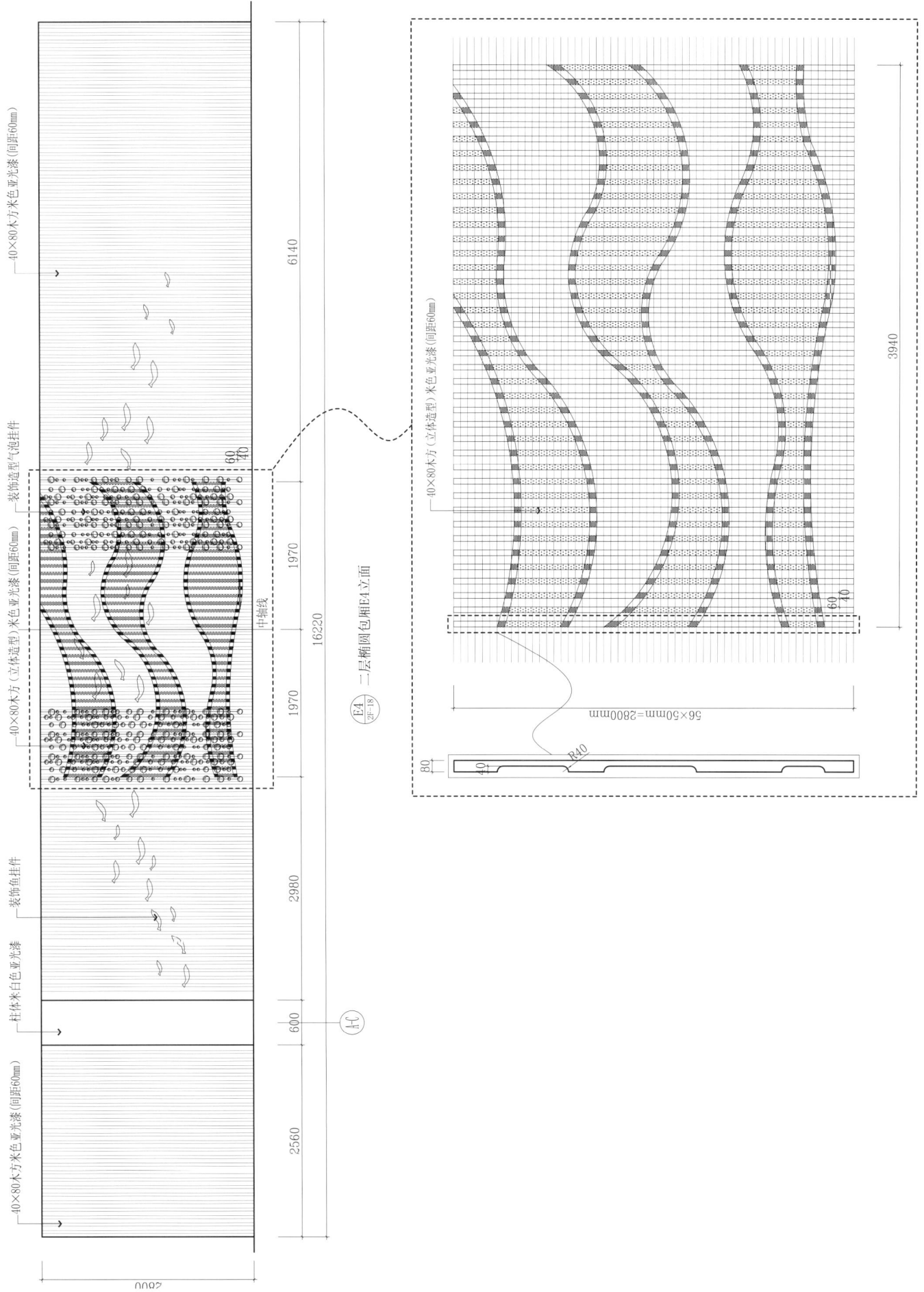

二层VIP包厢1实景

二层VIP包厢1效果图

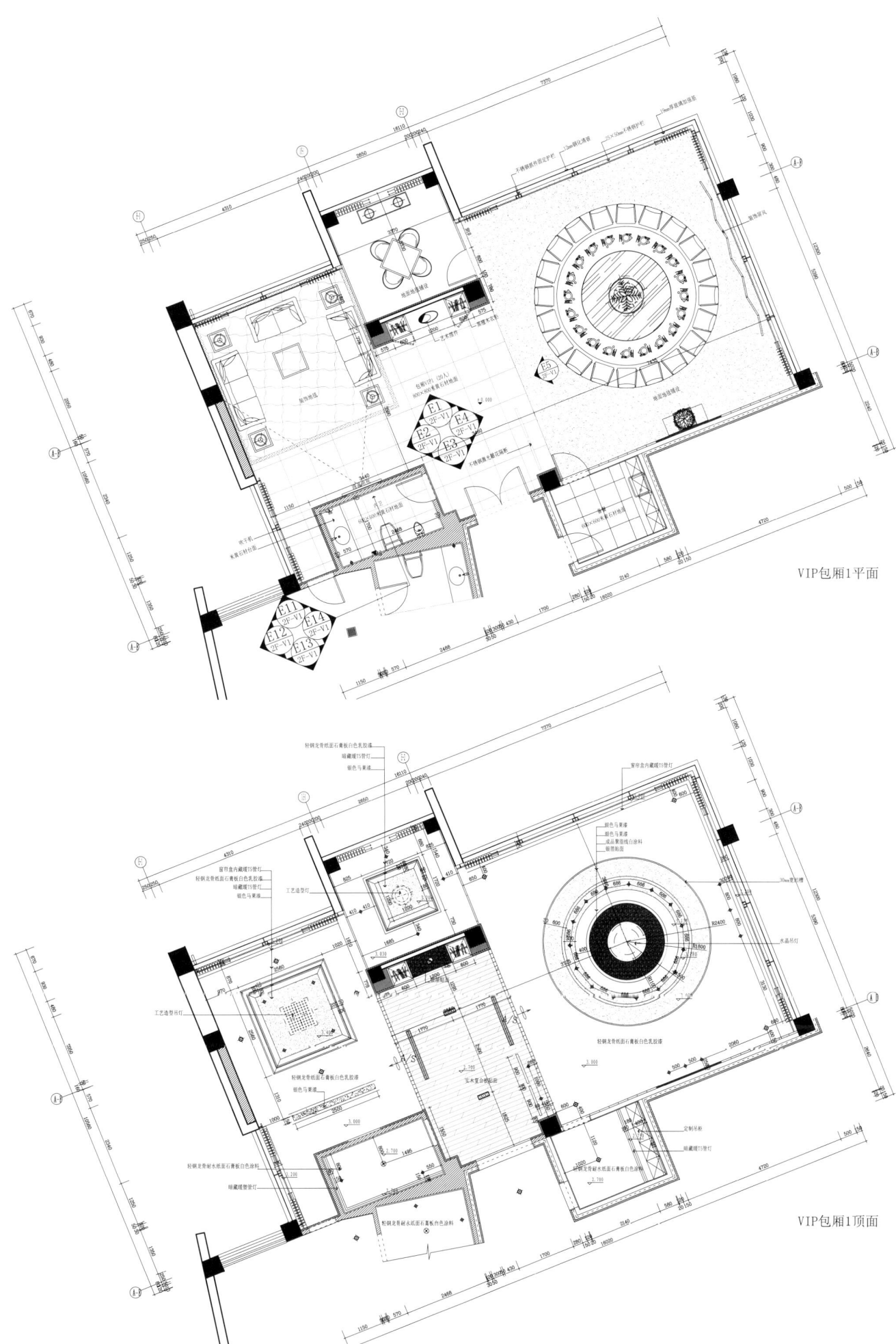

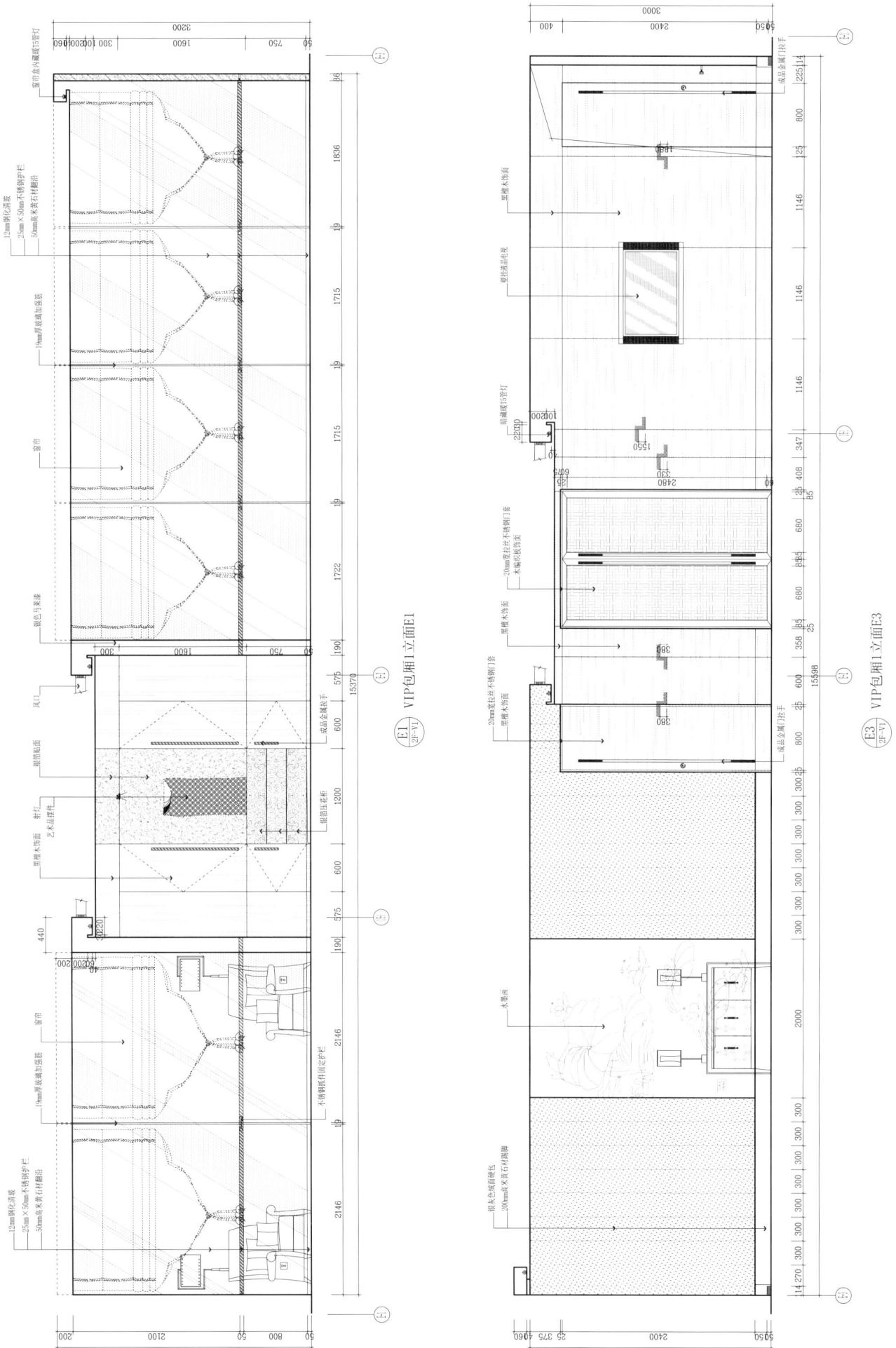

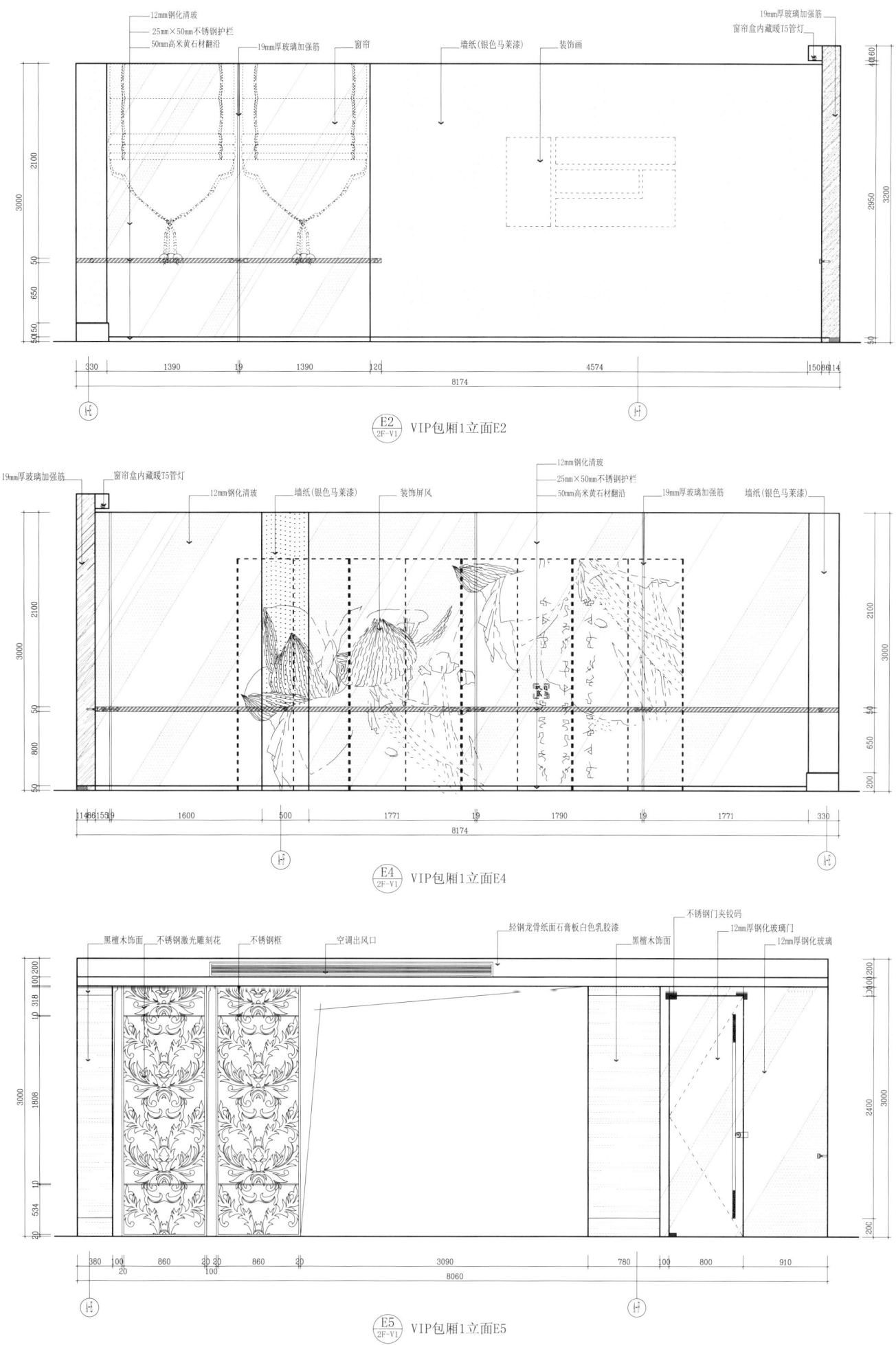

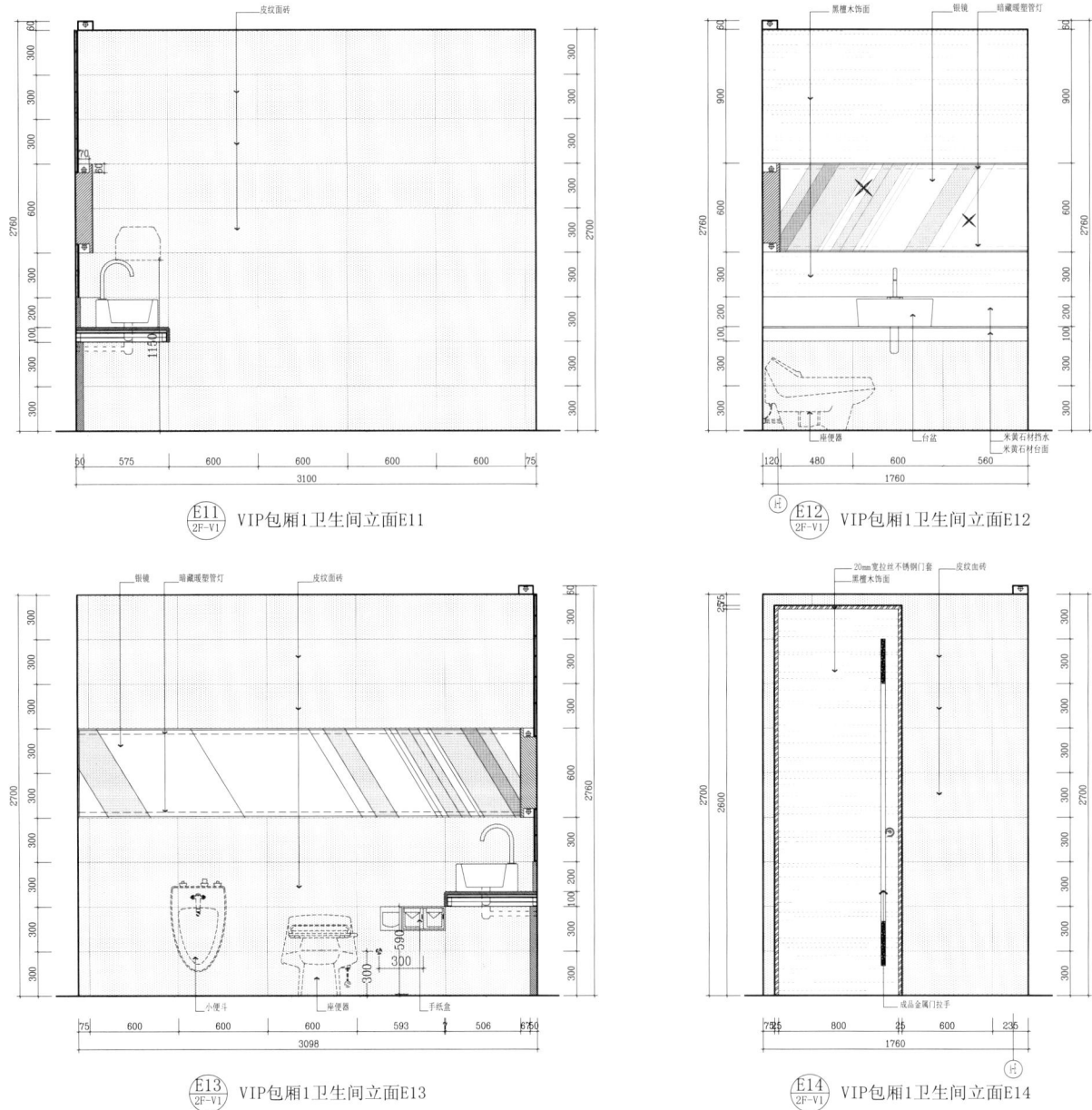

二层VIP包厢2实景

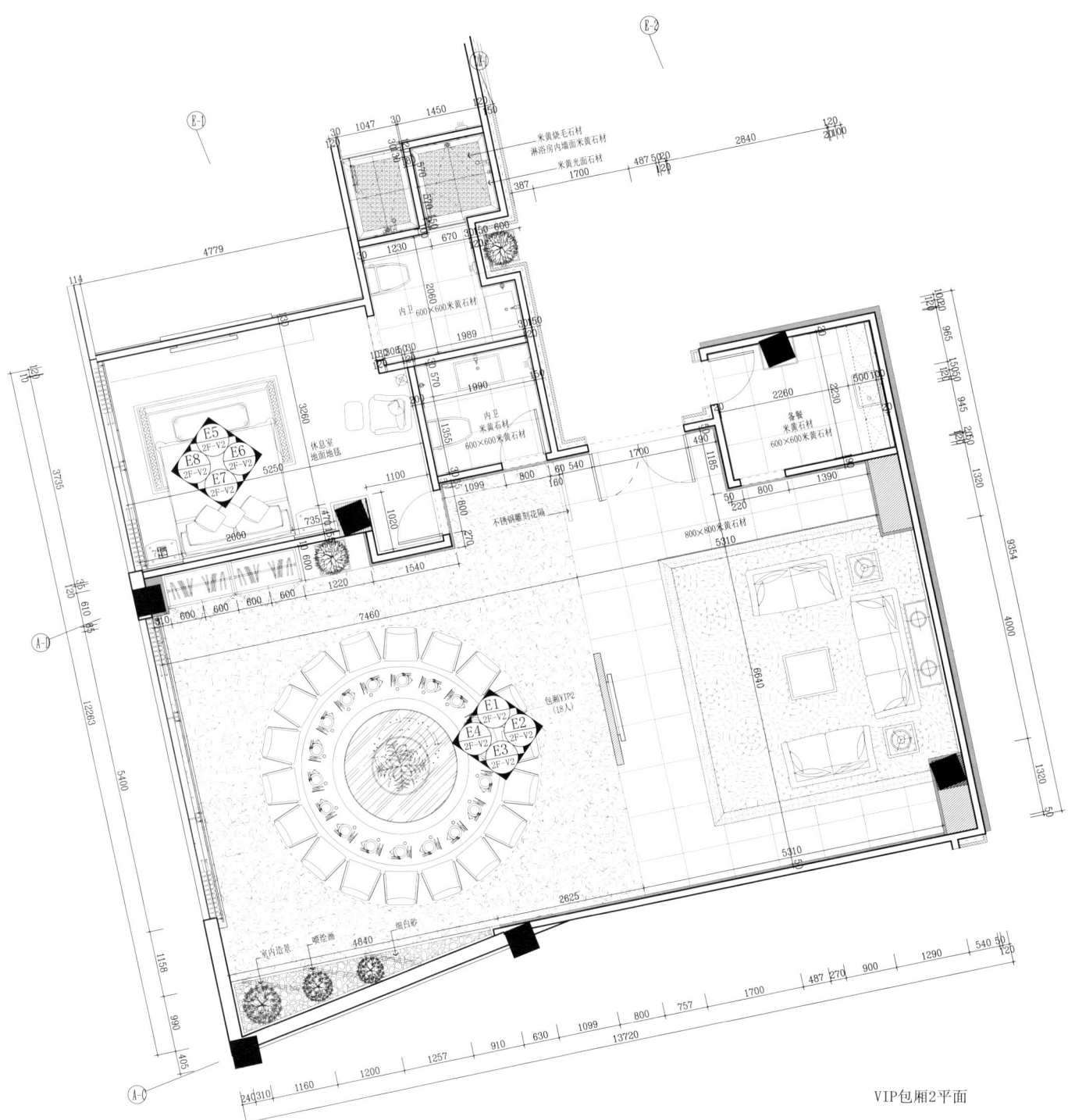

VIP包厢2平面

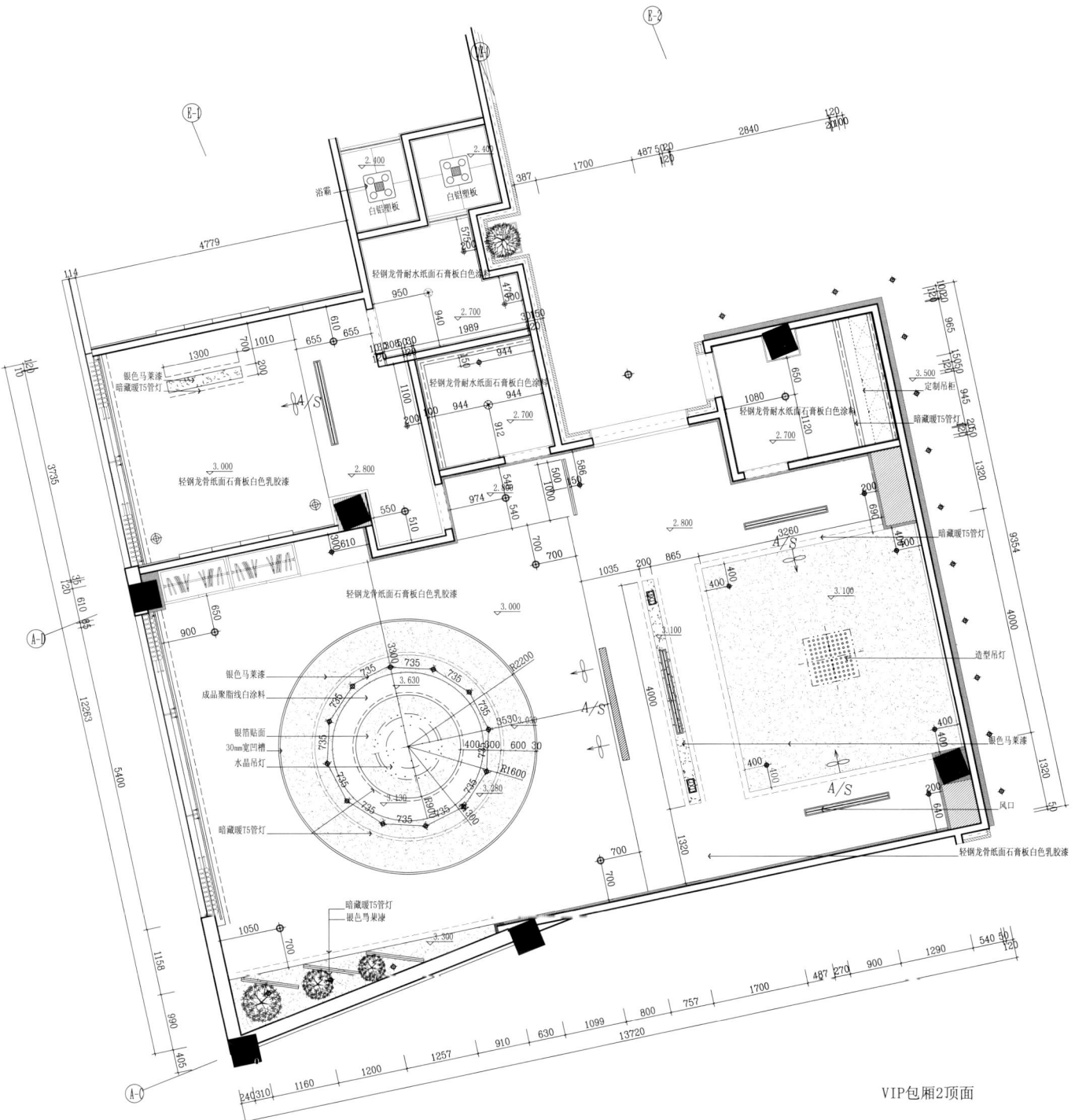

VIP包厢2顶面

二层VIP包厢2局部实景

二层VIP包厢2局部实景

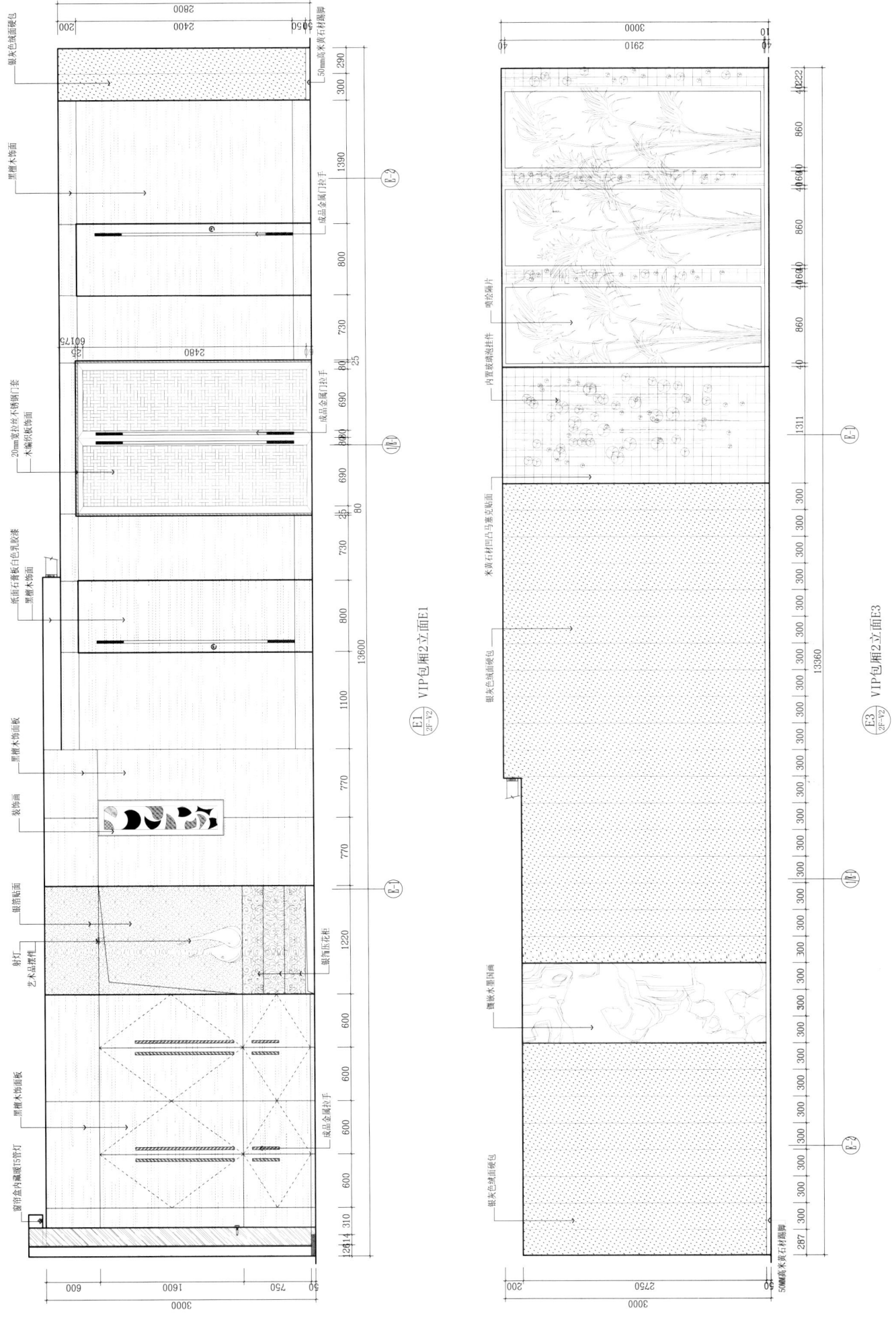

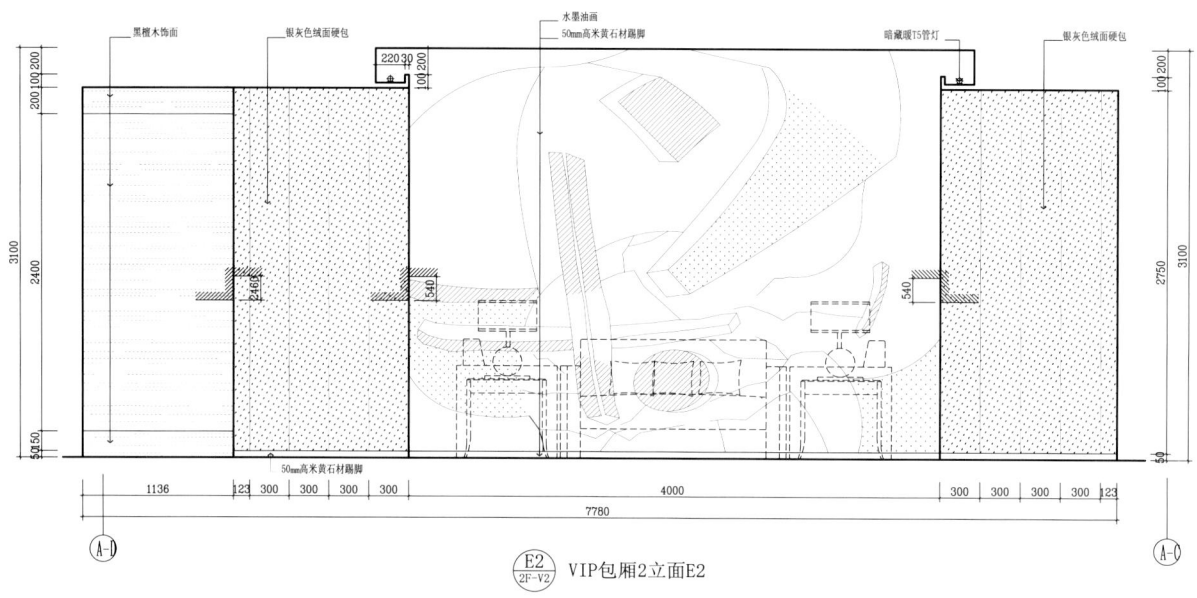

E2 VIP包厢2立面E2

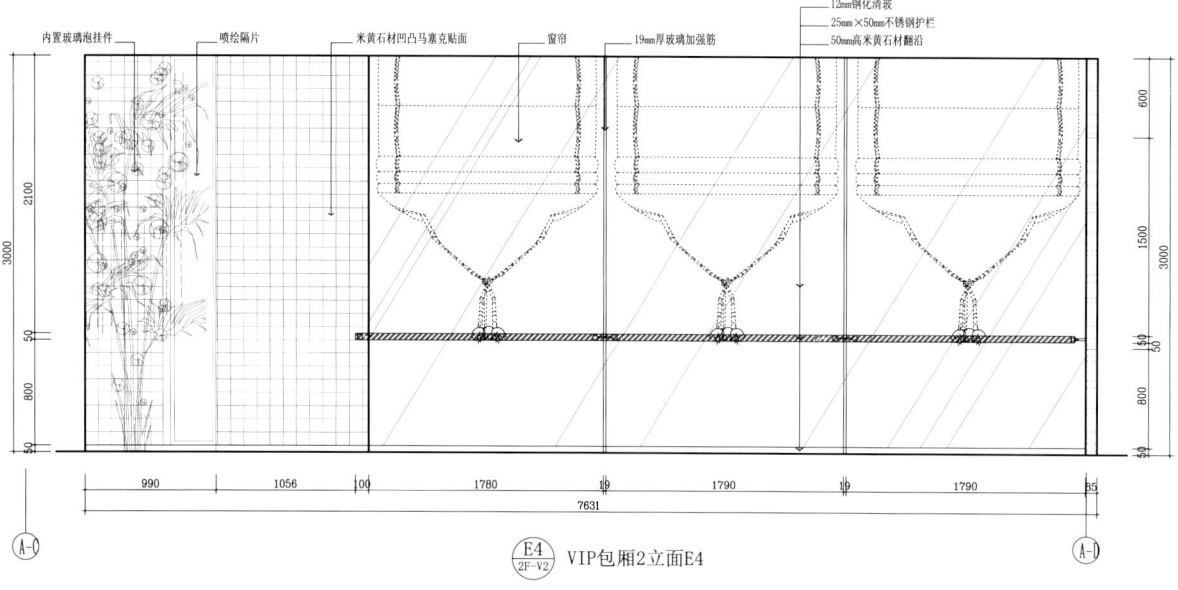

E4 VIP包厢2立面E4

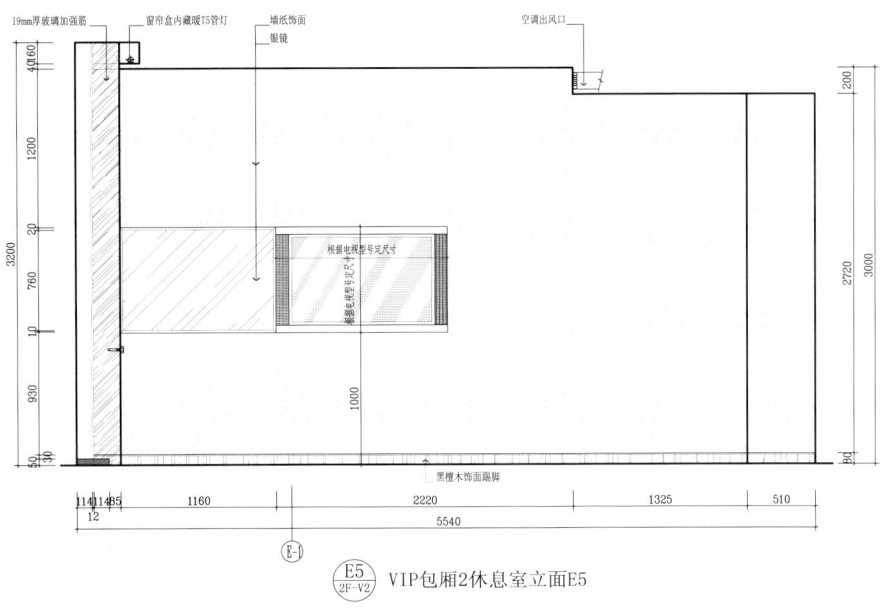

E5 VIP包厢2休息室立面E5
2F-V2

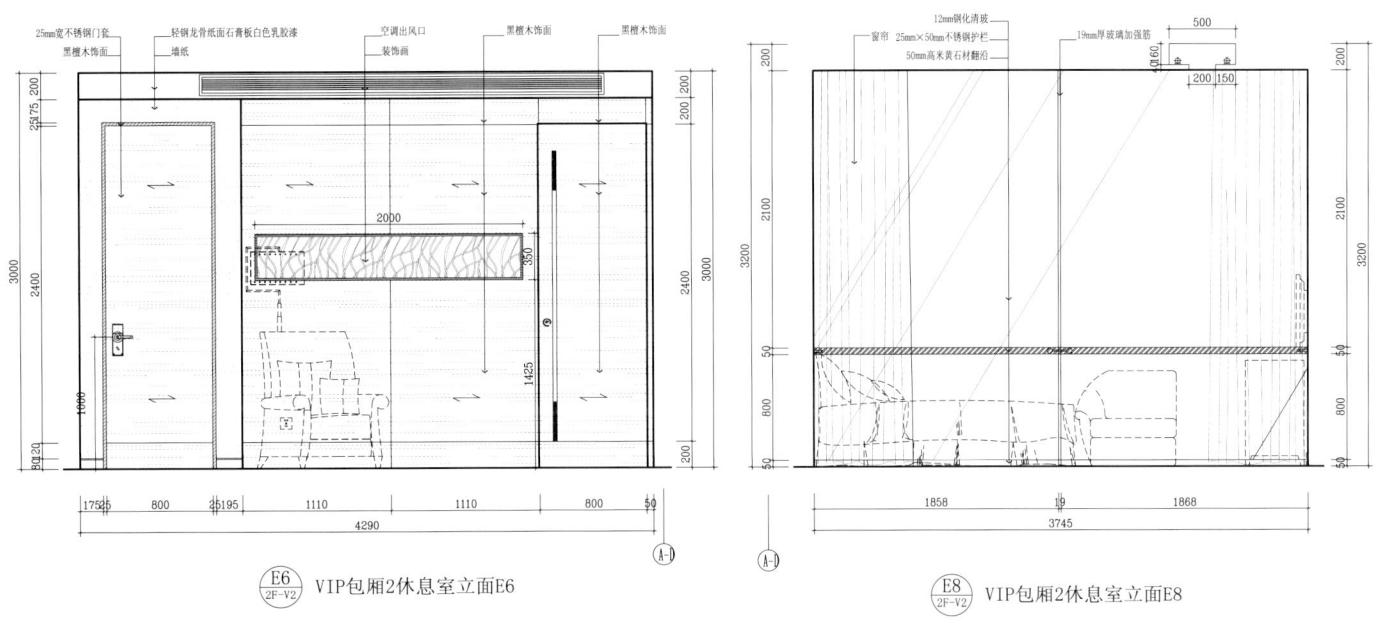

E6 VIP包厢2休息室立面E6
2F-V2

E8 VIP包厢2休息室立面E8
2F-V2

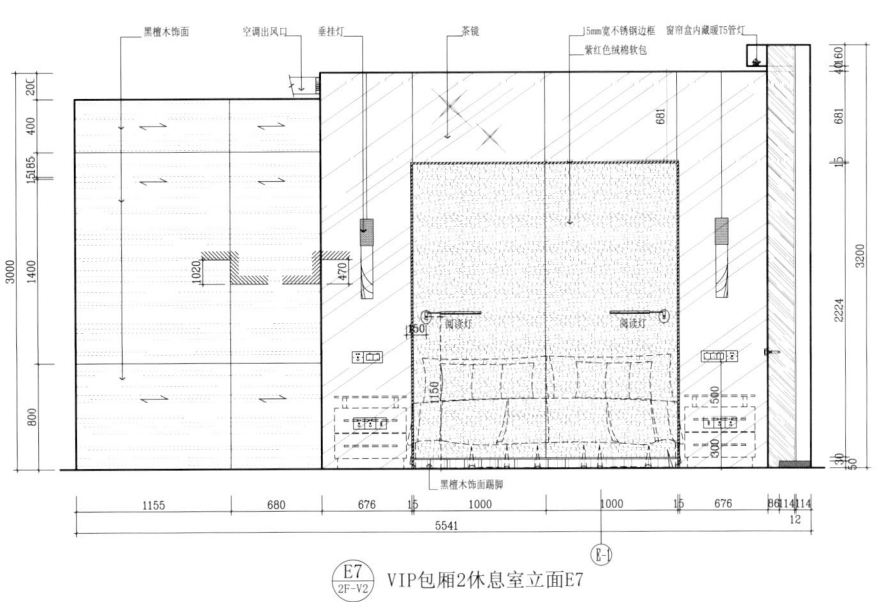

E7 VIP包厢2休息室立面E7
2F-V2

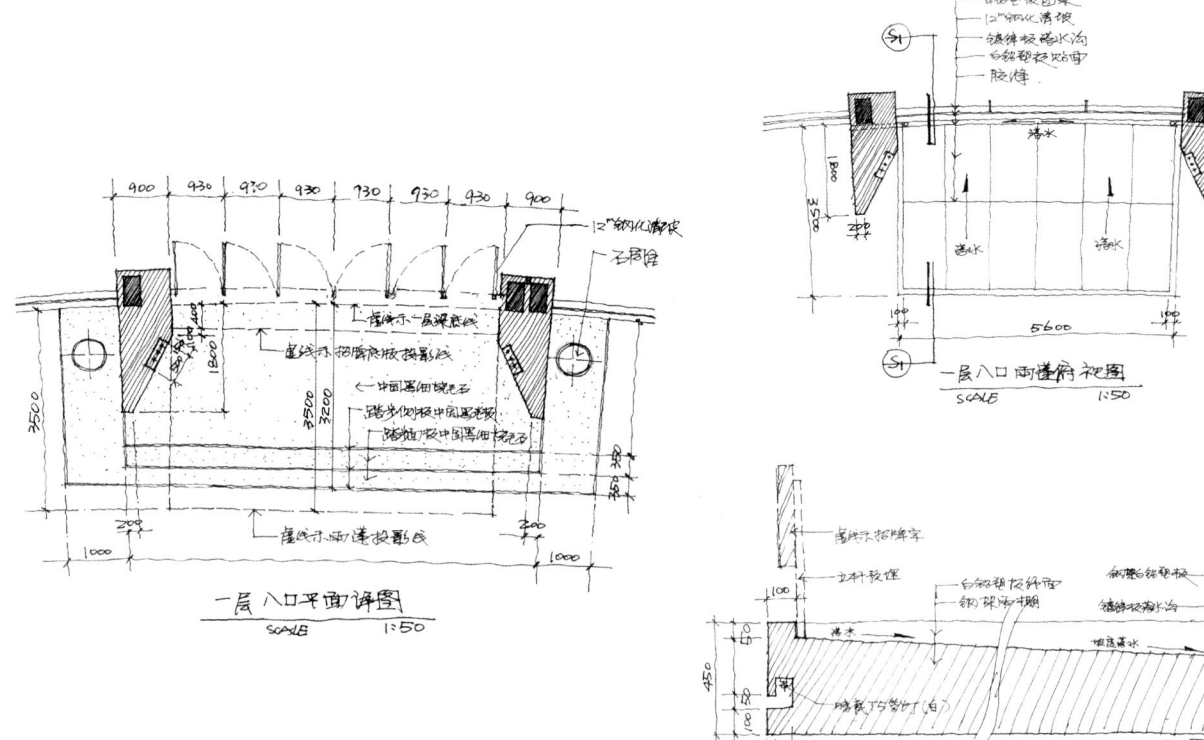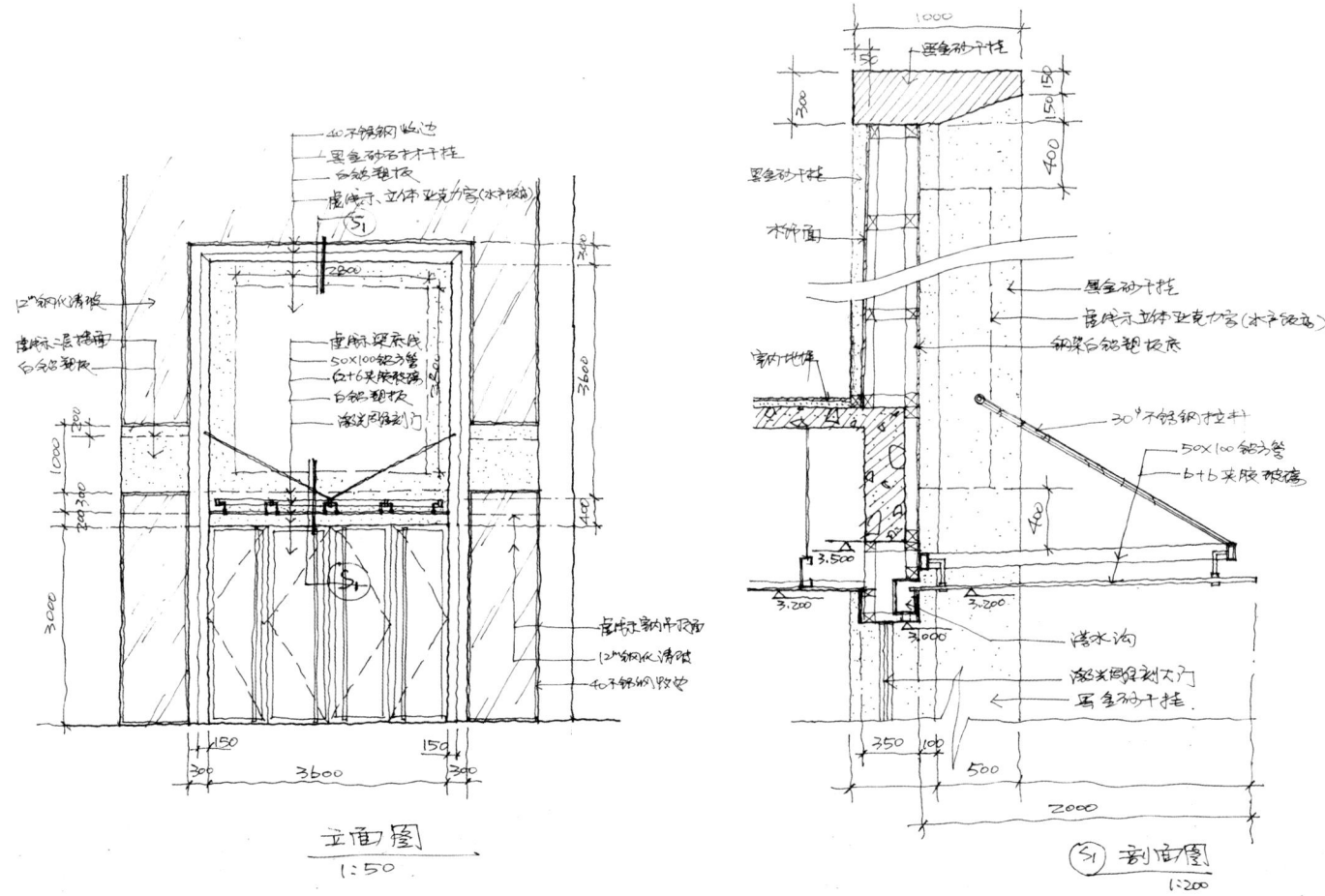

梦天湖
MENGTIANHU

设计单位：哈尔滨唯美源装饰设计公司
设　　计：王仲文
面　　积：5600m²
坐落地点：哈尔滨

　　水滴般的圆环为这次设计的主题元素。

　　这是个以洗浴、松骨、健身合一的会馆。进入大堂，地面铺满白色的圆形玻化地砖，褐色的金砂马赛克填充其间。由于建筑原有空间很小，我们把两个侧厅同大堂相邻的墙面处理成五个大理石门口，使其原有的三个厅合为一个大堂。正中对门口处设立总服务台，服务台发光的云石上贴有金银相间大小不一的圆环与地面取得呼应，吧台一侧和下部贴满镜片，反射周围环境，增大空间感。棚面退进的梯级造型之间嵌有不锈钢凹槽，增加棚面的层次。透过米黄石材的门口可以看到两侧旁厅墙面造型中的清碧山水画，增添宁静氛围。中西文化的交融，传统与现代材料的结合，塑造出一个华贵优雅、时尚稳重的空间氛围。

　　二层为洗浴区，男浴水池里蓝白相间的马赛克，延伸到墙面直到棚面。淋浴隔断的玻璃上贴满了晶莹的"水滴"，同水的主题吻合，墙面与地面饰以米白色的墙地砖，同蓝色相间的马赛克形成高调宁静的氛围。

　　三层的松骨区，采用褐色幻彩窗帘做成软隔断、根据功能要求的不同可灵活调整。走廊的玻璃上贴有莹光绿色亚克力的圆环，突显时尚。

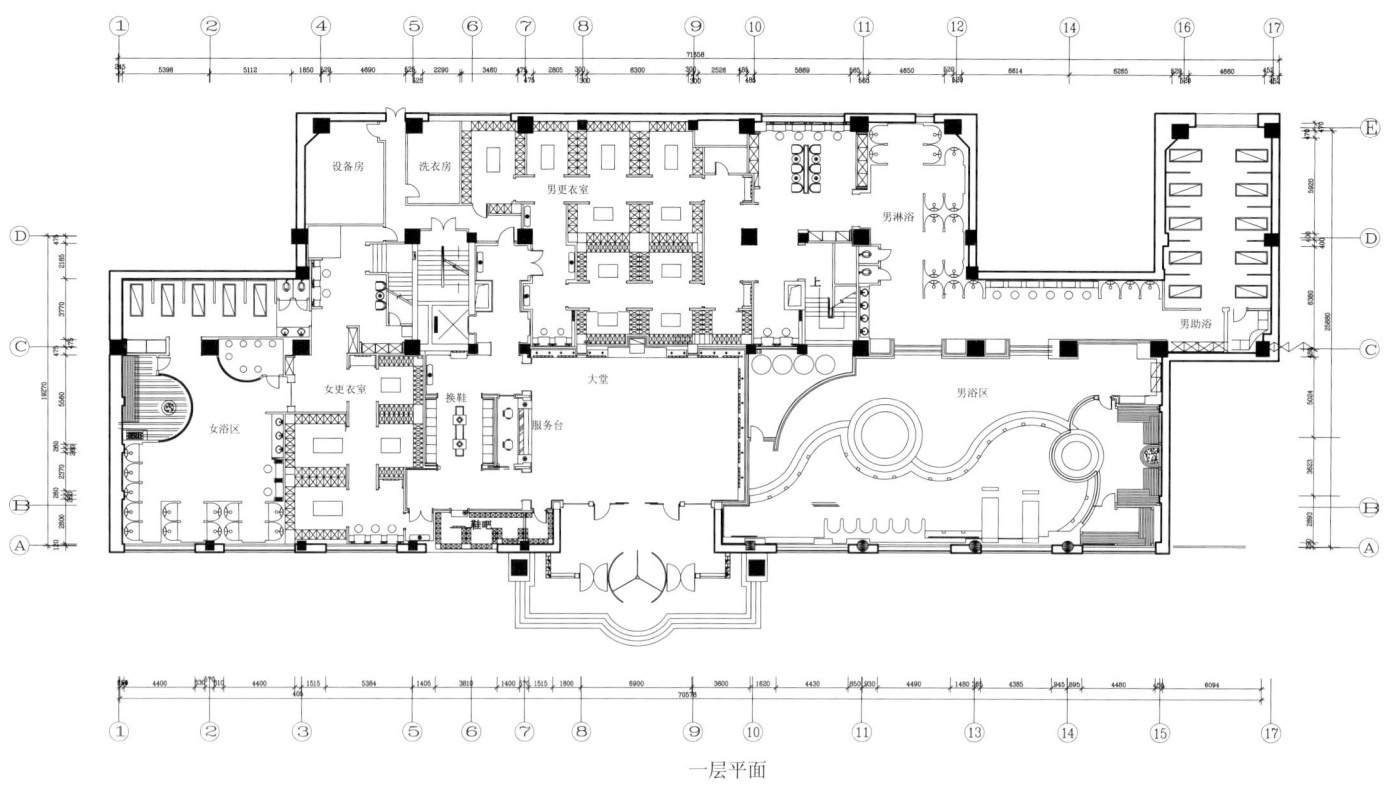

一层平面

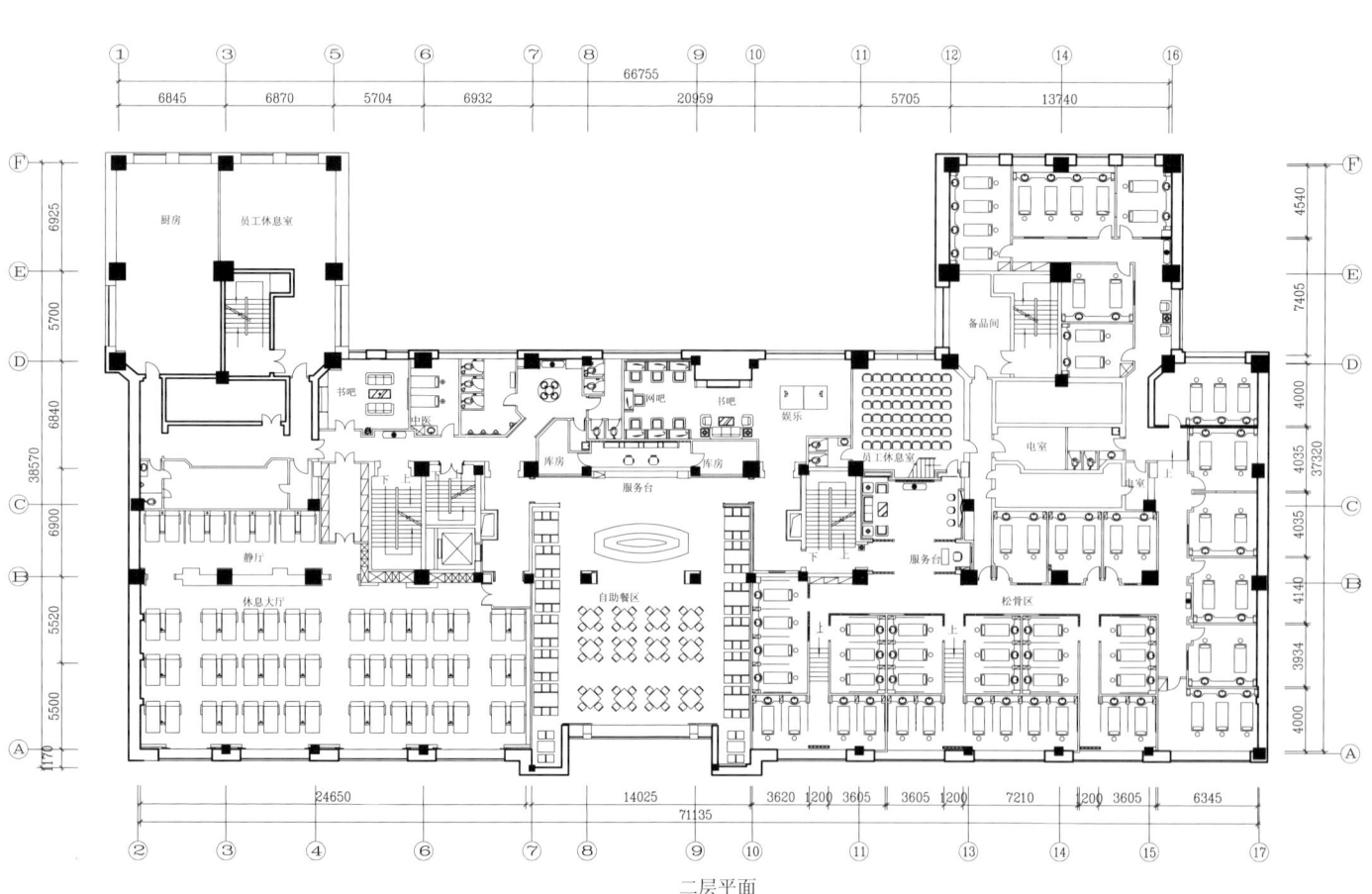

二层平面

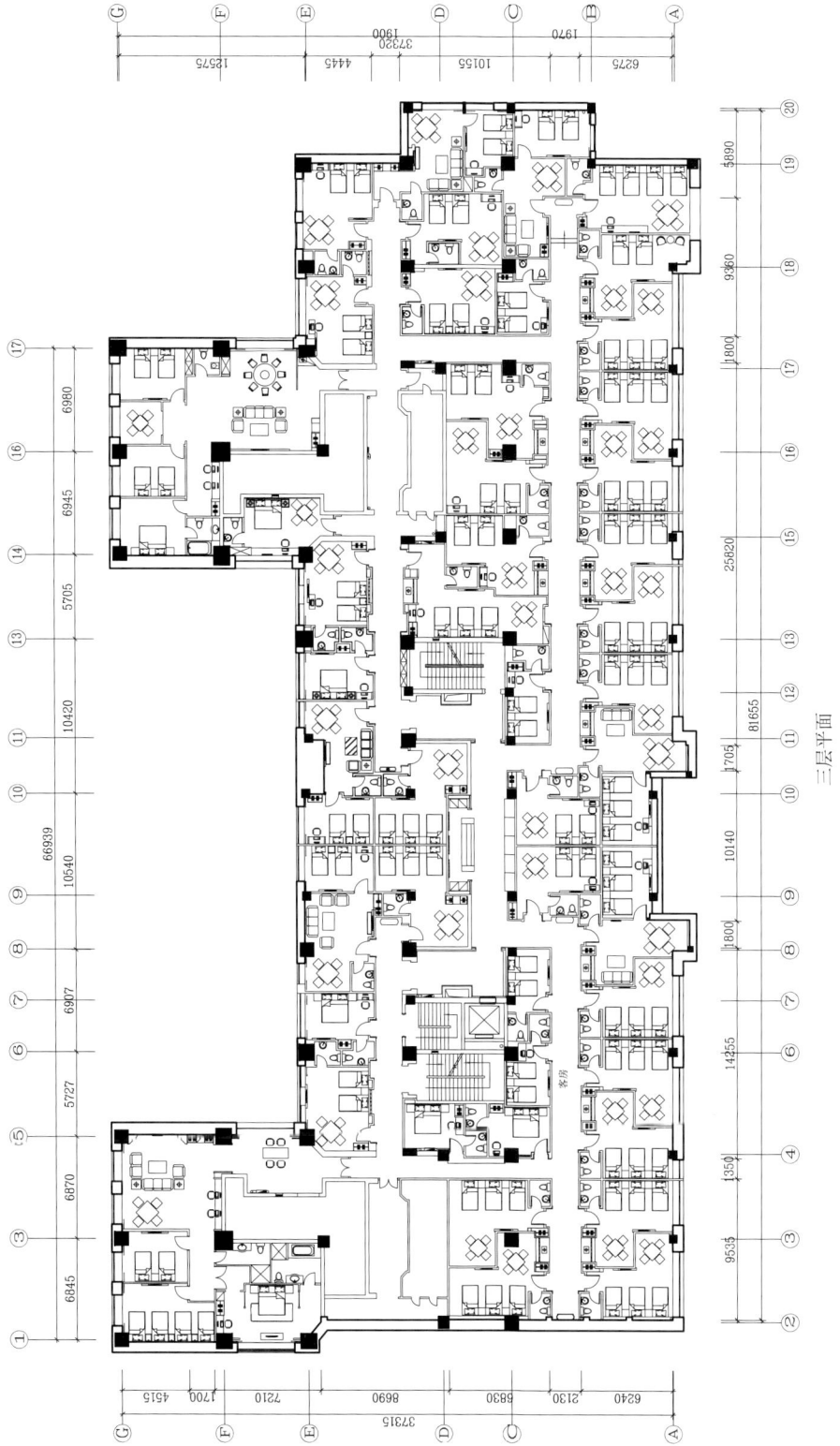

三层平面

一层大堂实景A

一层大堂实景B

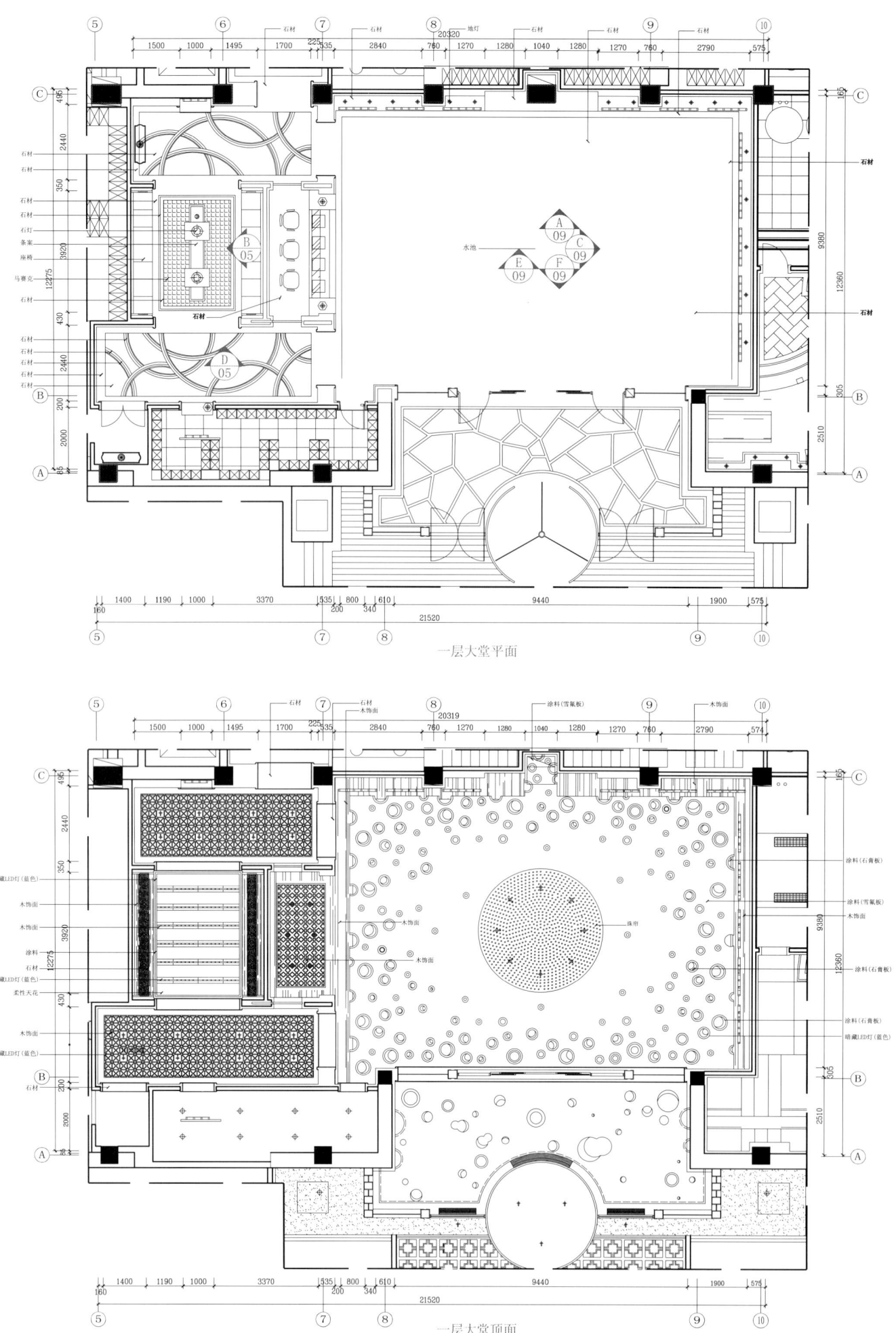

一层大堂平面

一层大堂顶面

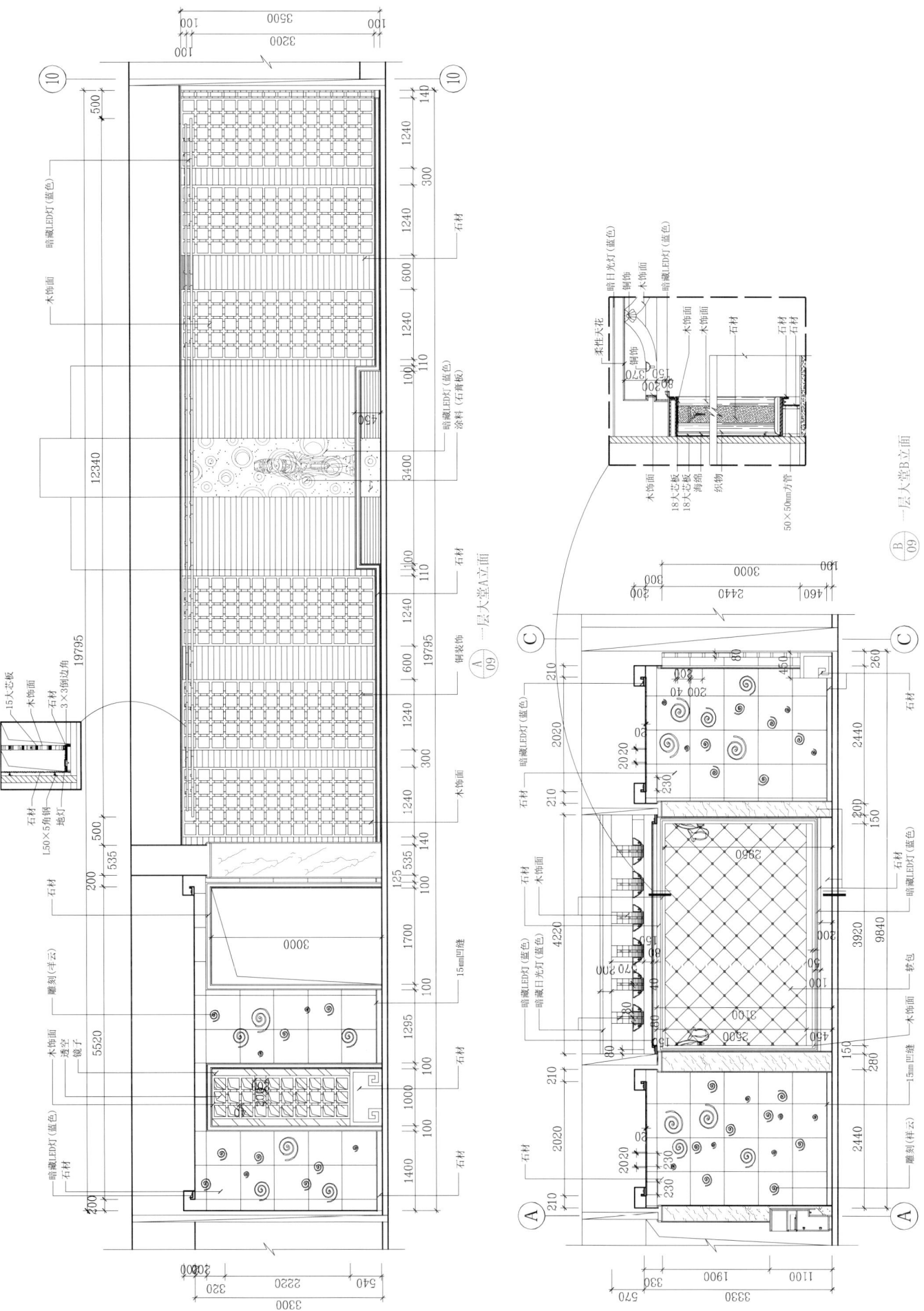

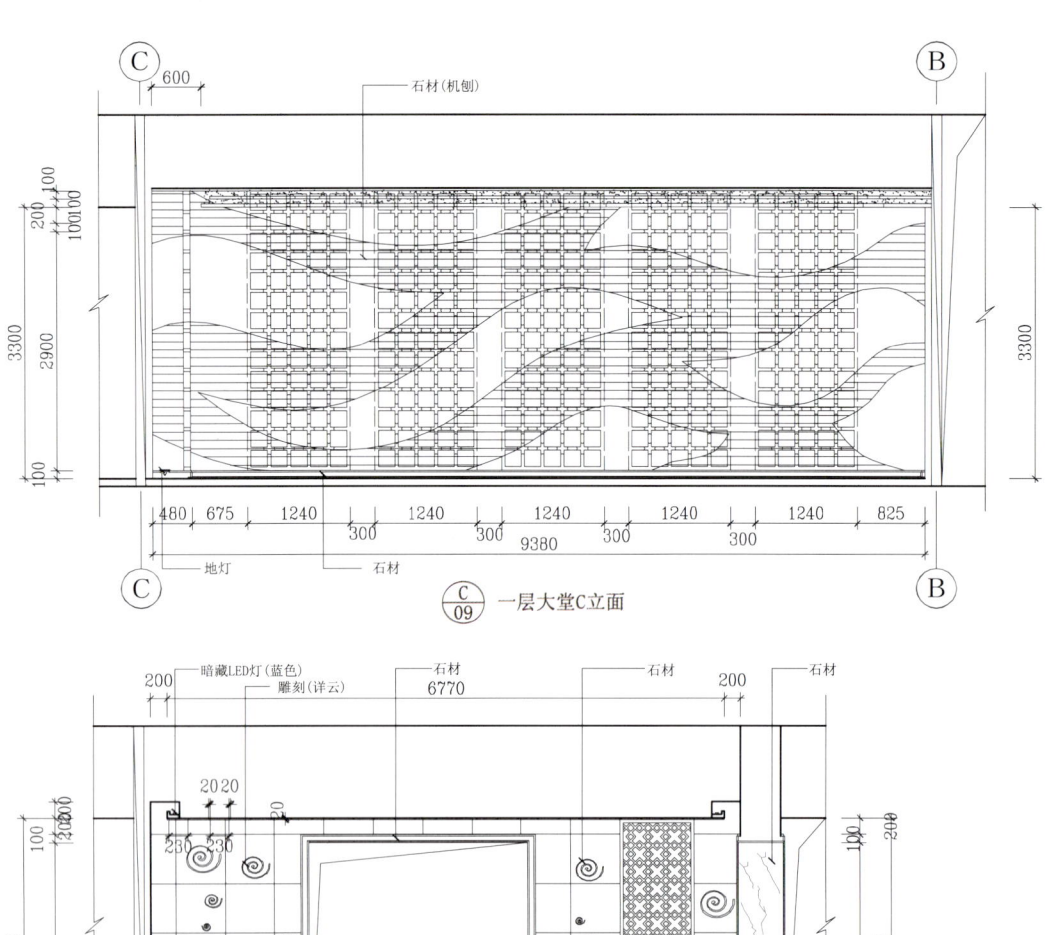

C/09 一层大堂C立面

D/09 一层大堂D立面

一层大堂实景C

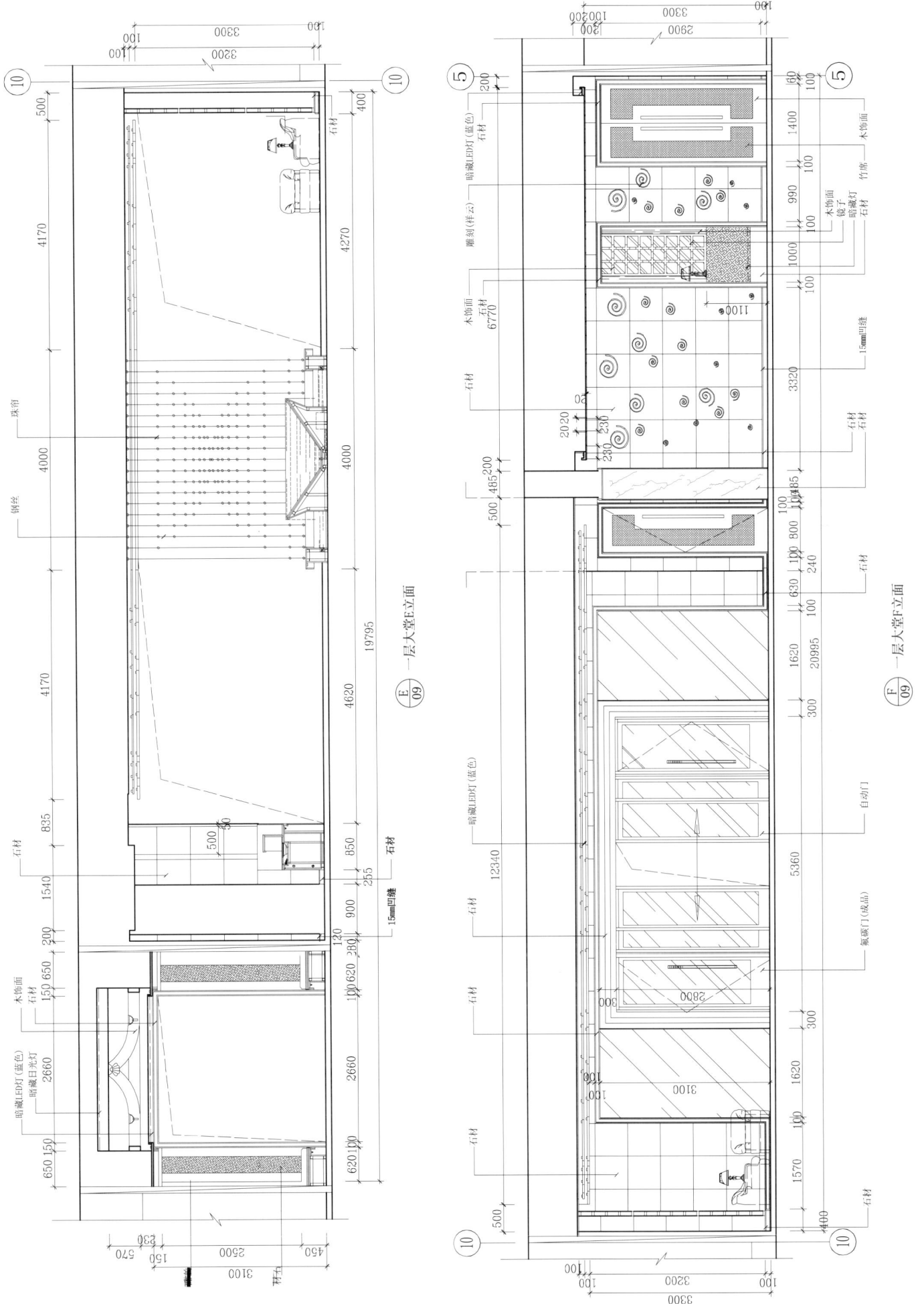

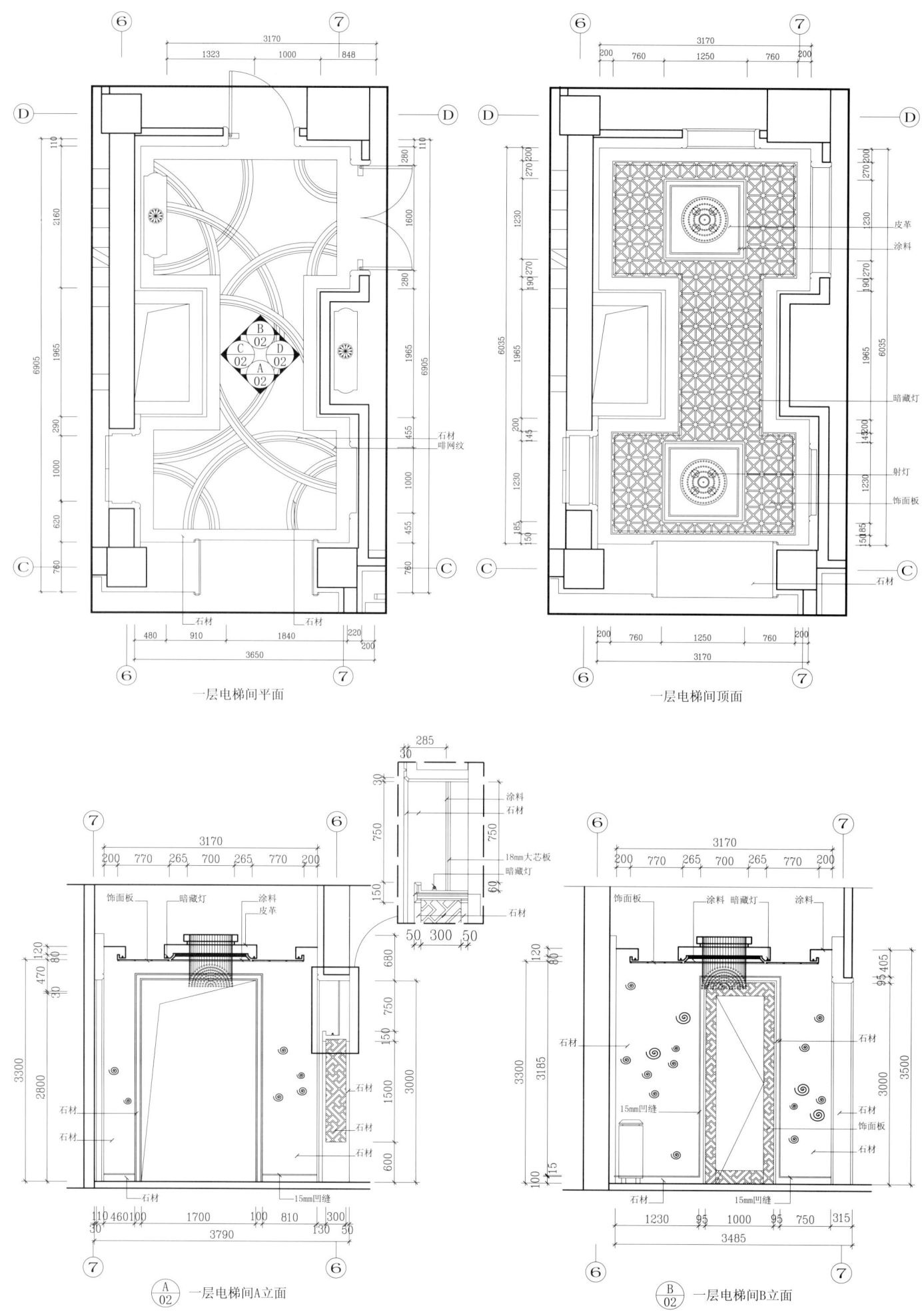

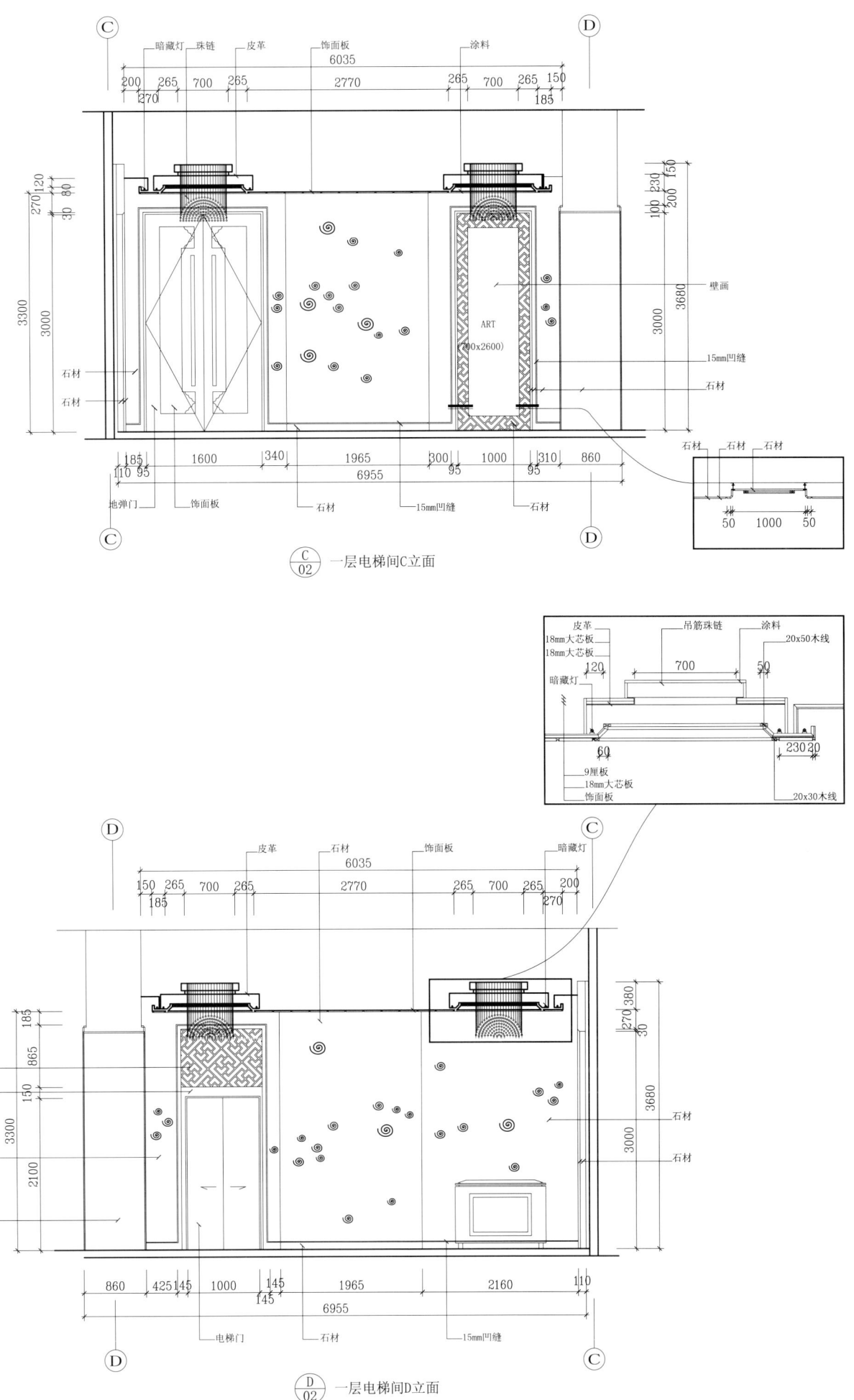

一层男更衣实景A

一层男更衣实景B　　　　　一层男更衣实景C

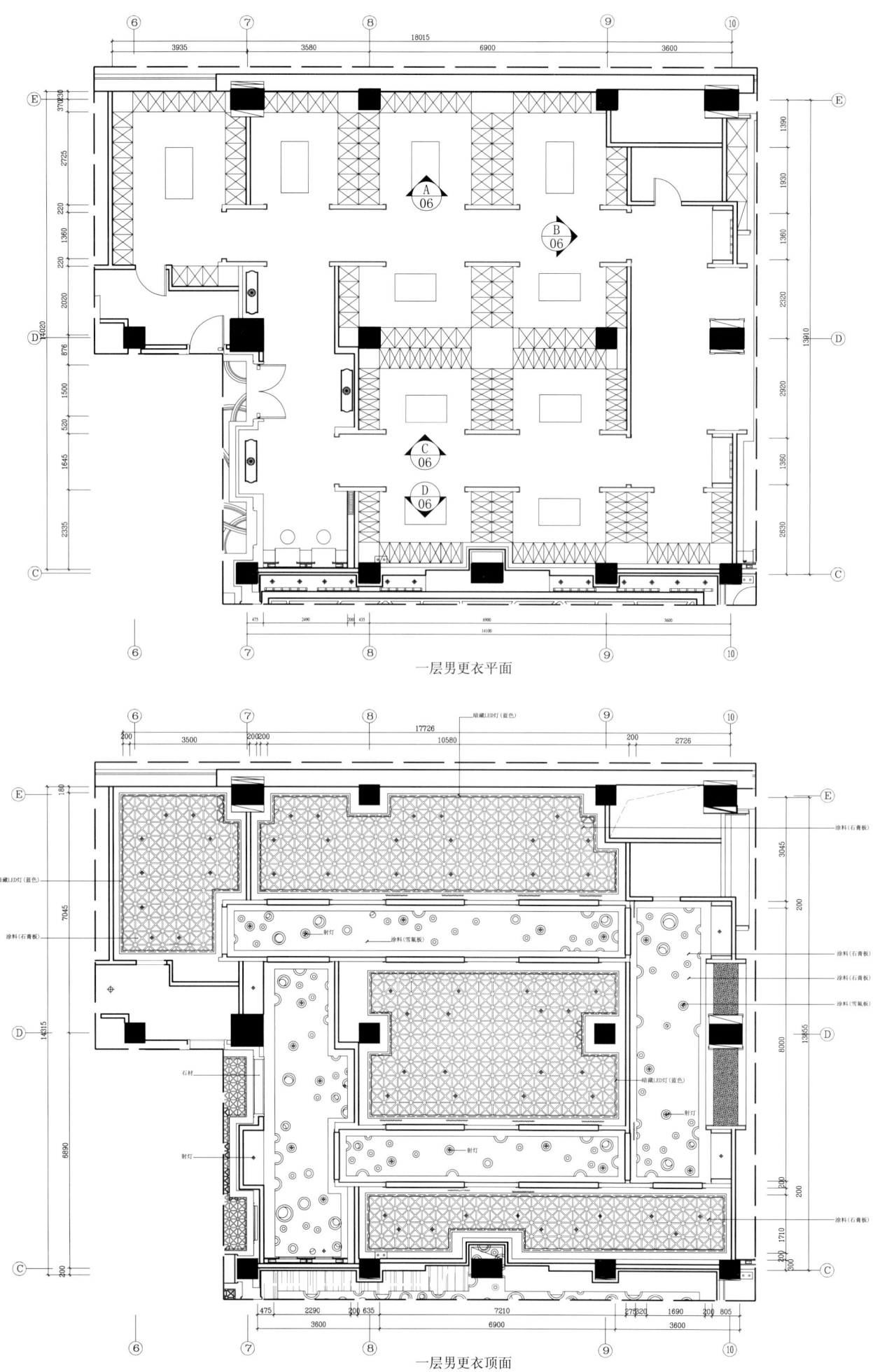

一层男更衣平面

一层男更衣顶面

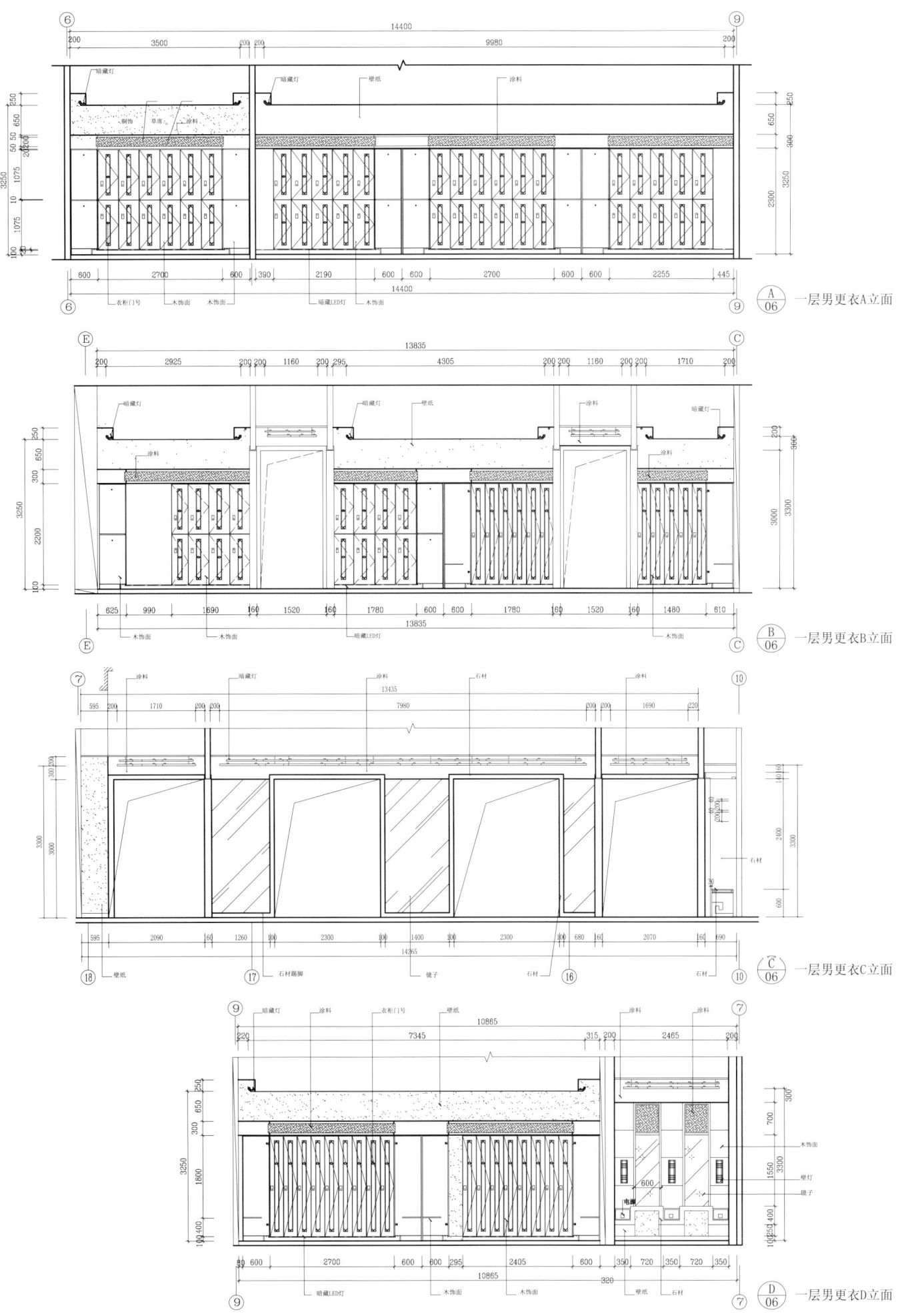

松骨区实景

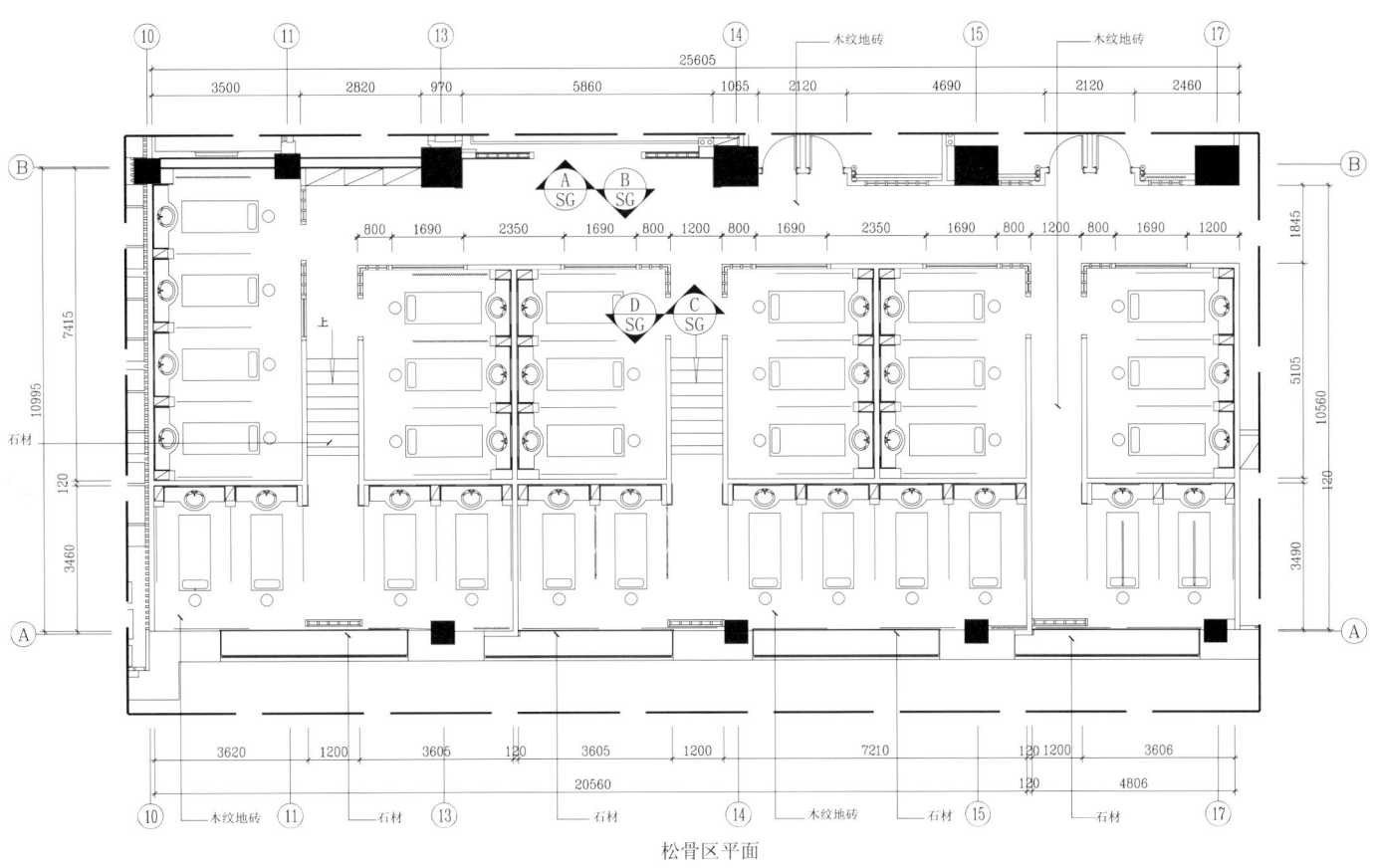

松骨区平面

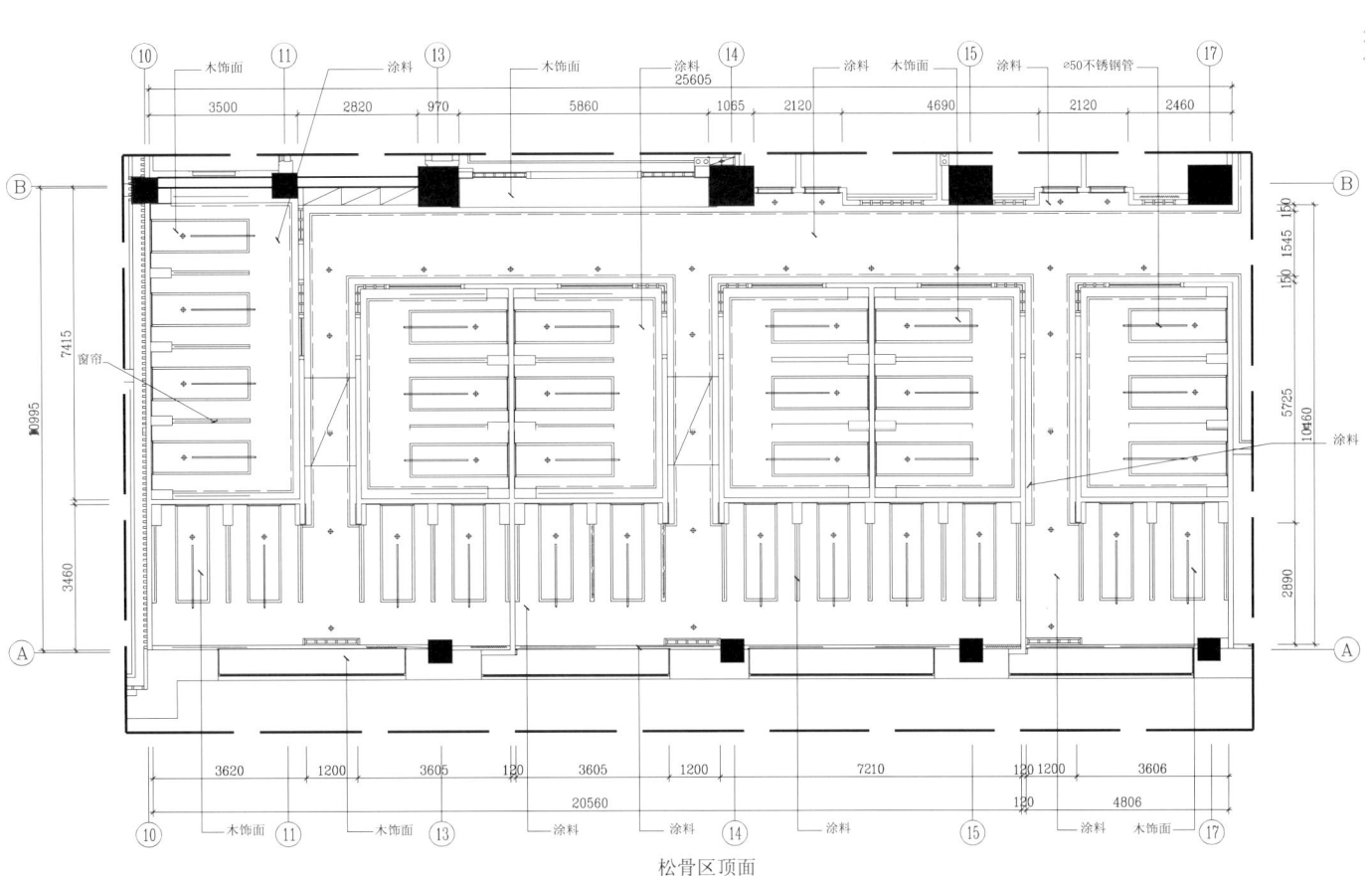

松骨区顶面

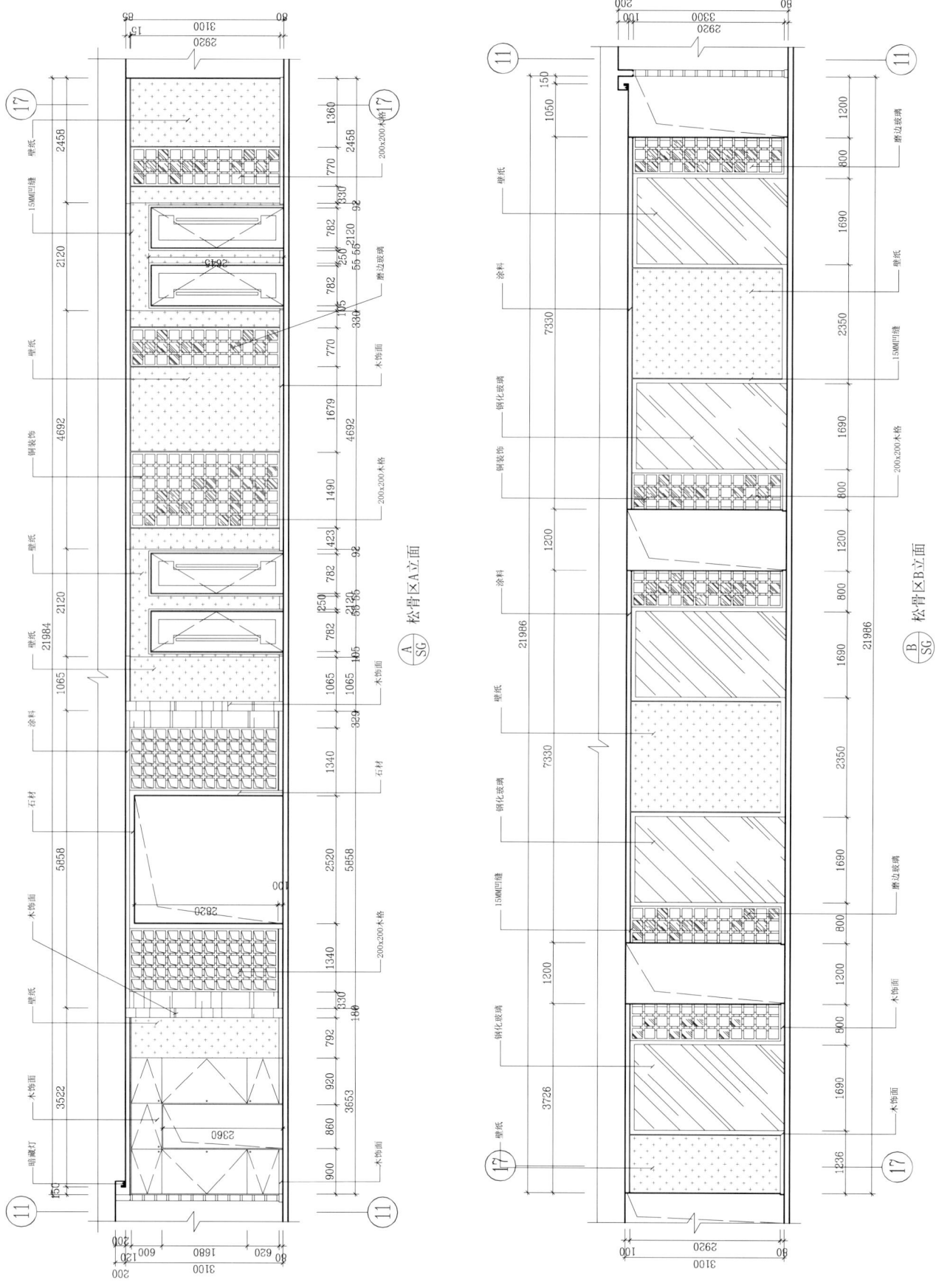

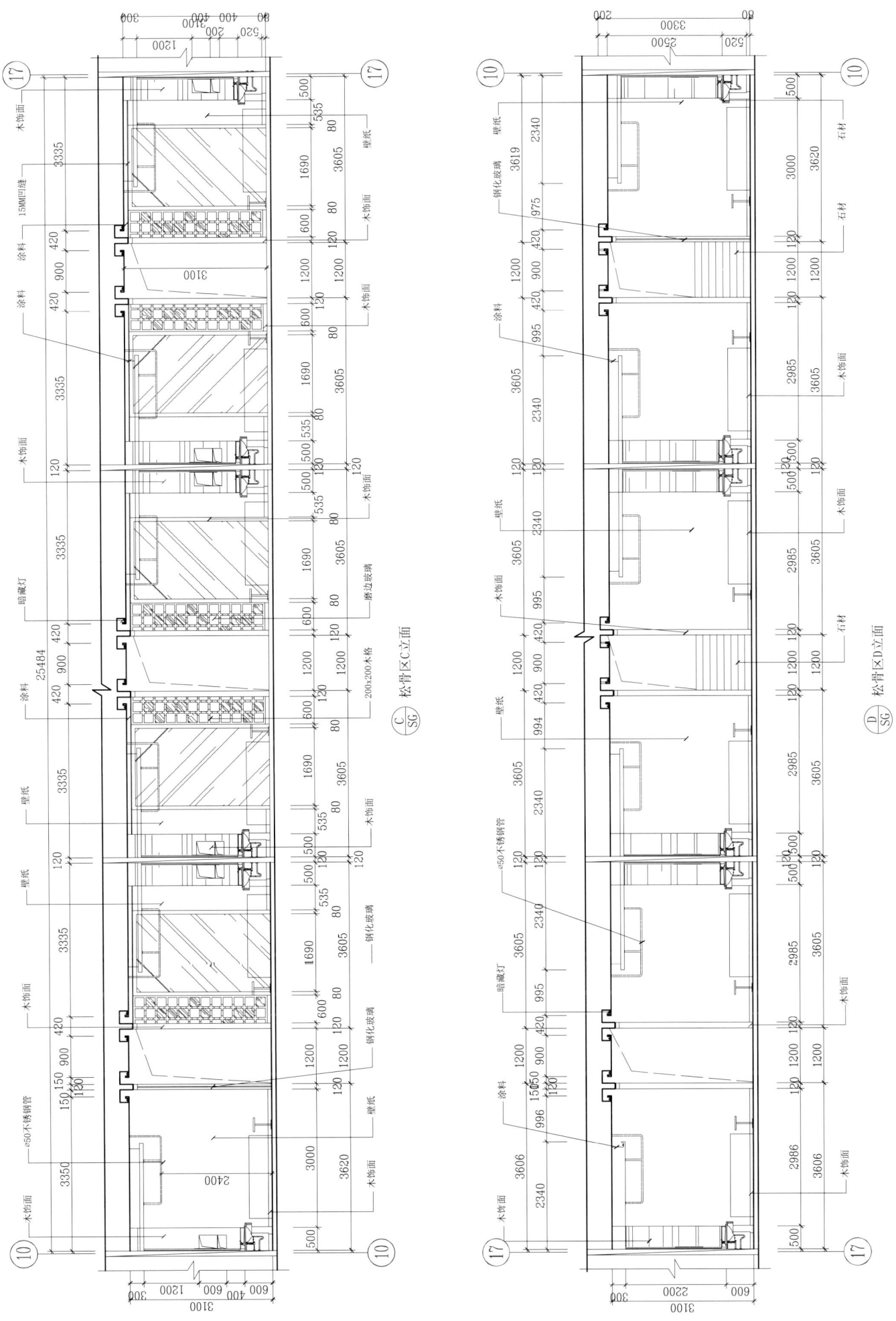

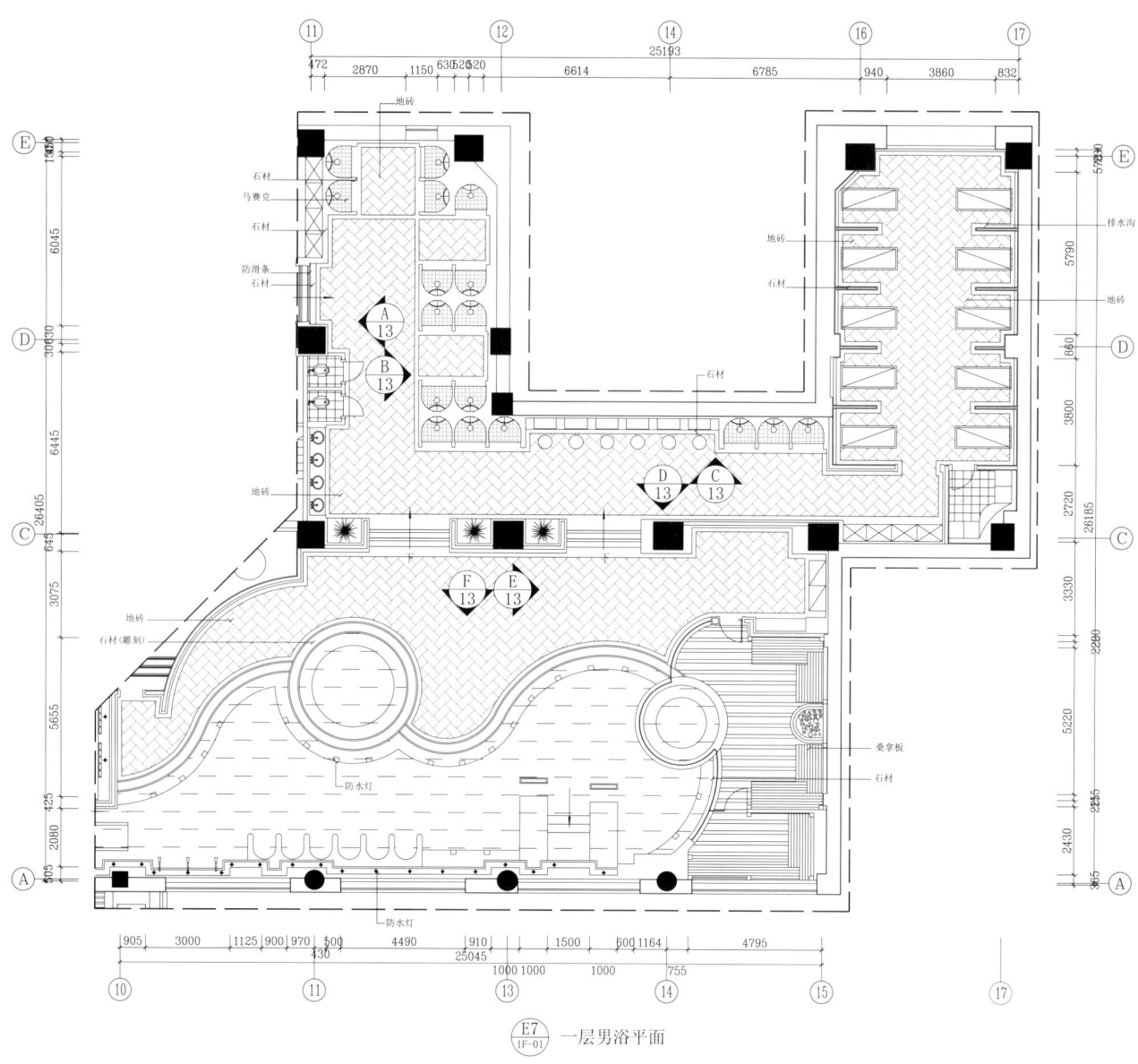

一层男浴实景

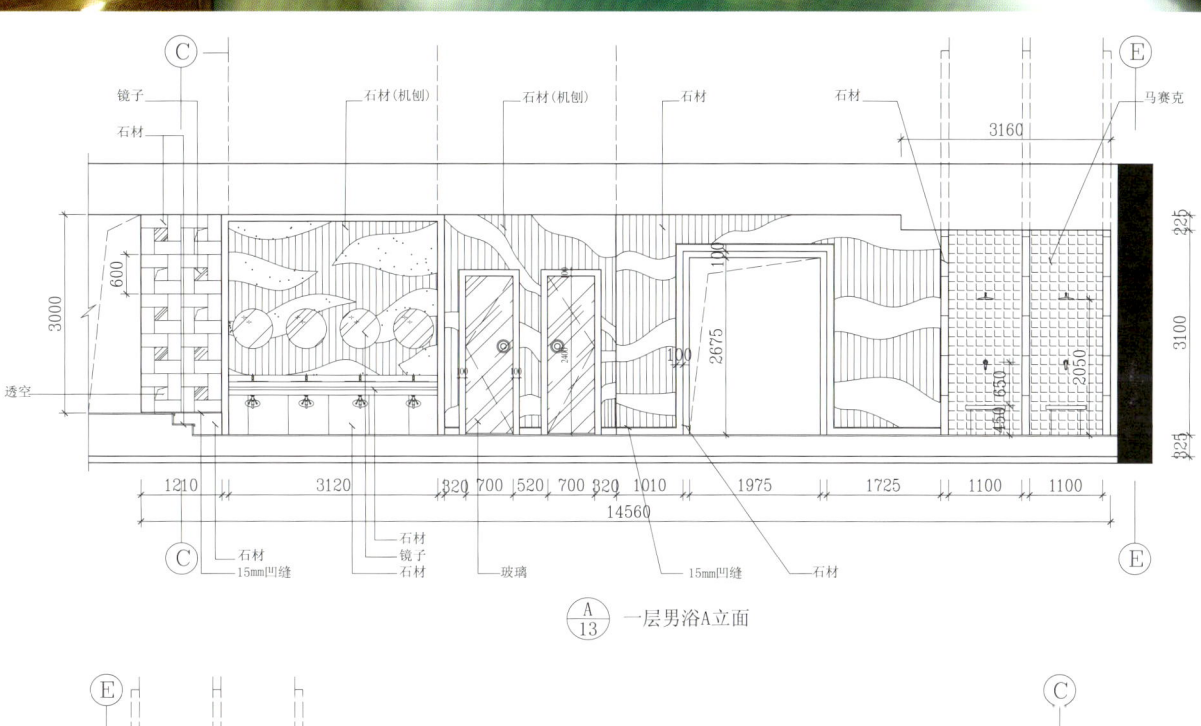

A/13 一层男浴A立面

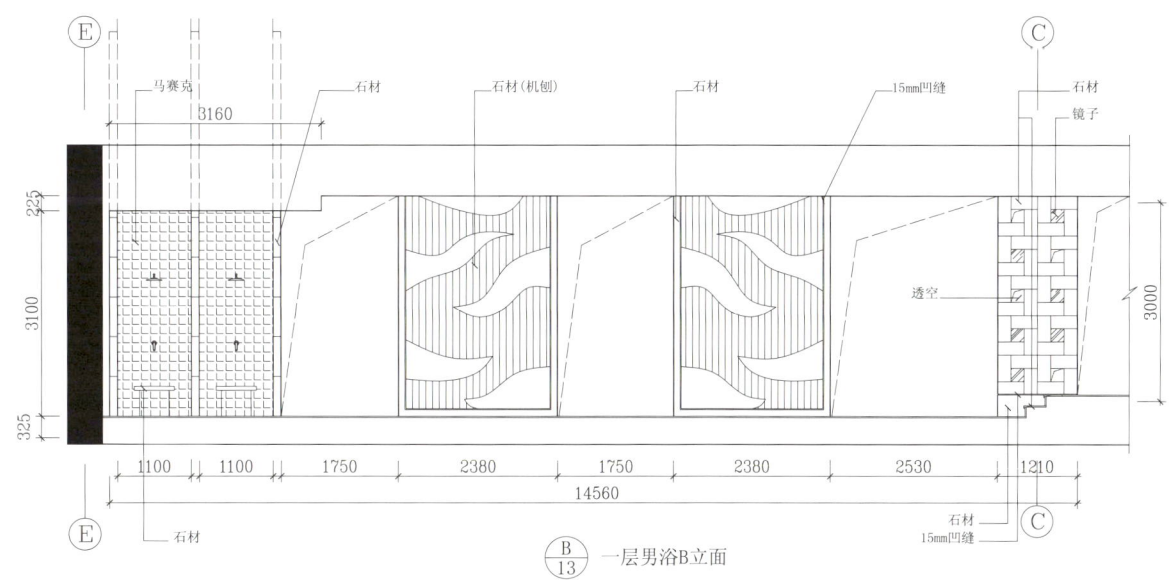

B/13 一层男浴B立面

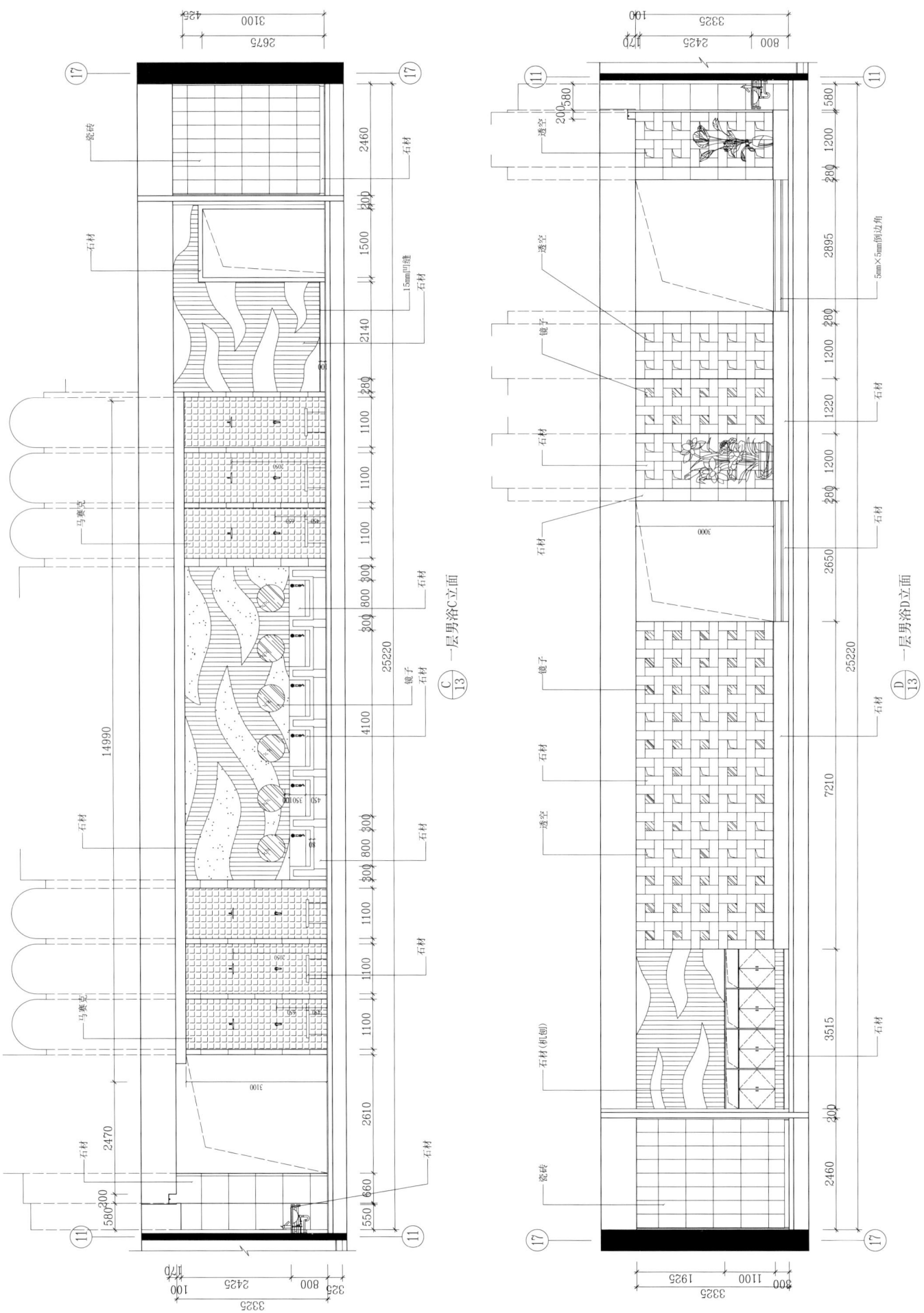

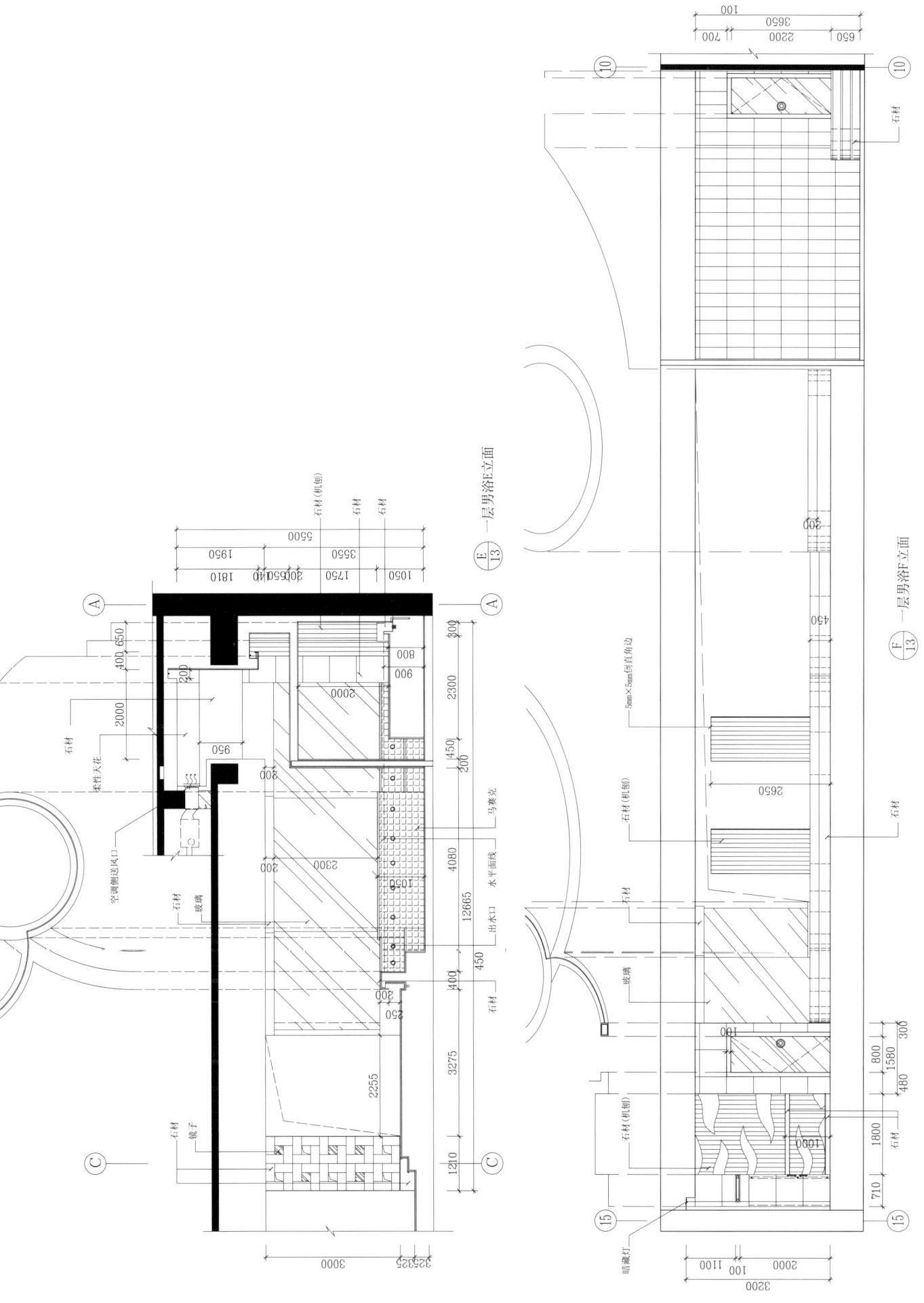

二层自助餐厅实景A

二层自助餐厅实景B

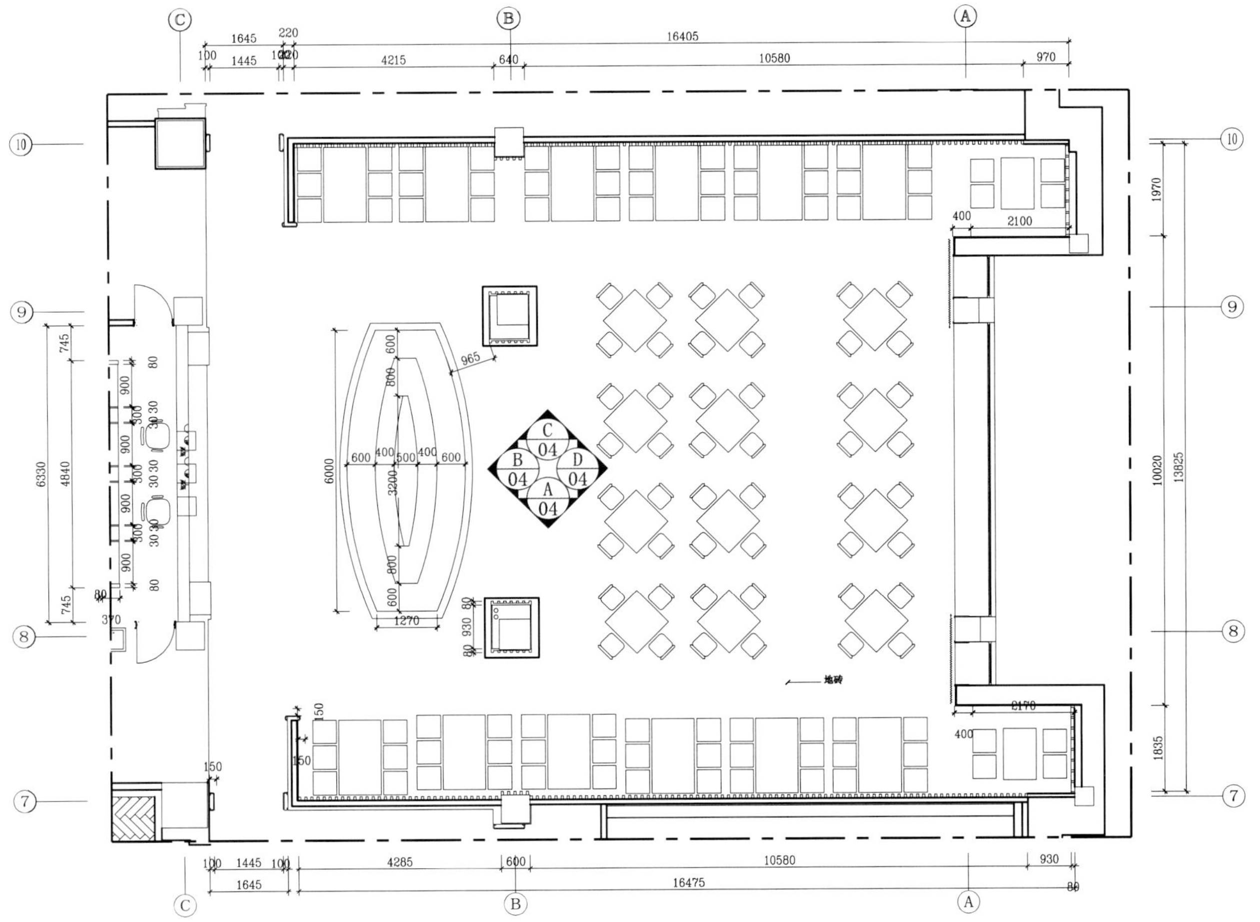

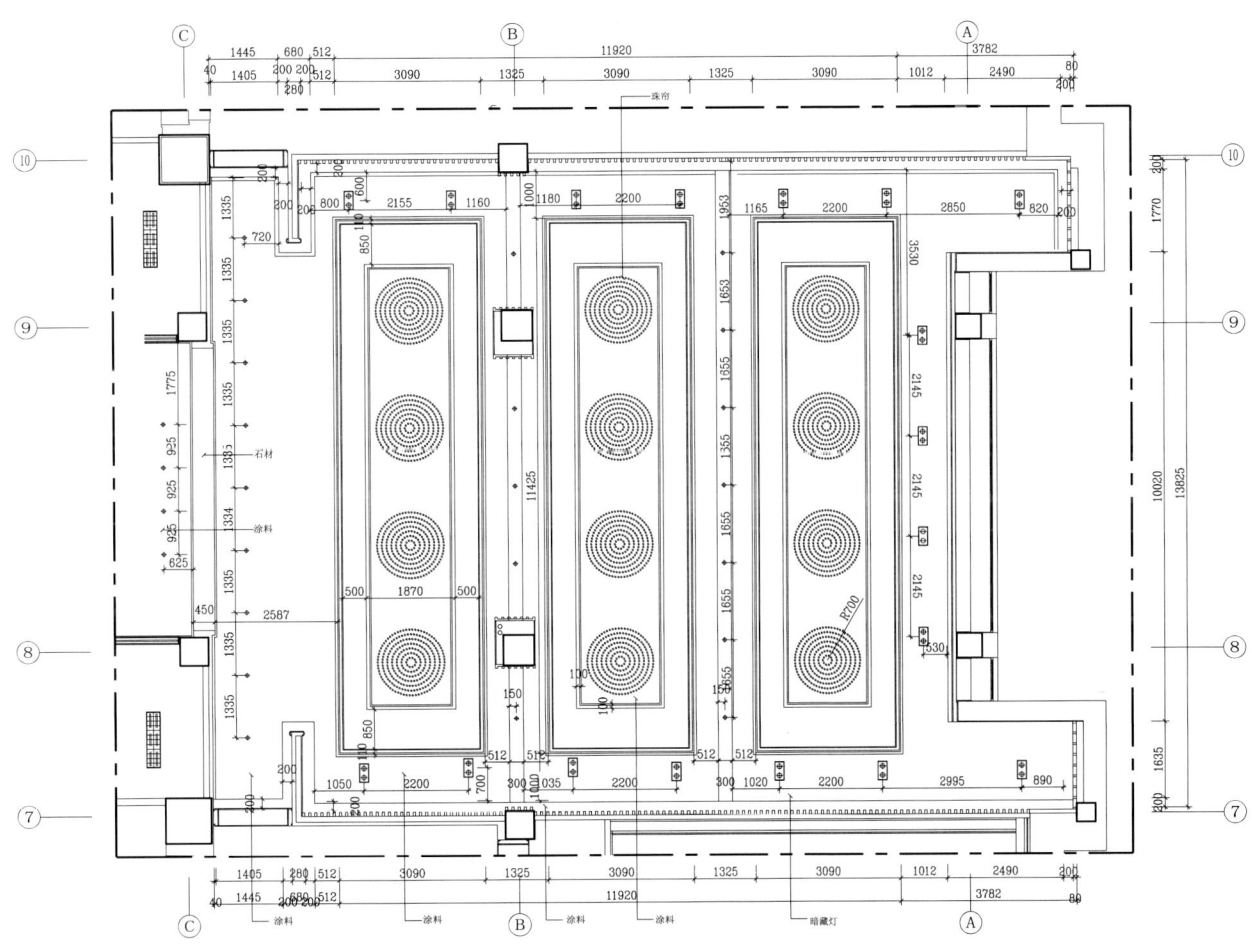

二层自助餐厅平面

二层自助餐厅顶面

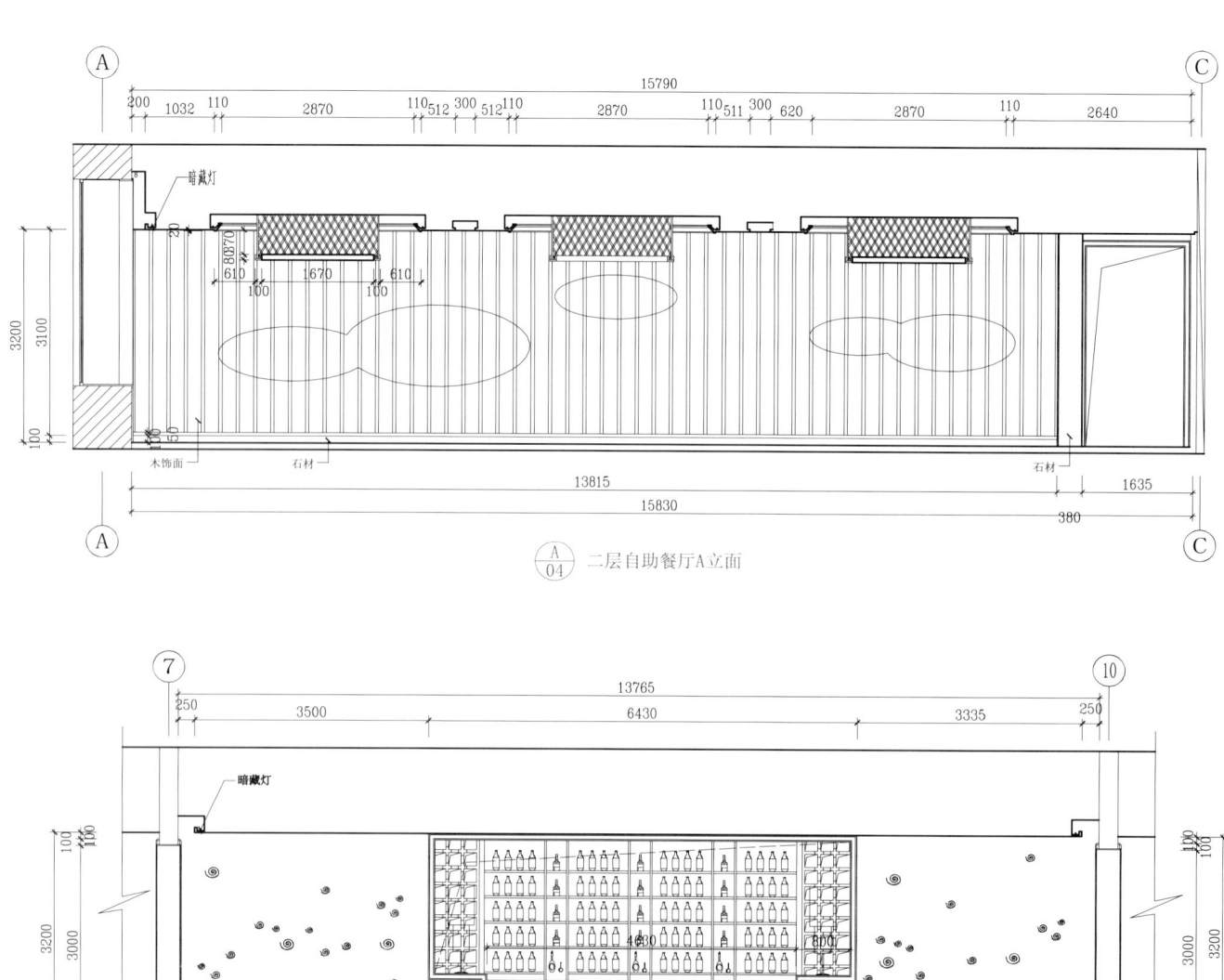

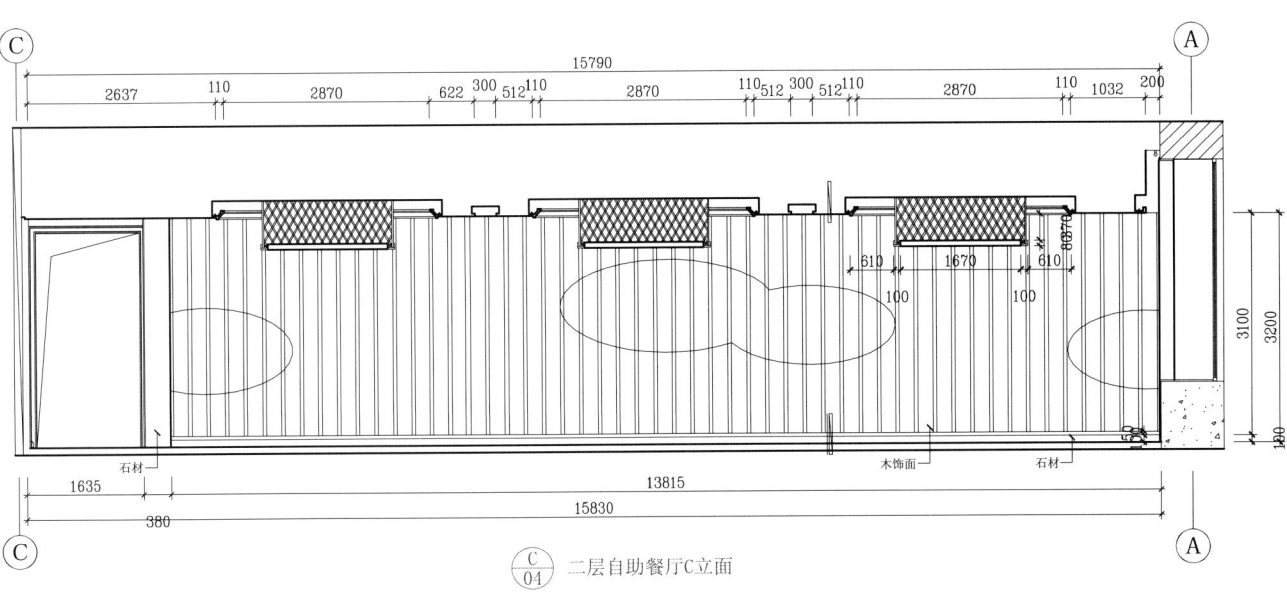

二层自助餐厅C立面

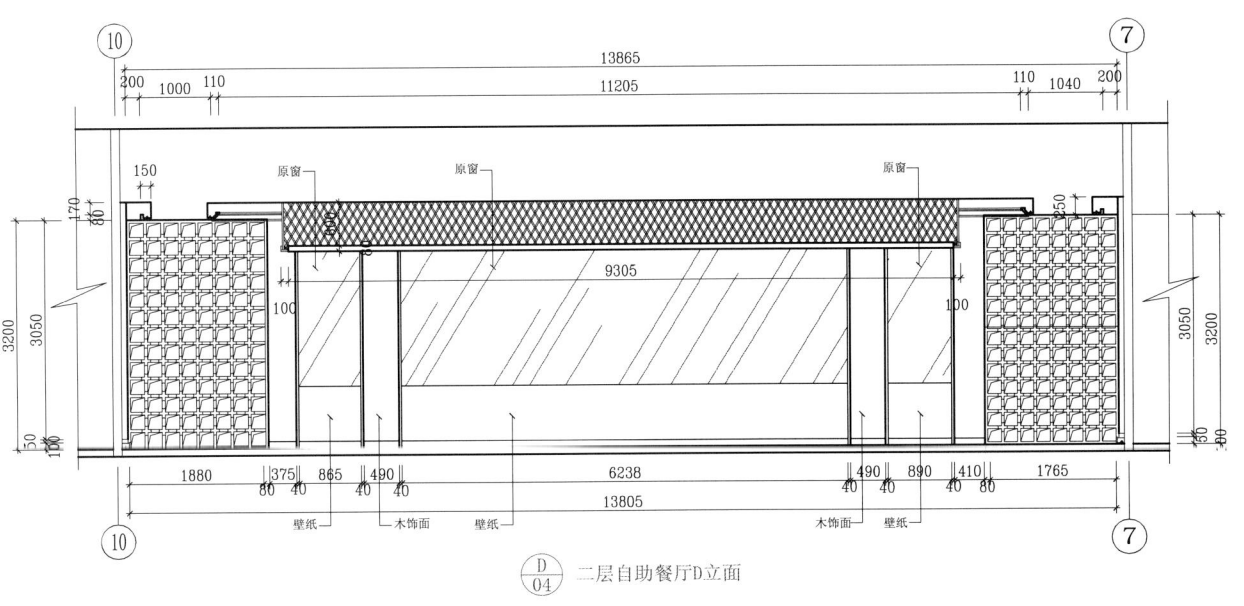

二层自助餐厅D立面

三层走廊实景

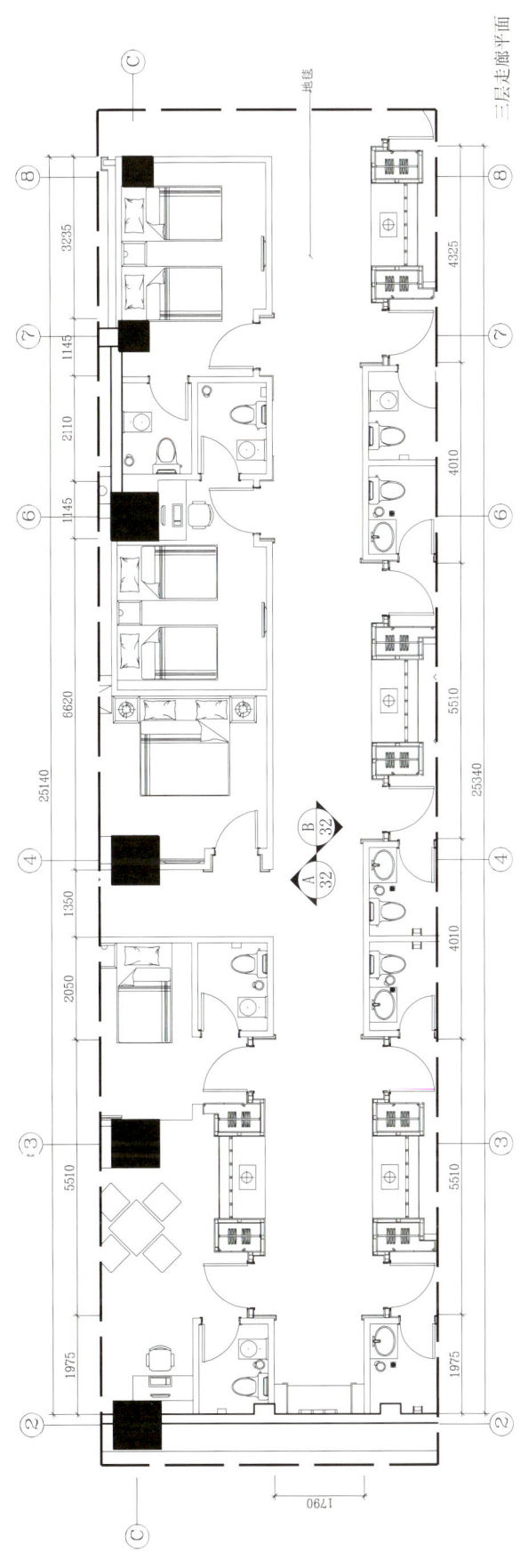

三层走廊平面

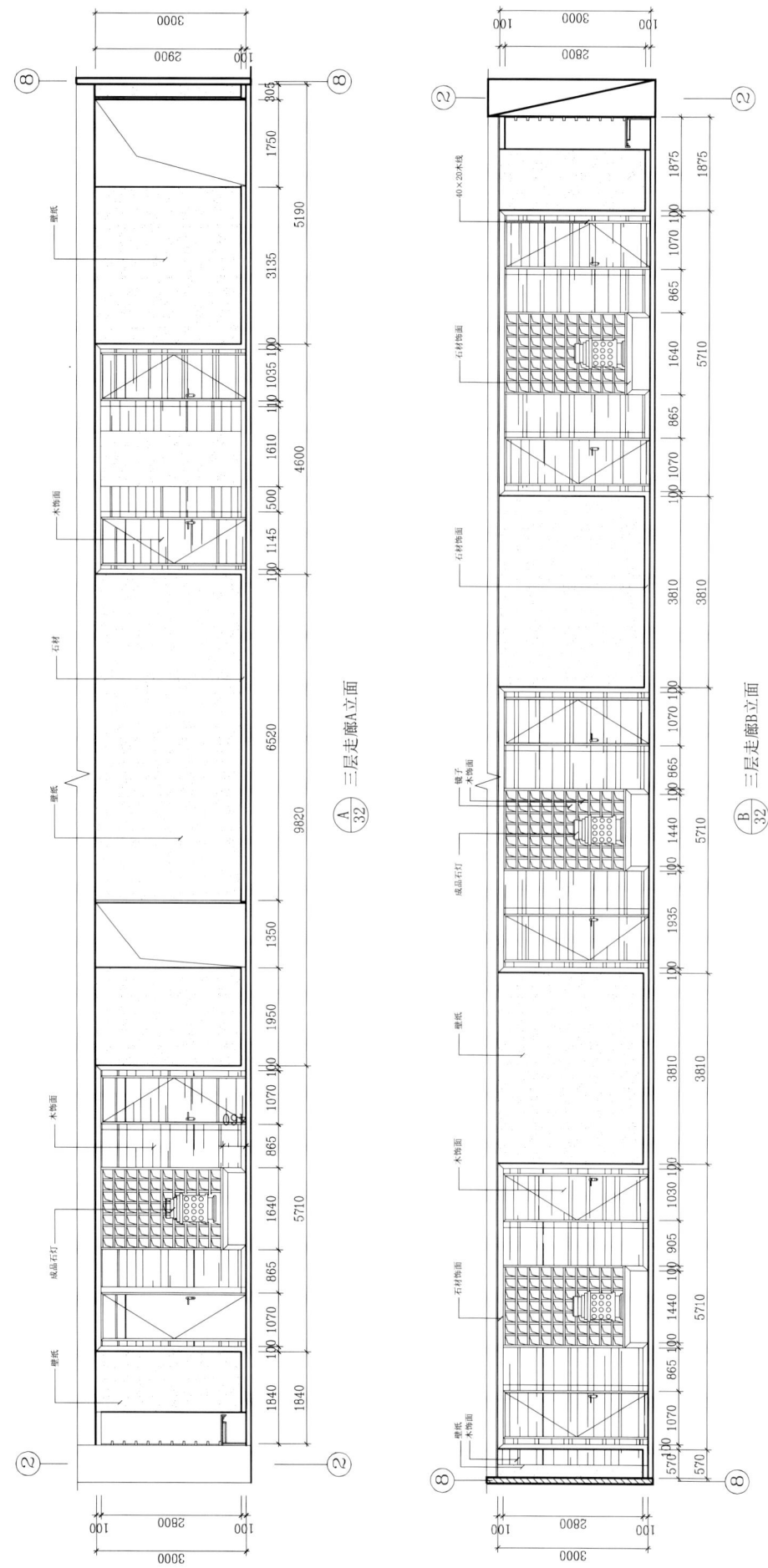

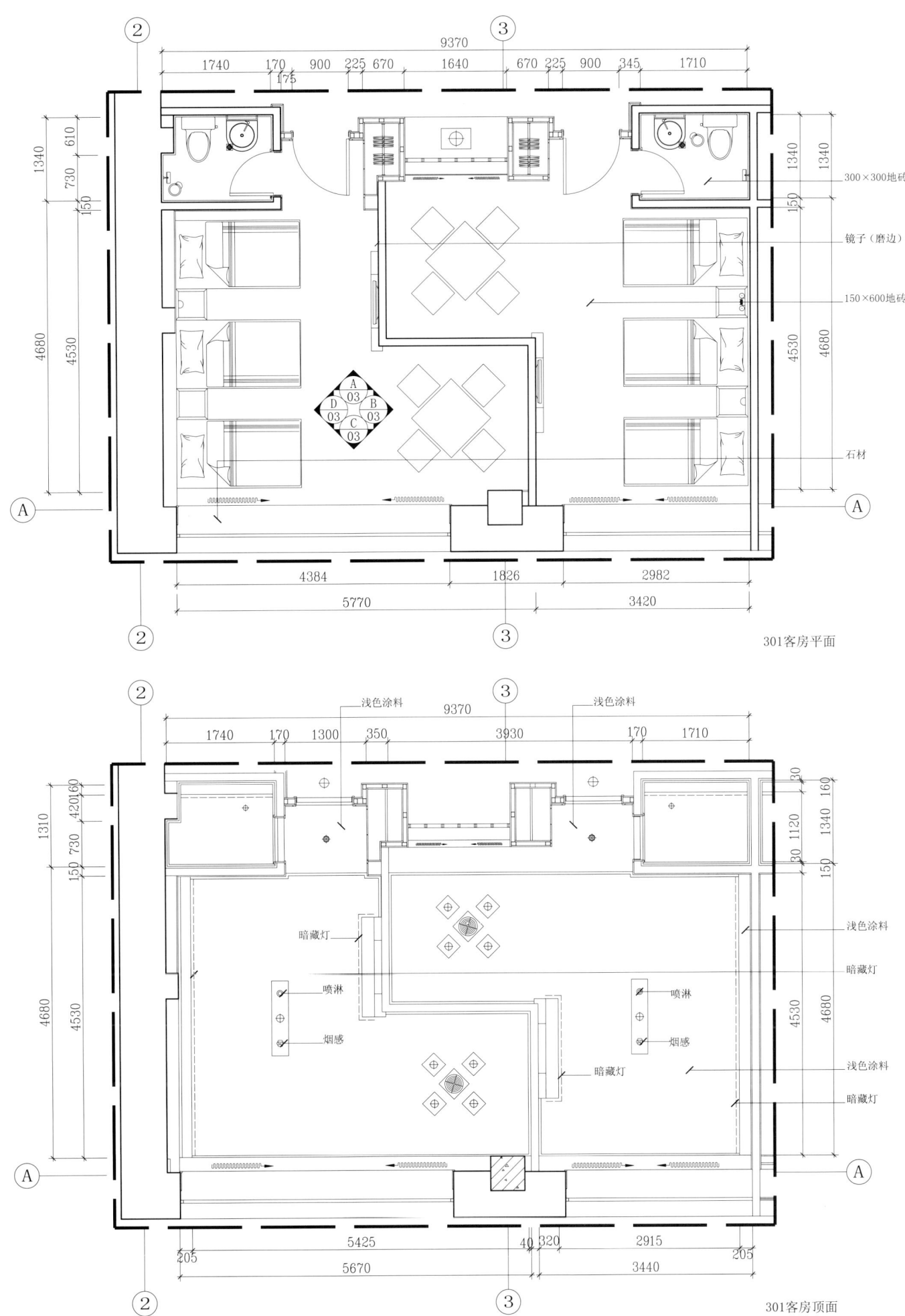

301客房平面

301客房顶面

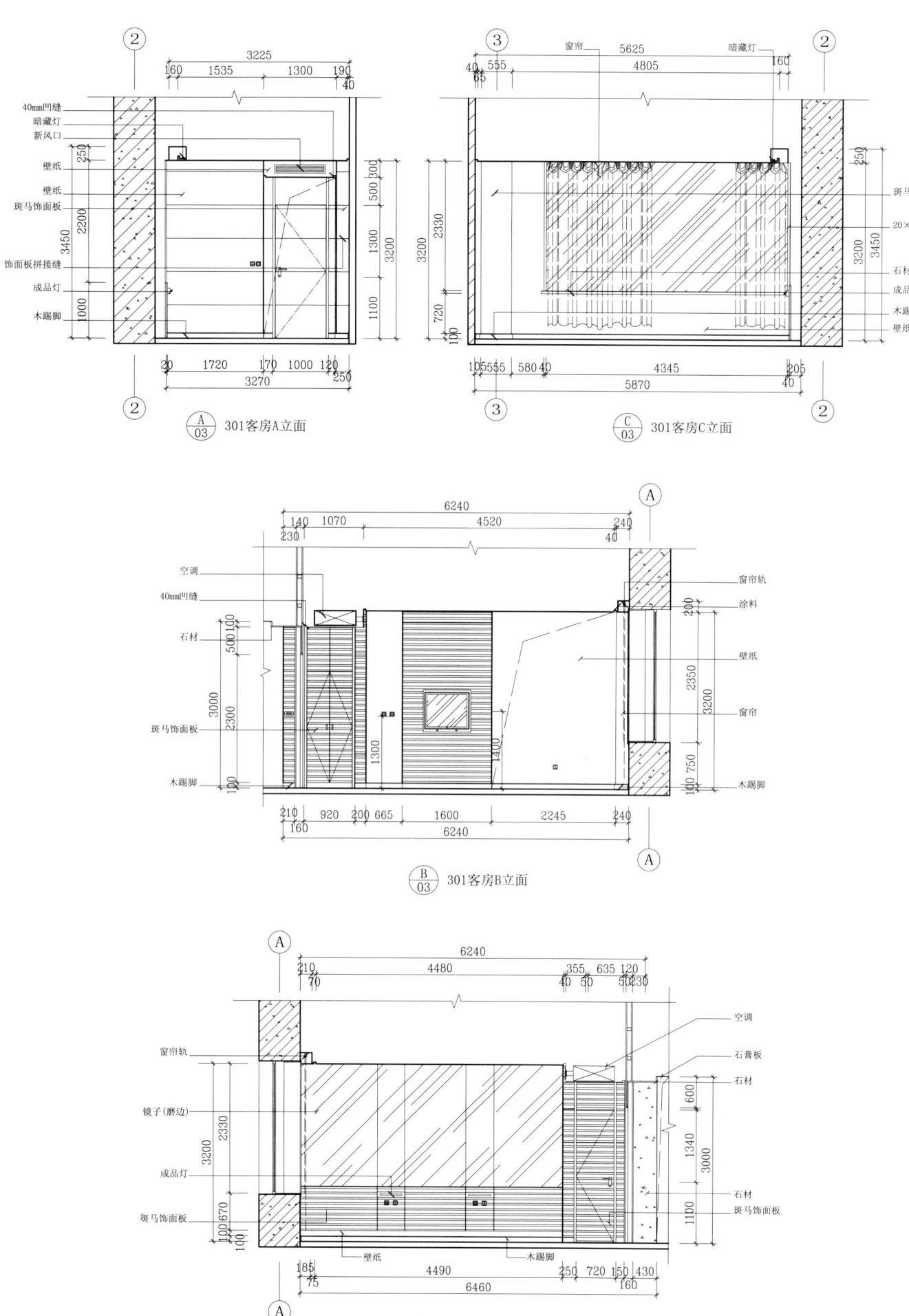

同庆楼
TONGQINGLOU

设计单位：江苏省苏州市苏明酒店设计事务所
设 计：费宁
面 积：6000m²
坐落地点：南京

  南京同庆楼是安徽省芜湖市著名老字号"同庆楼"跨省的又一家餐饮店，客户希望通过本项目使自身品牌形象得到提升，发扬传统，重塑辉煌。

  设计师在营造空间时力求将中式传统韵味与日新月异的时代创新精神相统一。纵览古今，形势上的创新并不代表思想上的自由，而注入文化内涵的丰富比形式上的表达更为生动，该项目既是对老字号的还魂，对老品牌的致敬，也是在新时空背景下对同庆楼中式传统风格的升华。故设计师在设计中与南京市花"梅"结缘，融合了南京的人文背景。在氛围的营造中，通过对梅花的重塑、变异、提炼，利用新型材料及手法从多角度演绎着梅花主题空间，似乎透着一股袭人的幽幽冷香，呈现出一个极具梅韵的情景。

  空间布局的处理平缓而不失节奏感，干净明快、内敛大气的时尚设计风格迎合了当下南京人的审美需求。装饰用材上结合了进口名贵石材和设计师设计的大型灯具，各种形式的就餐空间满足了多种现代都市消费群体的个性化需求，让客户的自我价值得到充分体现。

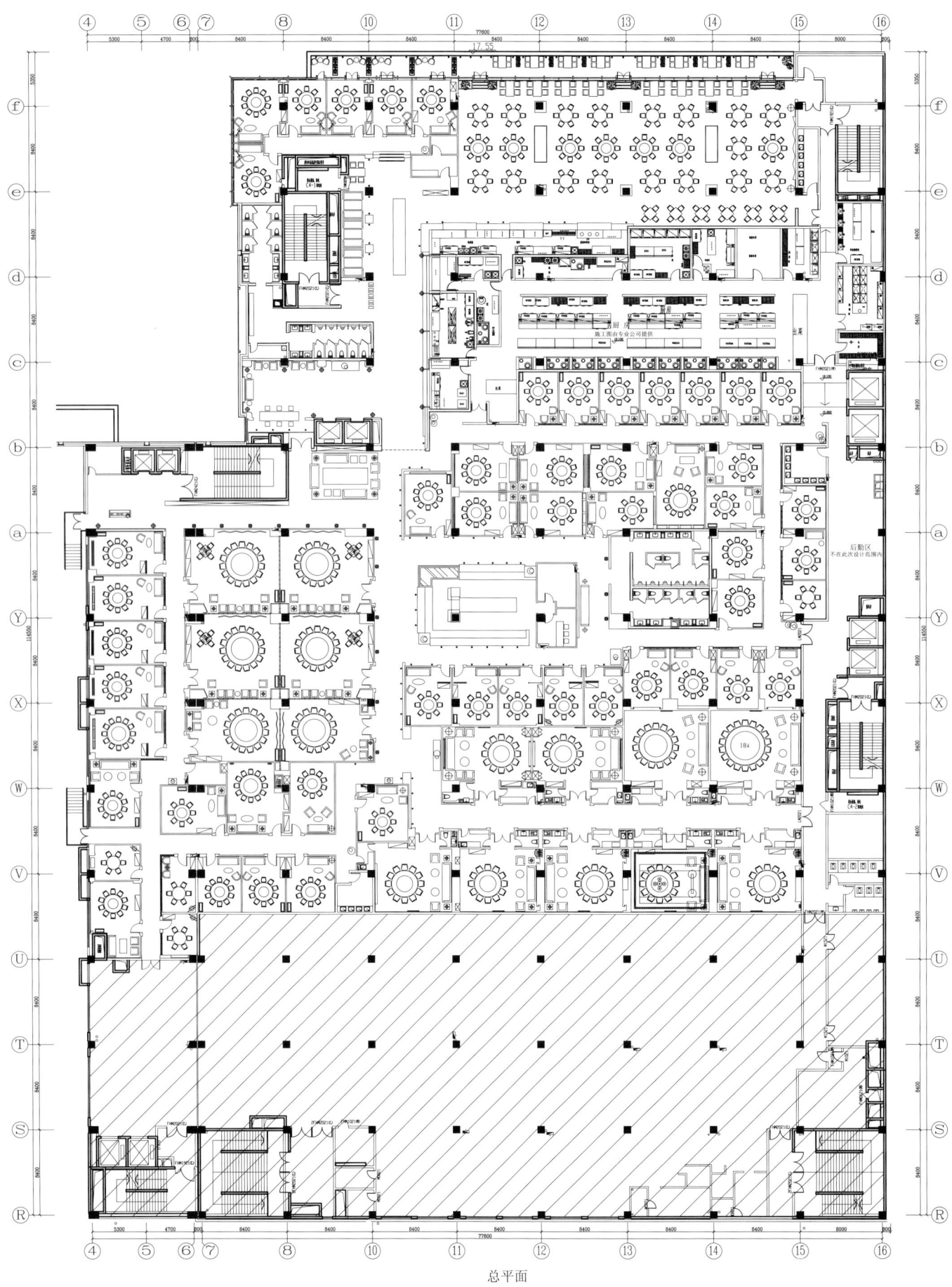

总平面

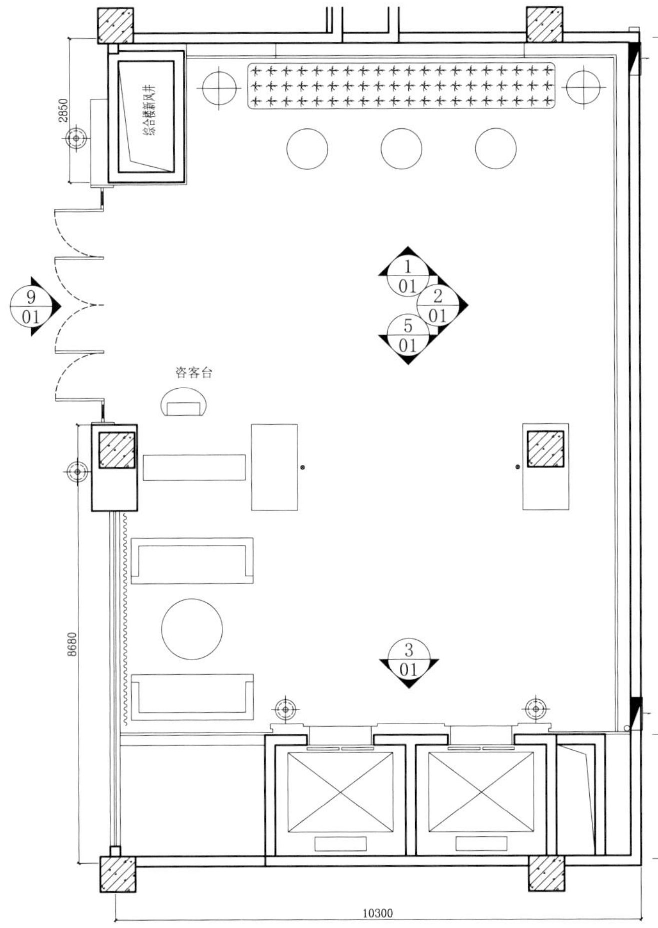

综合楼新风井
2850
咨客台
1
01
2
01
5
01
9
01
3
01
13800
8680
2460
10300

接待大厅平面

综合楼新风井
2850
黑色乳胶漆
3.300
3.450
暖色LED软管灯
定制艺术吊灯 银箔饰面（香槟色）
3.550
10mm钨钛不锈钢收边
仿皮革壁纸硬包
3.450
黑色乳胶漆
3.000
木化石
13800
6730
2460
10300

接待大厅顶面

瓦楞玻璃镀银图案+铜丝+半透磨砂片+白玻
80mm宽钨钛不锈钢
皮革线条边框
2000
900
4850
3250
3550
300
8350(13EQ)
300
钨钛不锈钢踢脚
暗藏暖色欧司朗日光灯管
15mm宽钨钛不锈钢收边

1/01 接待大厅1立面

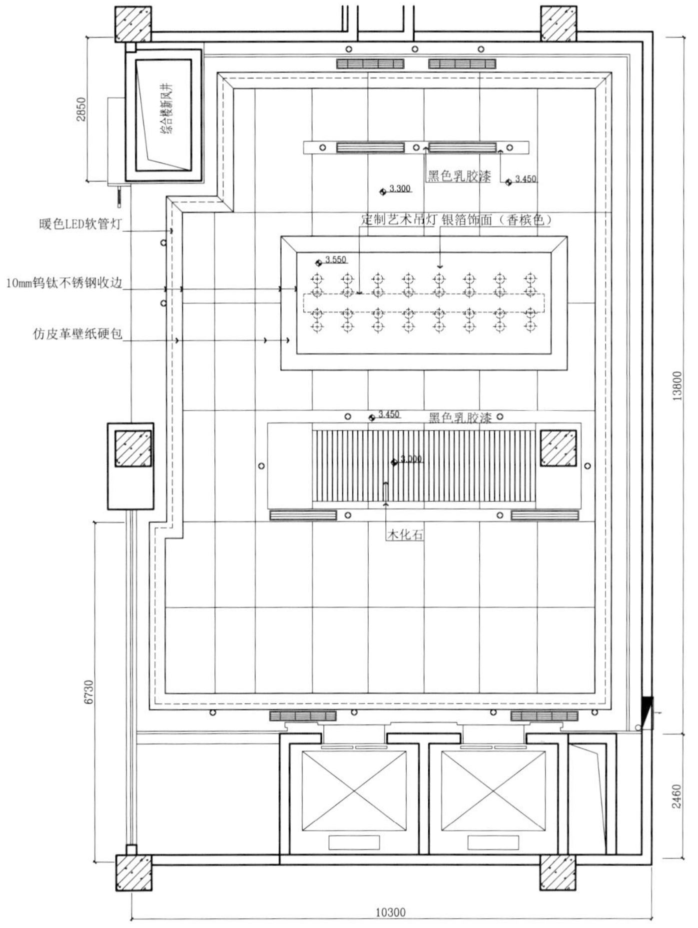

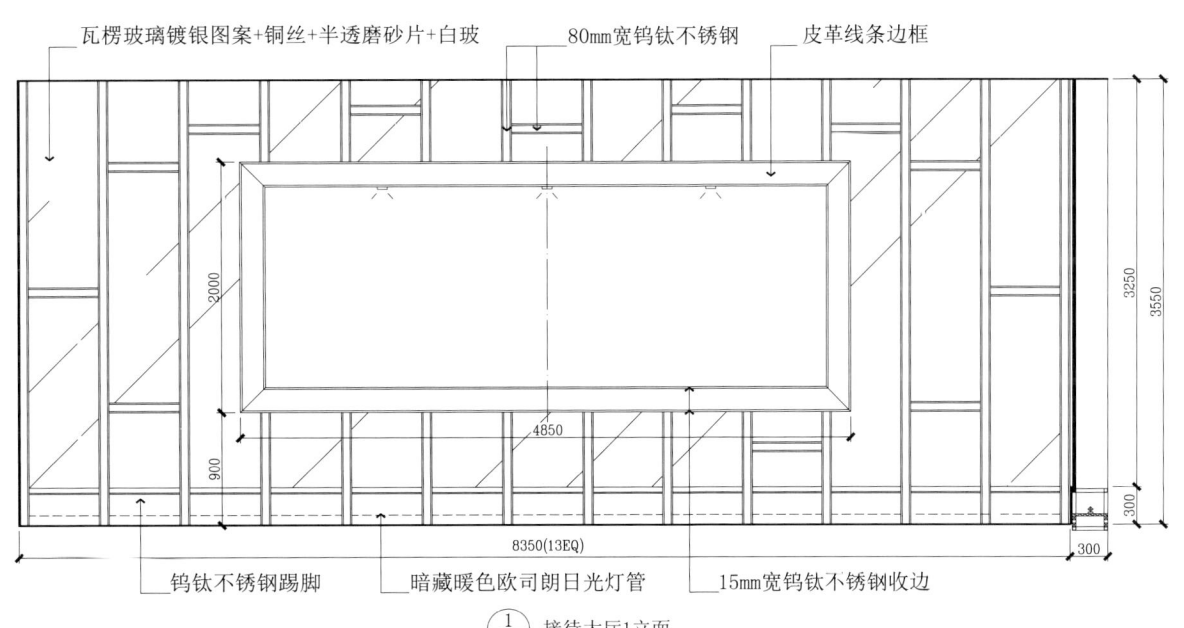

大厅实景

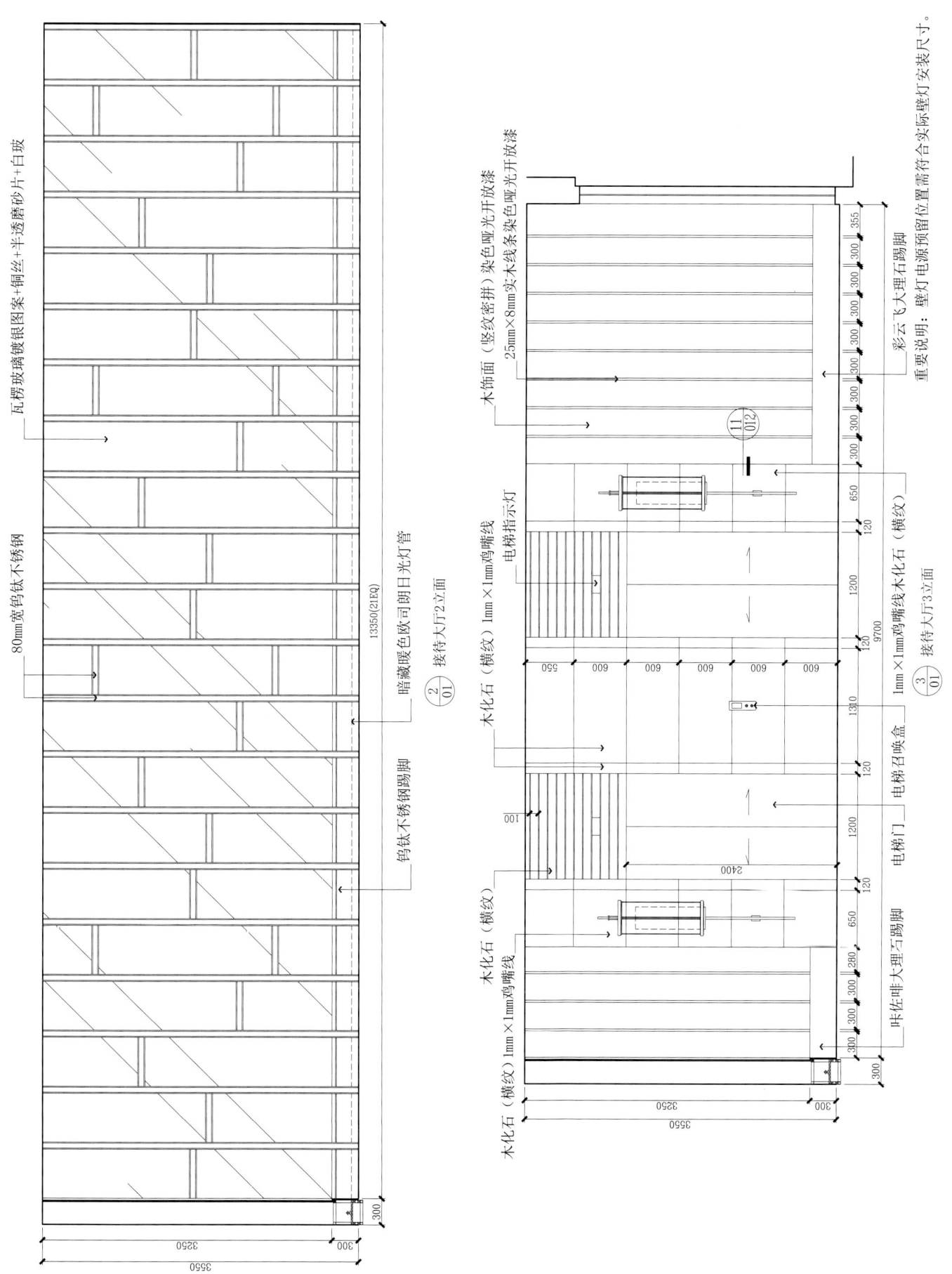

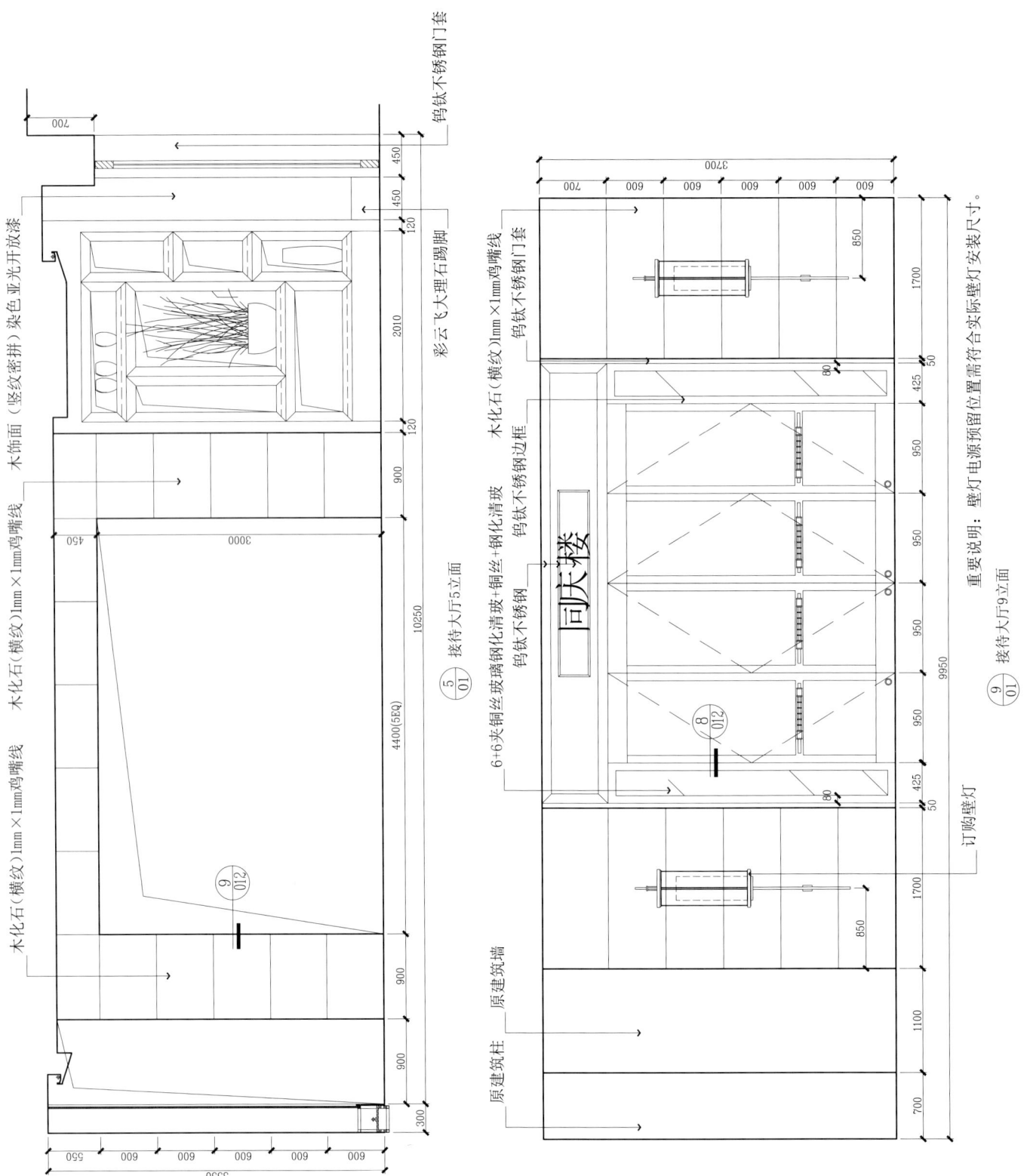

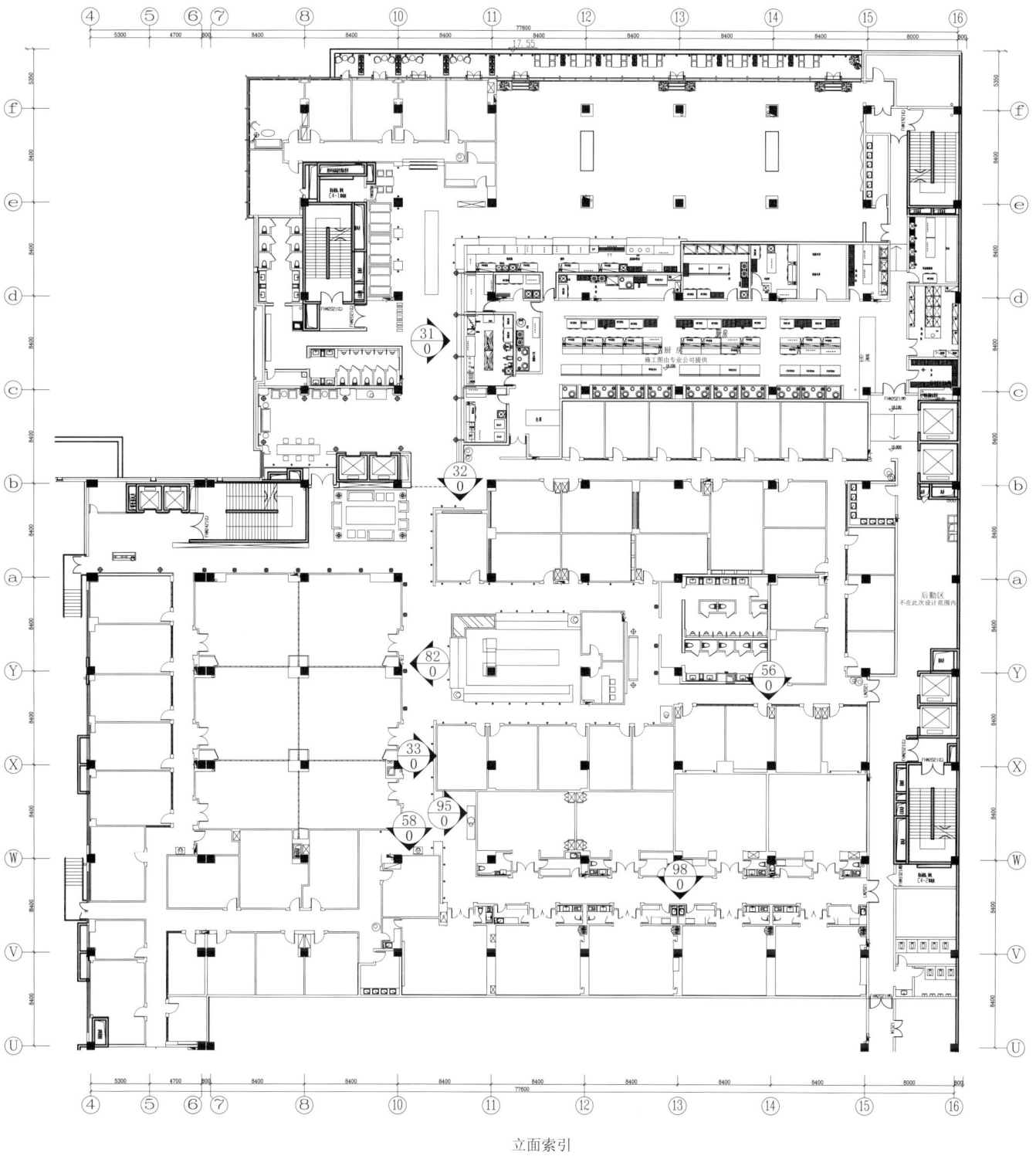

立面索引

休息区实景

公共走道31立面实景

公共走道95立面细节实景

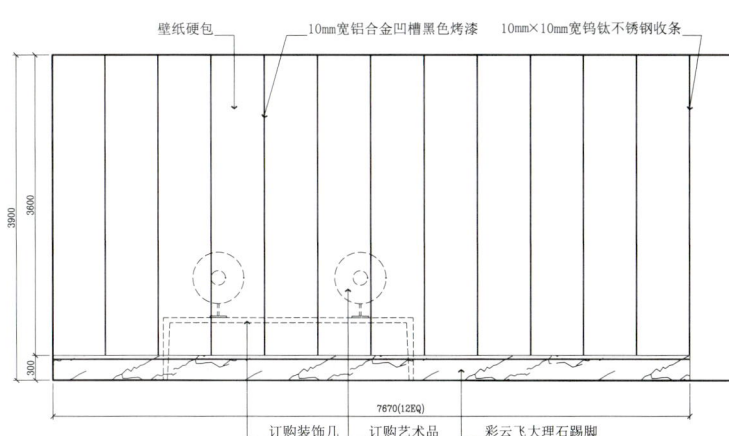

⑨⁵⁄₀ 公共走道95立面

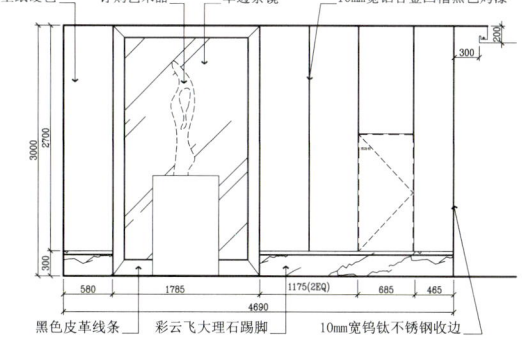

⁵⁸⁄₀ 公共走道58立面

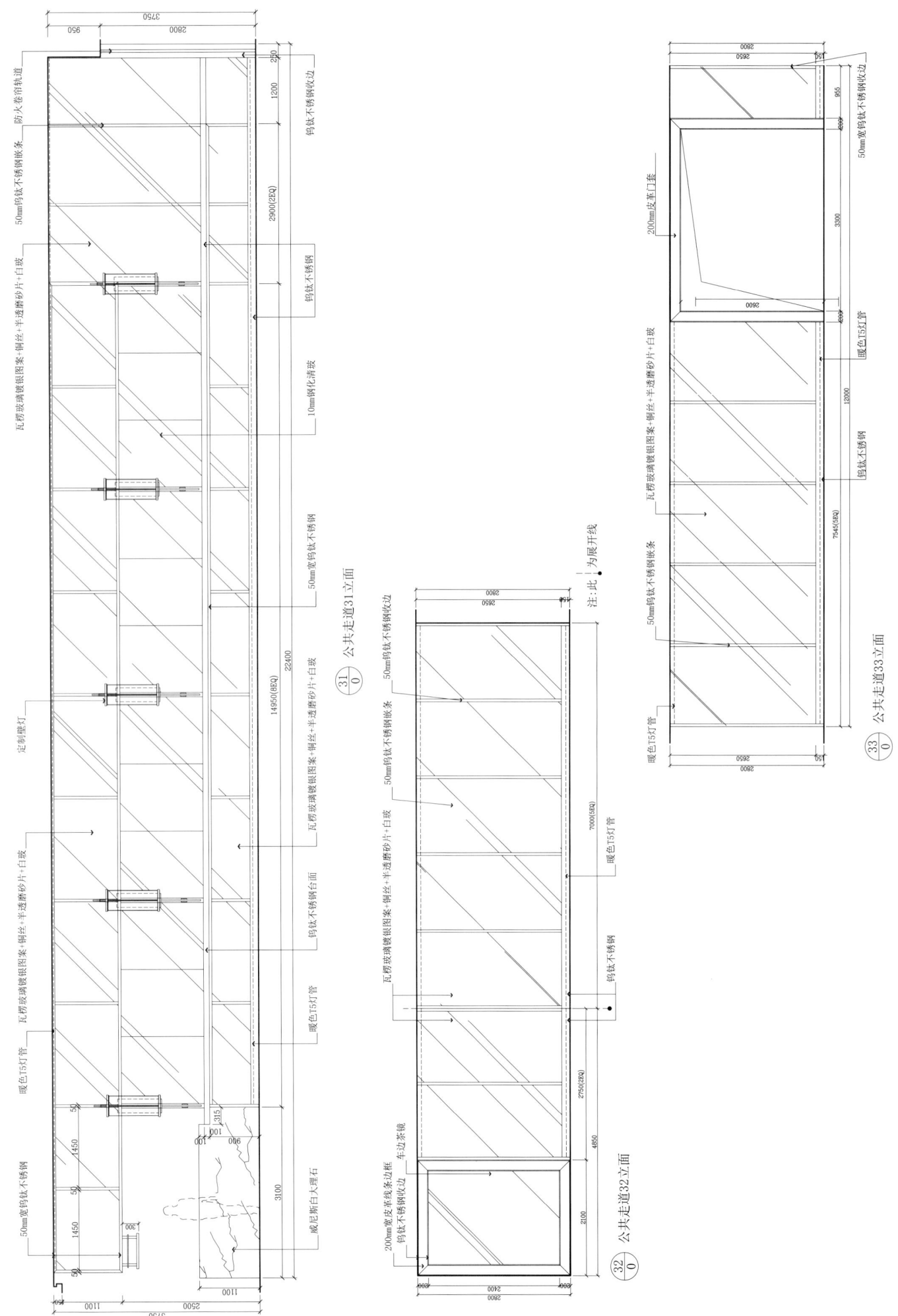

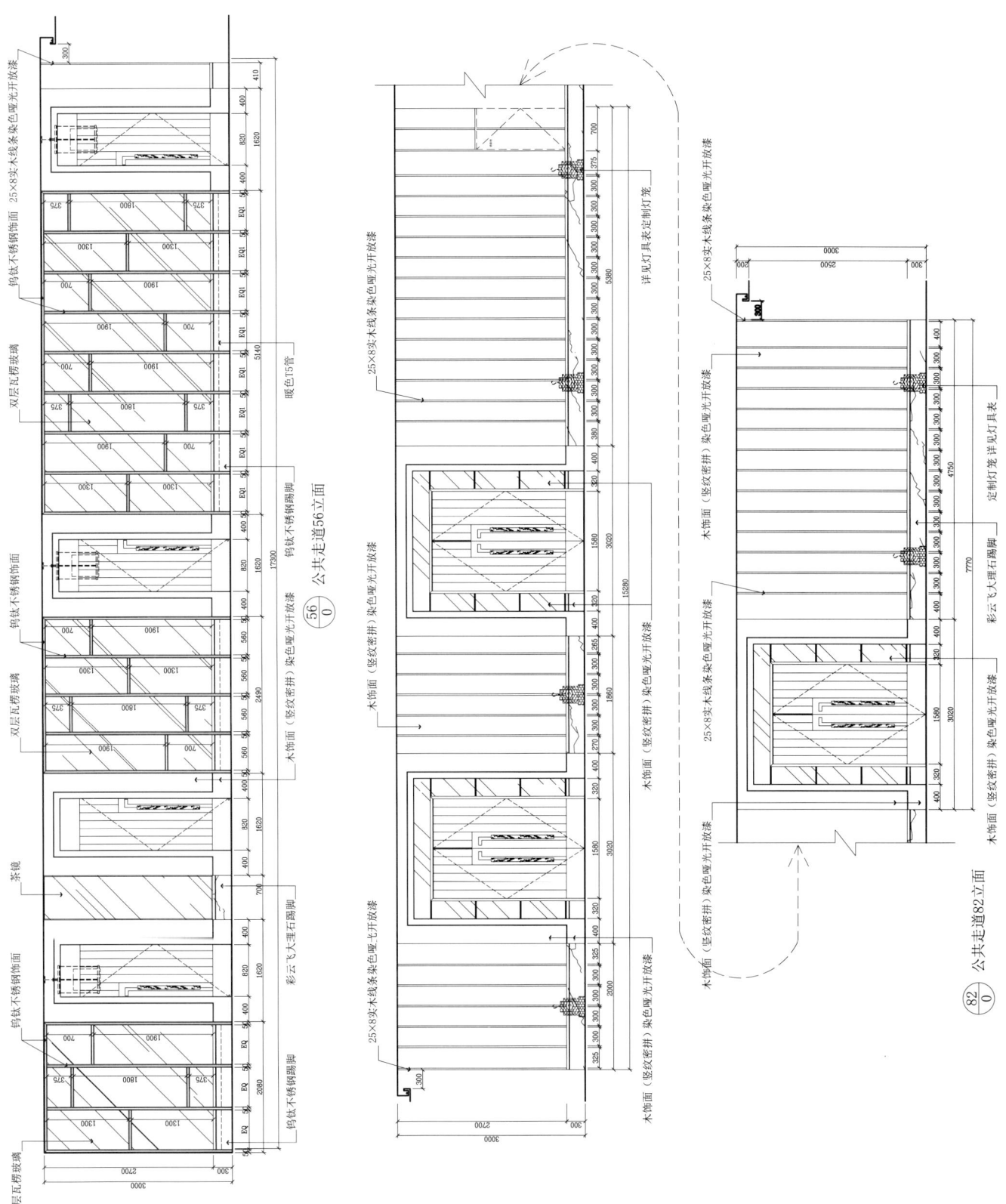

公共走道56立面实景实景

公共走道58、95立面实景

公共走道98立面实景

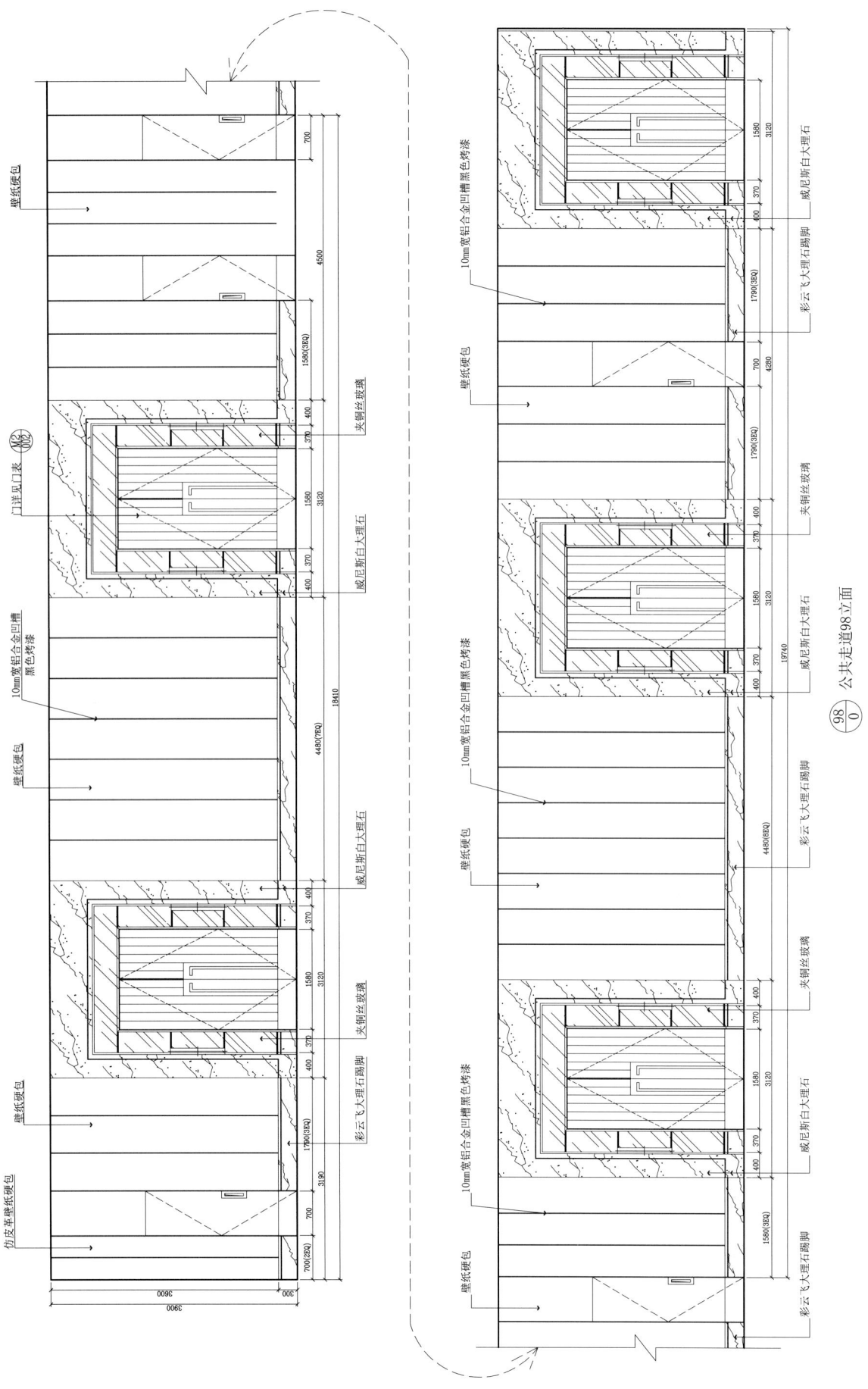

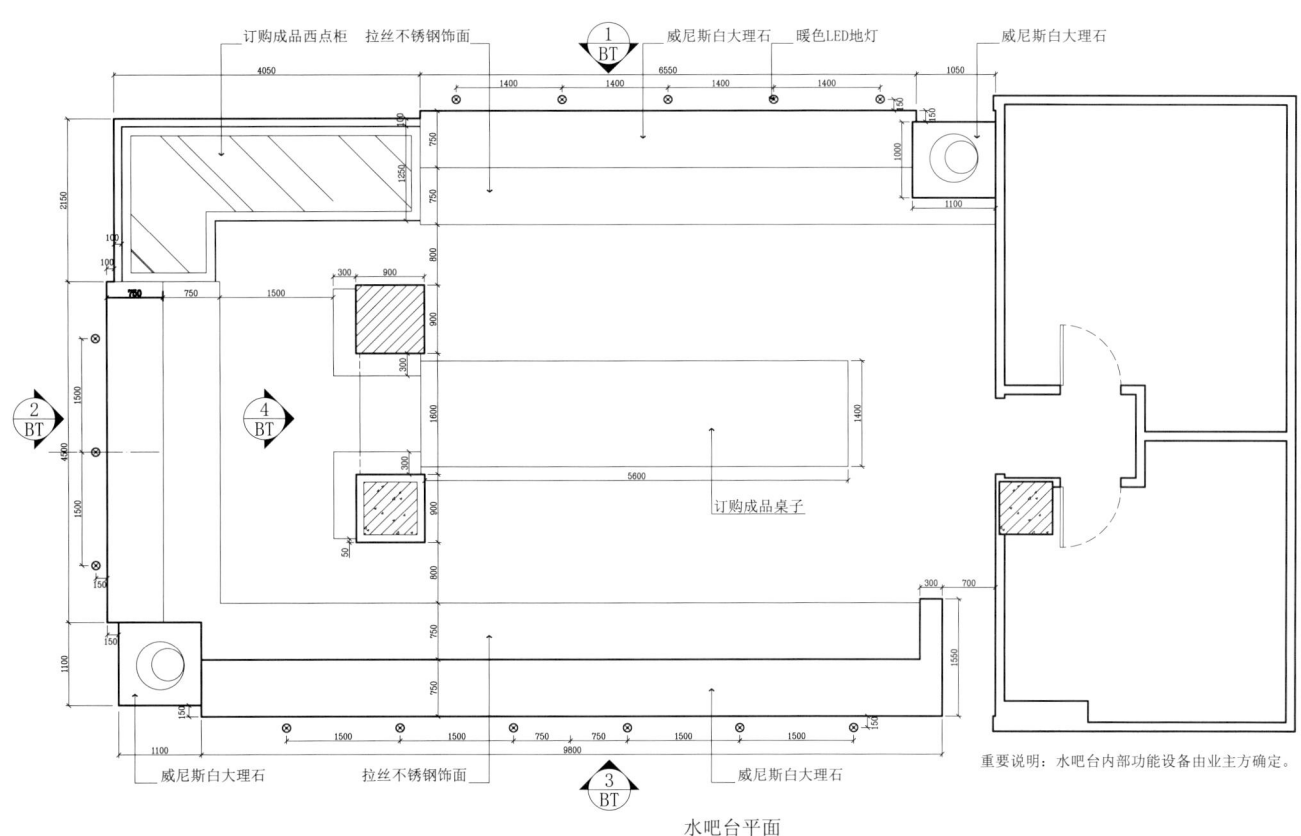

水吧台平面

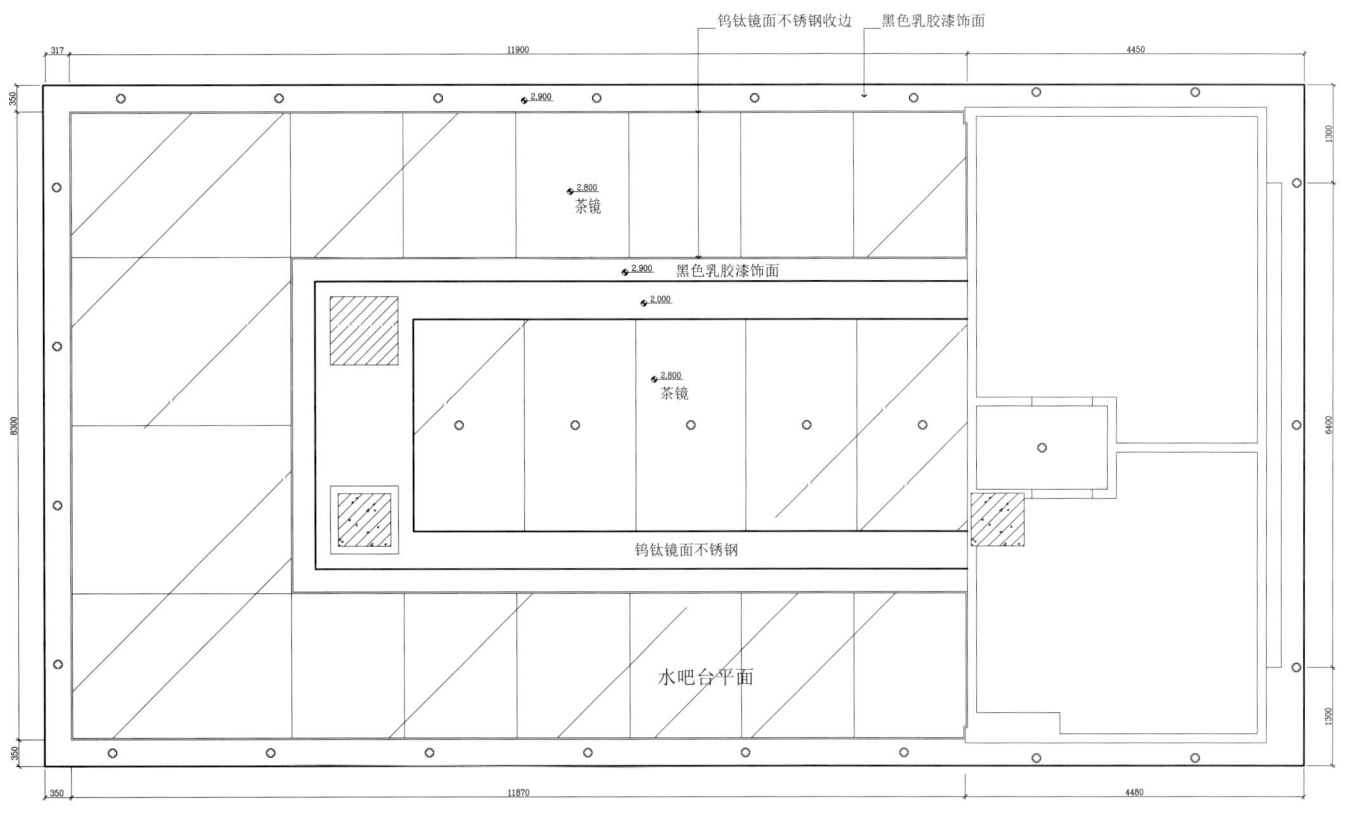

水吧台顶面

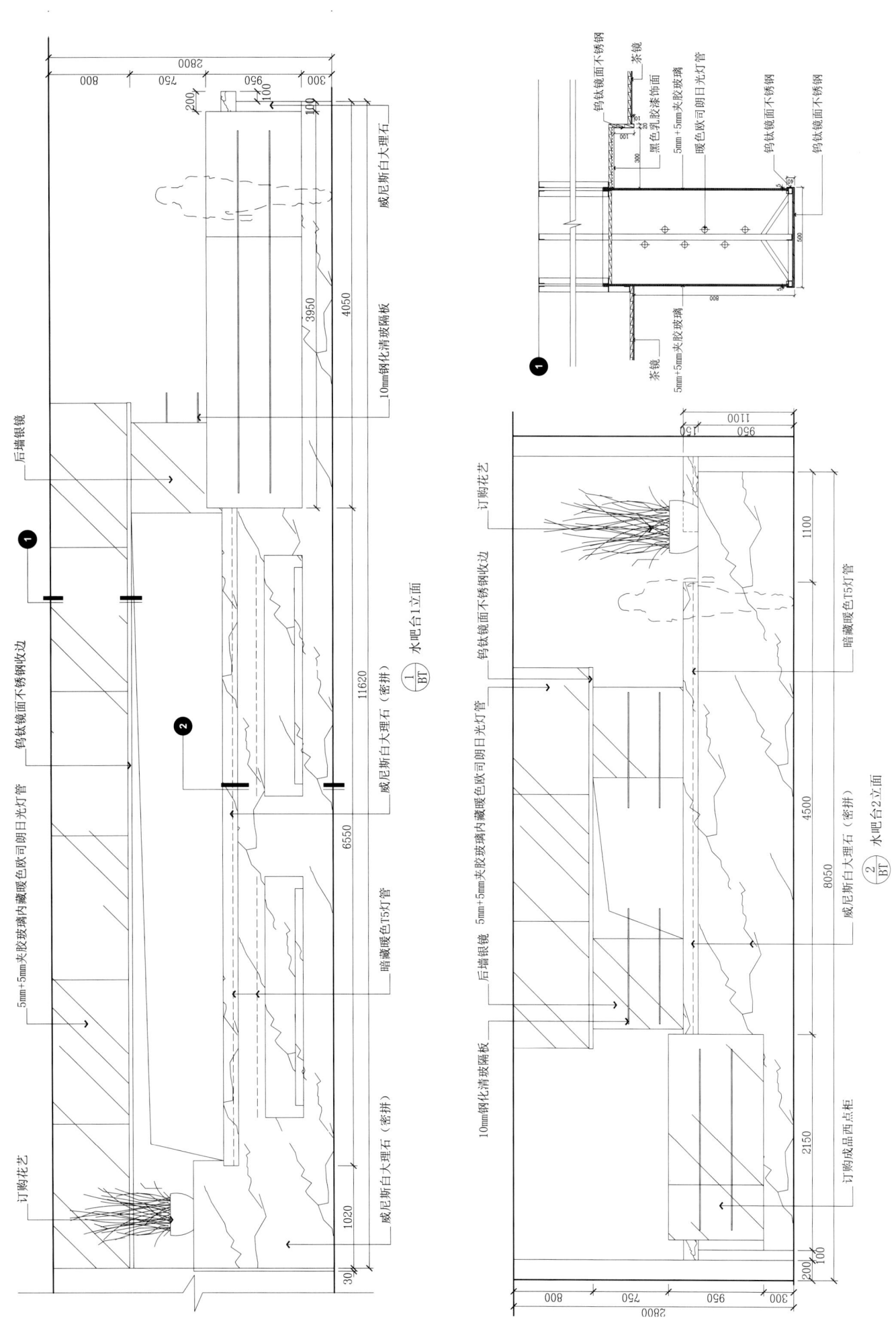

公共走道&立面实景

水吧台实景

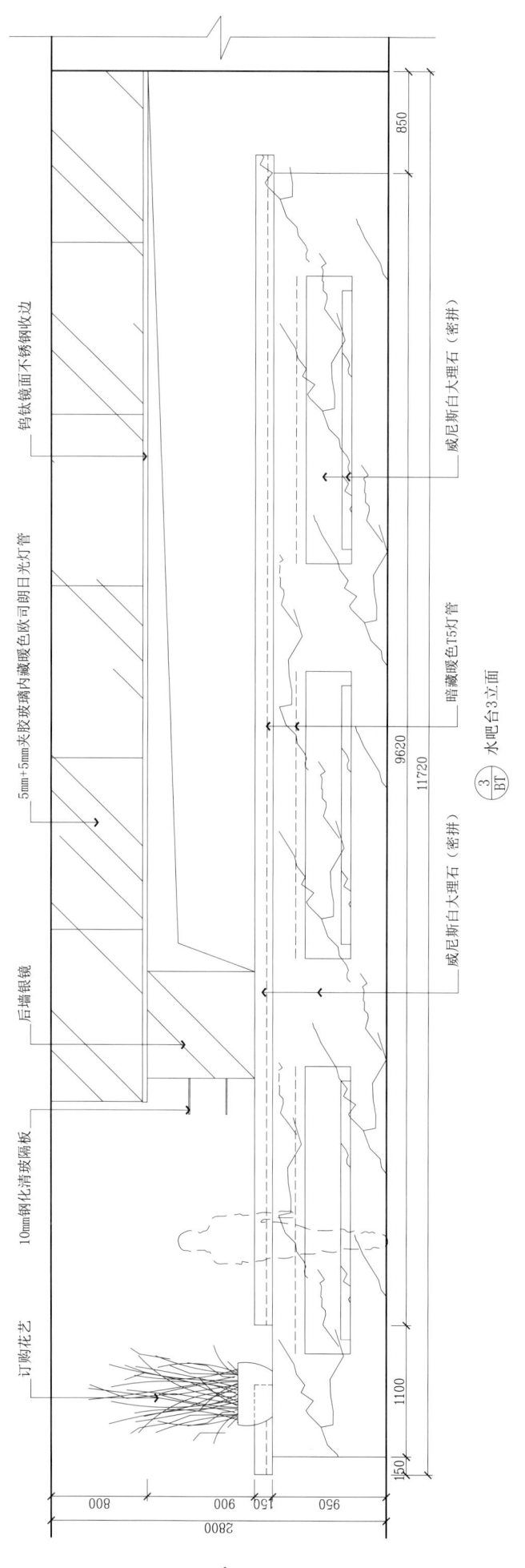
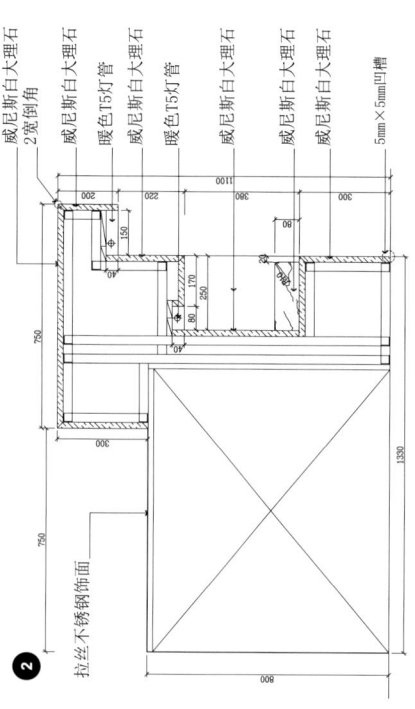
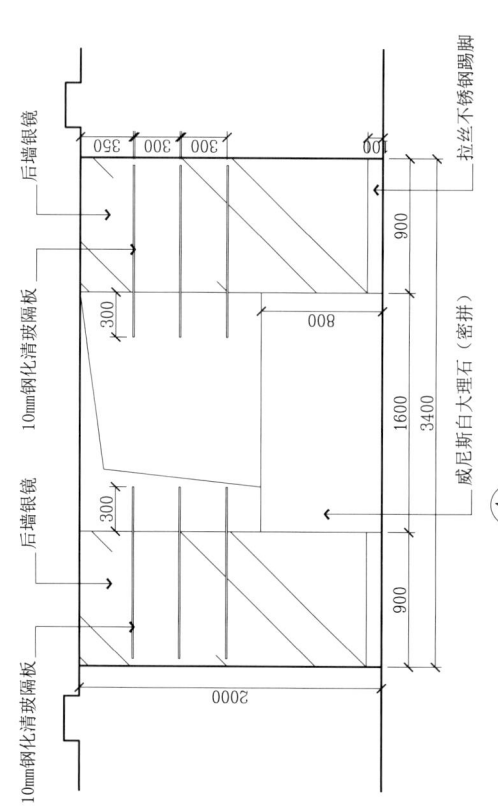

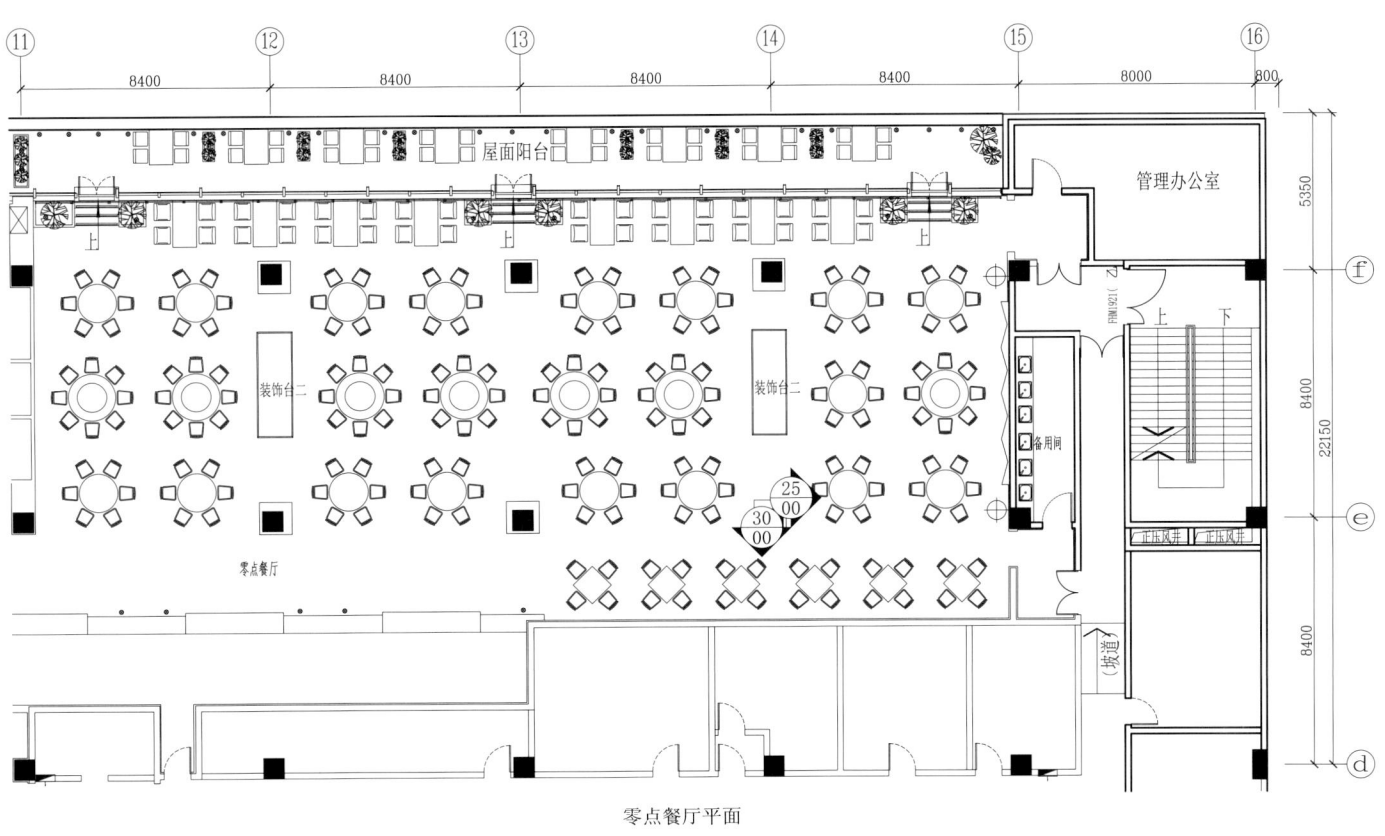

零点餐厅平面

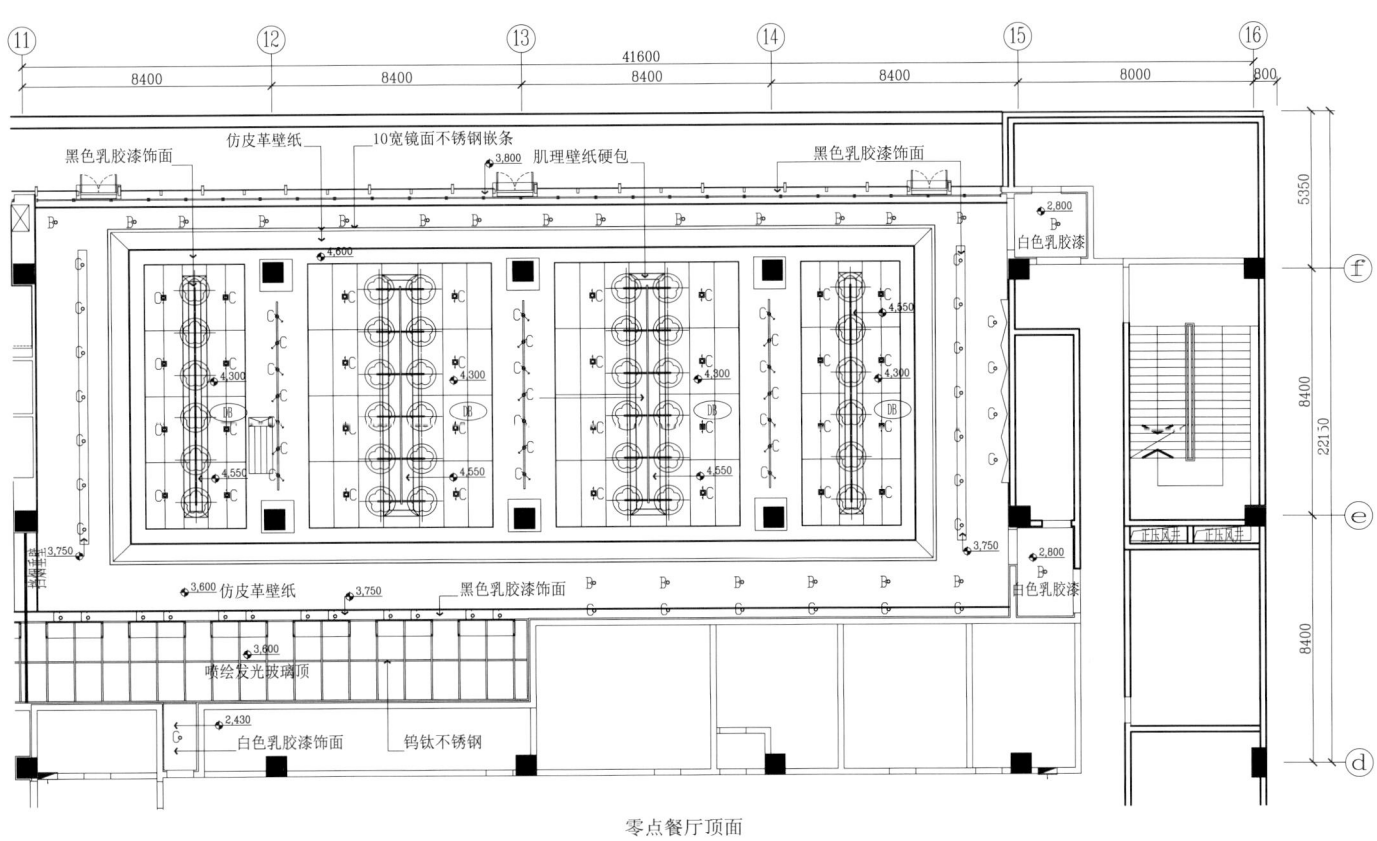

零点餐厅顶面

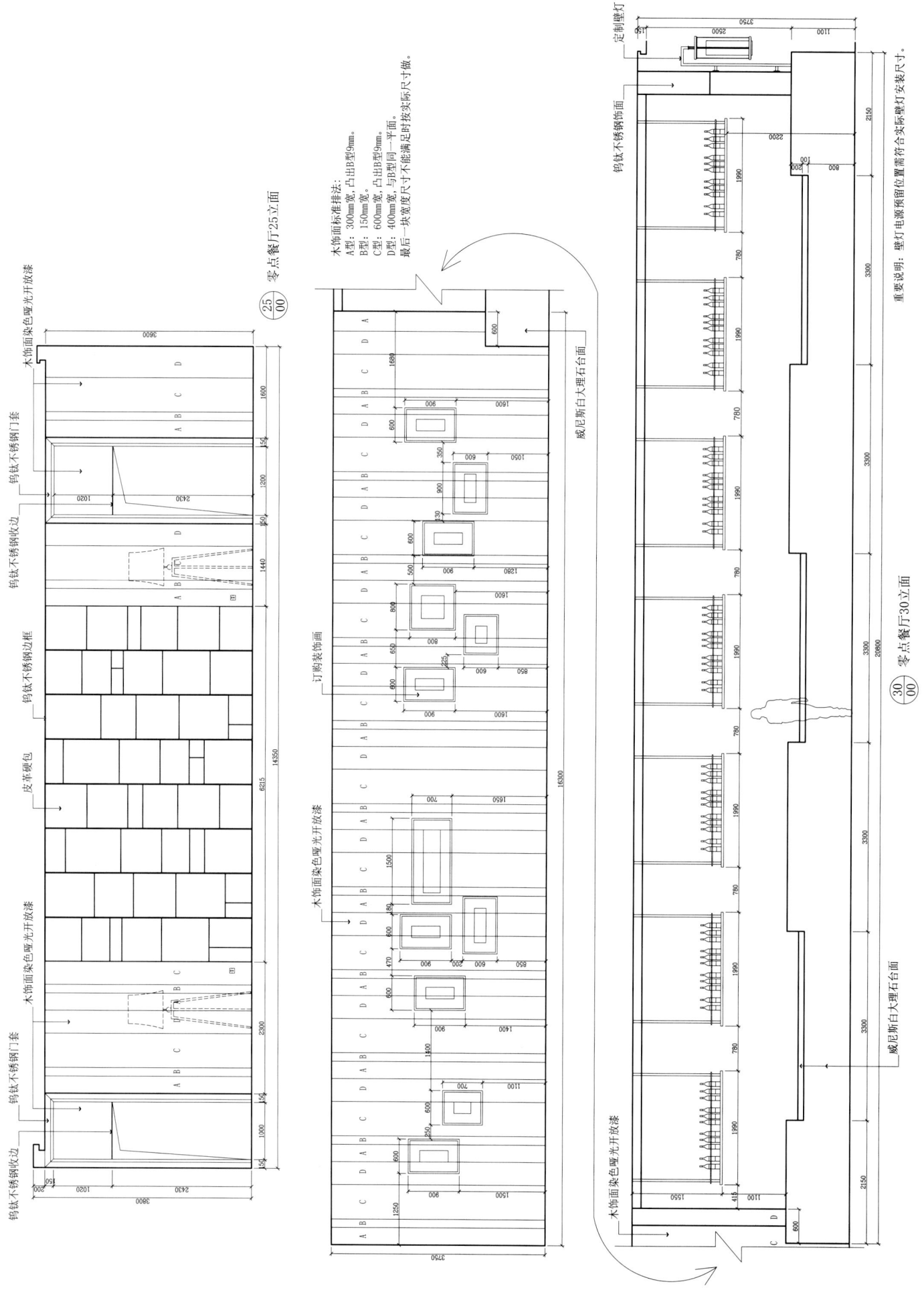

TONGQINGLOU

D1包间实景

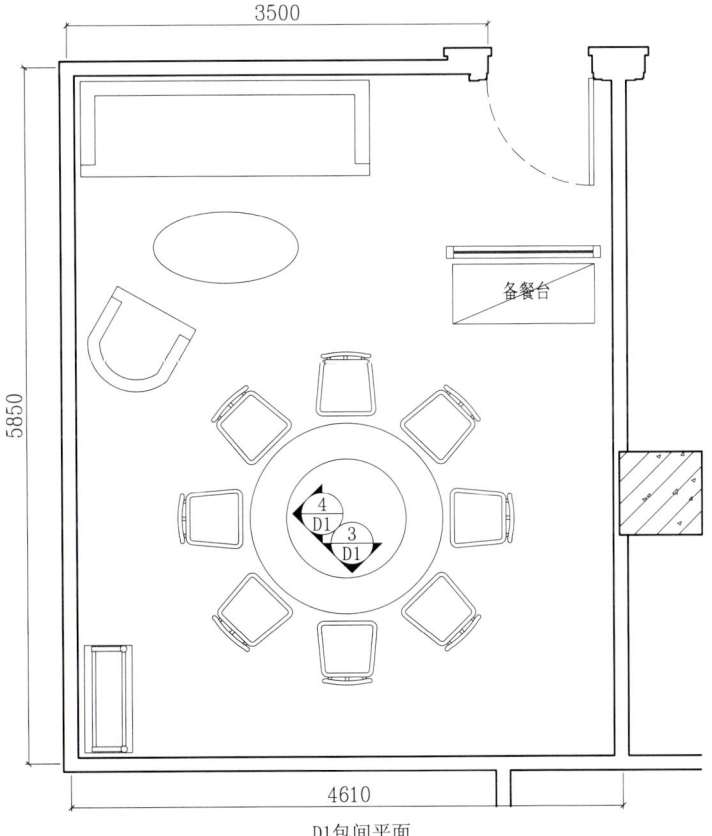

D1包间平面

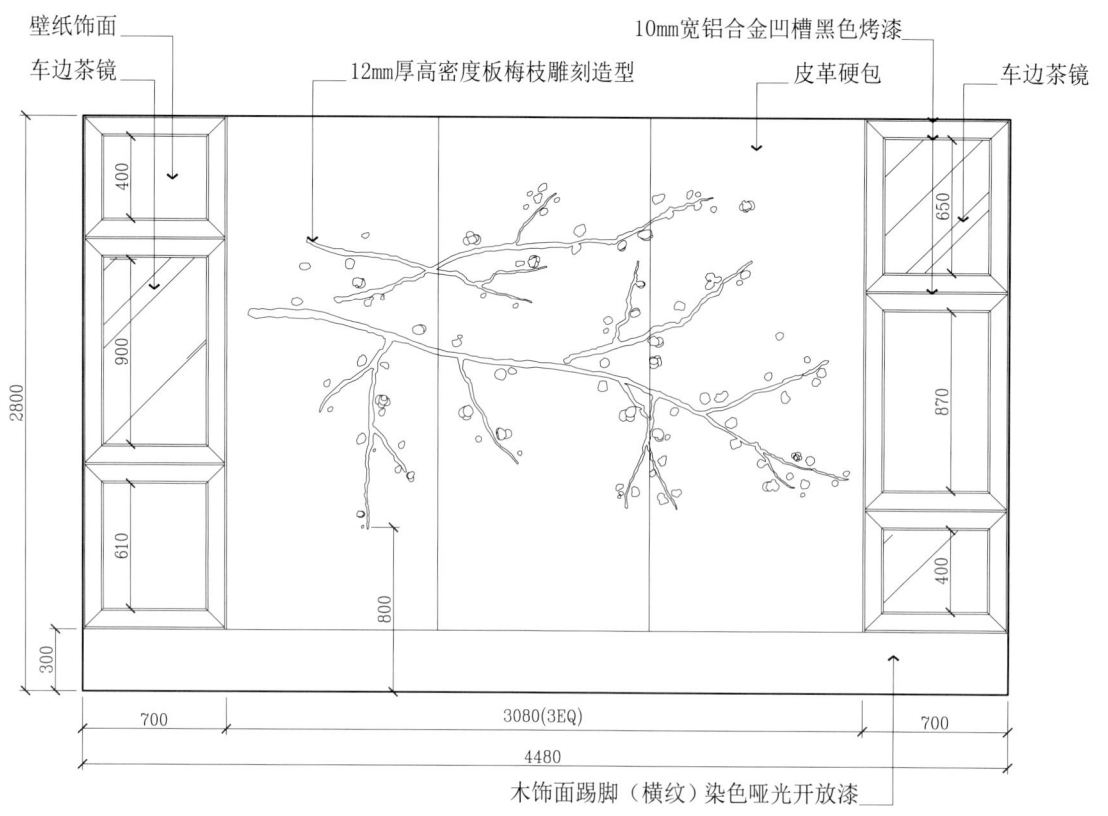

③ D1包间3立面

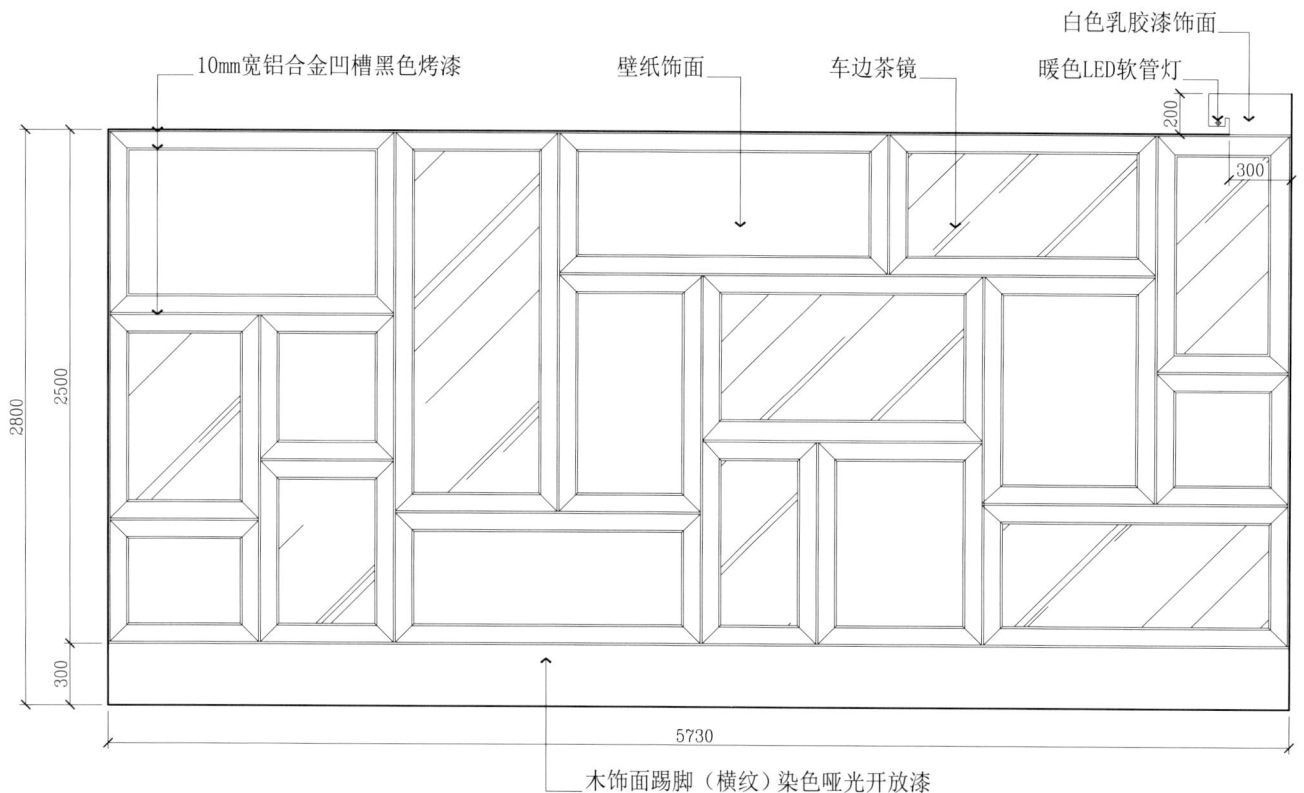

④ D1包间4立面

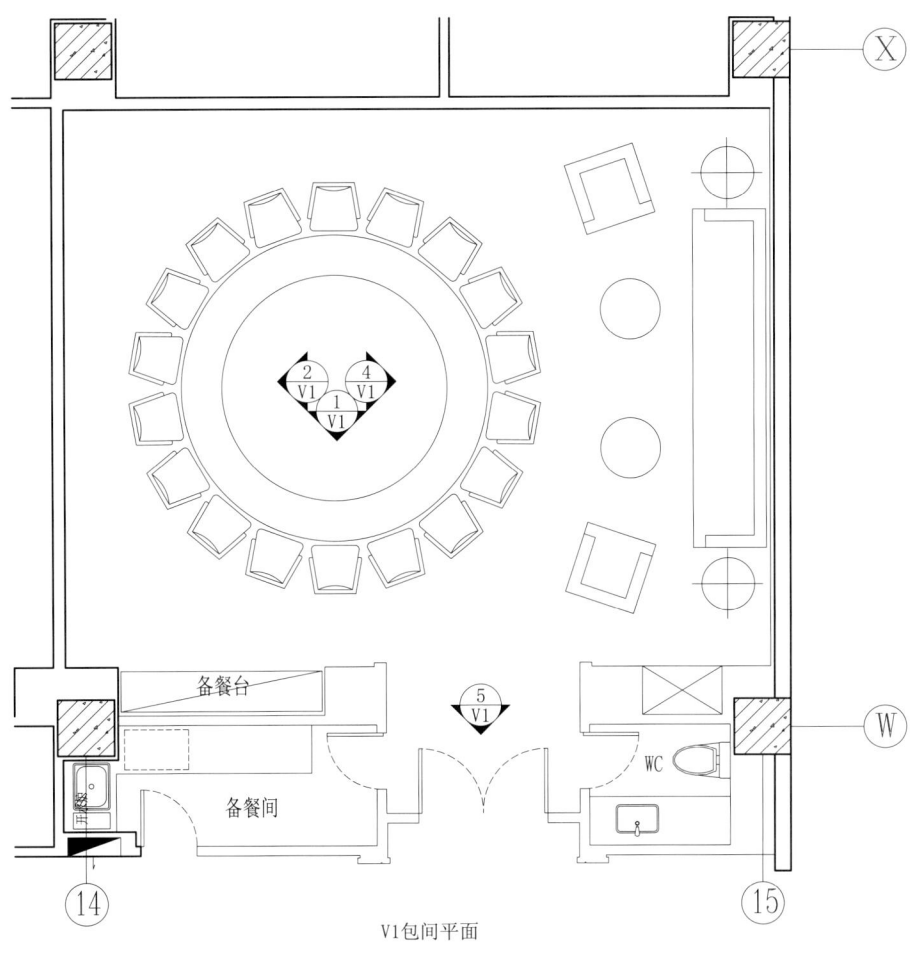

V1包间平面

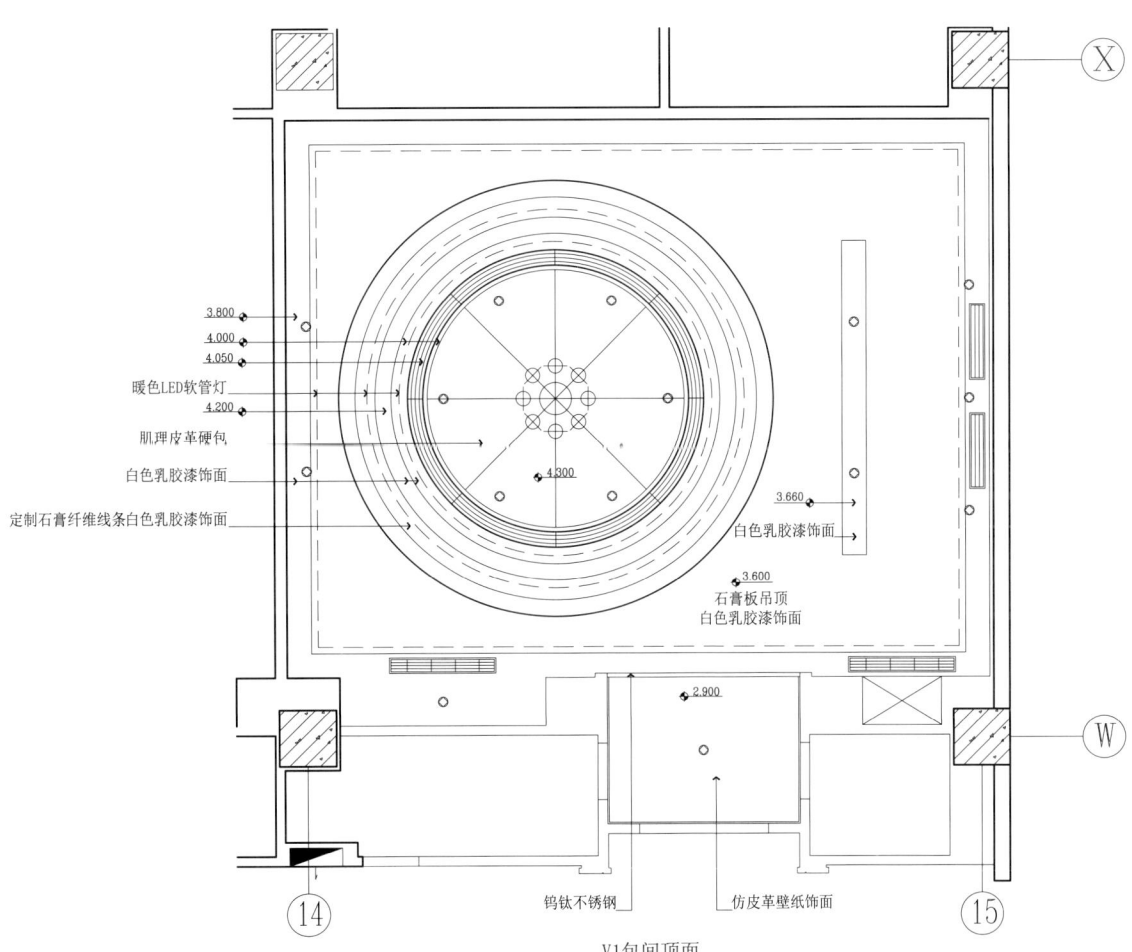

V1包间顶面

V1包间实景

V1包间实景

V1包间实景

V1包间休息区实景

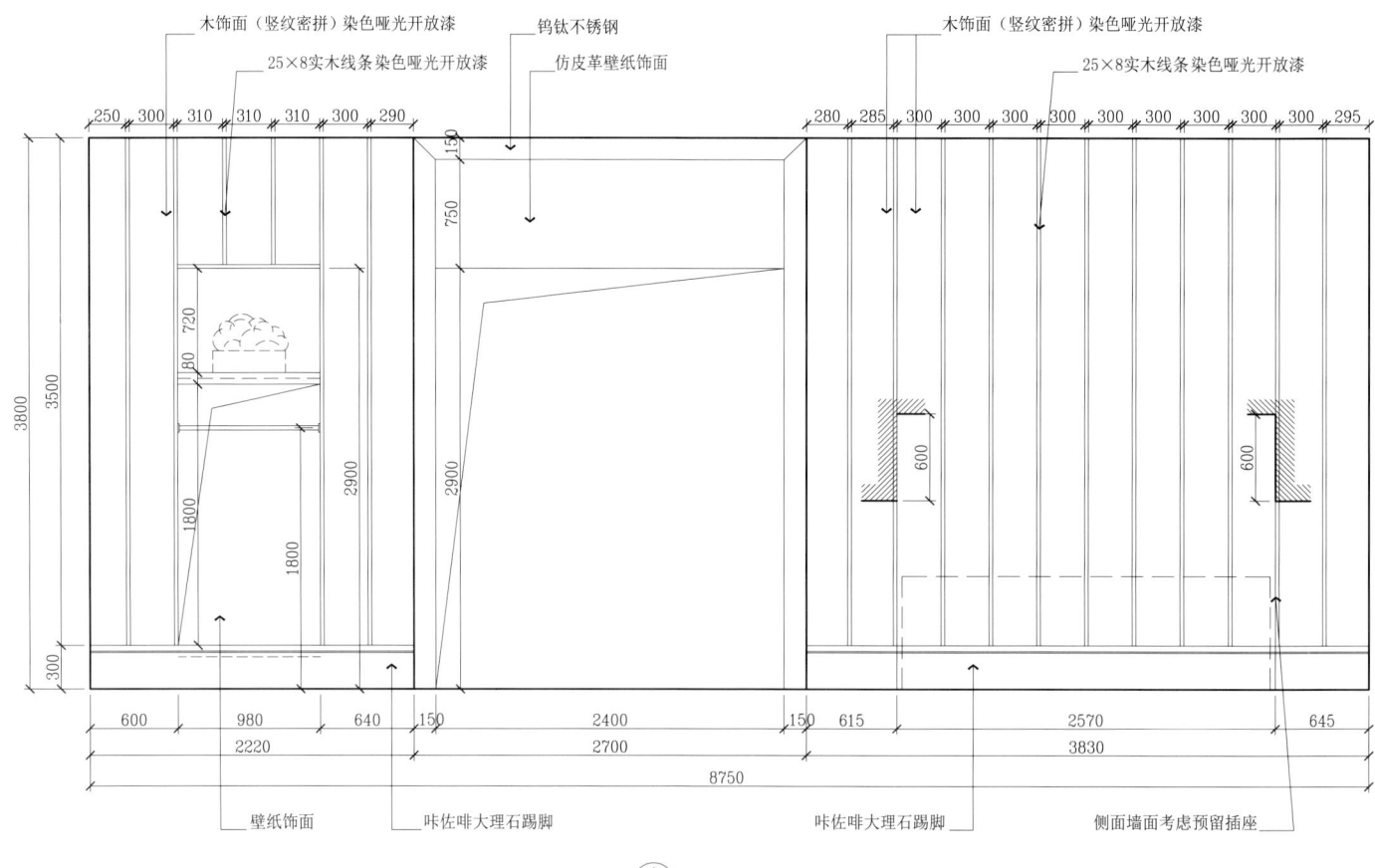

1/V1 V1包间1立面

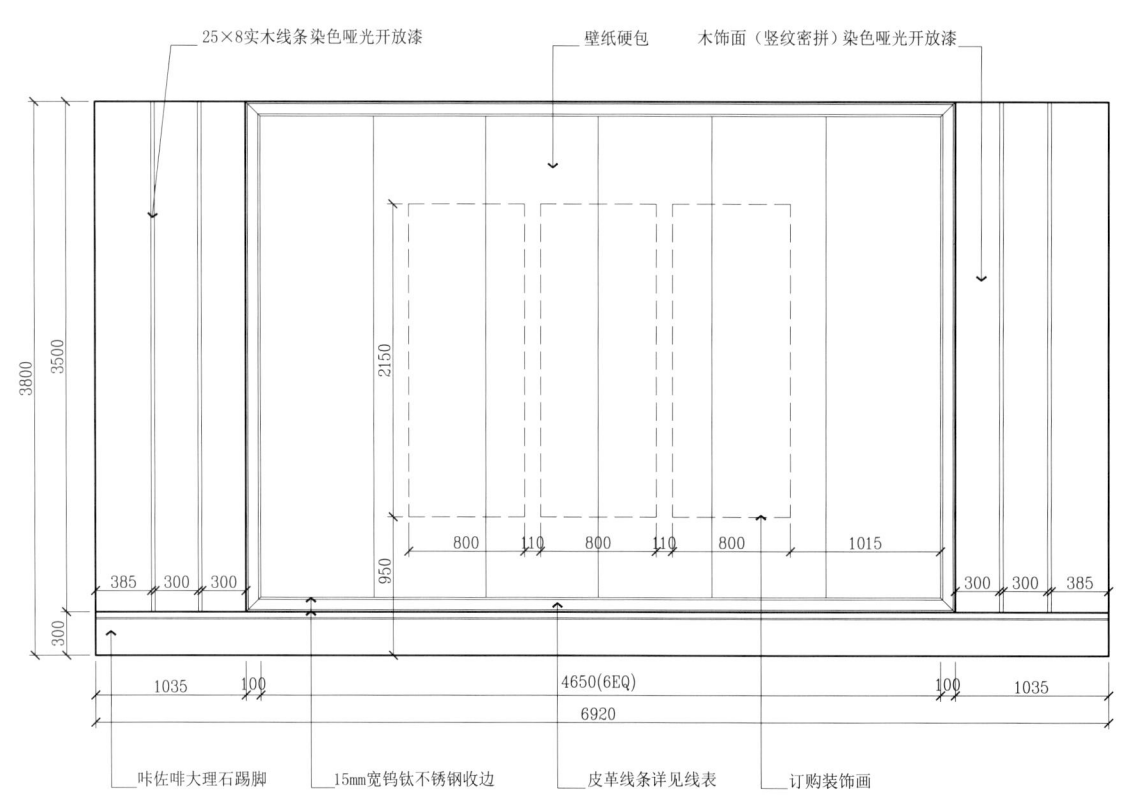

2/V1 V1包间2立面

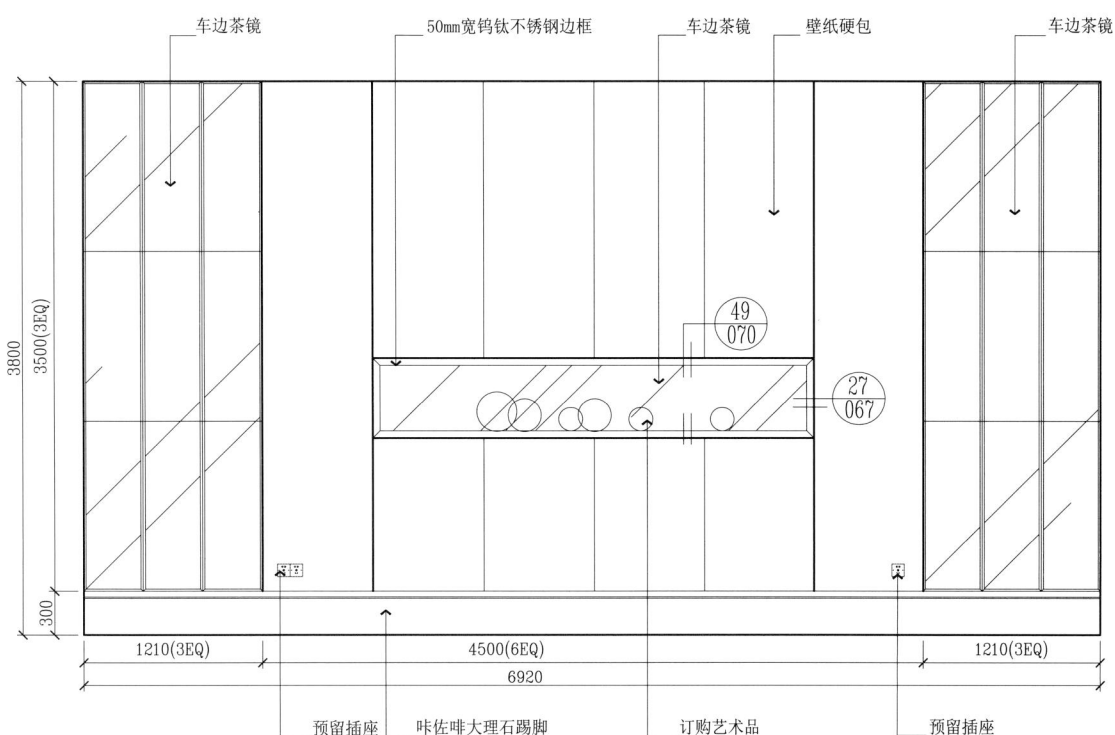

④/V1 V1包间4立面

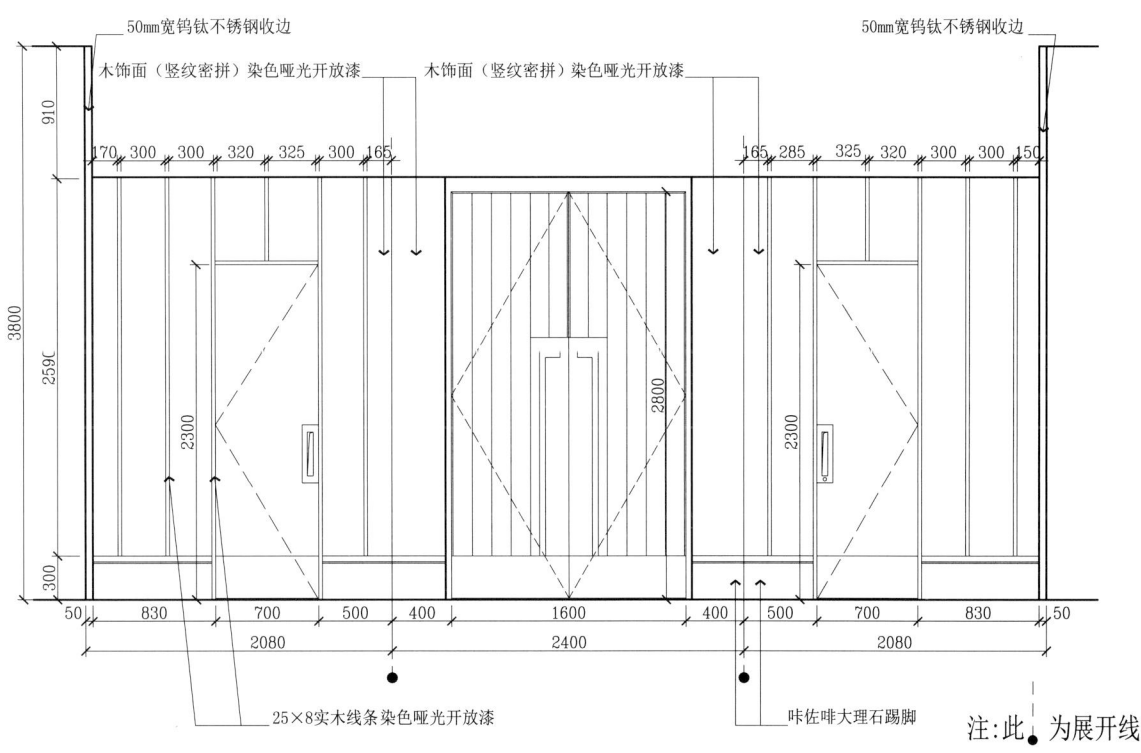

⑤/V1 V1包间5立面展开

V9包间实景

V9包间休息区实景

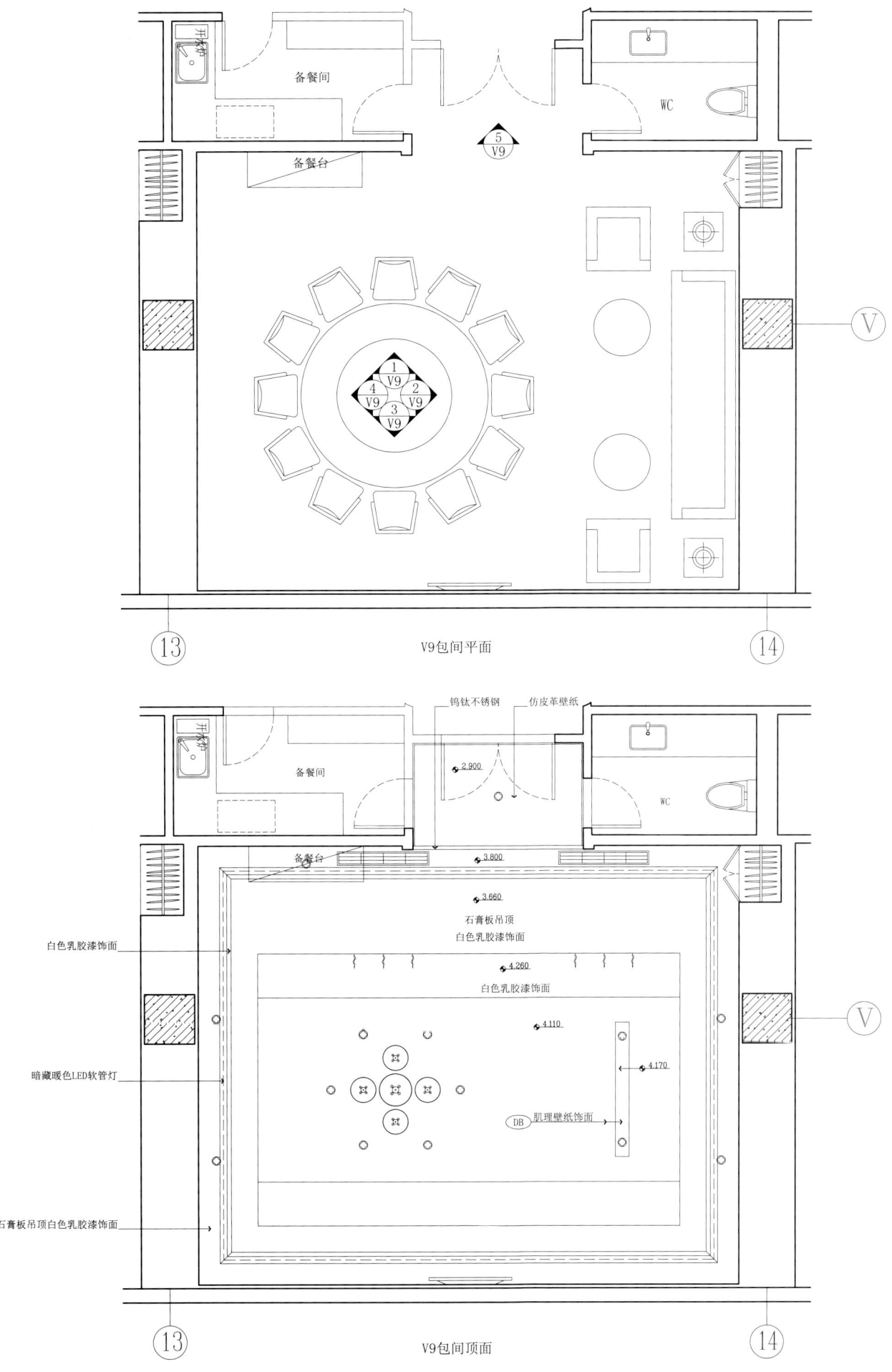

V9包间平面

V9包间顶面

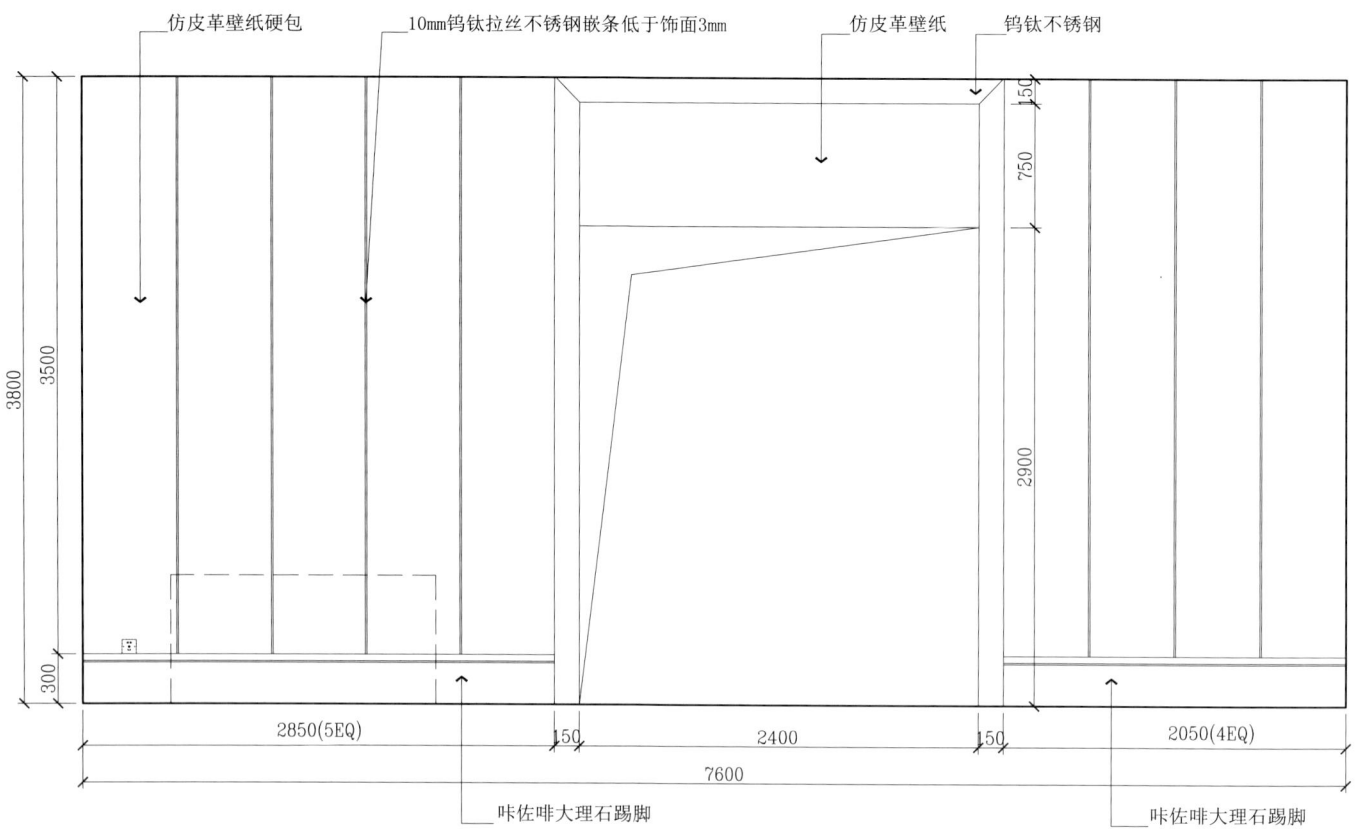

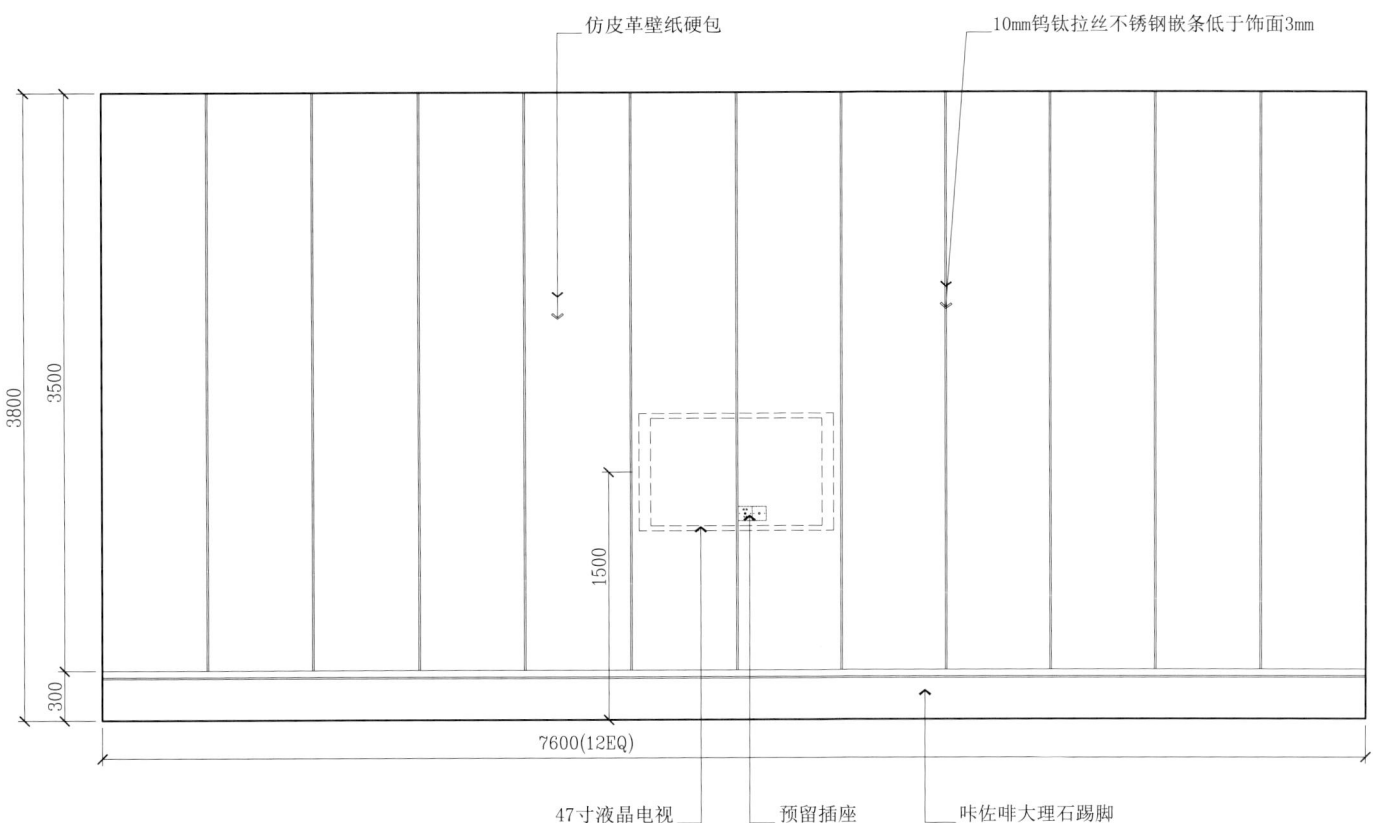

③/V9 V9包间3立面

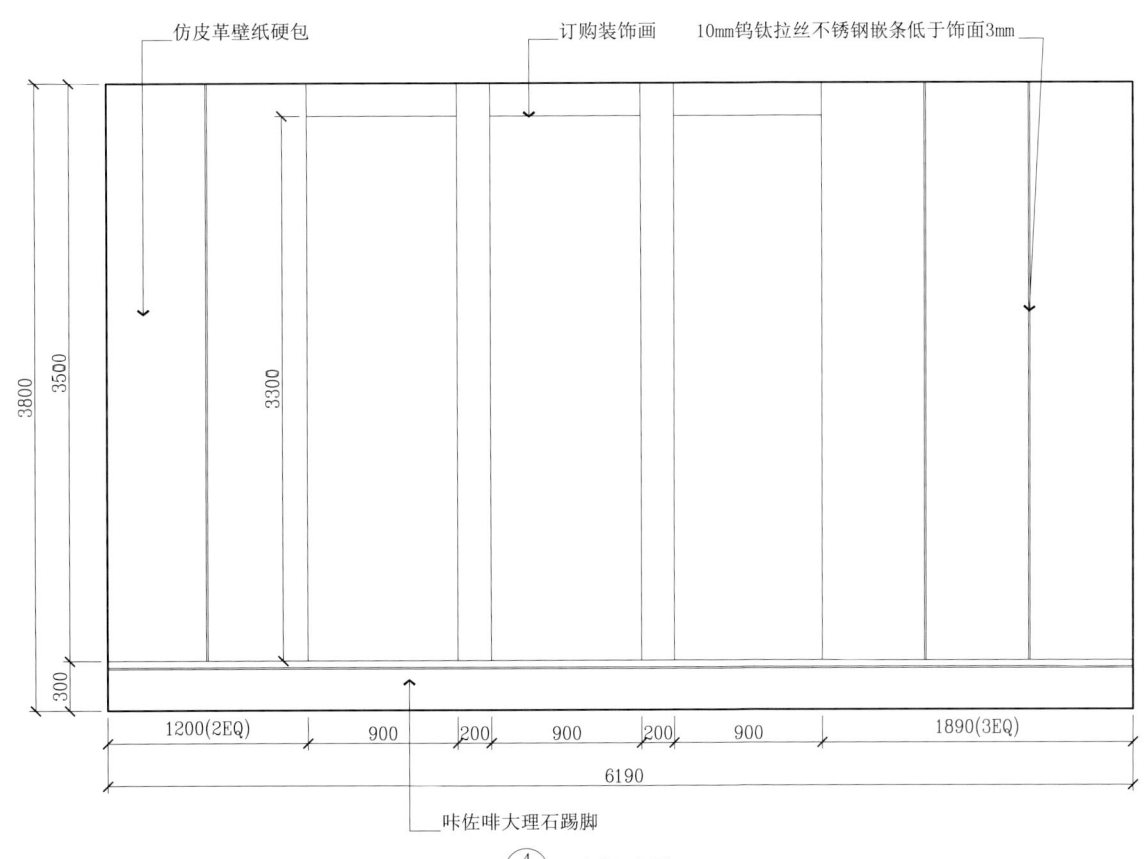

④/V9 V9包间4立面

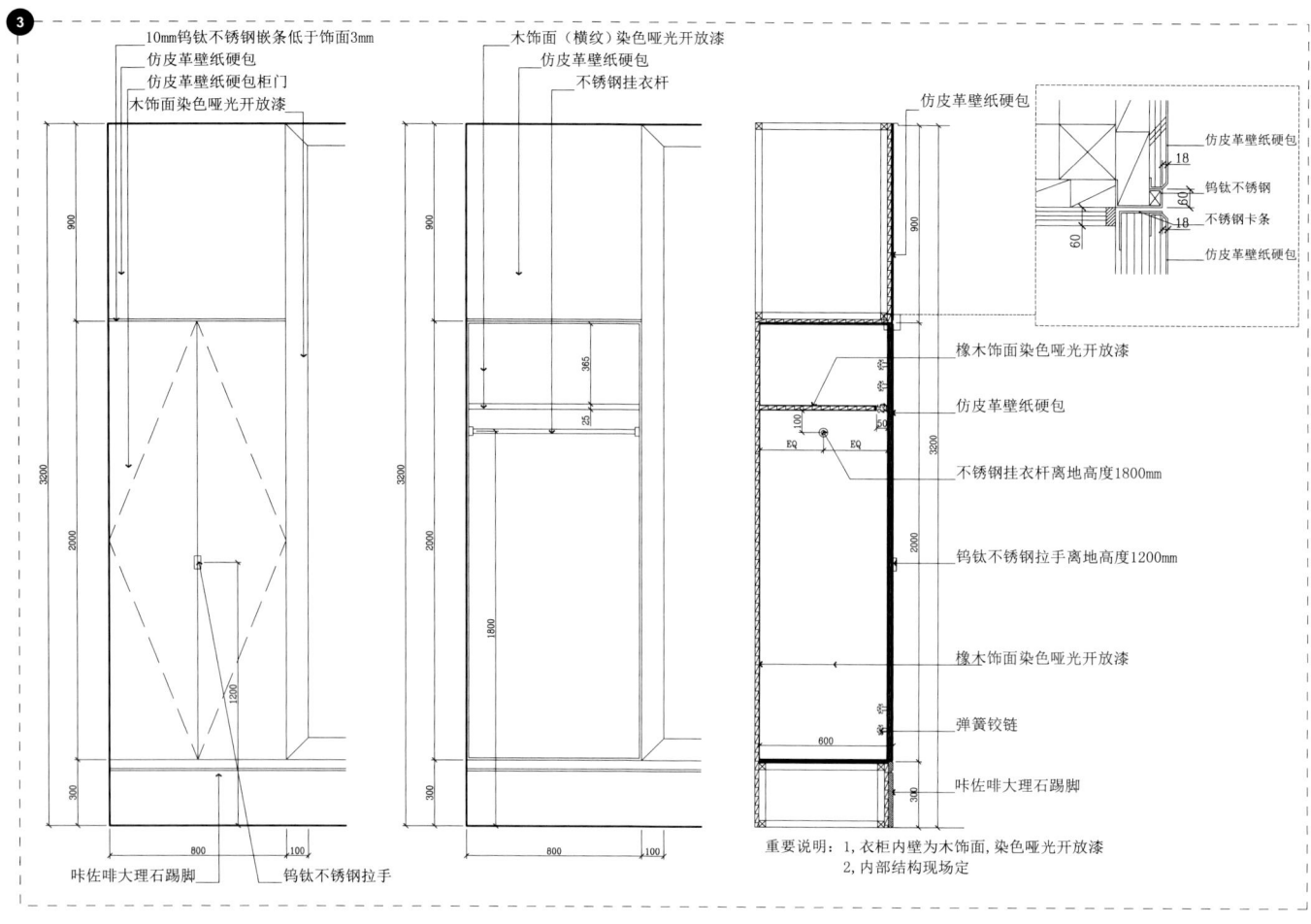

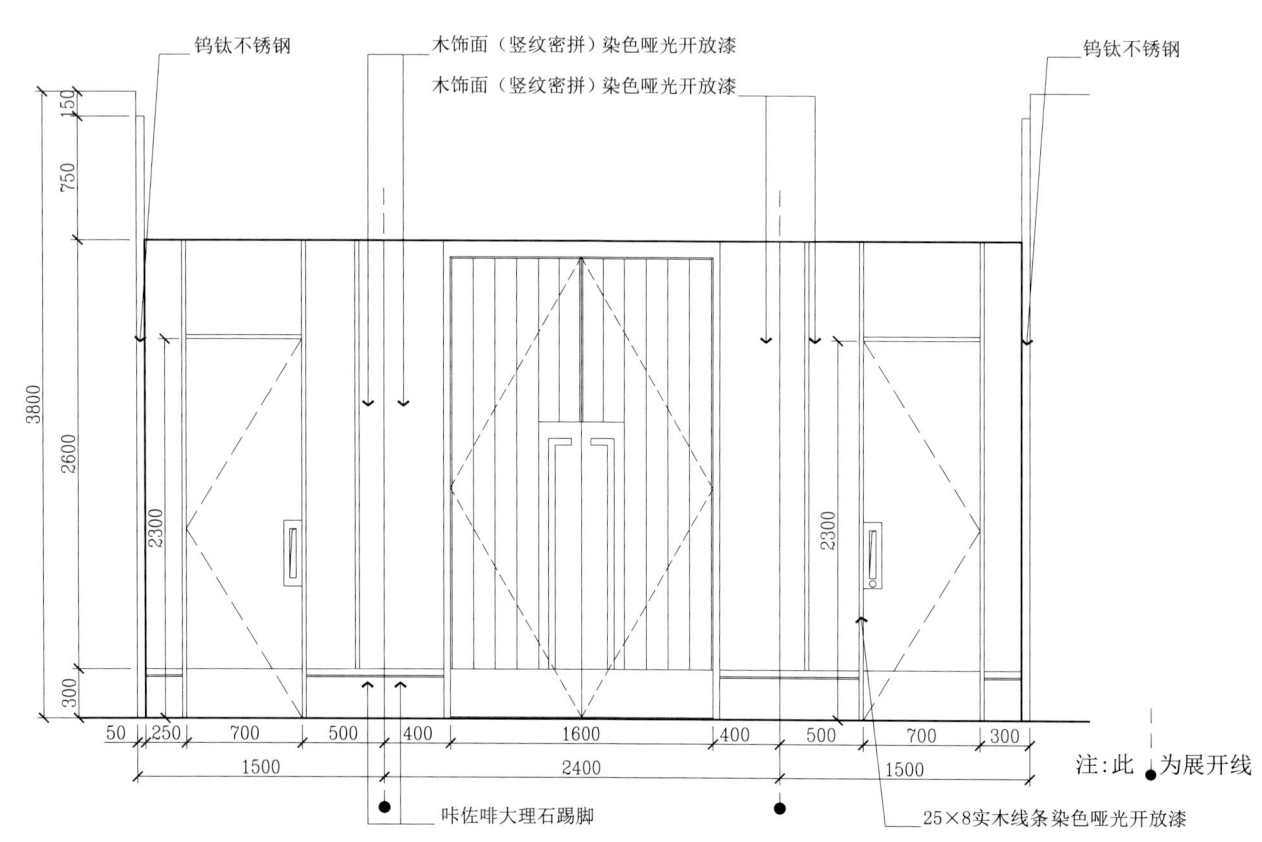

会宾楼
HUIBINLOU

设计单位：江苏省苏州市苏明酒店设计事务所
设　　计：费宁
面　　积：9000m²
坐落地点：合肥

  合肥同庆楼餐饮集团是安徽省最大的餐饮集团之一，客户希望通过本项目使自身的品牌形象得到提升，巩固行业龙头地位。我们与客户共同设定了现代、奢华、震撼的商业定位，奢华繁复的装饰艺术与现代简洁的都市风格相结合，希望通过这种融洽，让所有人都可以欣然接受，并为之震撼。

  将珠宝盒的概念植入空间设计，取夜光盒、翡翠树、水晶花等奢侈品作装饰元素，以现代的形象，通过明朗的线条和强烈的色调加以表达，营造出空间的气度。为使项目在空间上存在先天的竞争力，在建筑初级规划阶段，就为三楼确定了极高的层高，增加了本项目在空间上的大气与奢侈感，使项目本身已具备空间的奢华度，我们在装饰材料上的投资便作适当调度，对整个项目的造价加以控制，以支持业主在有限的预算下可以获得高品质的效果，利于业主进行更为有效的运营，同时又保证了最终的设计效果与要求。

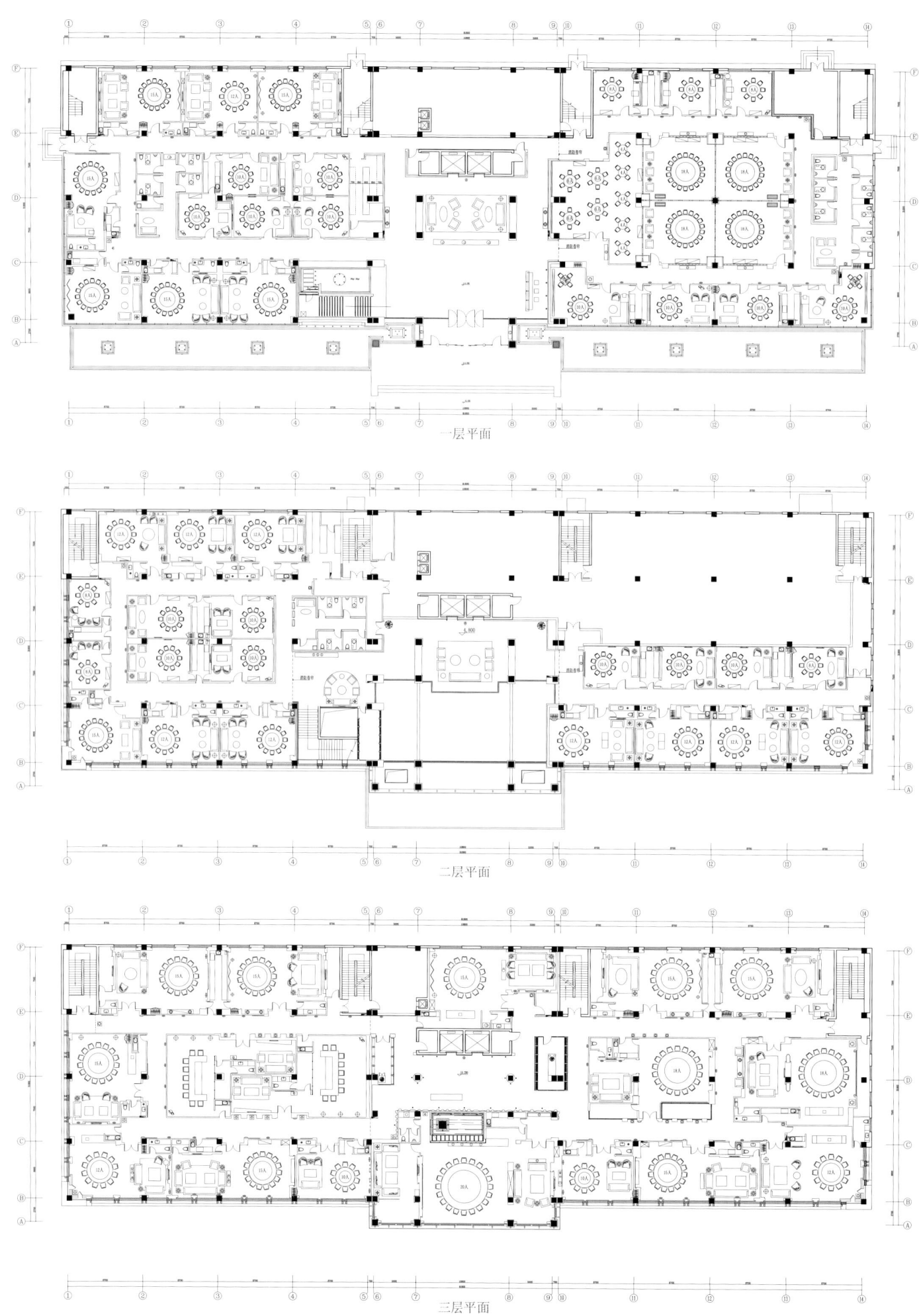

一层平面

二层平面

三层平面

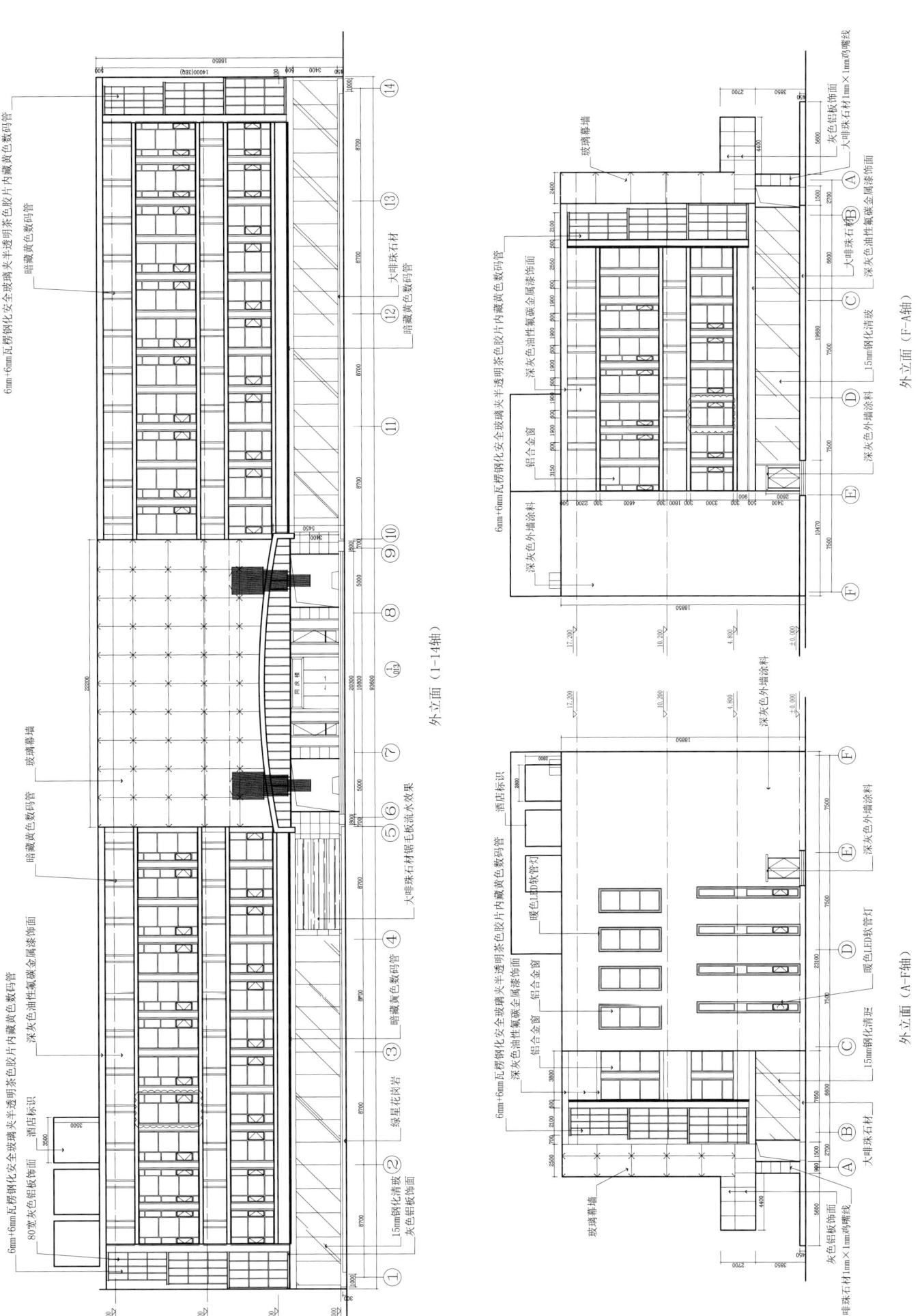

大厅实景

大厅B立面细节实景

大厅B立面实景

大厅二层局部实景

大厅实景

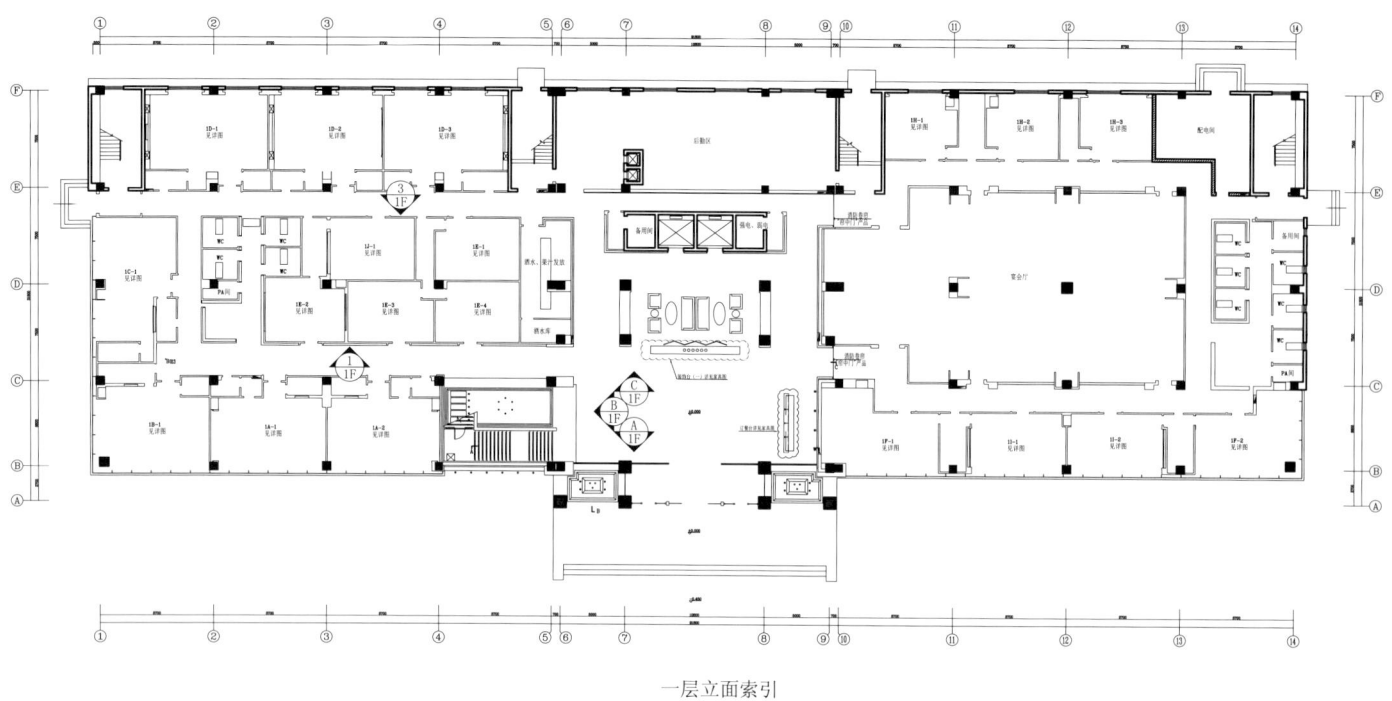

一层立面索引

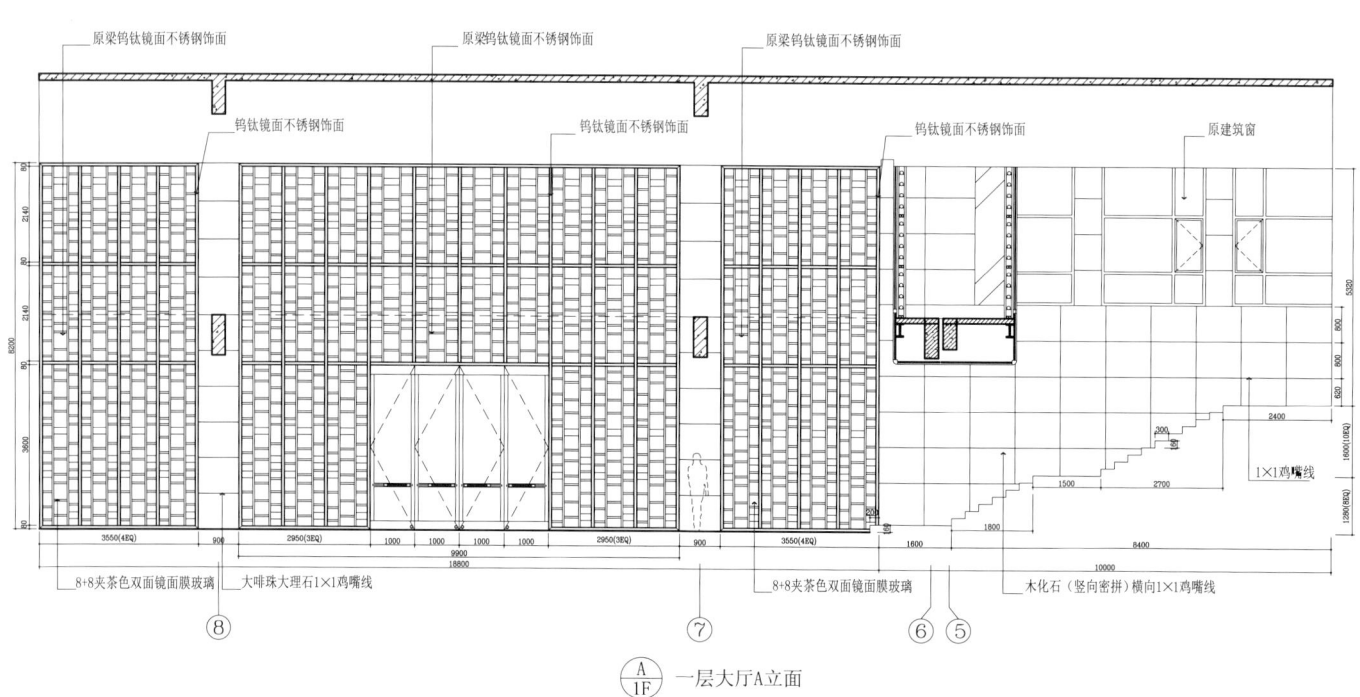

A/1F 一层大厅A立面

重要说明：1、发光乳化玻璃砖后衬12mm钢化玉砂玻璃。
2、钢化玉砂玻璃分缝需与发光乳化玻璃砖对缝。

B/1F 一层大厅B立面

C/1F 一层大厅C立面

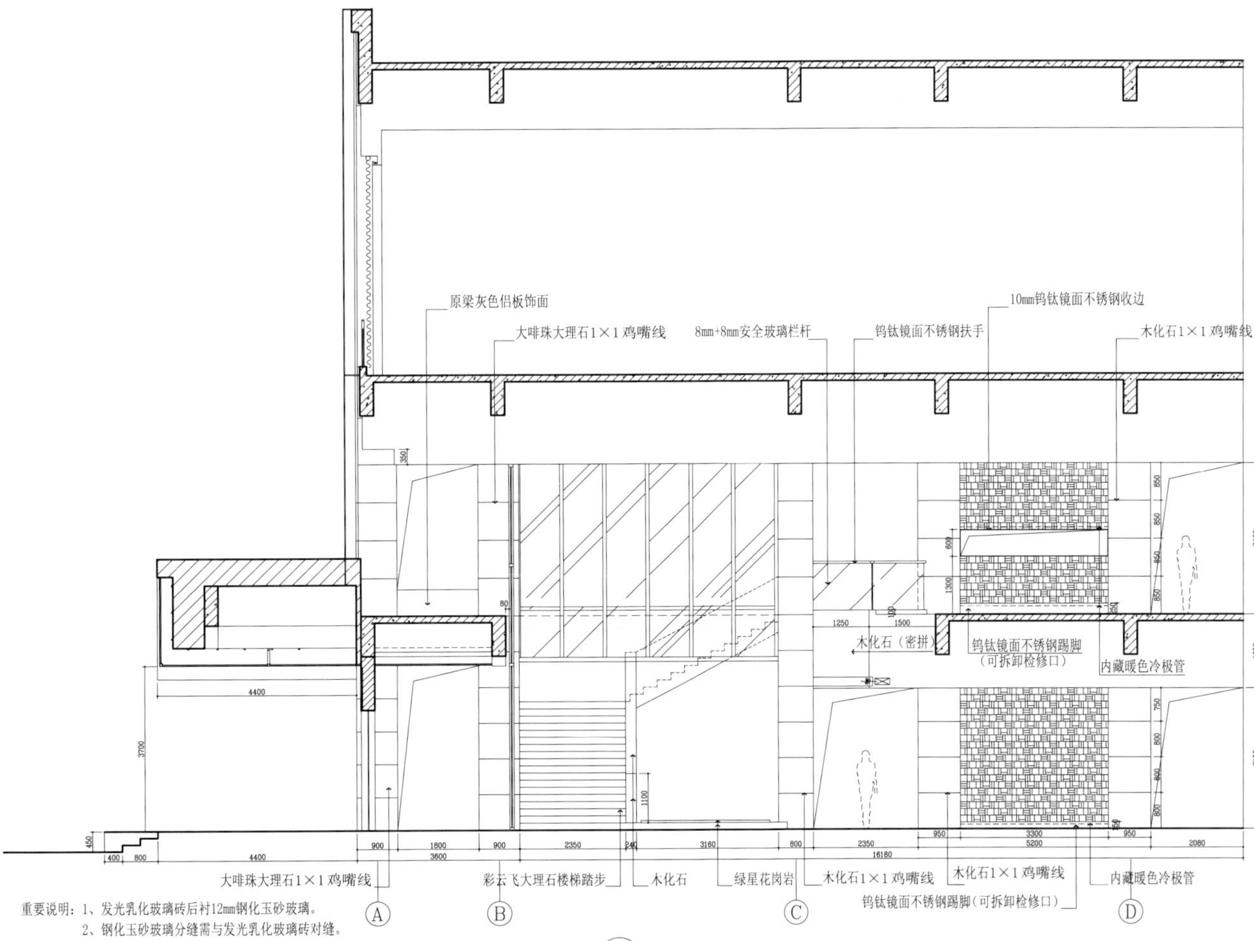

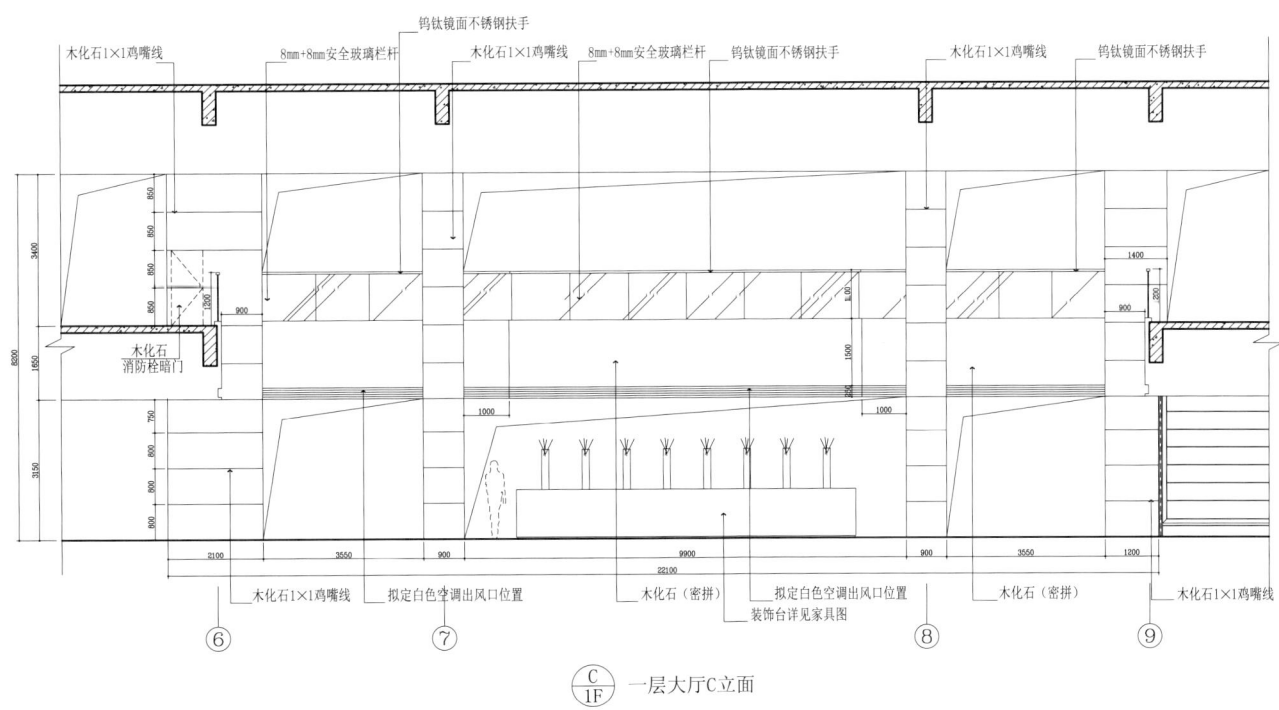

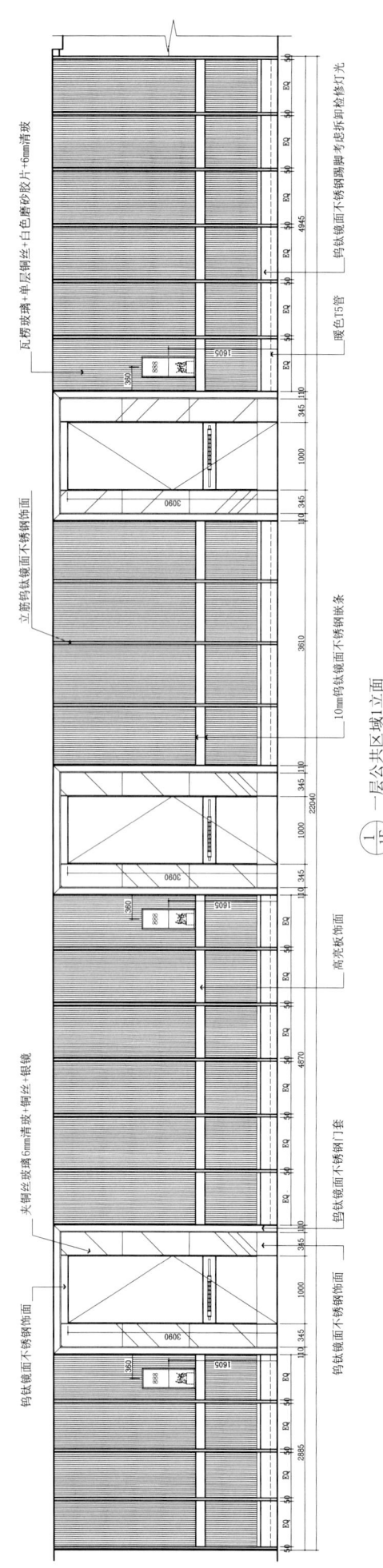
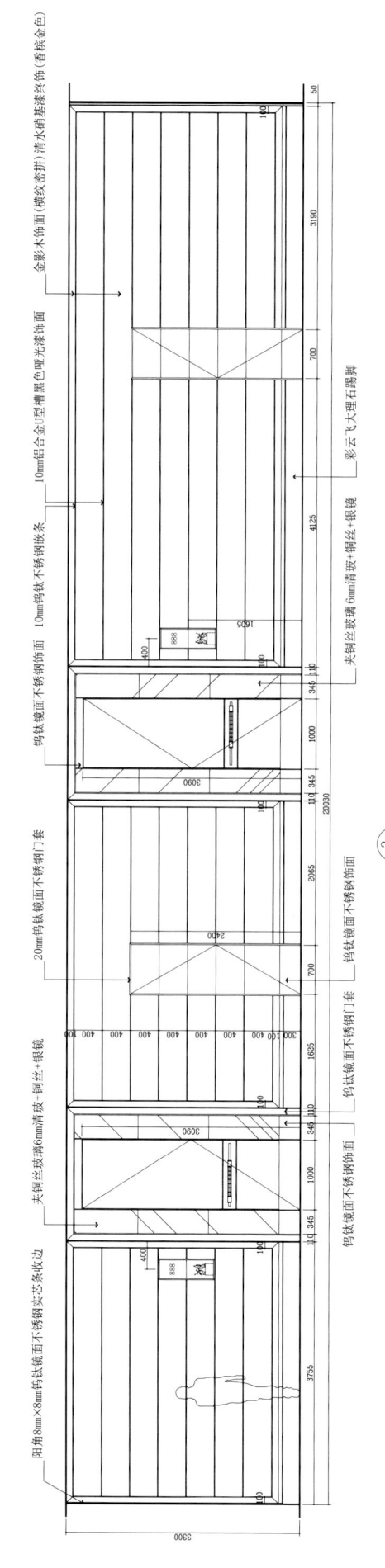

公共走道实景

公共走道实景

三楼公共走道实景

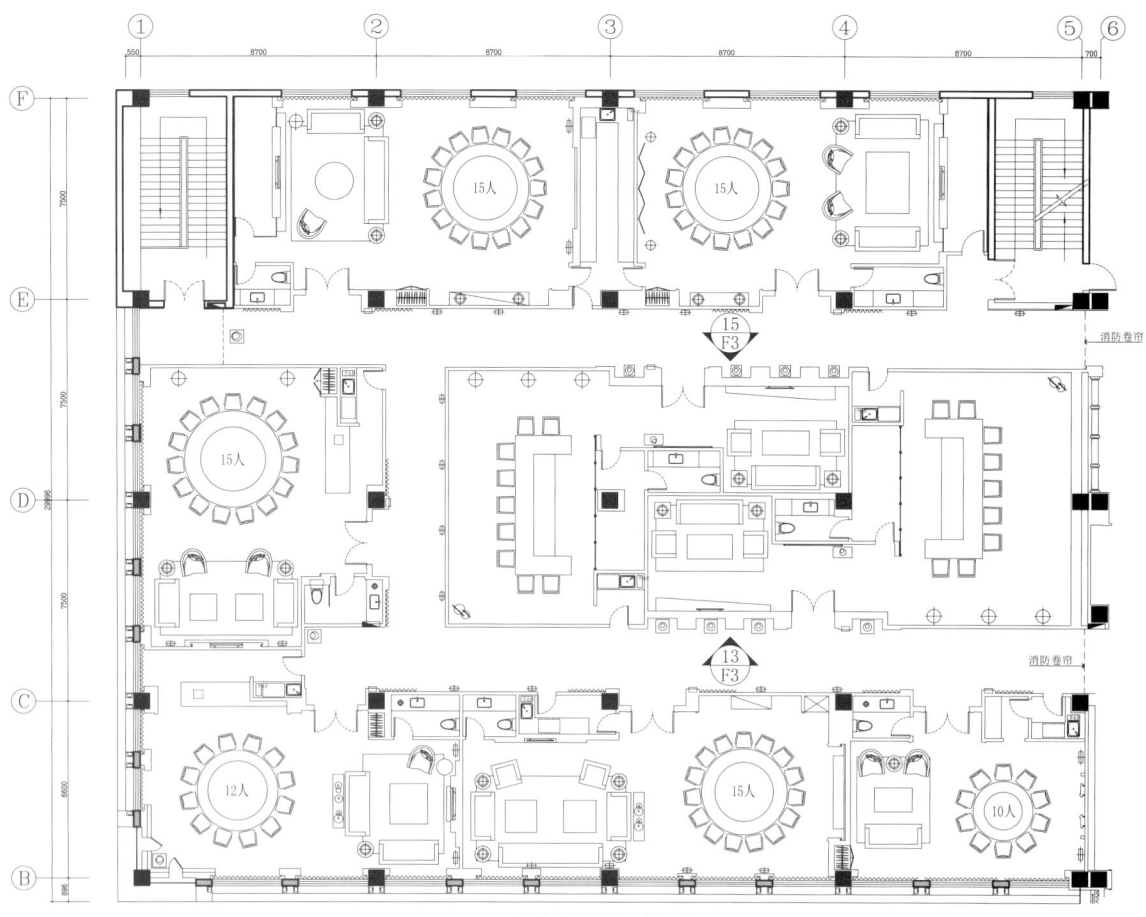

三层公共区域立面索引

三楼公共走道13立面实景

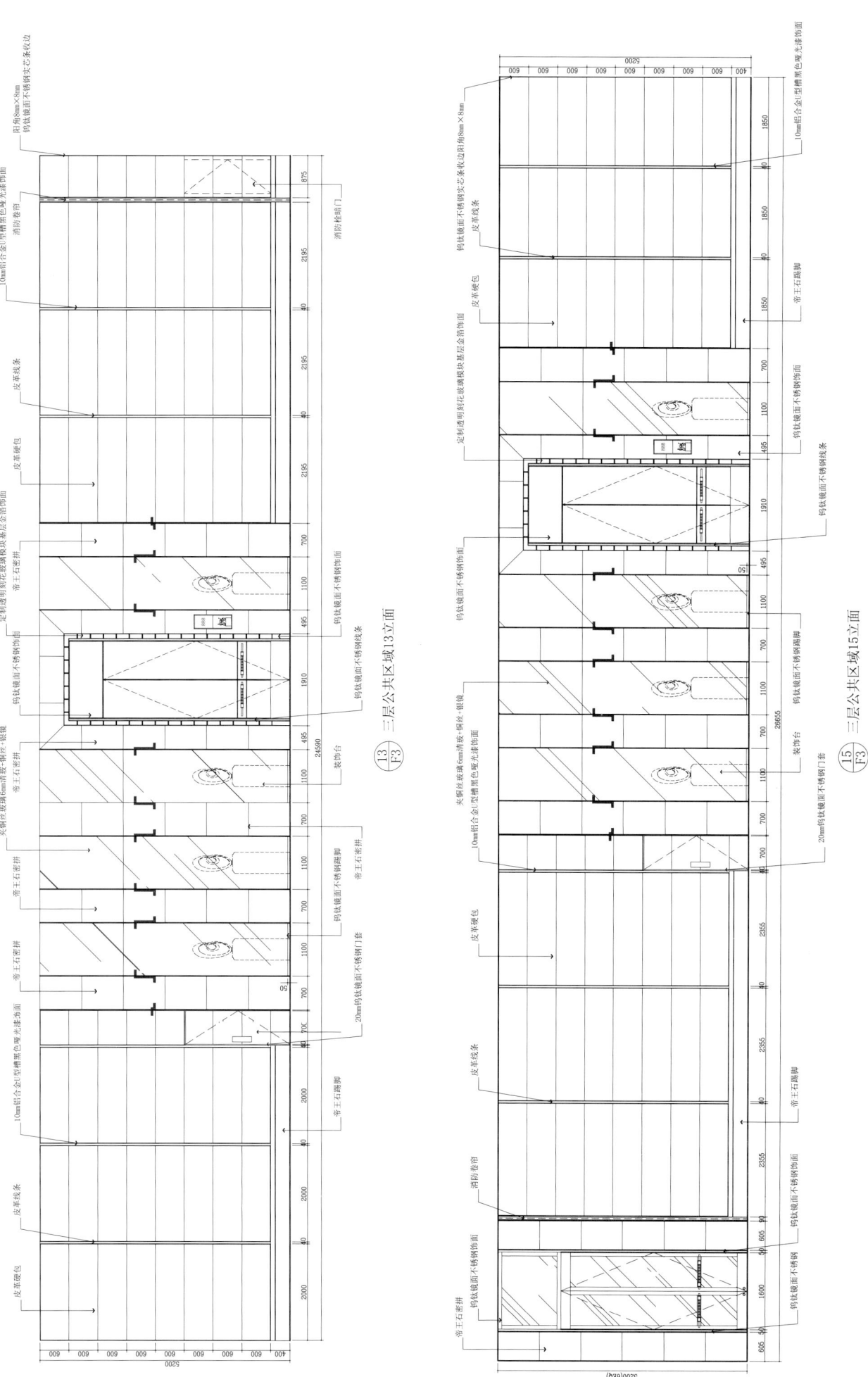

1H包间实景实景

1H包间实景实景

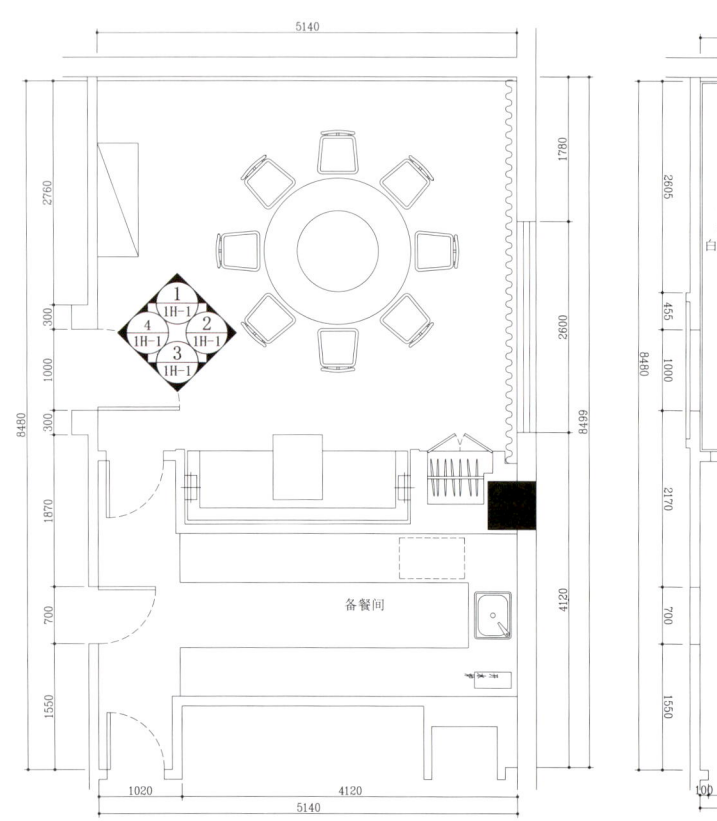

1H-1普通包间平面

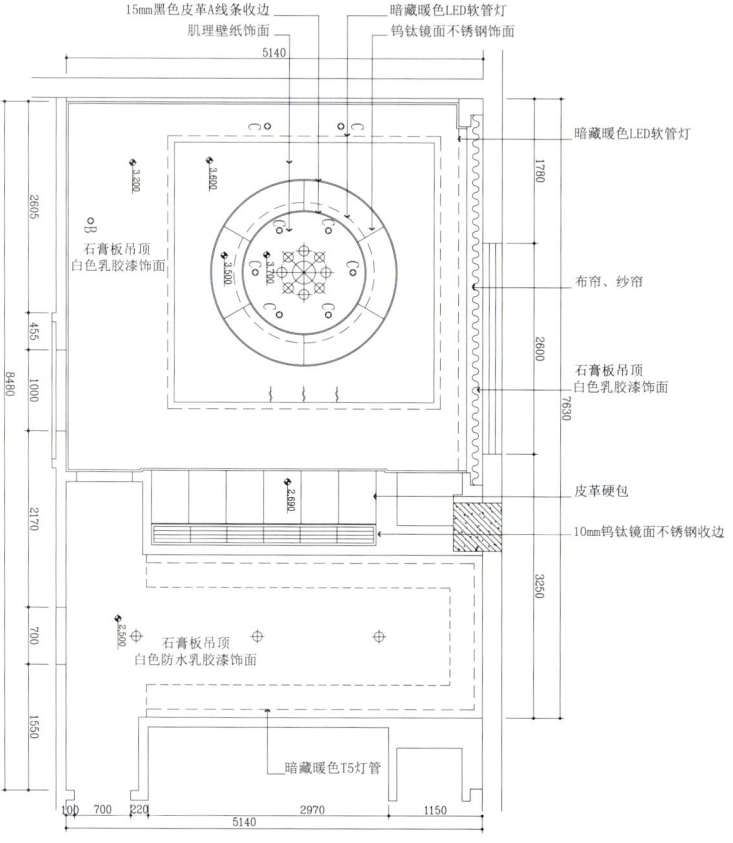

1H-1普通包间顶面

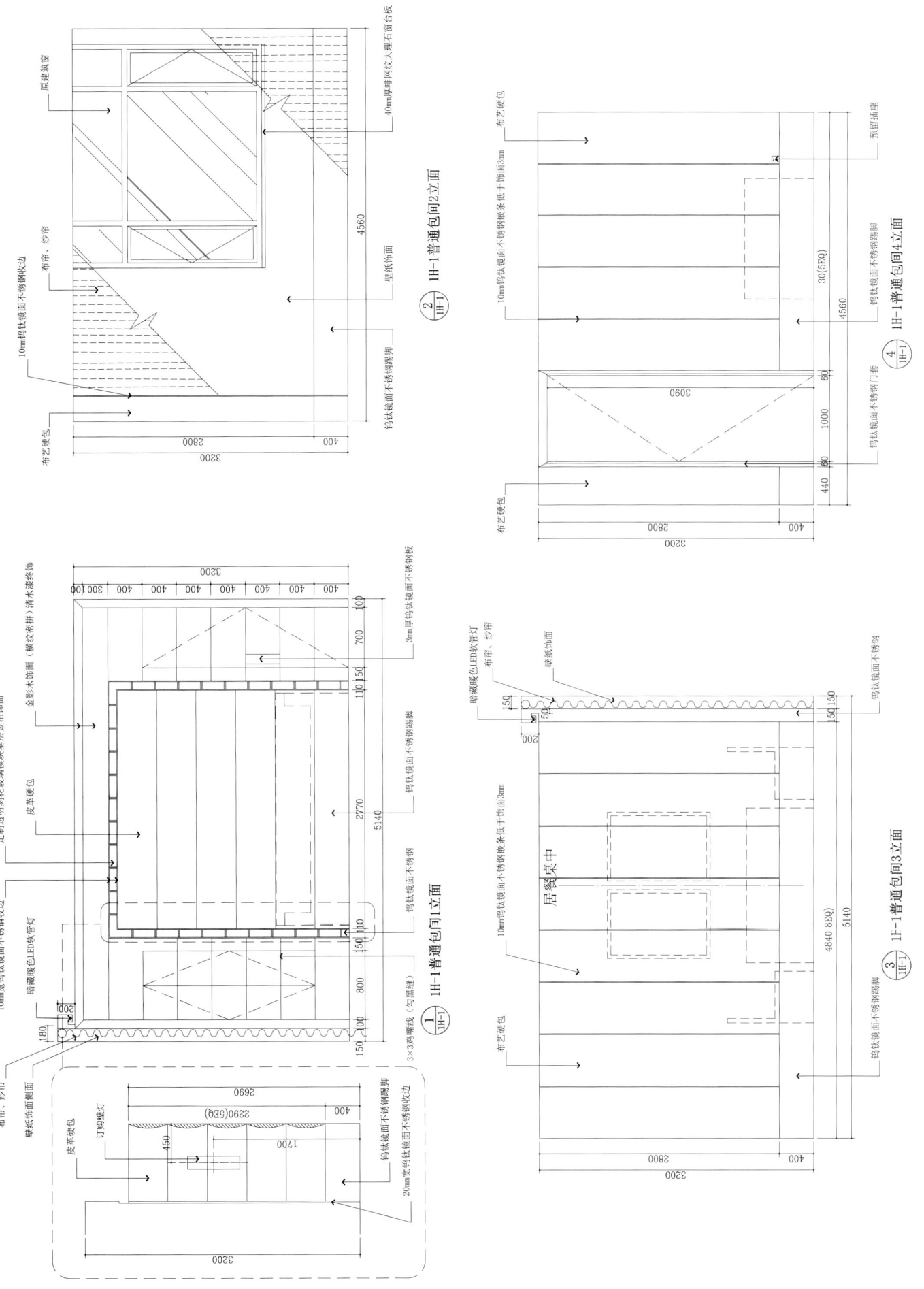

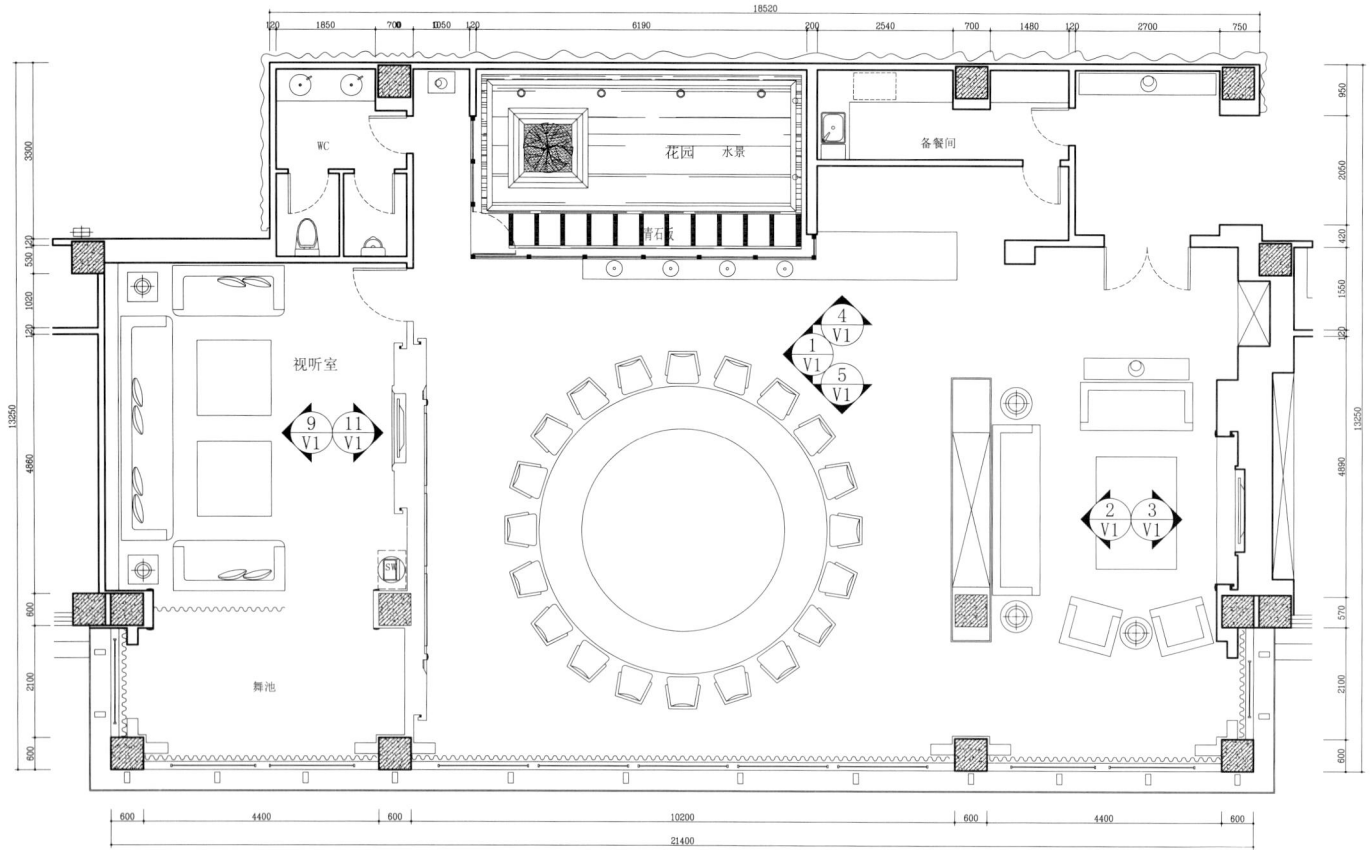

豪华V1包间平面

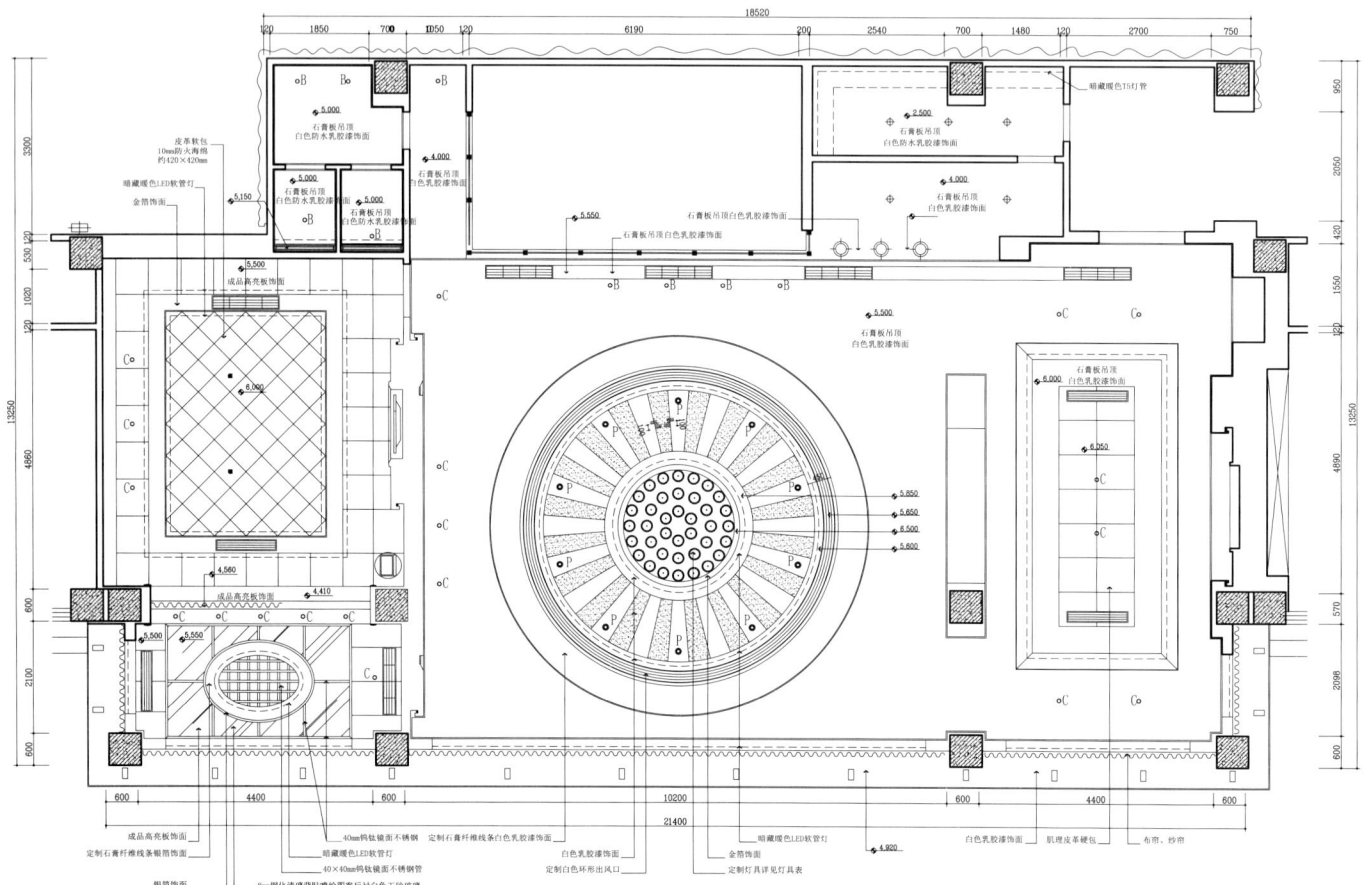

豪华V1包间顶面

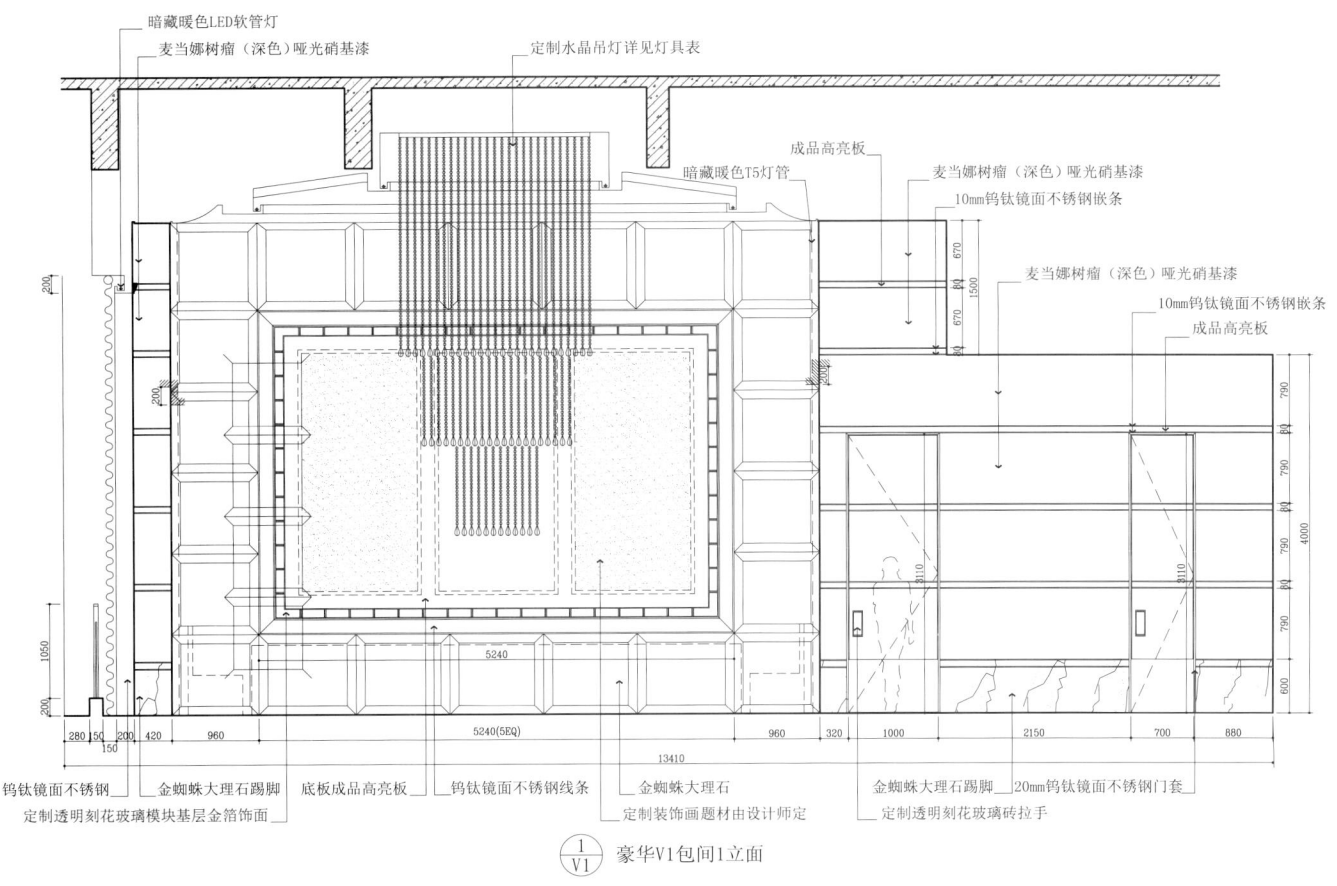

1/V1 豪华V1包间1立面

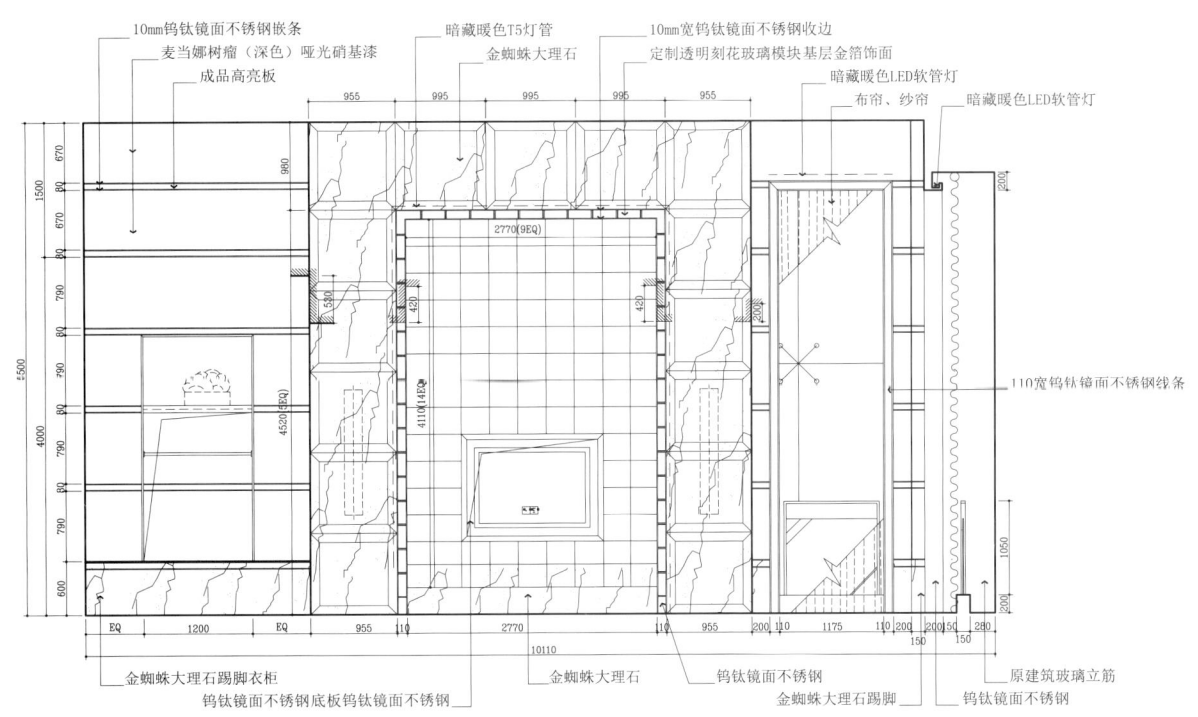

3/V1 豪华V1包间3立面

豪华V1包间实景

豪华V1包间实景

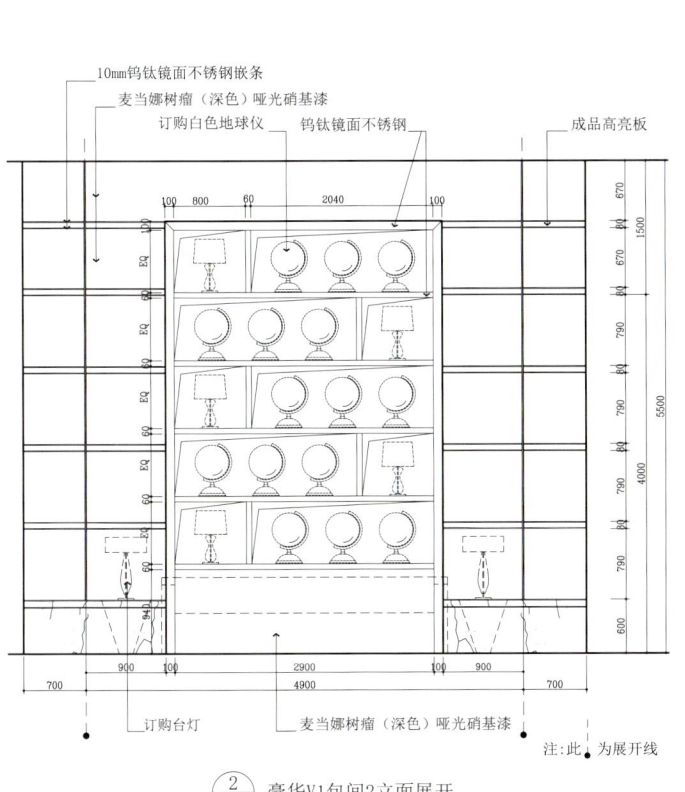

② 豪华V1包间2立面展开
V1

豪华V1包间2立面实景

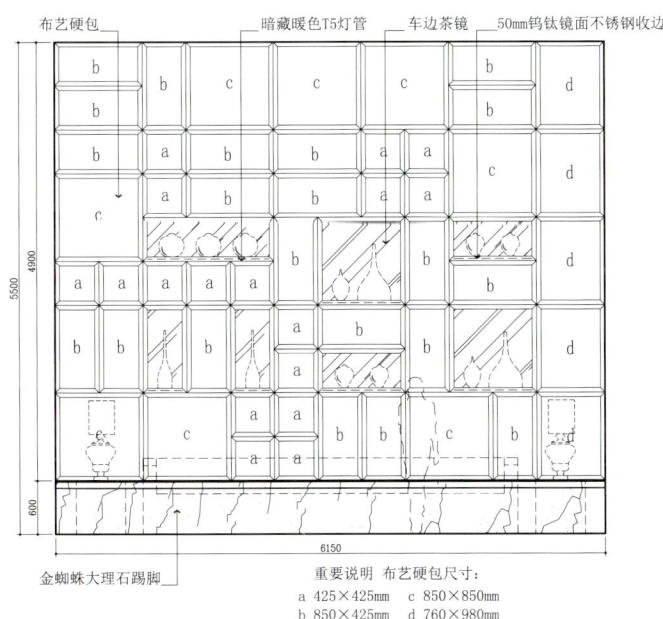

⑨ 豪华V1包间9立面
V1

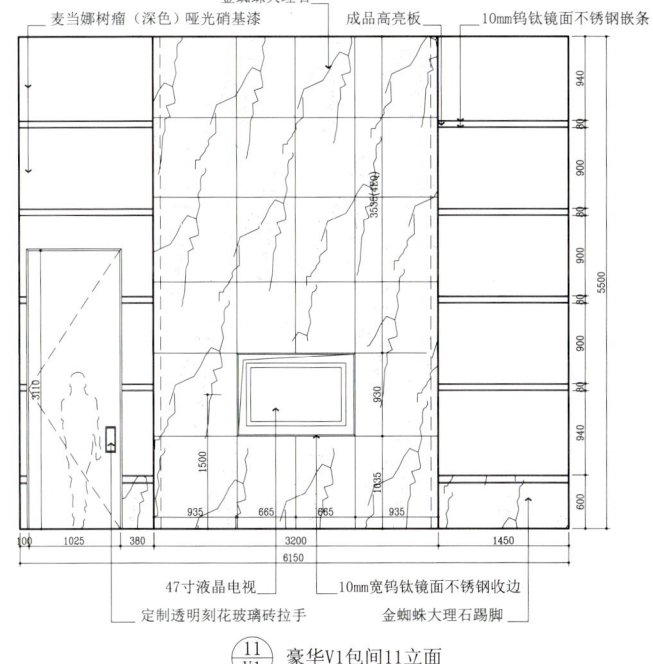

⑪ 豪华V1包间11立面
V1

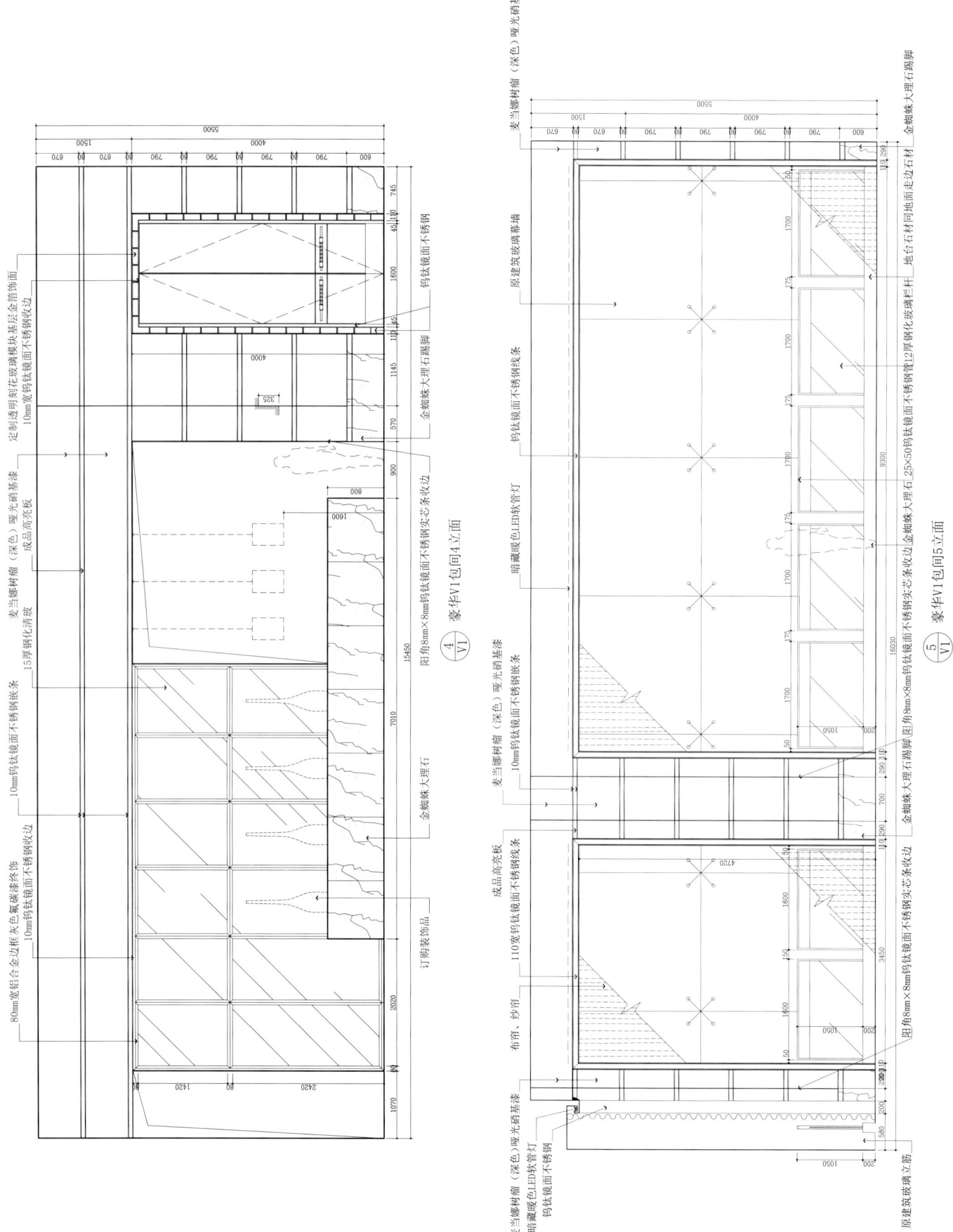

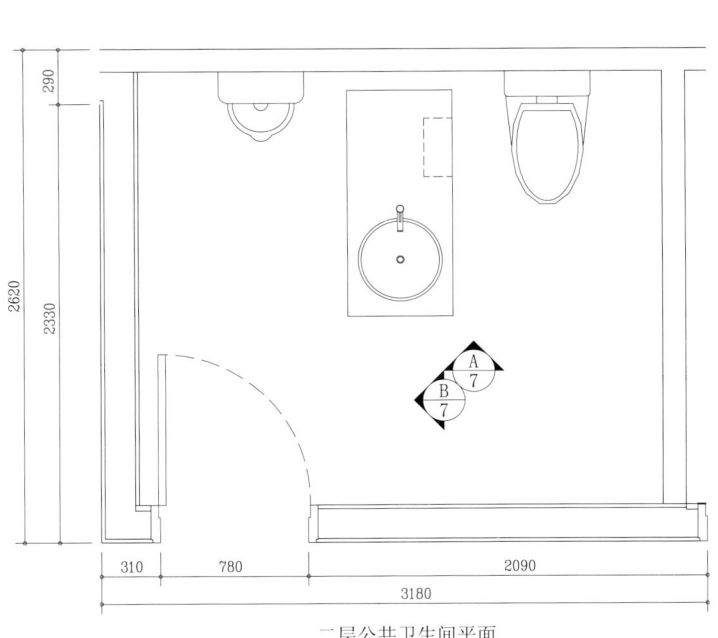

二层公共卫生间平面

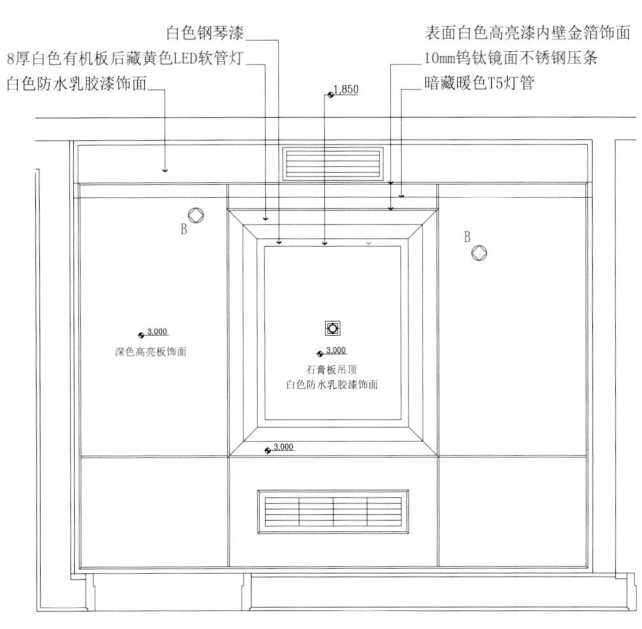

二层公共卫生间顶面

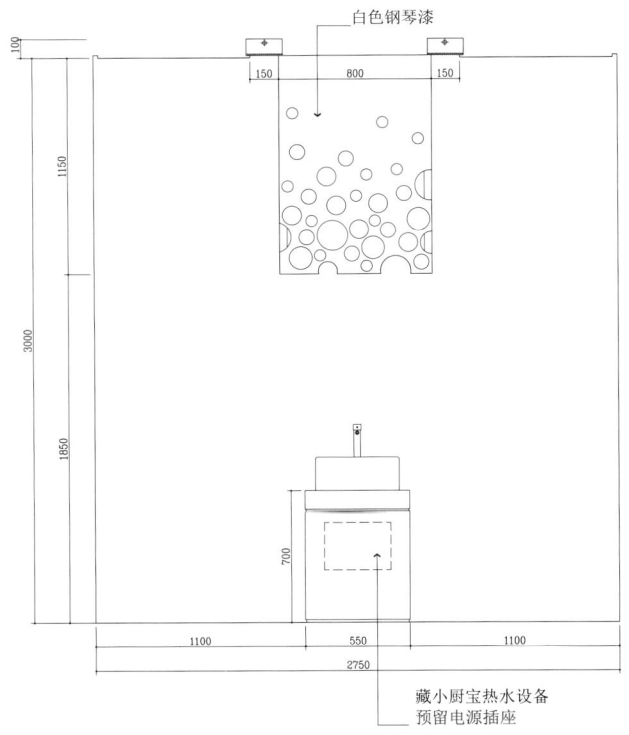

A/7 二层公共卫生间A立面

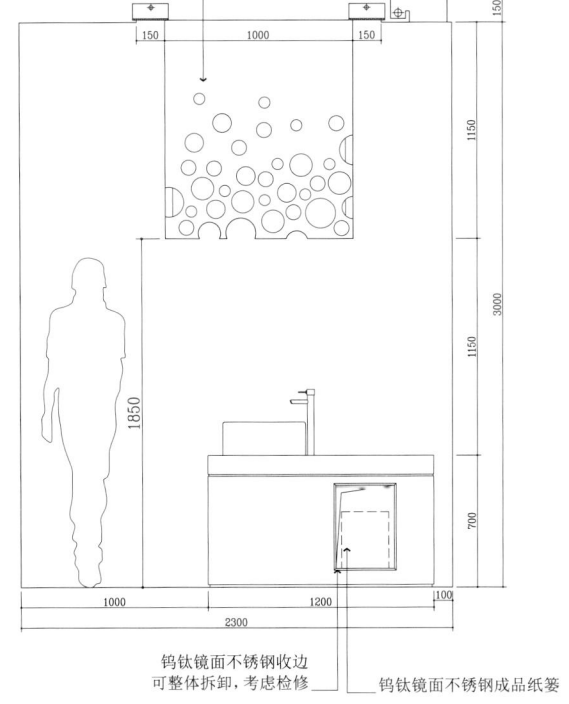

B/7 二层公共卫生间B立面

二楼公共卫生间实景

三层酒窖实景

980
900
1150
850
1000
2500
6300
3800
3 H/X
4 H/X
1 H/X
2 H/X
5 H/X
6 H/X
7 H/X

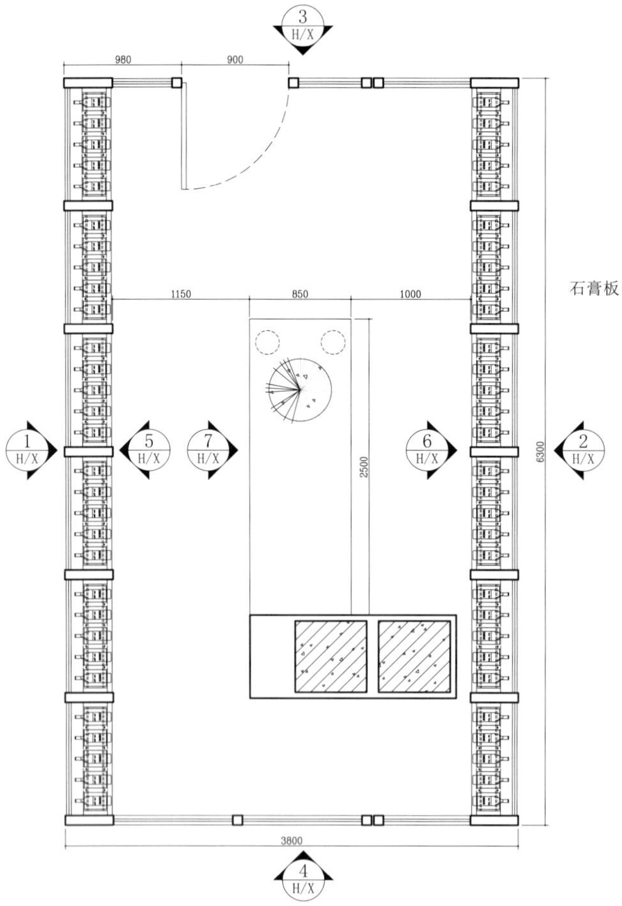

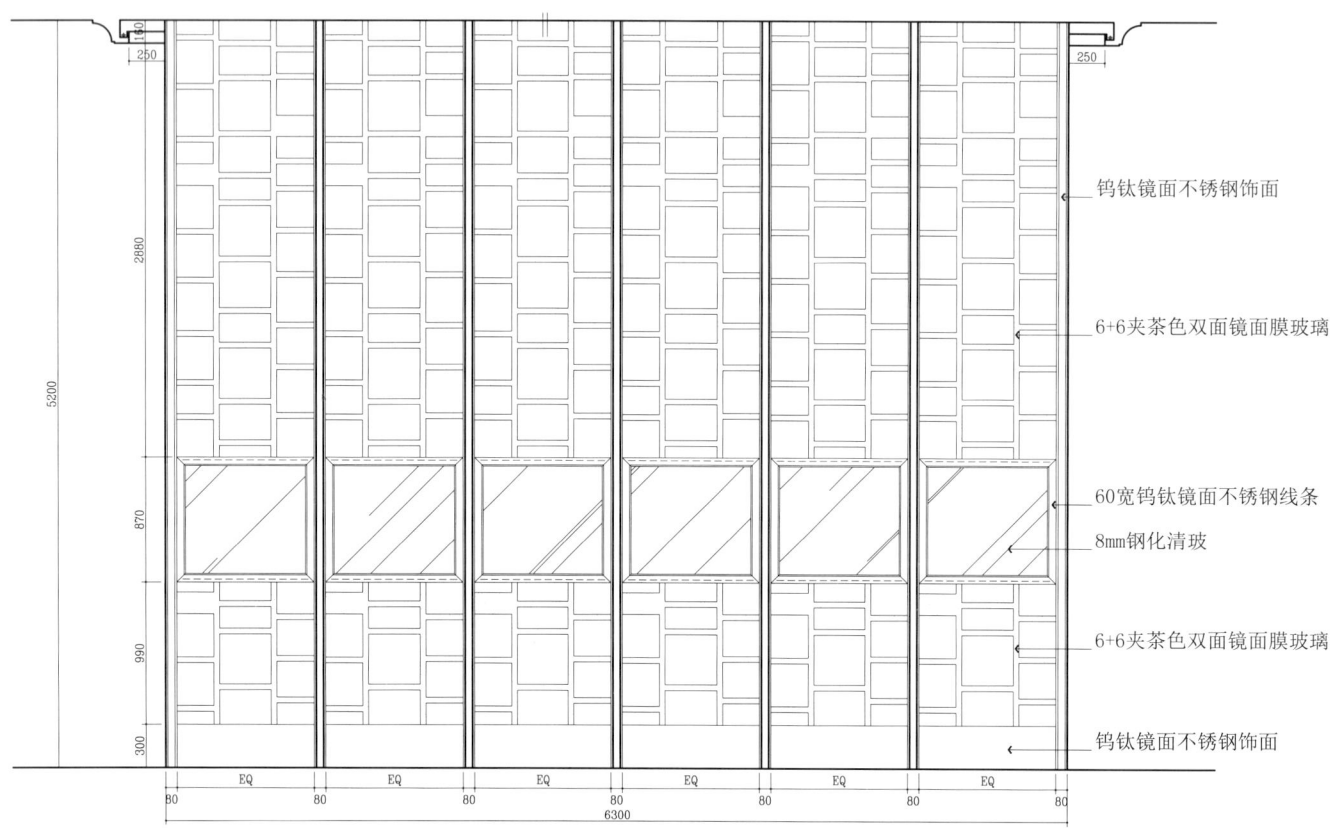

三层红酒、雪茄房平面

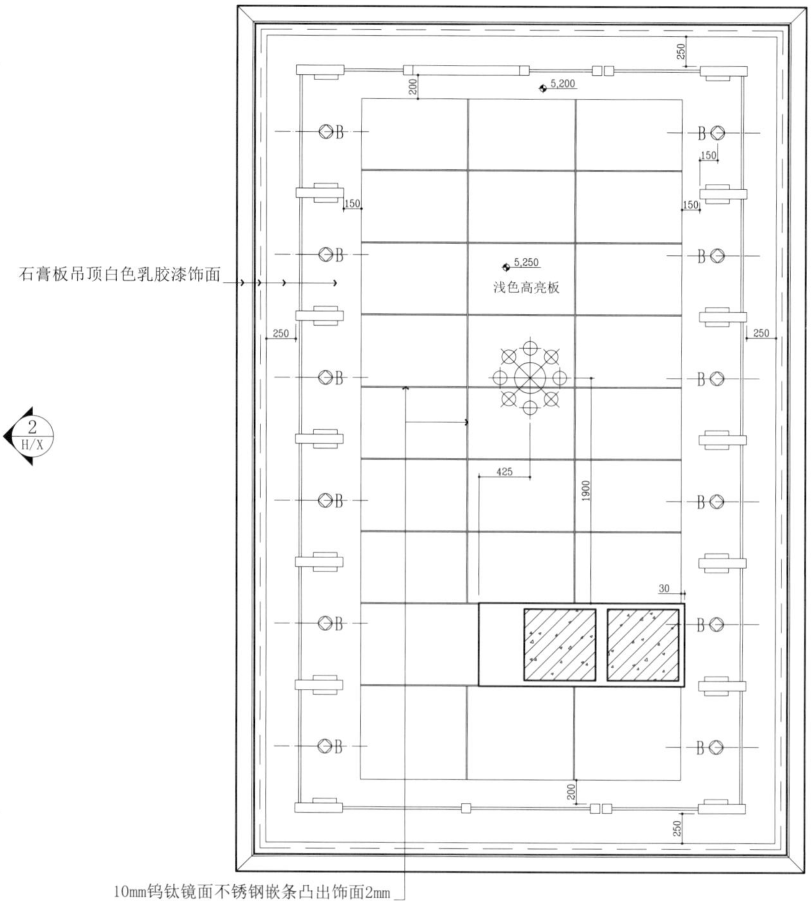

石膏板吊顶白色乳胶漆饰面
浅色高亮板
5.200
5.250
250
200
150
425
1900
30
10mm钨钛镜面不锈钢嵌条凸出饰面2mm

三层红酒、雪茄房顶面

钨钛镜面不锈钢饰面
6+6夹茶色双面镜面膜玻璃
60宽钨钛镜面不锈钢线条
8mm钢化清玻
6+6夹茶色双面镜面膜玻璃
钨钛镜面不锈钢饰面
250
5200
2880
870
990
300
EQ
80
6300

重要说明：立面②做法参见此立面

1 H/X 三层红酒、雪茄房1立面

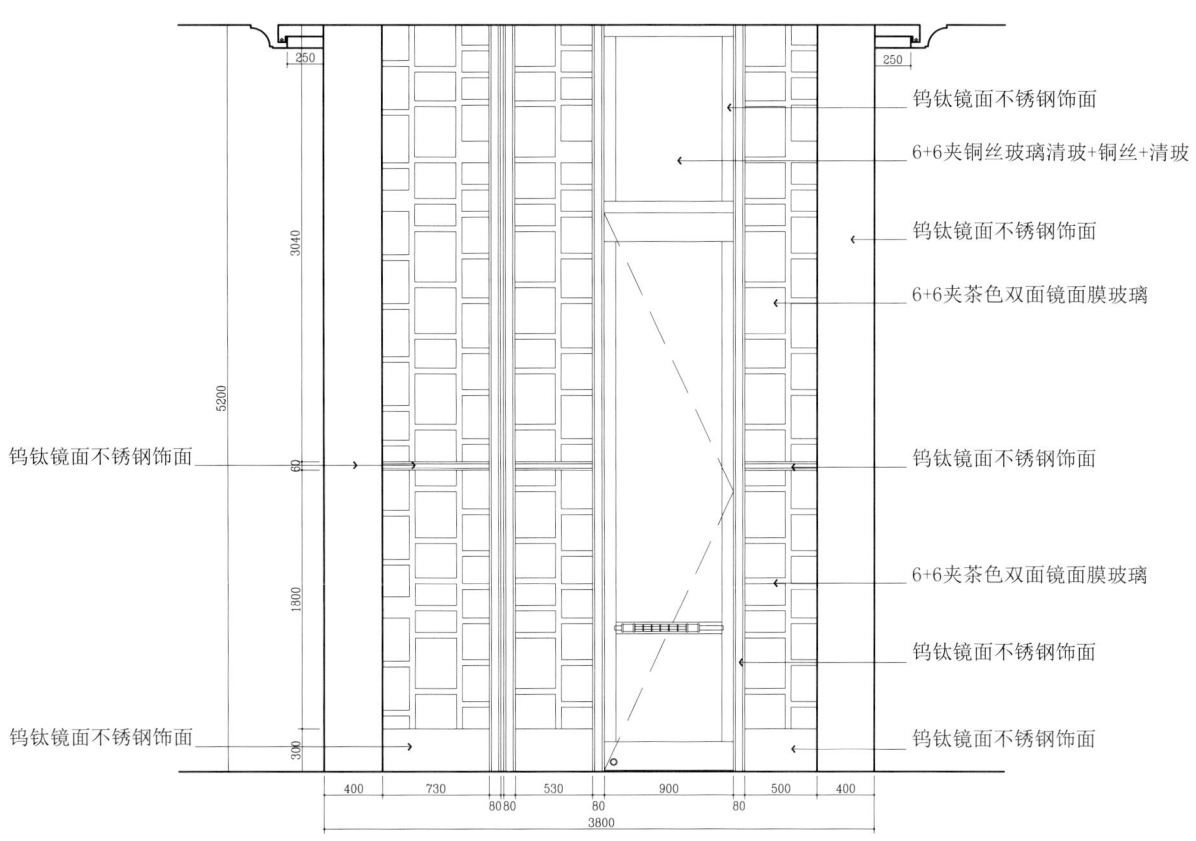

$\dfrac{3}{H/X}$ 三层红酒、雪茄房3立面

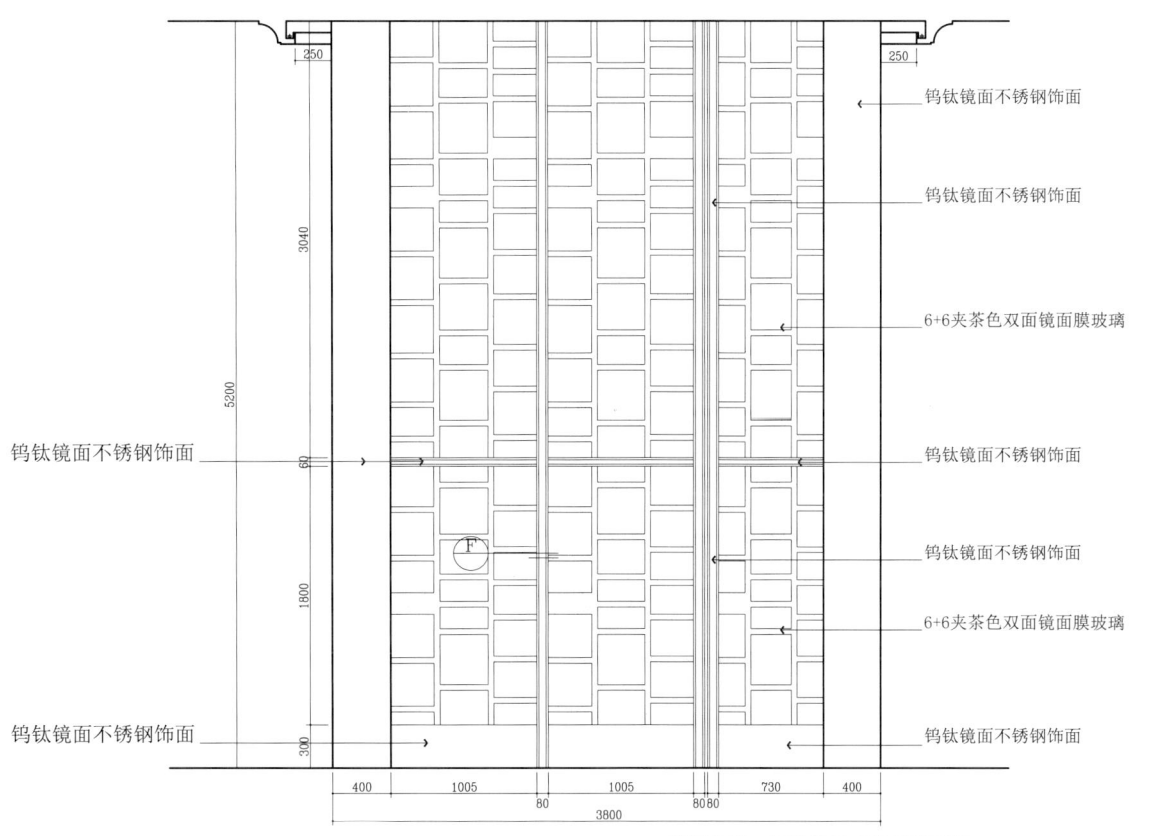

重要说明：沉降缝尺寸现场施工定。

$\dfrac{4}{H/X}$ 三层红酒、雪茄房4立面

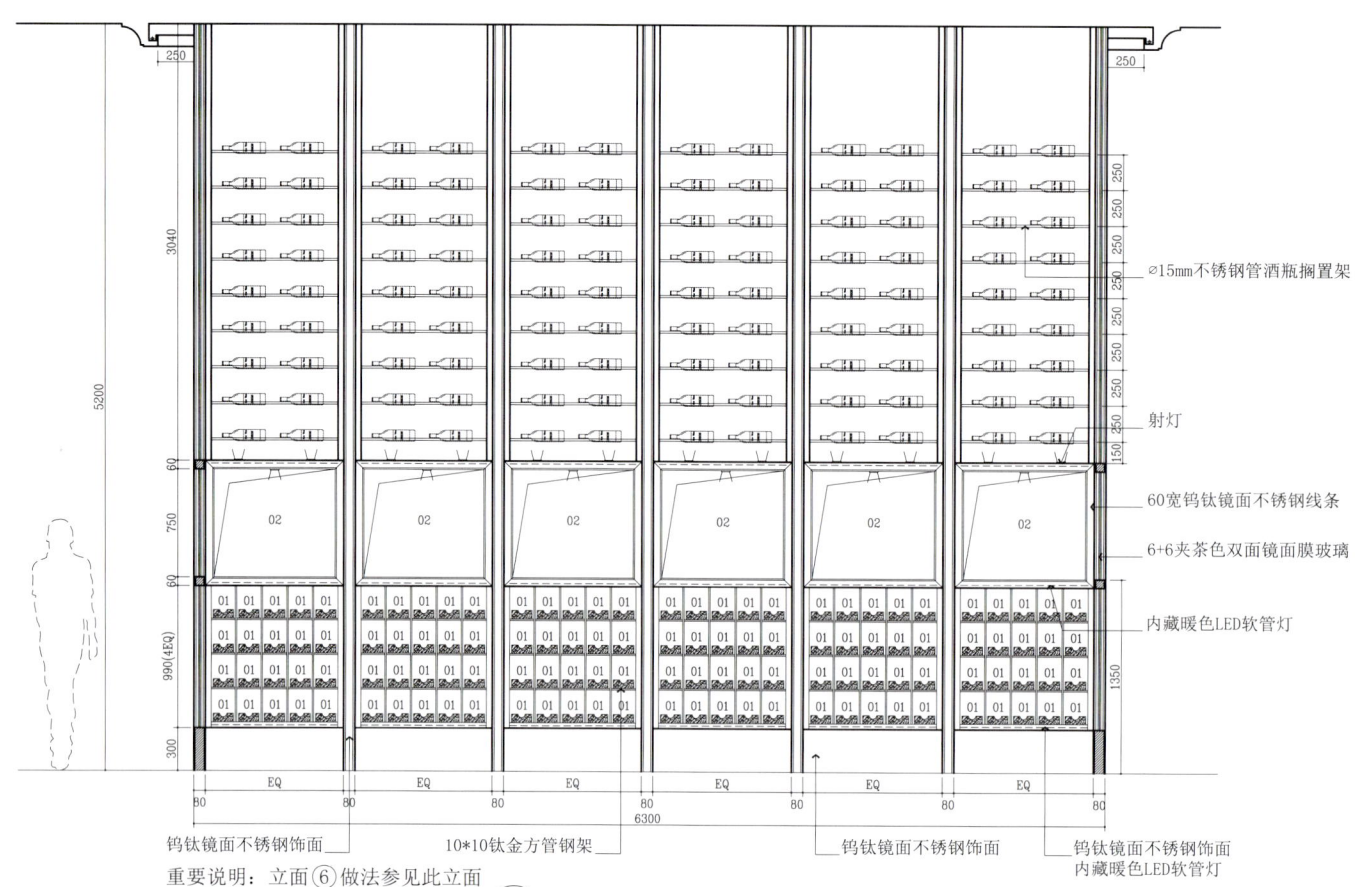

∅15mm不锈钢管酒瓶搁置架

射灯

60宽钨钛镜面不锈钢线条

6+6夹茶色双面镜面膜玻璃

内藏暖色LED软管灯

钨钛镜面不锈钢饰面　　10*10钛金方管钢架　　钨钛镜面不锈钢饰面　　钨钛镜面不锈钢饰面 内藏暖色LED软管灯

重要说明：立面⑥做法参见此立面

$\dfrac{5}{H/X}$ 三层红酒、雪茄房5立面

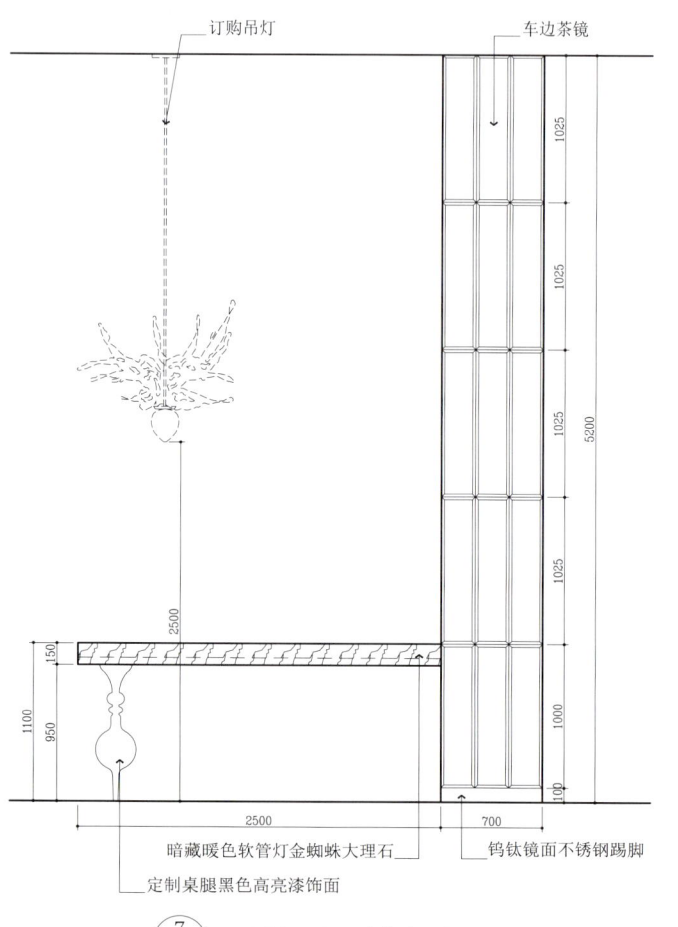

订购吊灯　　车边茶镜

暗藏暖色软管灯金蜘蛛大理石　　钨钛镜面不锈钢踢脚
定制桌腿黑色高亮漆饰面

$\dfrac{7}{H/X}$ 三层红酒、雪茄房7立面

三层红酒 雪茄房7立面实景

在水一方
ZAISHUI YIFANG

设计单位：苏州苏明装饰有限公司
设　　计：陆逊、缪风
面　　积：18000m²
坐落地点：苏州

　　本案运用了极现代的设计语言，紧紧围绕"水城，花城"的理念展开。宴会厅的玛瑙雕刻花形墙面，门厅的石材雕刻花形柱、不锈钢花球等，各种花形万千变化，演绎出繁花似锦的意境。门厅的流水墙和造型吊顶穿插在公共空间中，条形造型顶通过变形，产生水滴的独特韵味，让人感受到大自然给人心理上的特别恩惠。

　　中心紧扣江南水乡的特色，黑、白、灰的主基调穿插在整个空间氛围之中，并且加入红色以弱化黑白灰给人的压抑和沉闷，让人感受到重生的乐趣。

　　材料以意大利白、马毛的面料、不锈钢、花形马赛克为主，硬性的材质结合软性的肌理，空间视觉感受在材质的对比中得到了最大限度的满足。配合软装饰的摆放，空间又多了一层张力。

　　照明在设计主题的基础上进行升华，独具匠心。如大堂中央的花球部分是空间的主要亮点，顶部配以独特造型的灯具设计，加上适度地调节左右两侧背景墙面的亮度，将人们的视觉焦点很好地集中于此。宴会厅顶部和柱面嵌入以"花"为主题的灯具，和酒店的设计理念"花城"遥相呼应，另外利用了天花的可调筒灯强化了每个桌面的亮度，让顾客有个愉悦且赏心悦目的就餐环境。

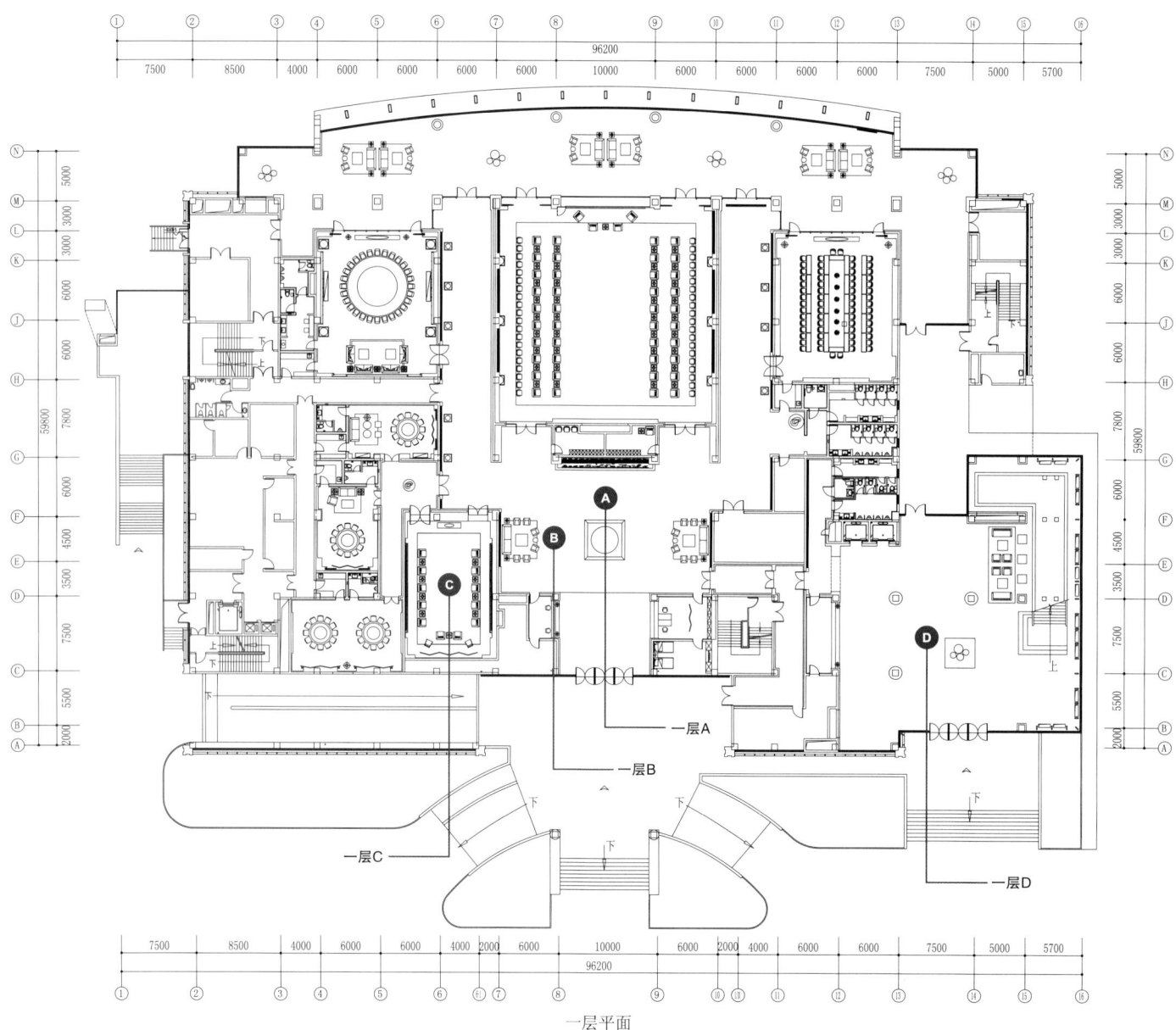

一层平面

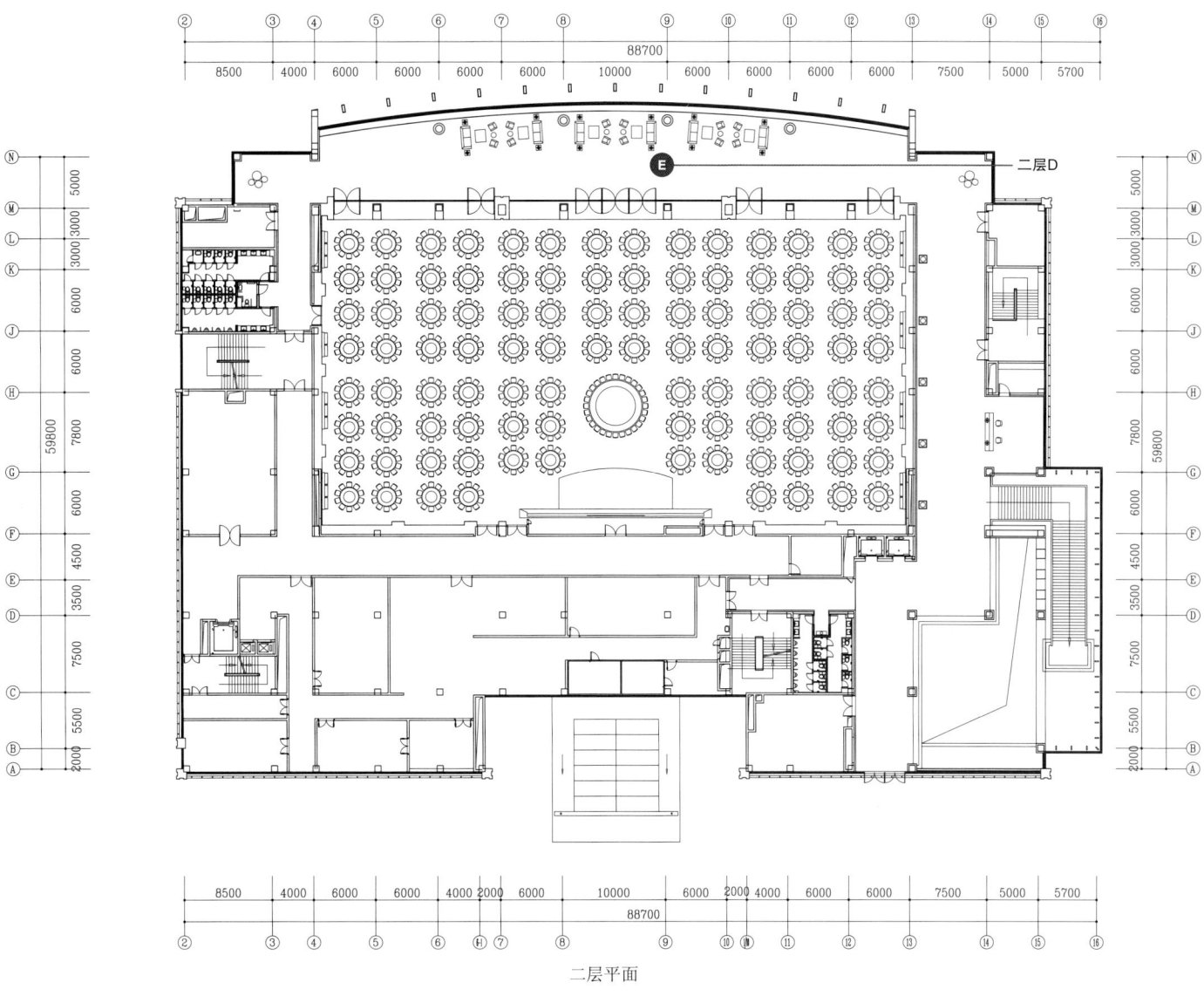

二层平面

A实景

B实景

C实景

D实景

E实景

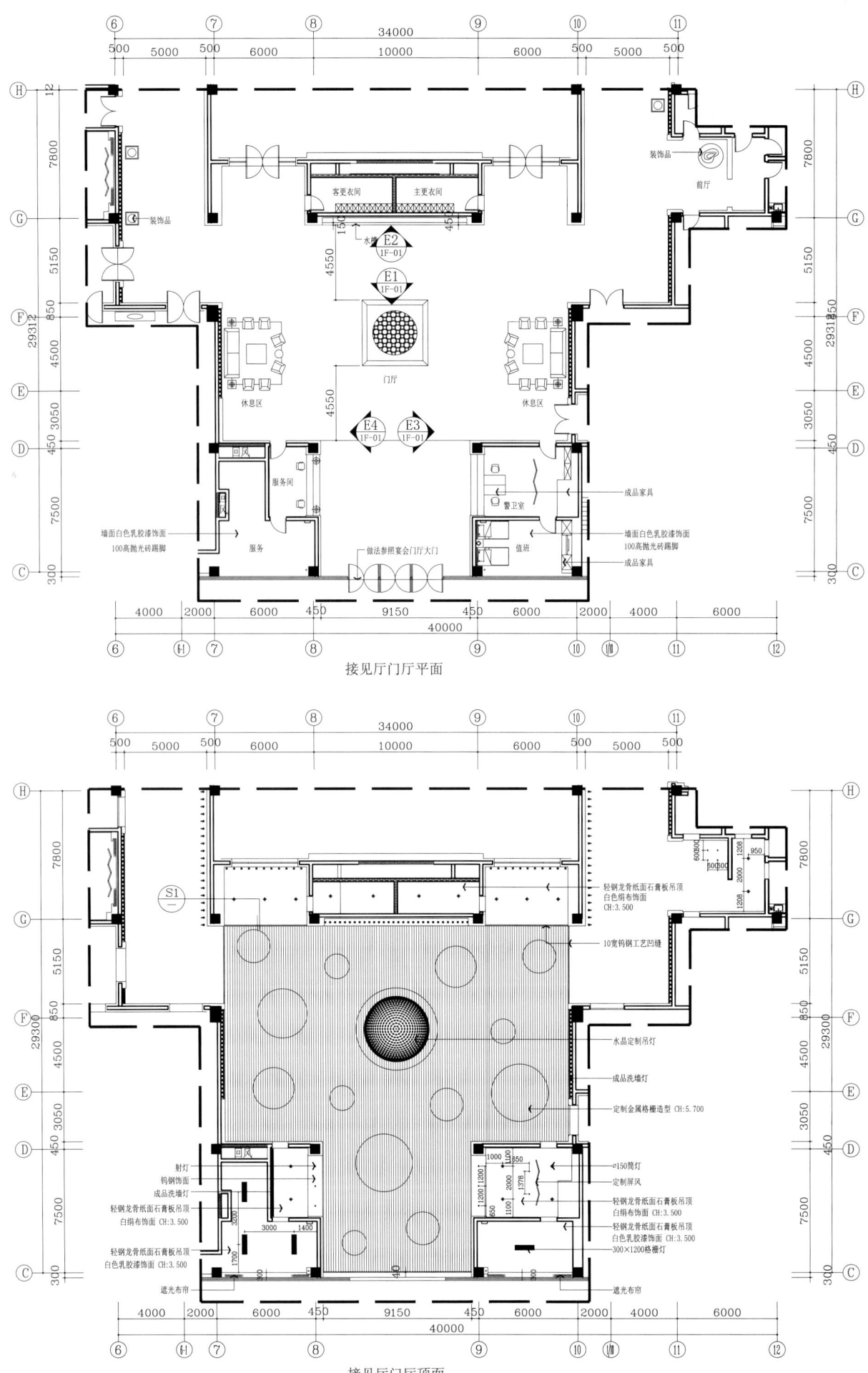

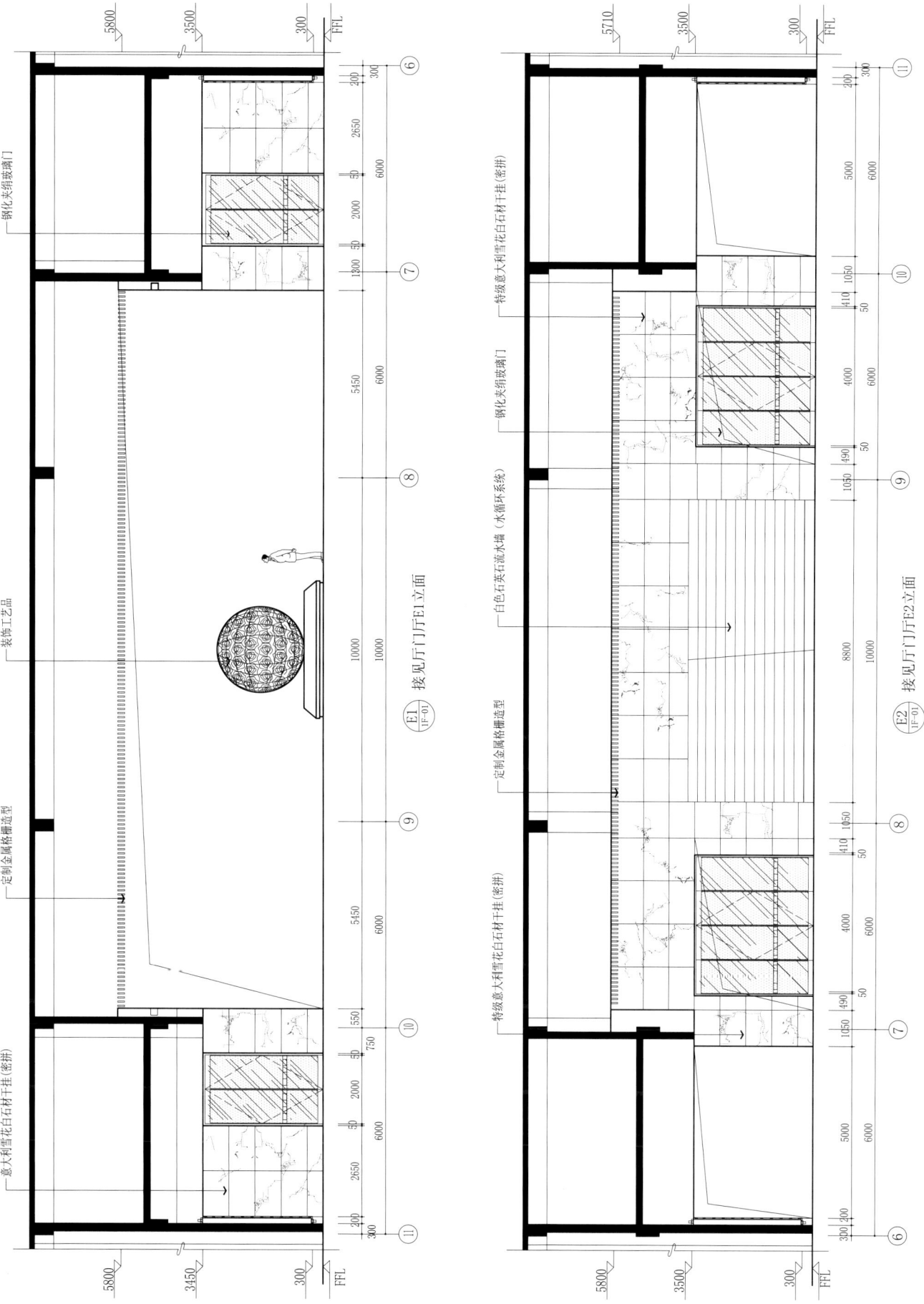

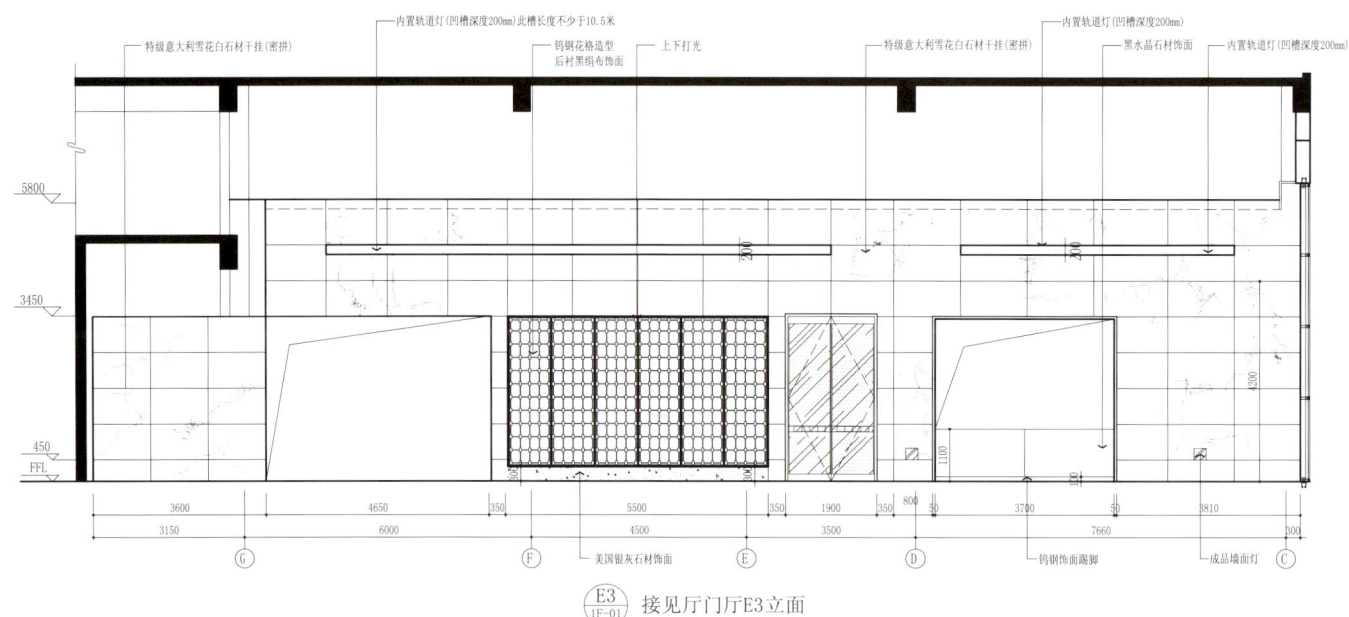

E3 1F-01 接见厅门厅E3立面

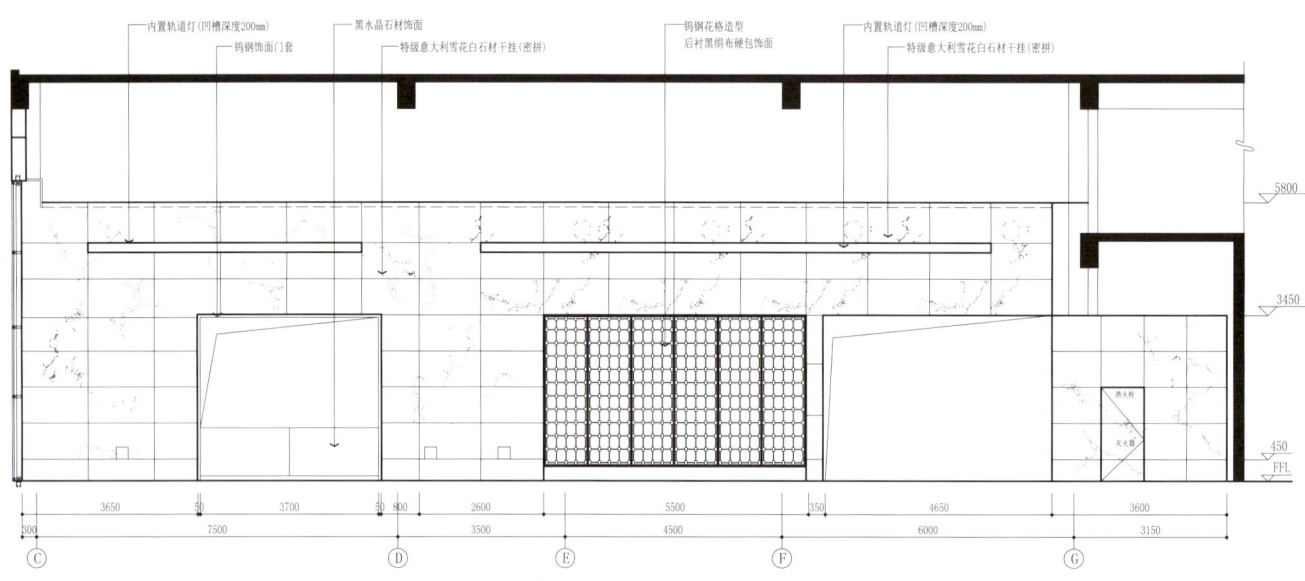

E4 1F-01 接见厅门厅E4立面

一层接见厅服务间立面实景

接见厅服务间立面

一层大会议室实景

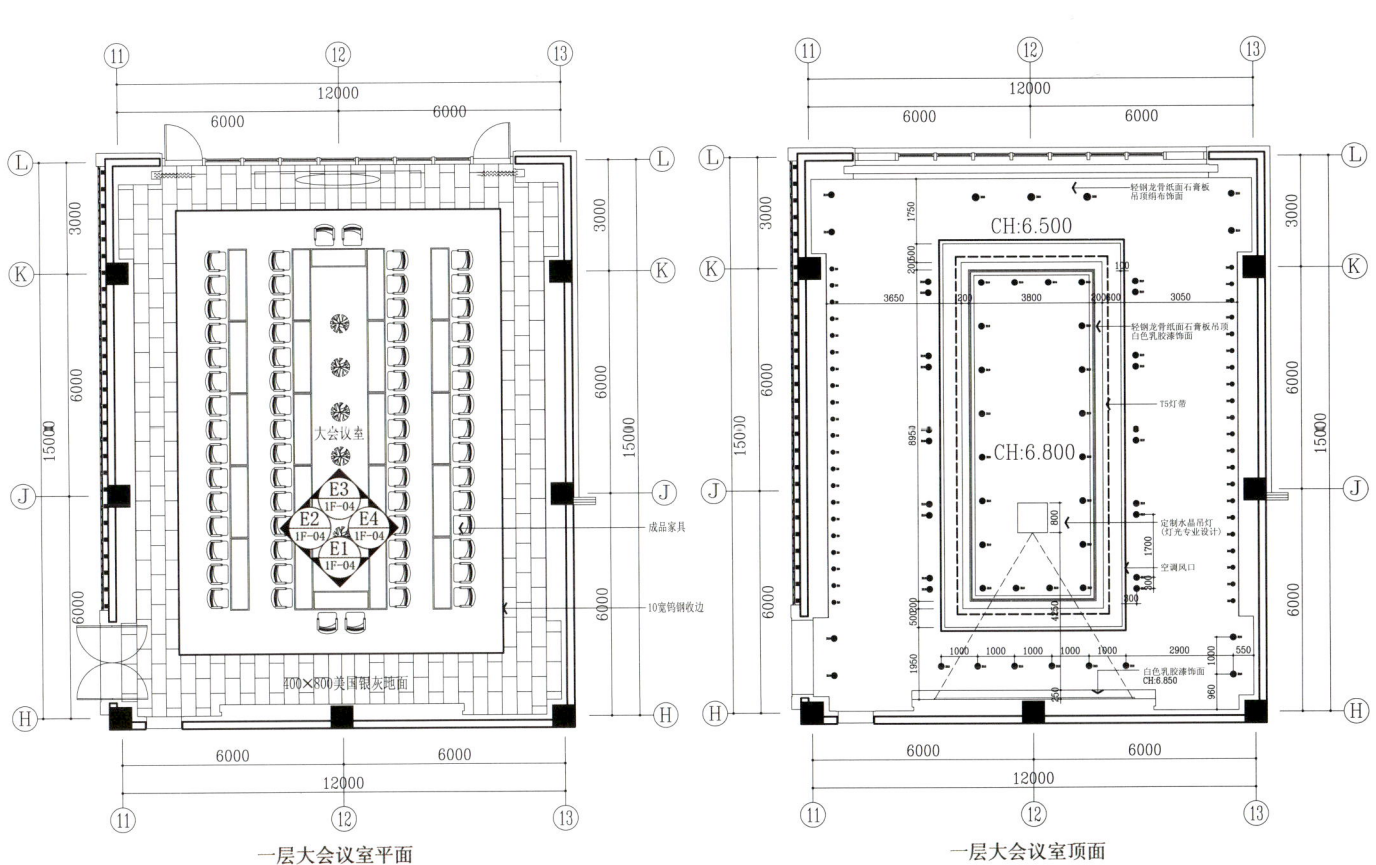

一层大会议室平面

一层大会议室顶面

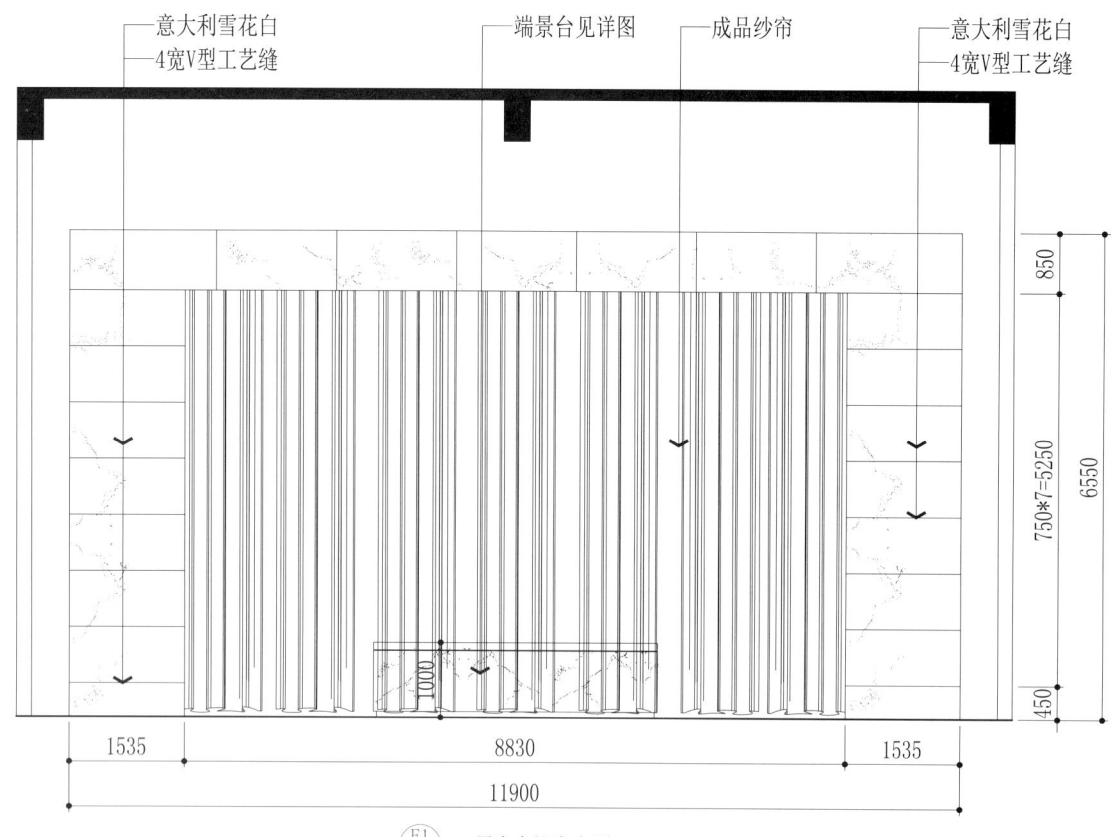

E1/1F-04 一层大会议室立面E1

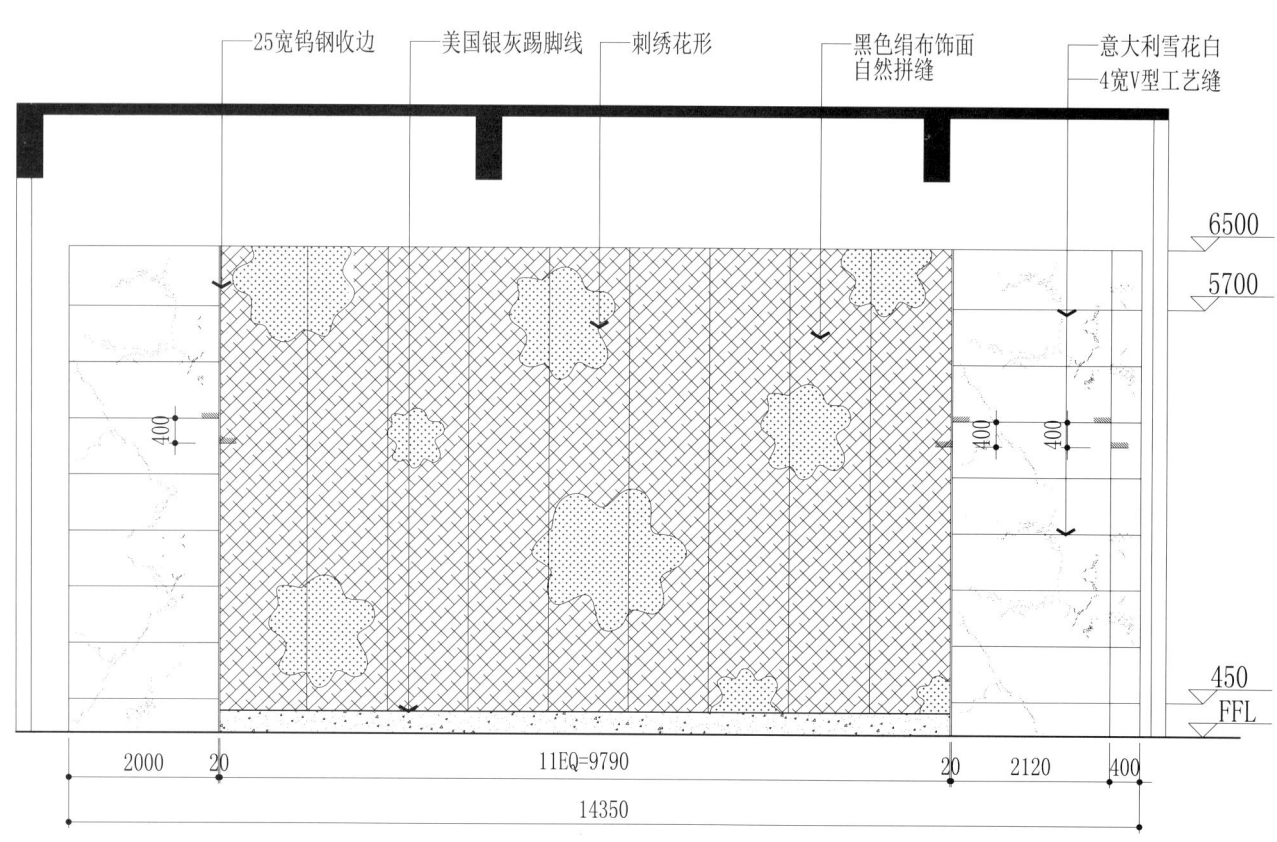

E2/1F-04 一层大会议室立面E2

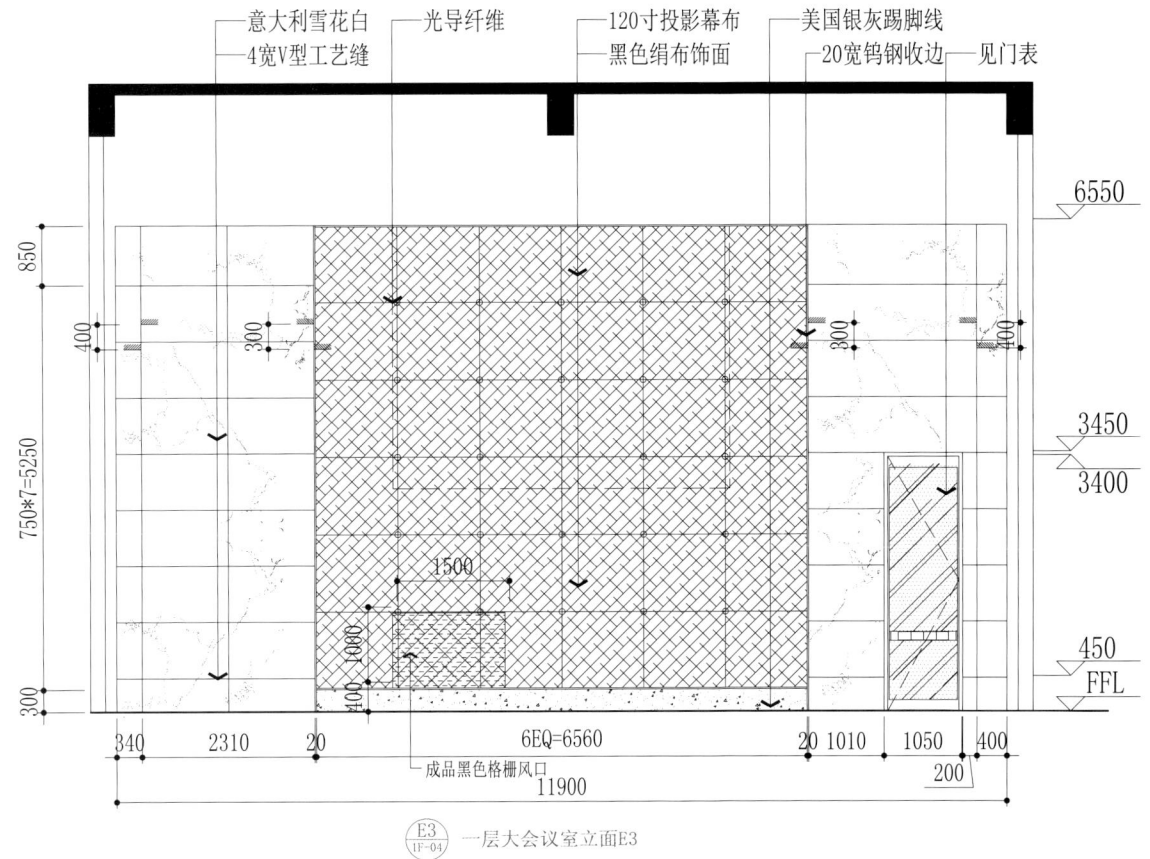

E3/1F-04 一层大会议室立面E3

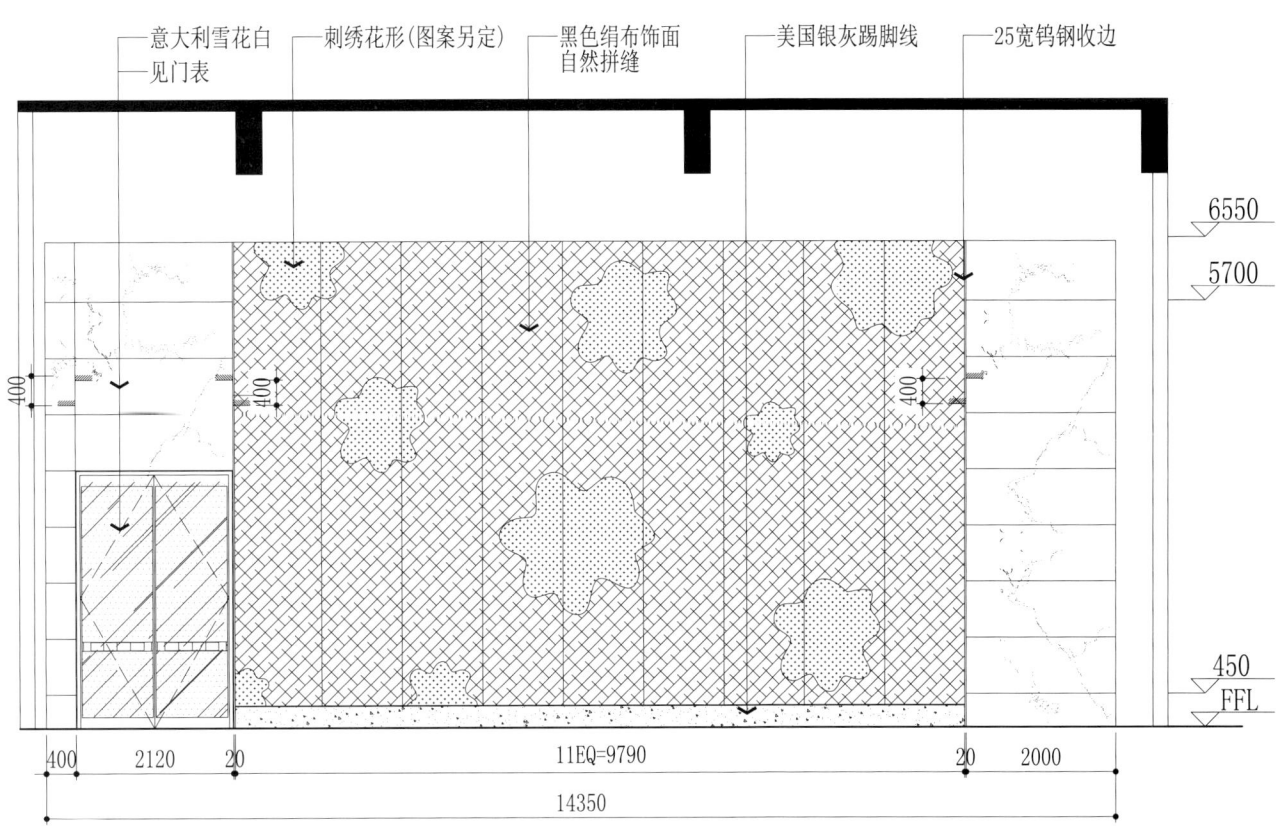

E4/1F-04 一层大会议室立面E4

一层会见厅实景

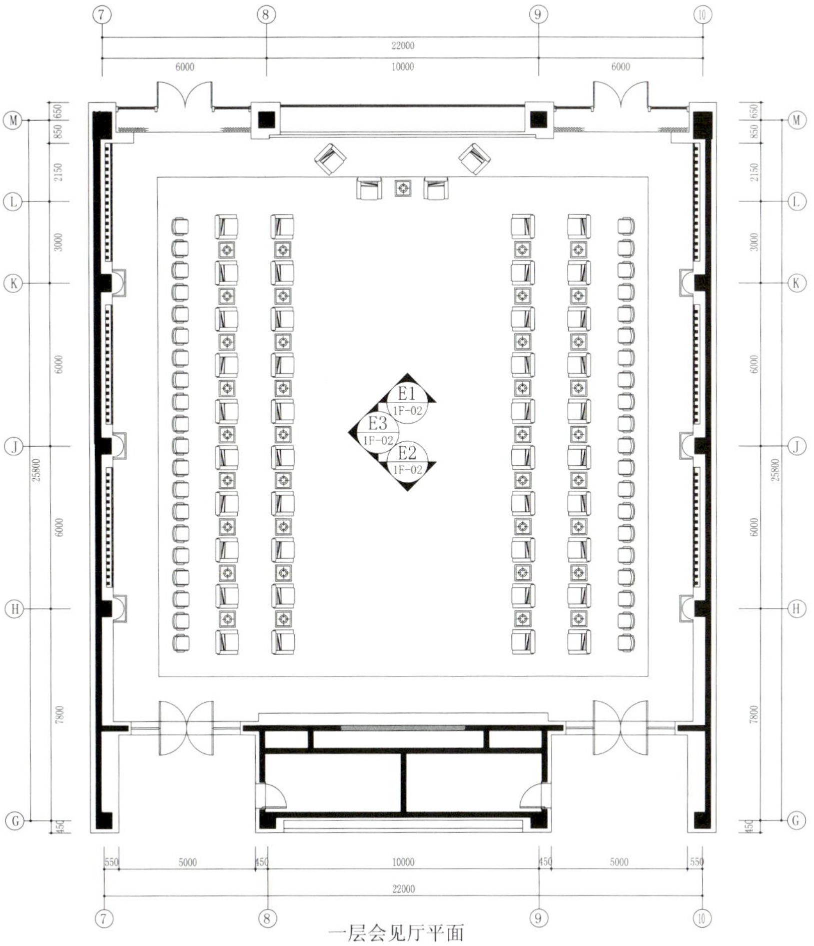

一层会见厅平面

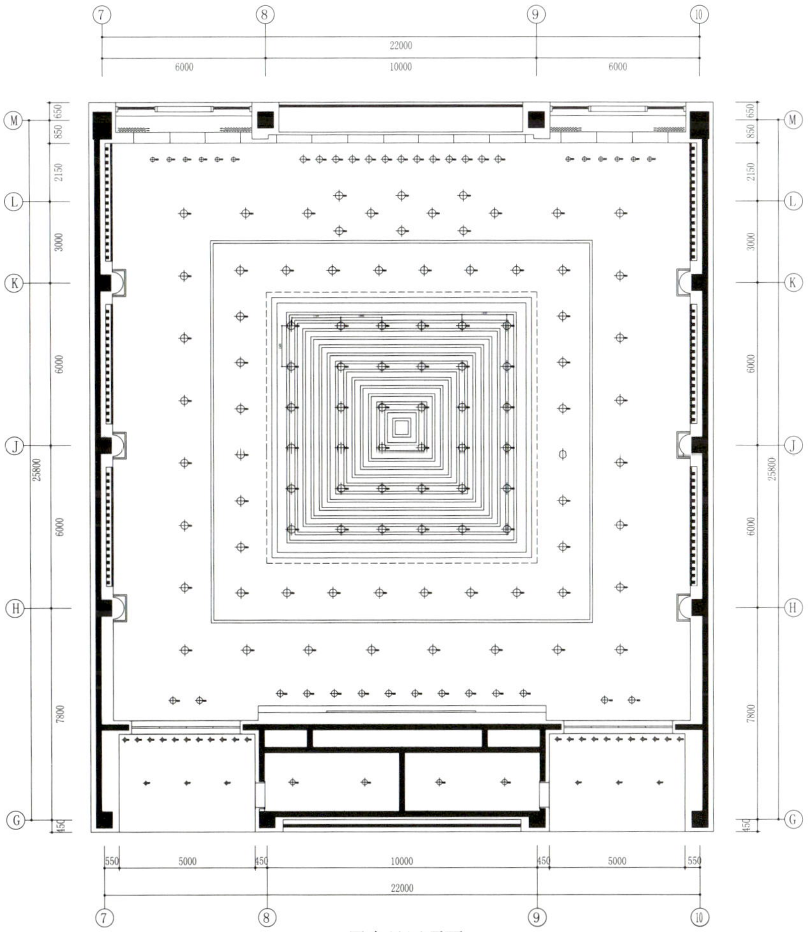

一层会见厅顶面

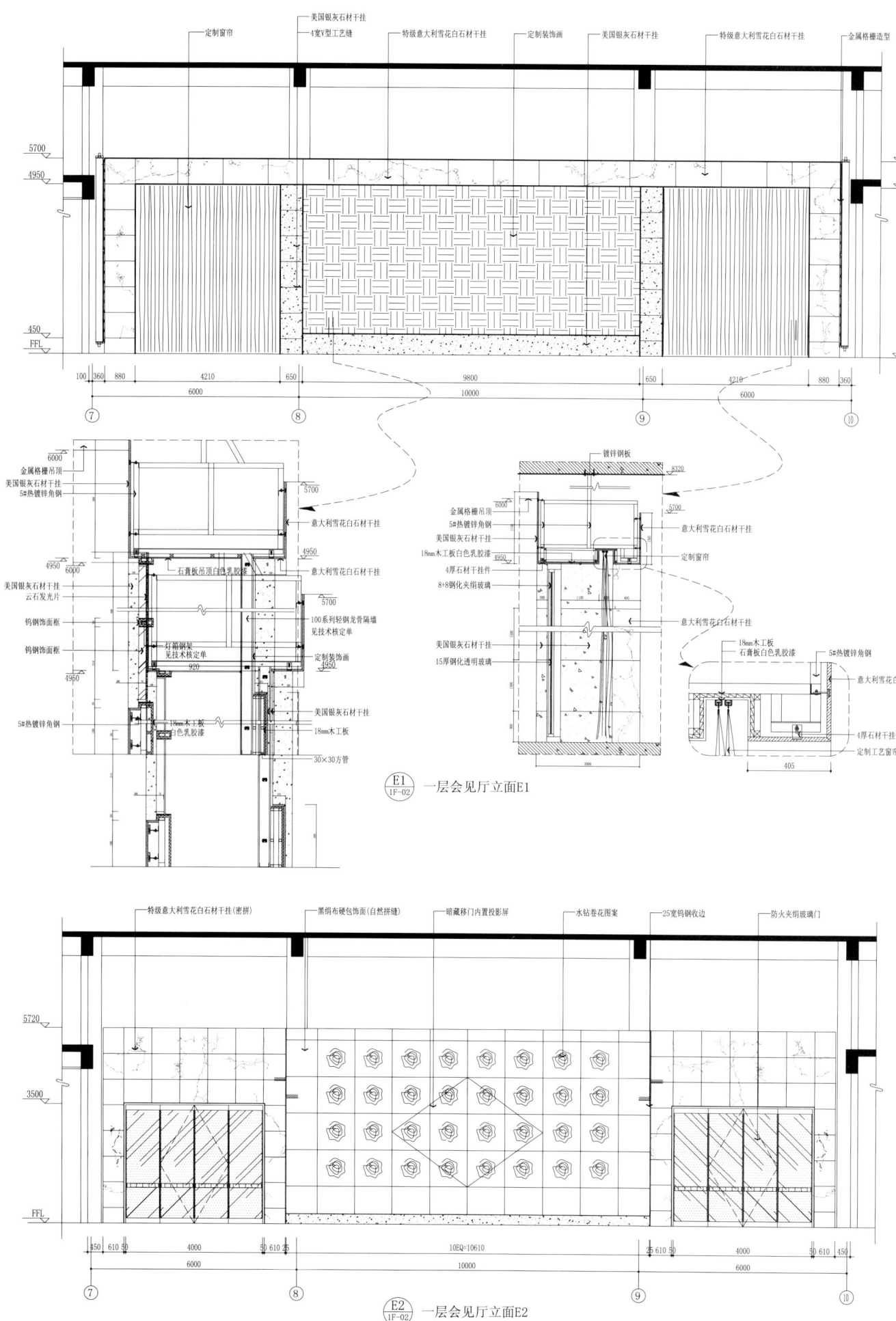

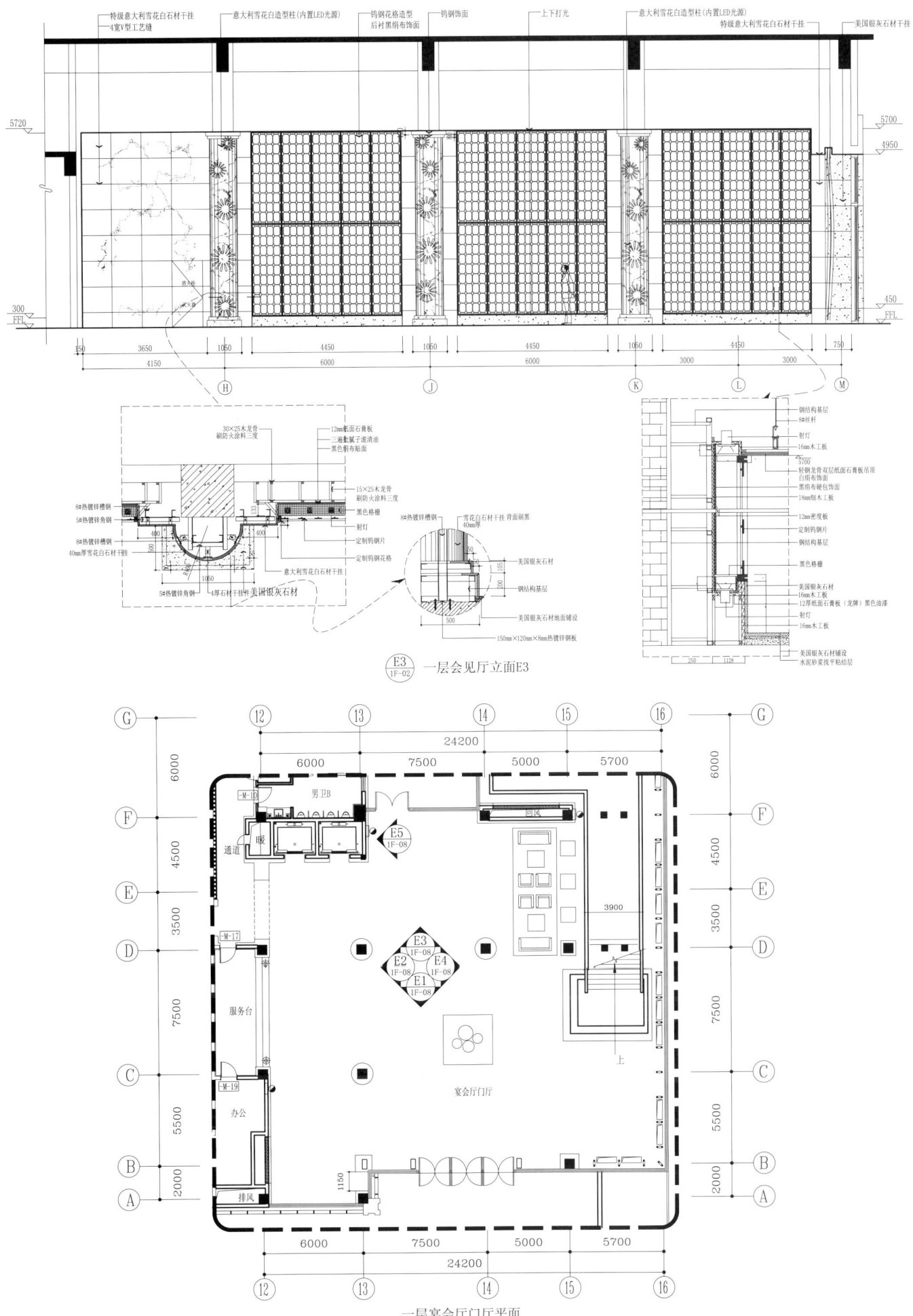

一层会见厅E2立面实景

一层宴会厅门厅实景

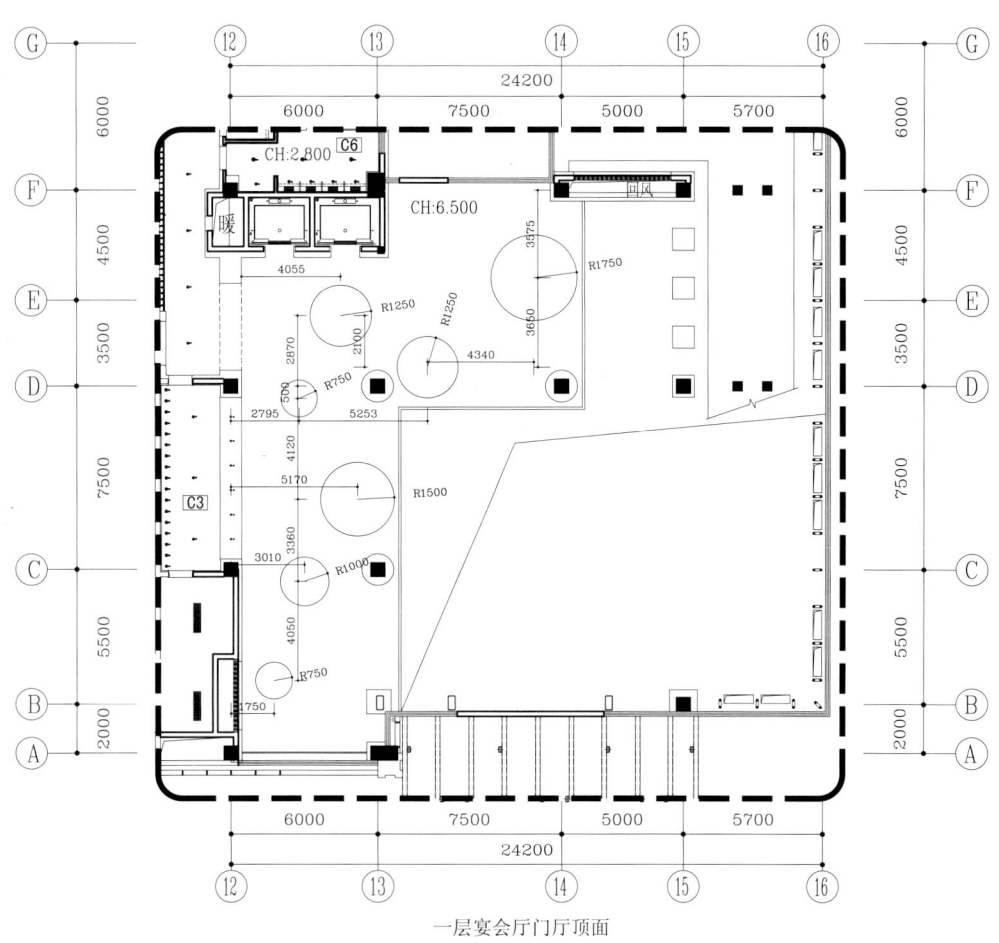

一层宴会厅门厅顶面

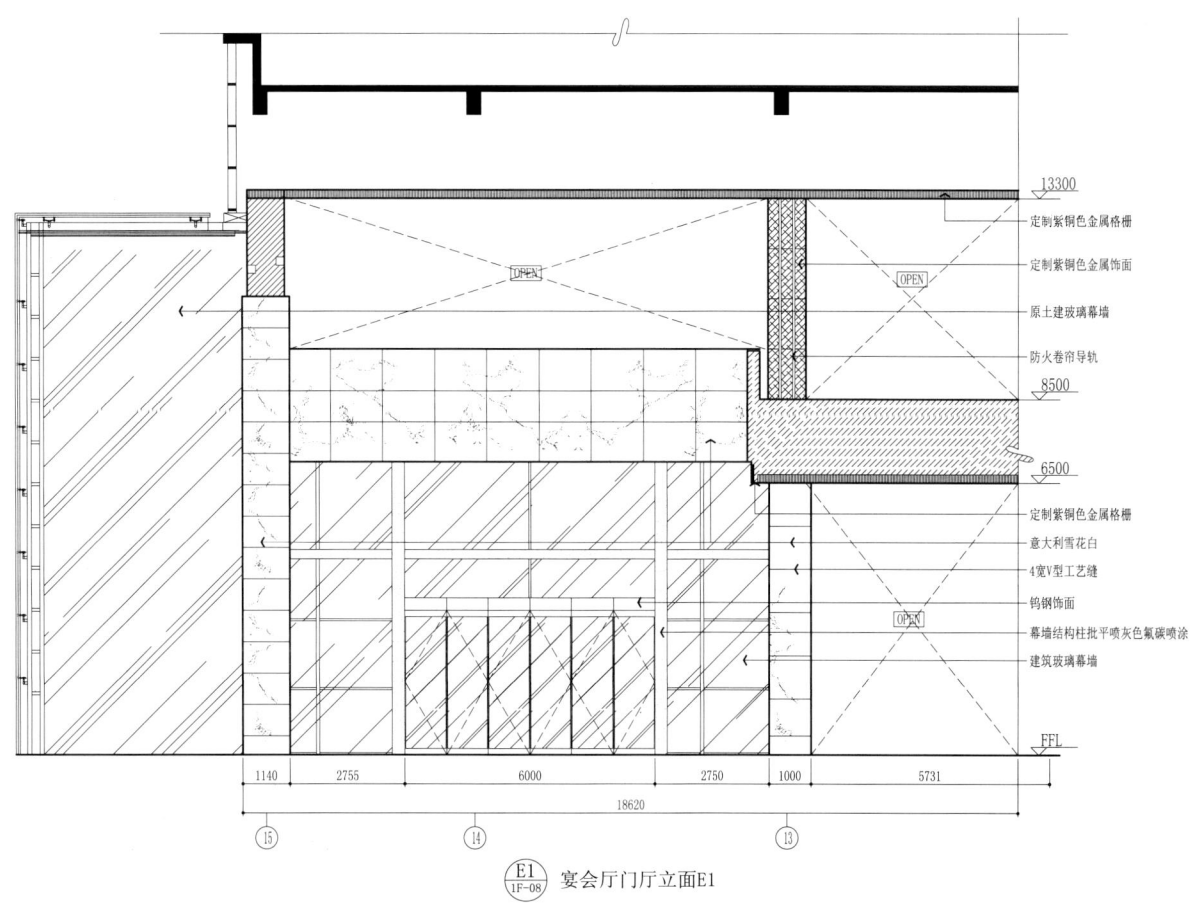

E1 宴会厅门厅立面E1

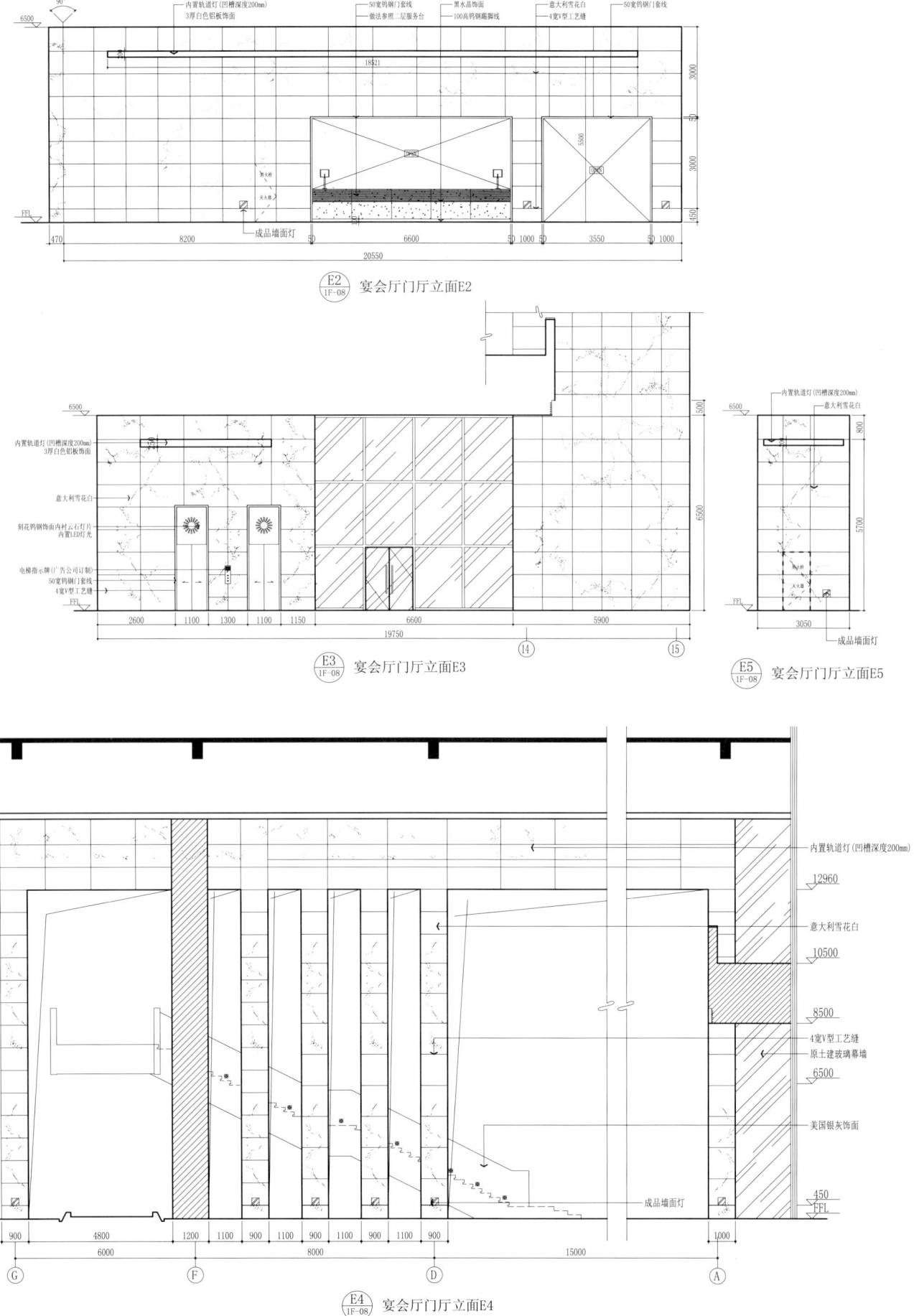

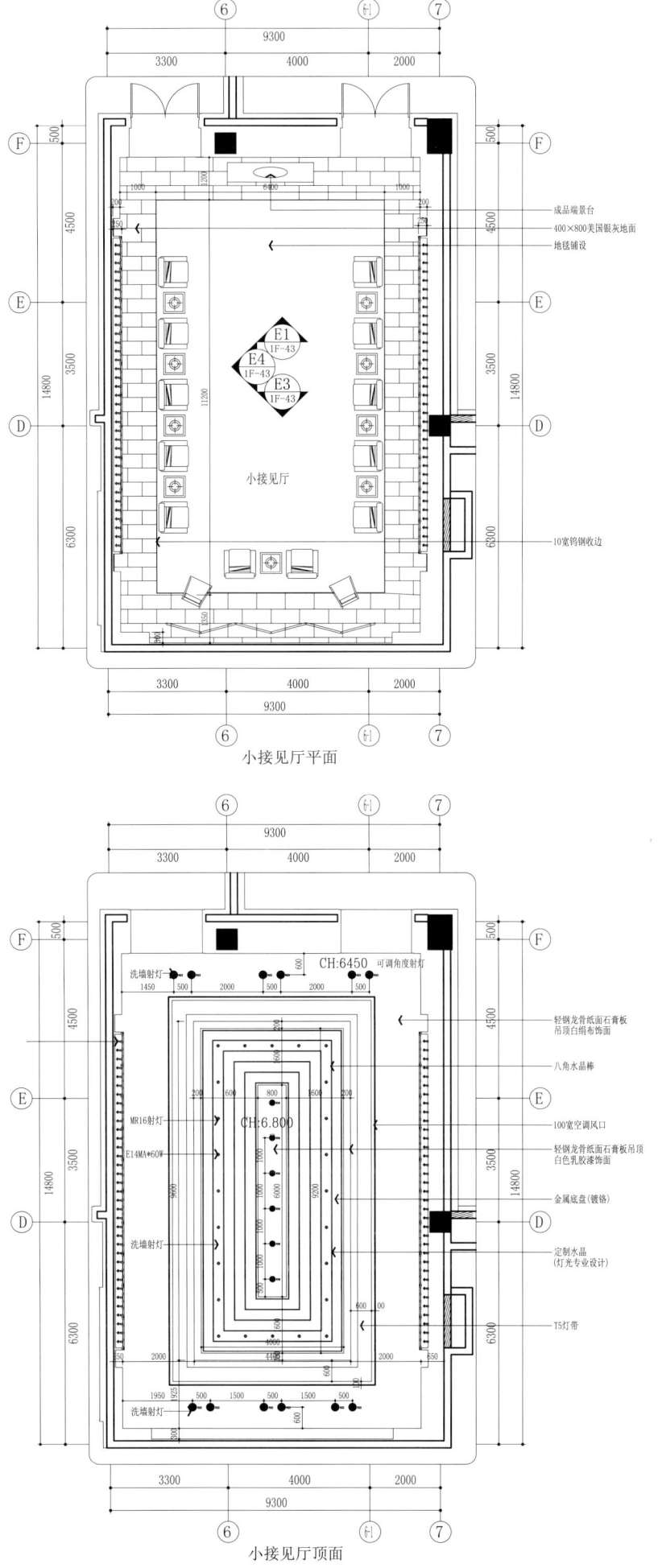

小接见厅平面

小接见厅顶面

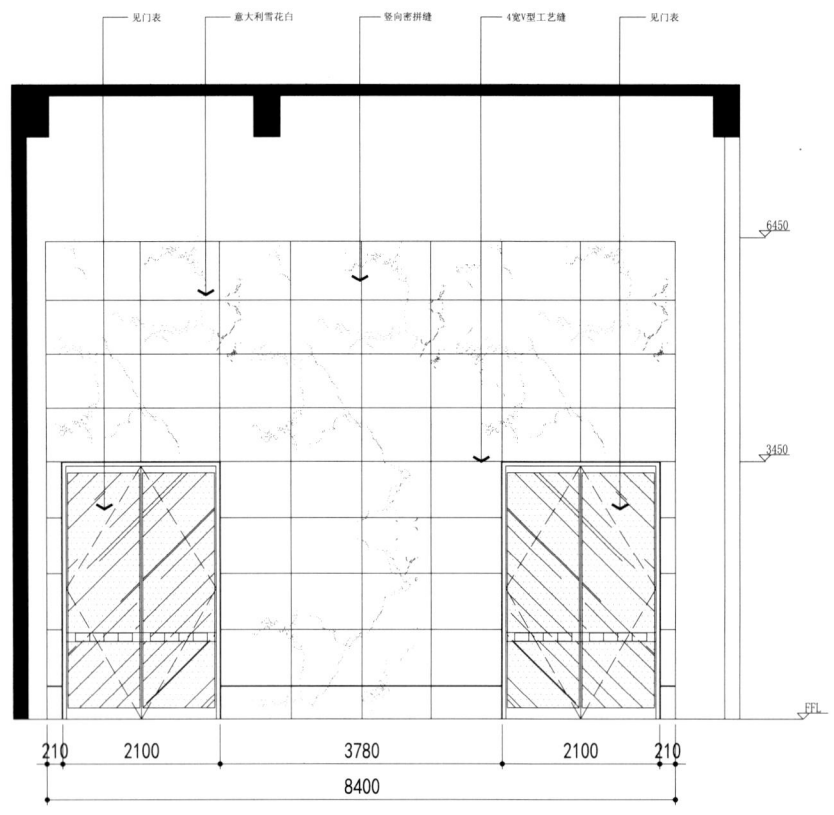

$\dfrac{E1}{1F-42}$ 小接见厅立面E1

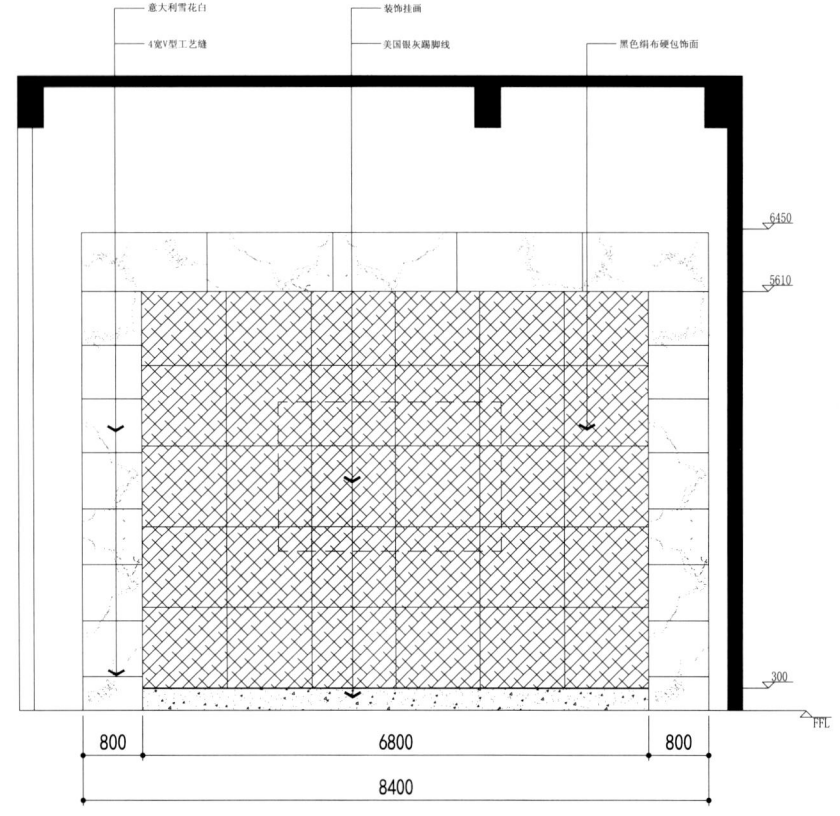

$\dfrac{E3}{1F-42}$ 小接见厅立面E3

小接见厅实景

E4/1F-42 小接见厅立面E4

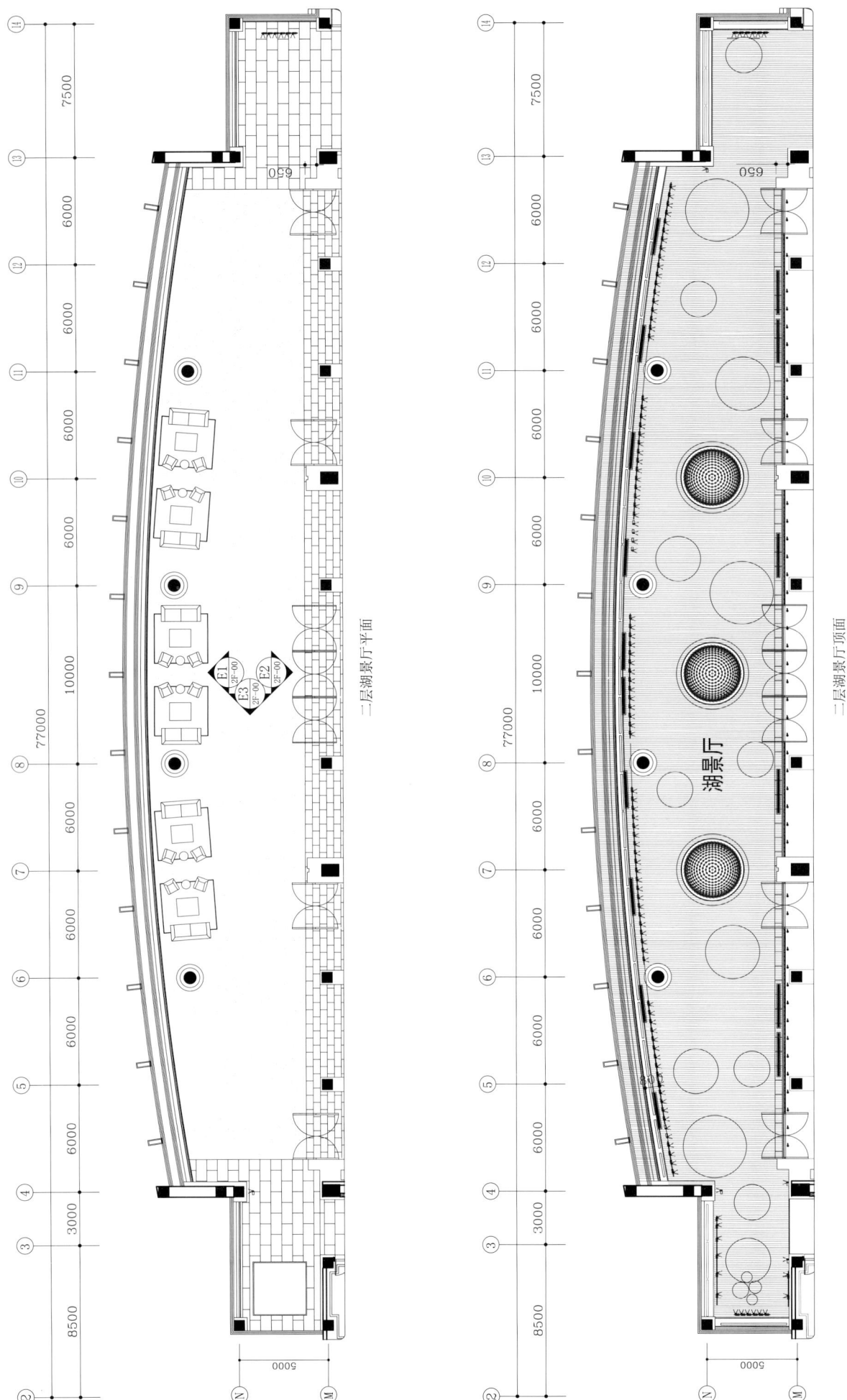

二层湖景厅平面　　　　二层湖景厅顶面

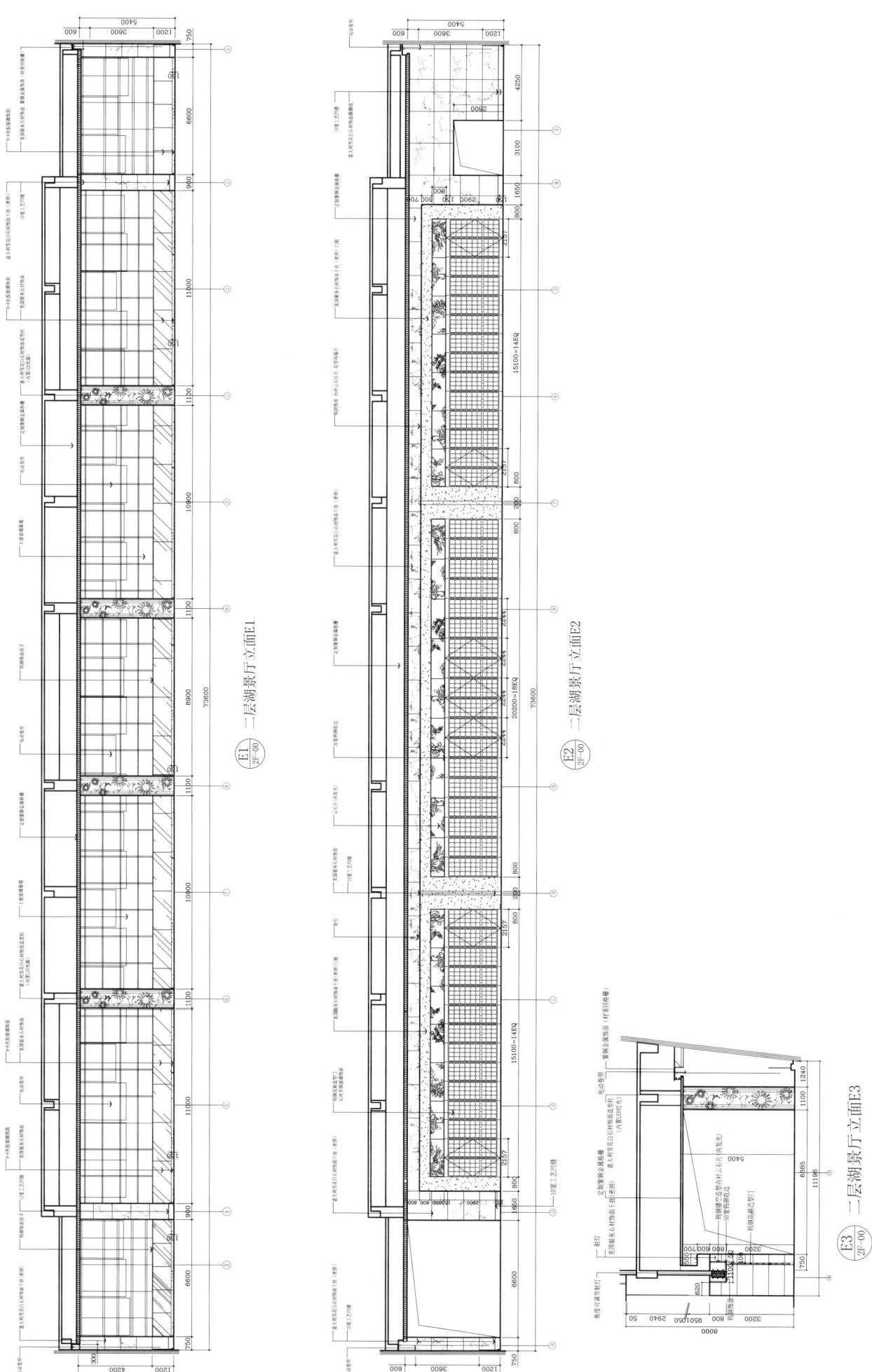

二层湖景厅实景

浩阁
HAOGE

设计单位：苏州金螳螂建筑装饰股份有限公司第一设计分院一所
设　　计：王祎华、钱文宇、糜佳、王启霖、孙铭
面　　积：32000m²
坐落地点：苏州

公寓户型布局主体为了借景太湖，采取东南——西北轴线布置。南北向交替错位，以保证每一户都能朝向太湖。该项目的核心价值在于：可满足短期度假以及将来长期自住两用的实用型风景养生公寓，室内设计必须紧紧围绕这一定位展开。

设计重点并不着眼在住宅室内的墙顶地造型上，而是在简化空间六面体这个"腔体"的同时，真正关注人的行为需求模式，关注光线、色彩、材质质感、灯光照度、冷暖对居住者的影响；将居住者日常使用最为密切的厨房、卫生间家具，乃至每一个开关面板的定位，每个家电的合理布线，每个空间的合理性以及由此带来的合理流线作最为细致的研究，由此产生贴合这个产品定位的设计形态。

通过设计，业主所能切切实实感受到的是"有容乃大"，"容"是山水，是清新的空气，和煦的阳光。"无欲则刚"，"无欲"是忘却了都市的喧嚣与烦躁，是清心，是介乎于天地自然山水之间的那一份情怀。

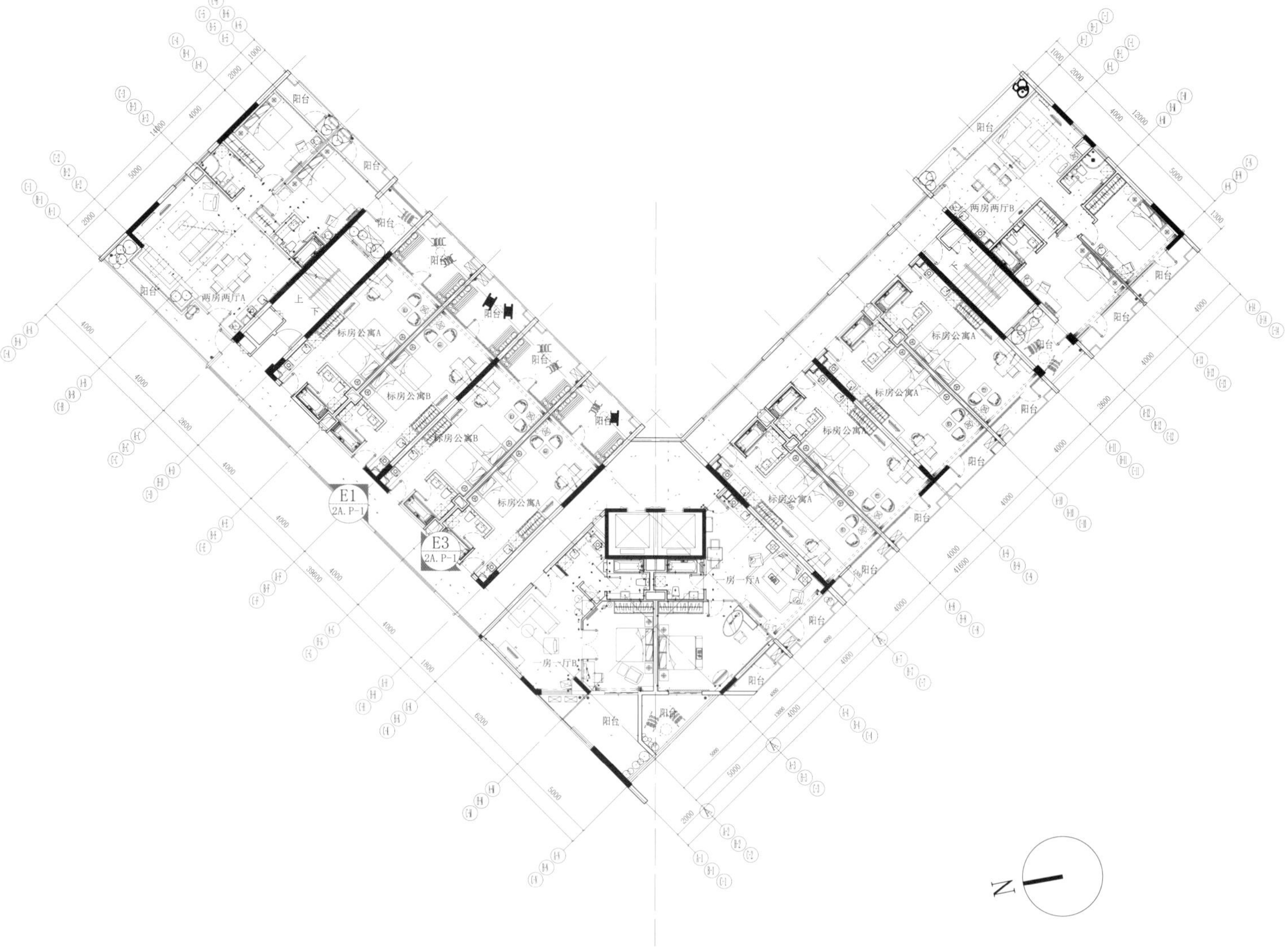

7F/8F总平面图

走道实景

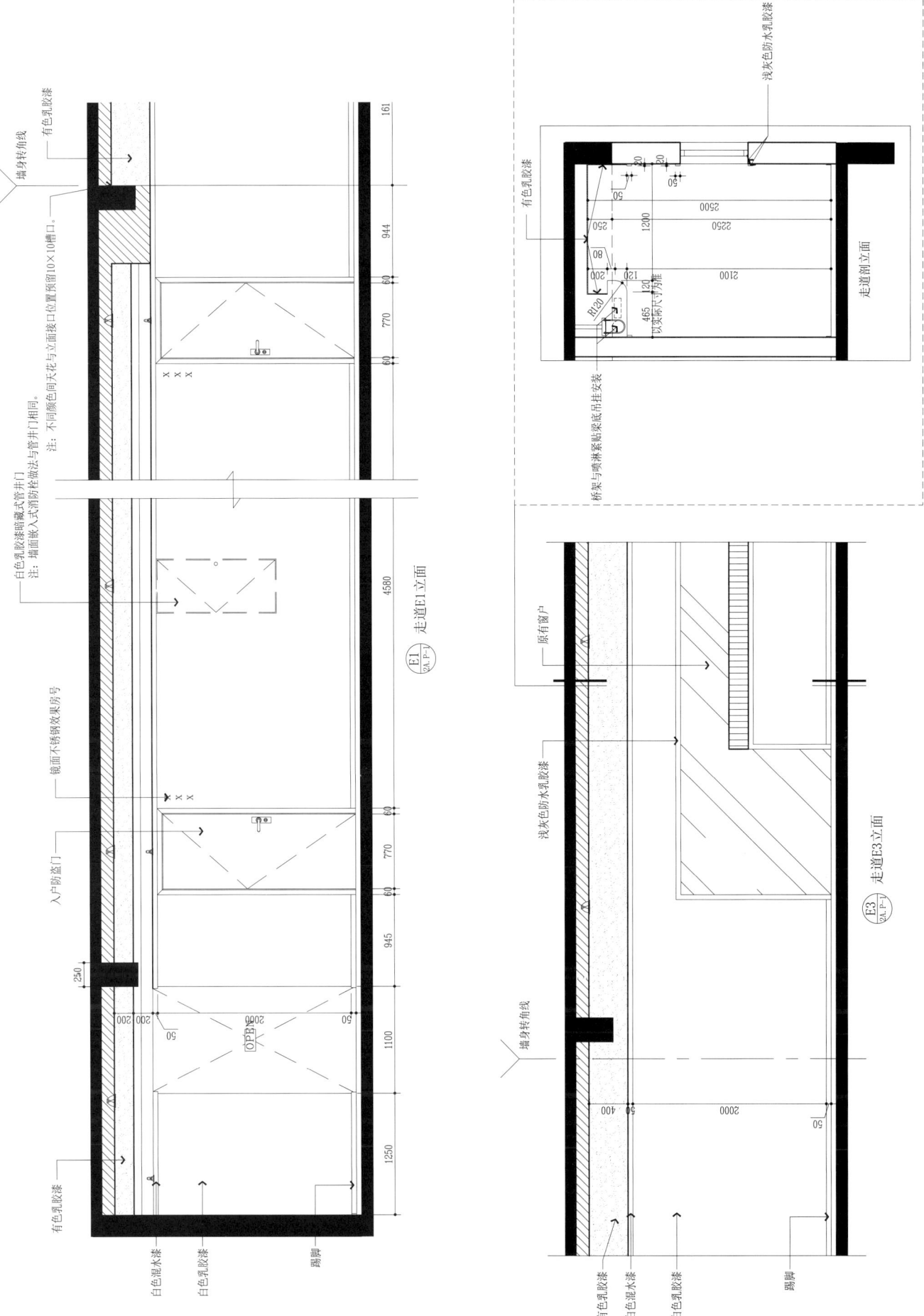

标房卧室实景

标房厨房区域实景

标房卫生间实景

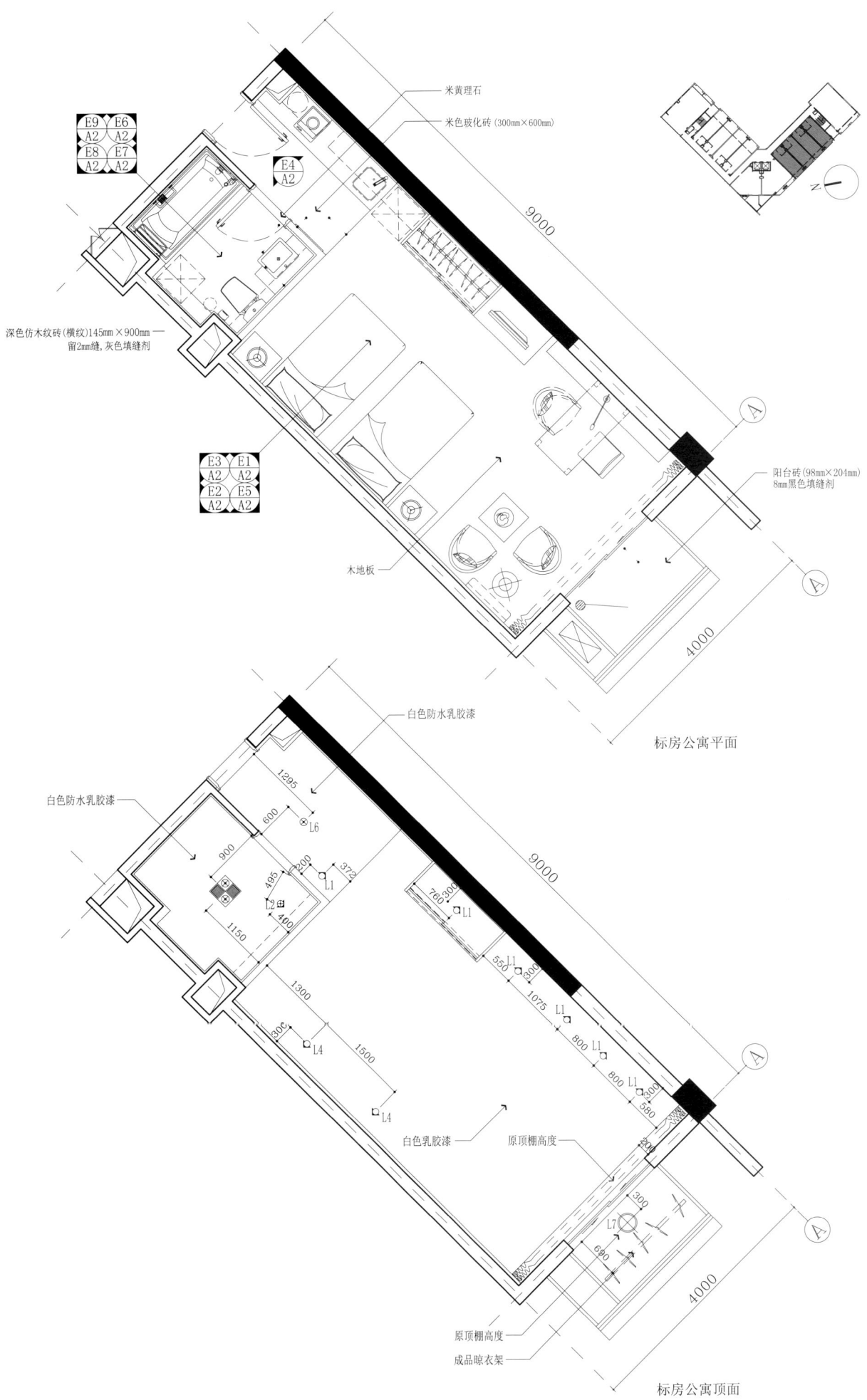

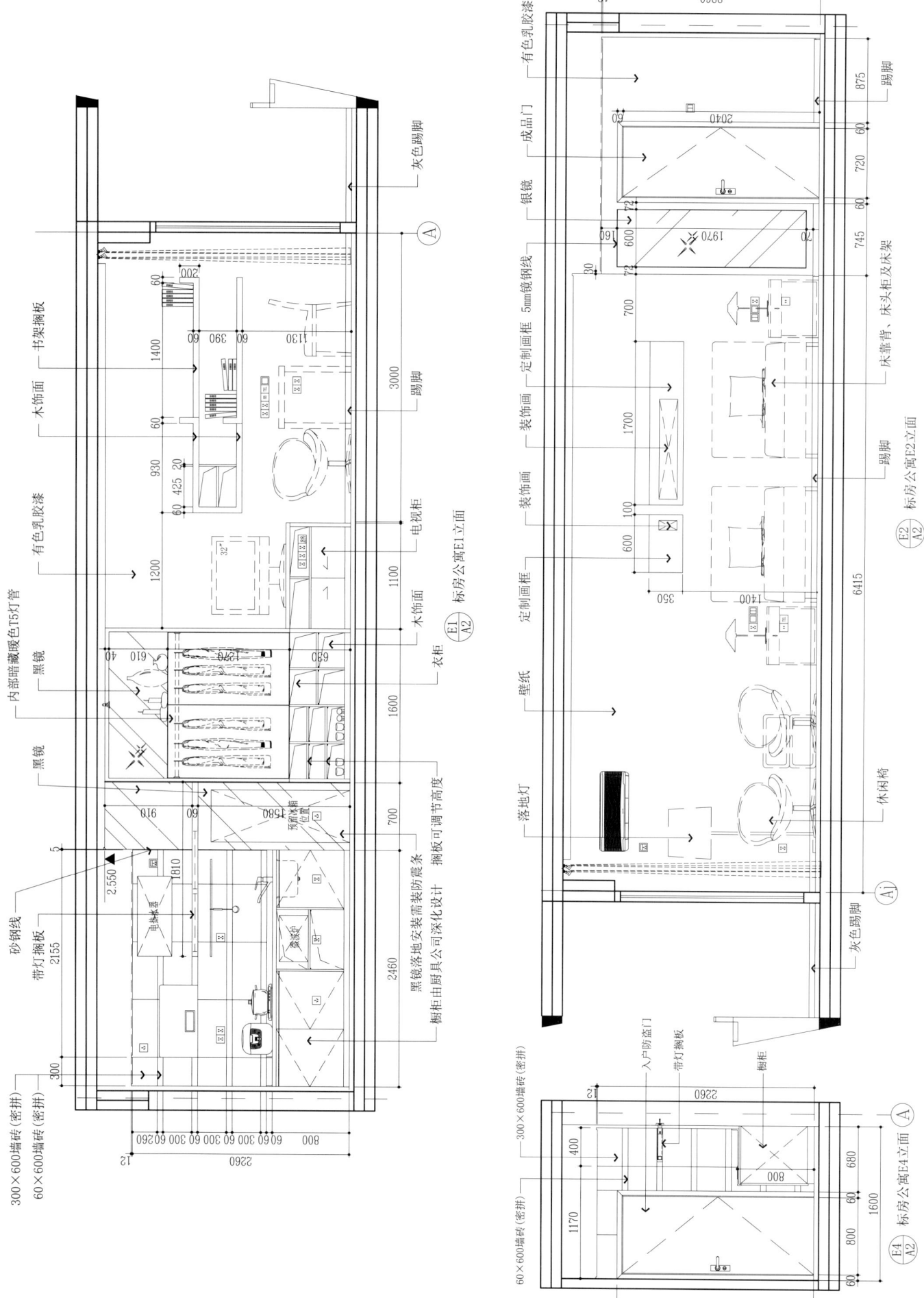

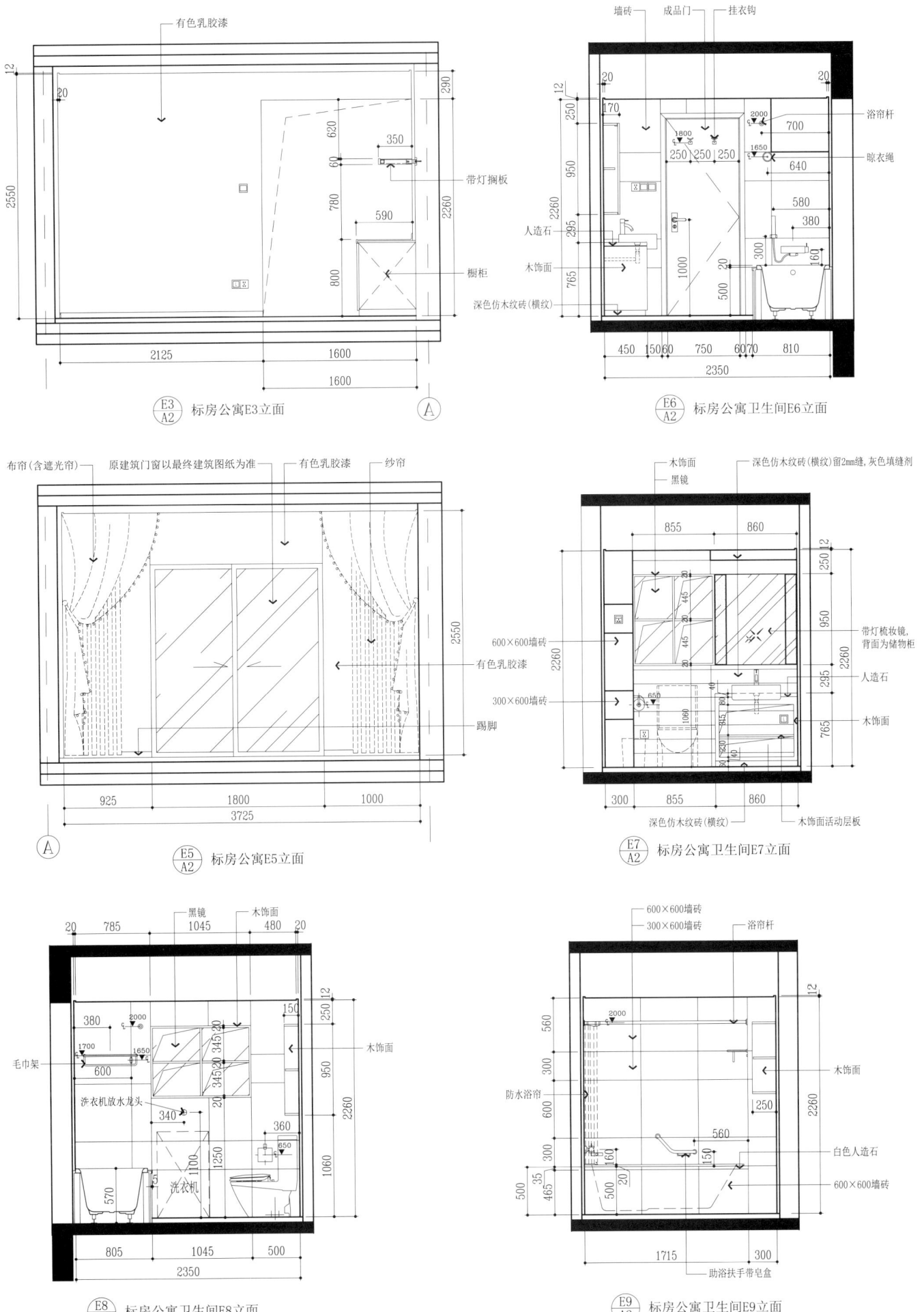

一房一厅客厅实景

一房一厅卧室实景

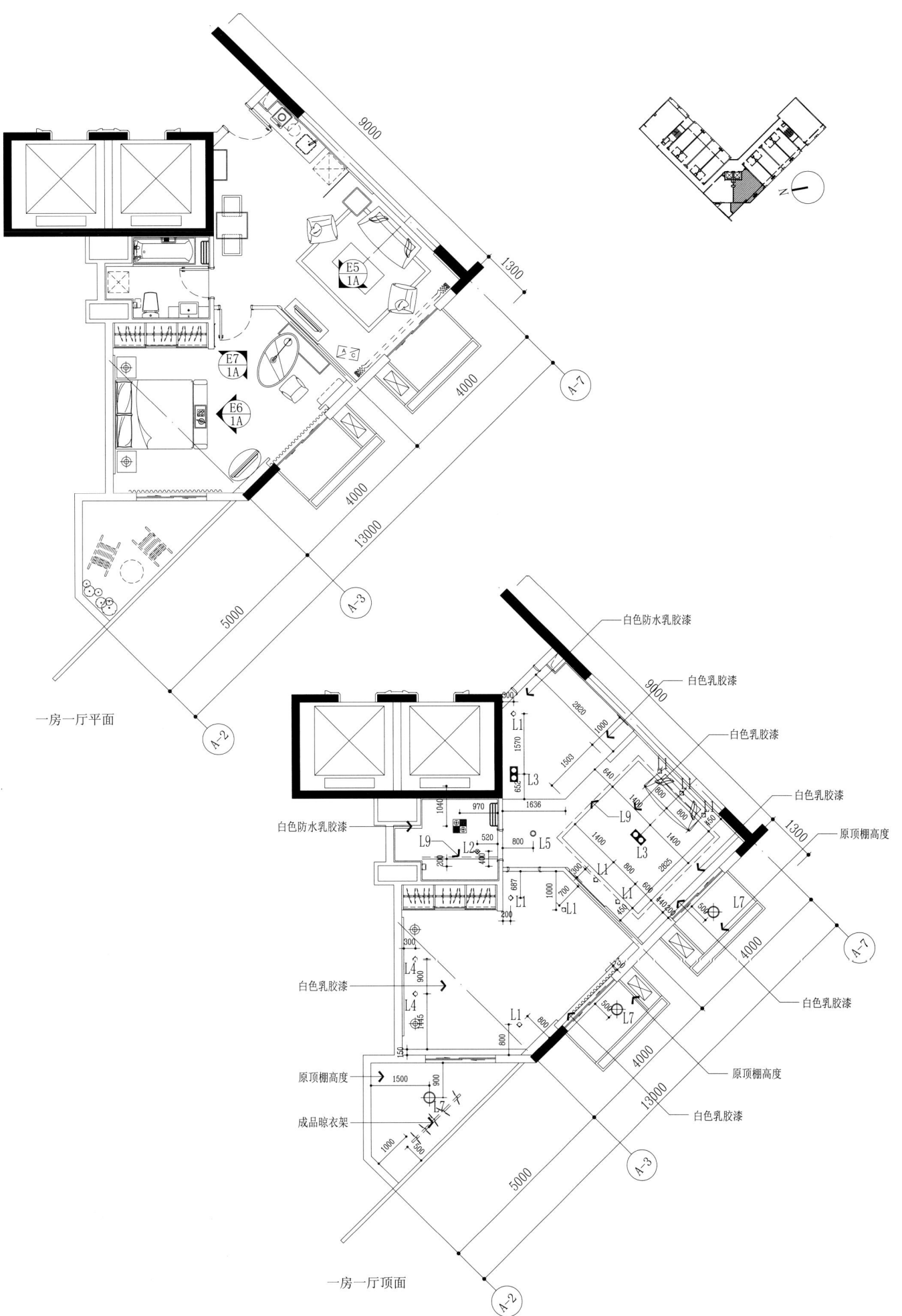

一房一厅平面

一房一厅顶面

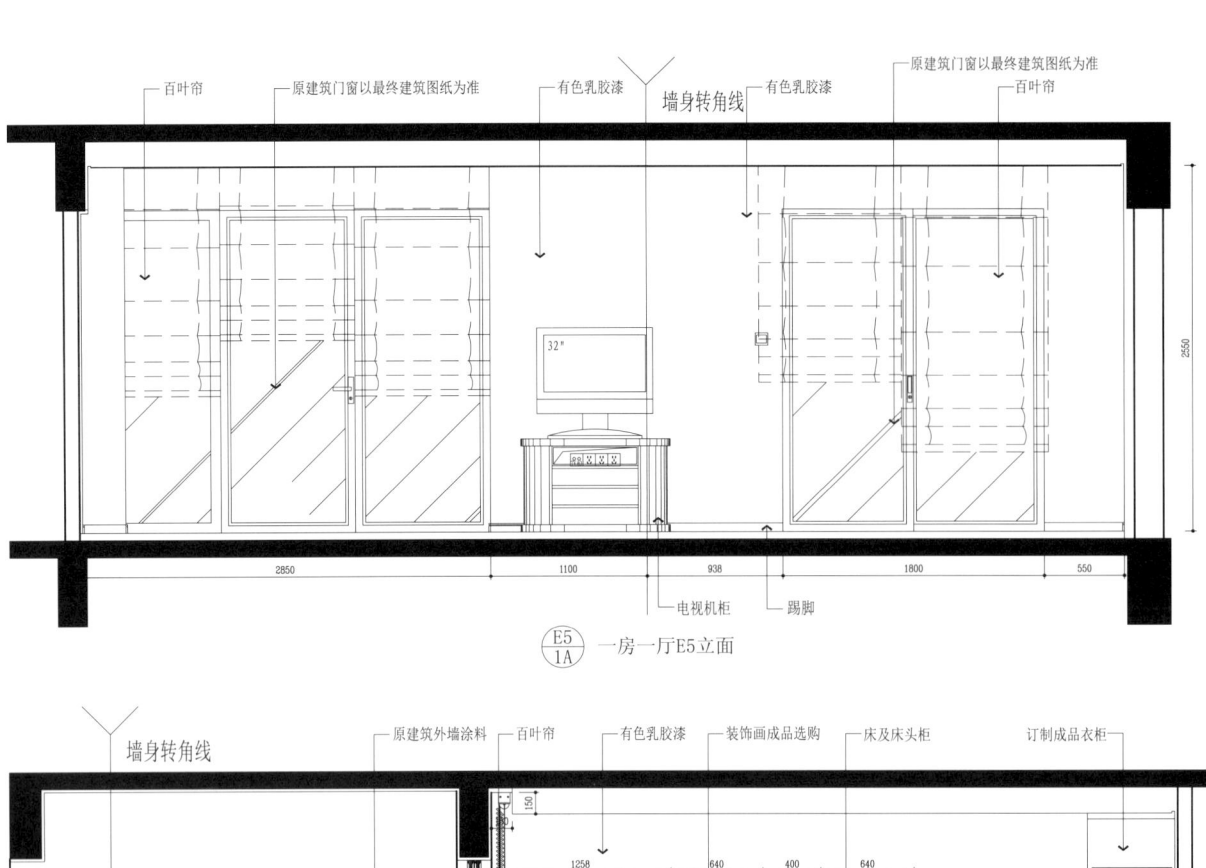

E5/1A 一房一厅E5立面

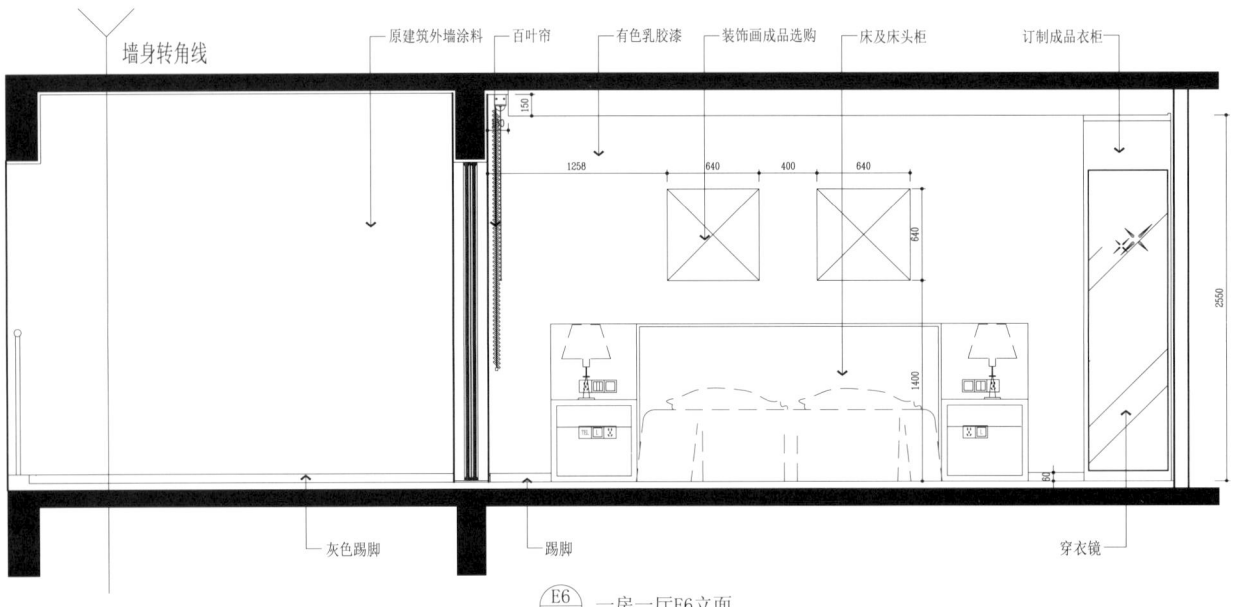

E6/1A 一房一厅E6立面

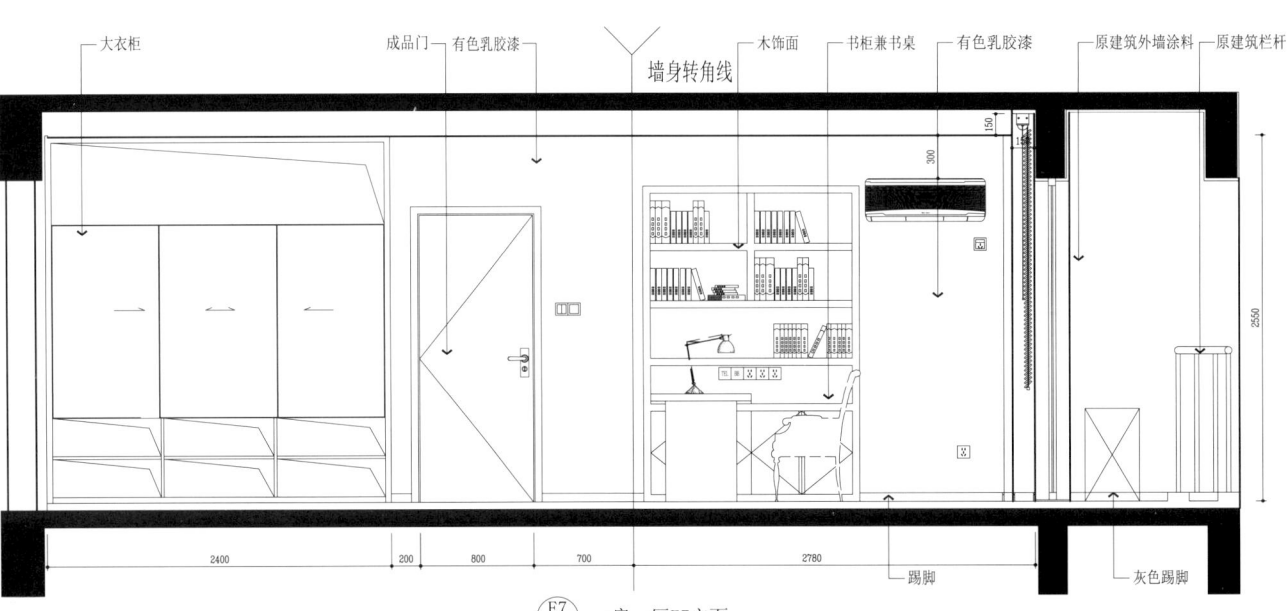

E7/1A 一房一厅E7立面

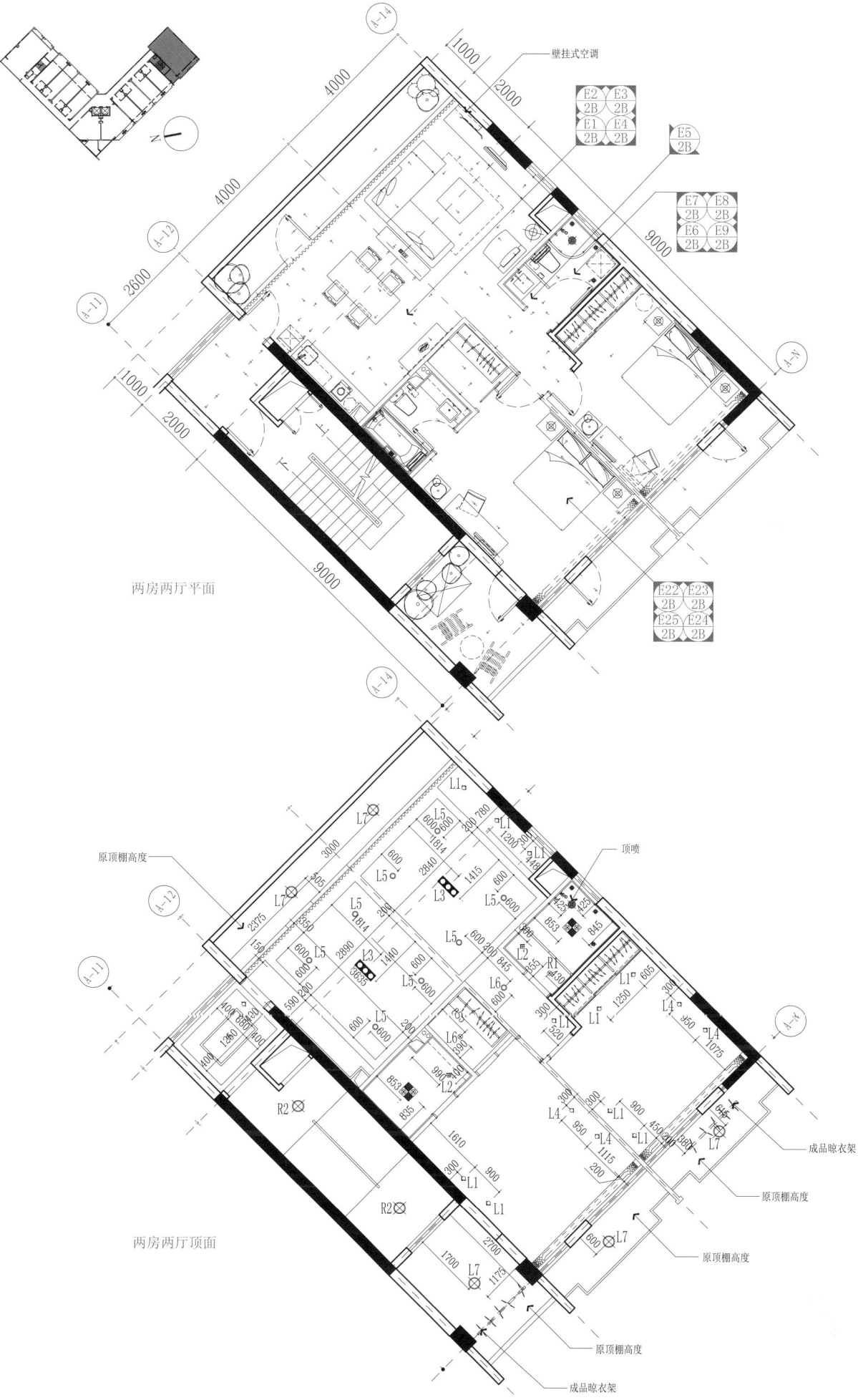

两房两厅客厅实景

两房两厅主卧局部实景

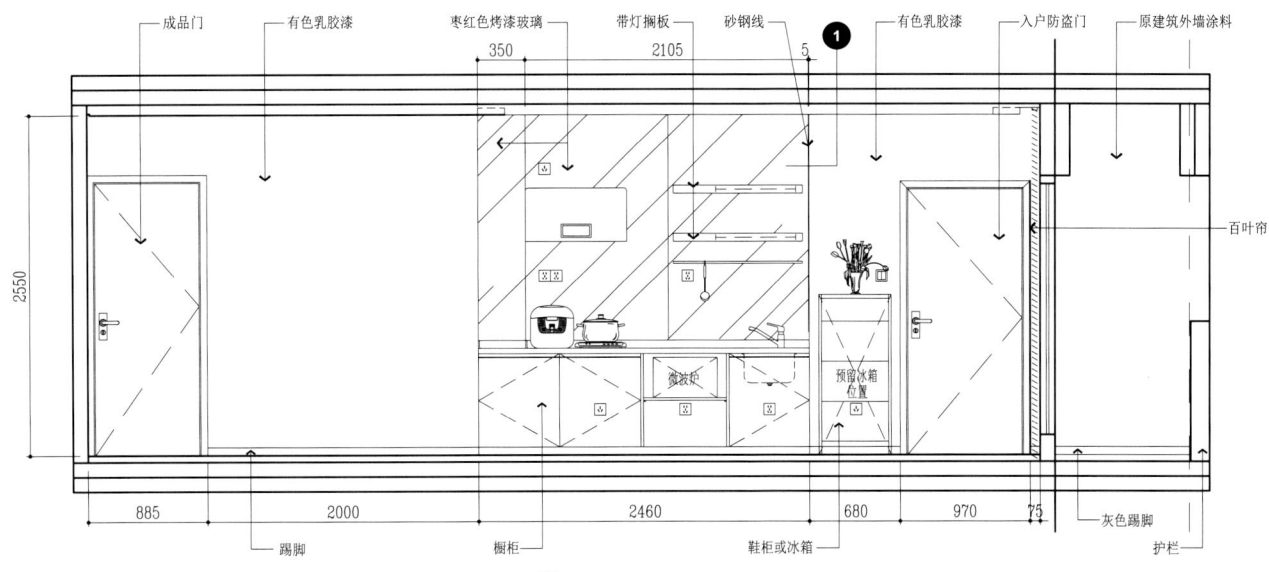

E1/2B 两房两厅客厅E1立面

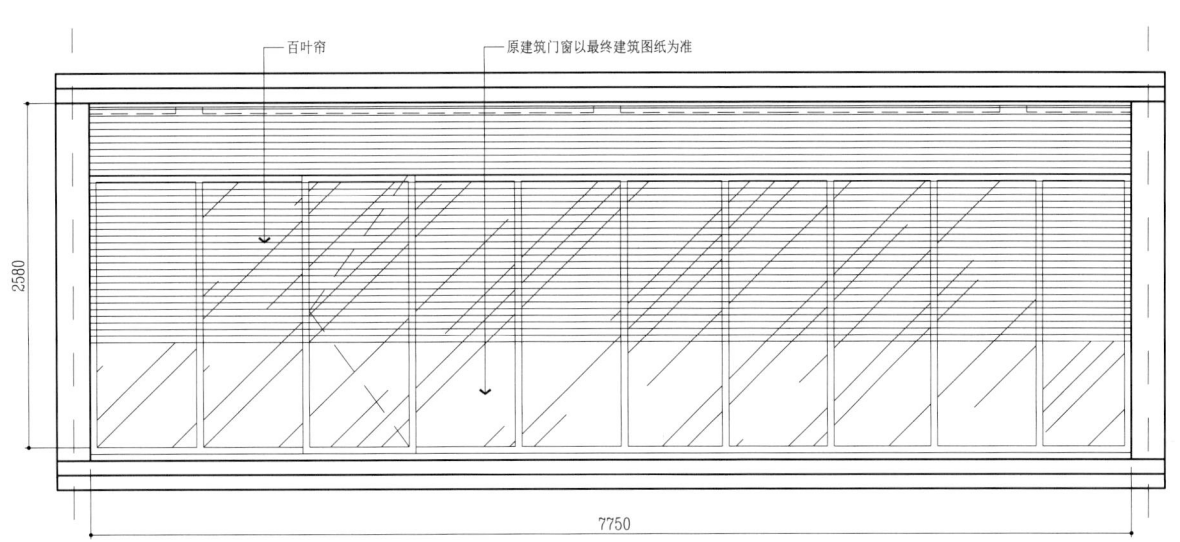

E2/2B 两房两厅客厅E2立面

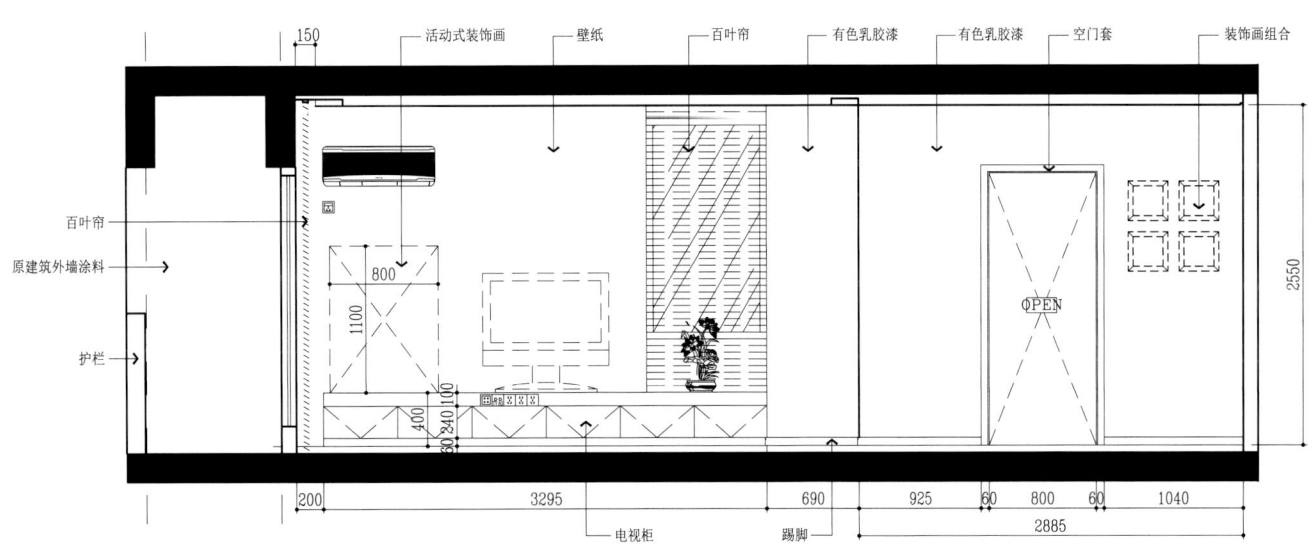

E3/2B 两房两厅客厅E3立面

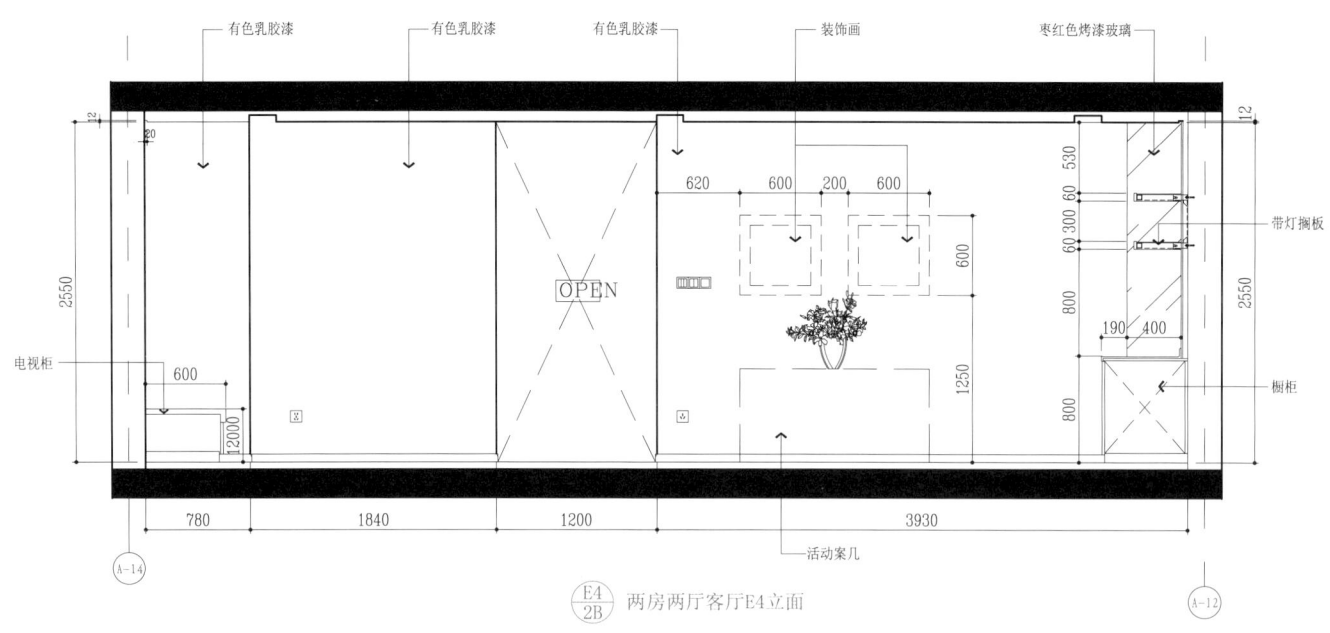

E4/2B 两房两厅客厅E4立面

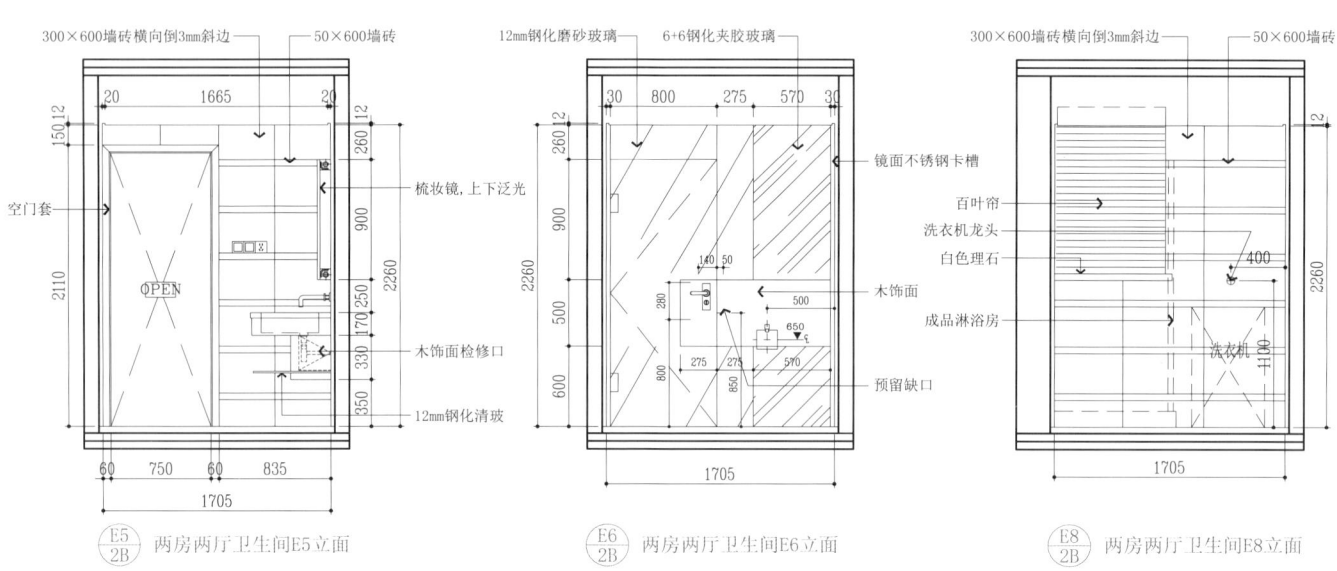

E5/2B 两房两厅卫生间E5立面　　E6/2B 两房两厅卫生间E6立面　　E8/2B 两房两厅卫生间E8立面

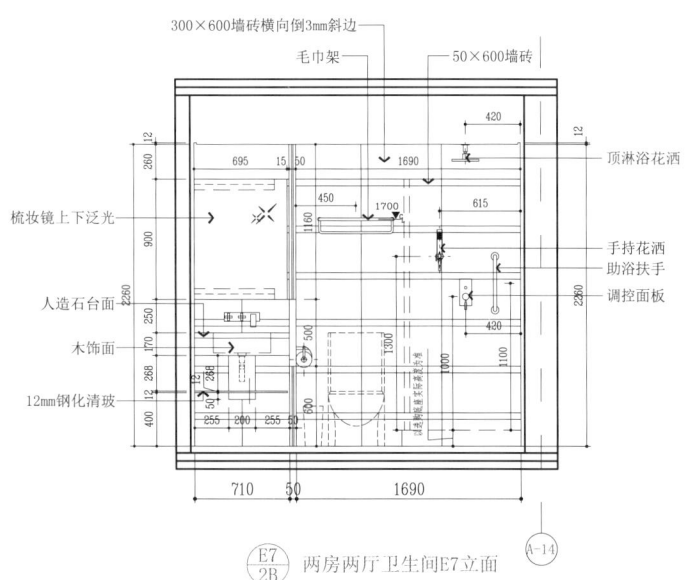

E7/2B 两房两厅卫生间E7立面

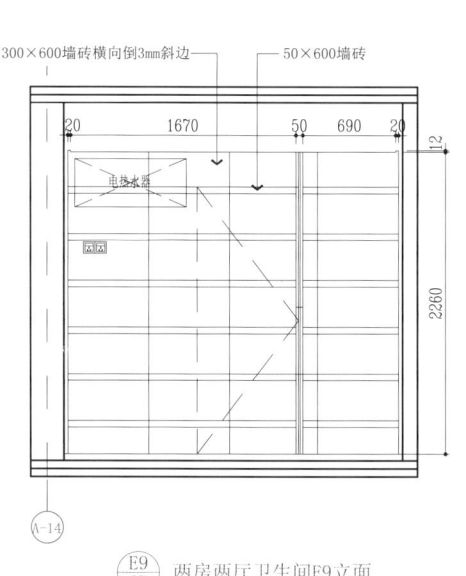

E9/2B 两房两厅卫生间E9立面

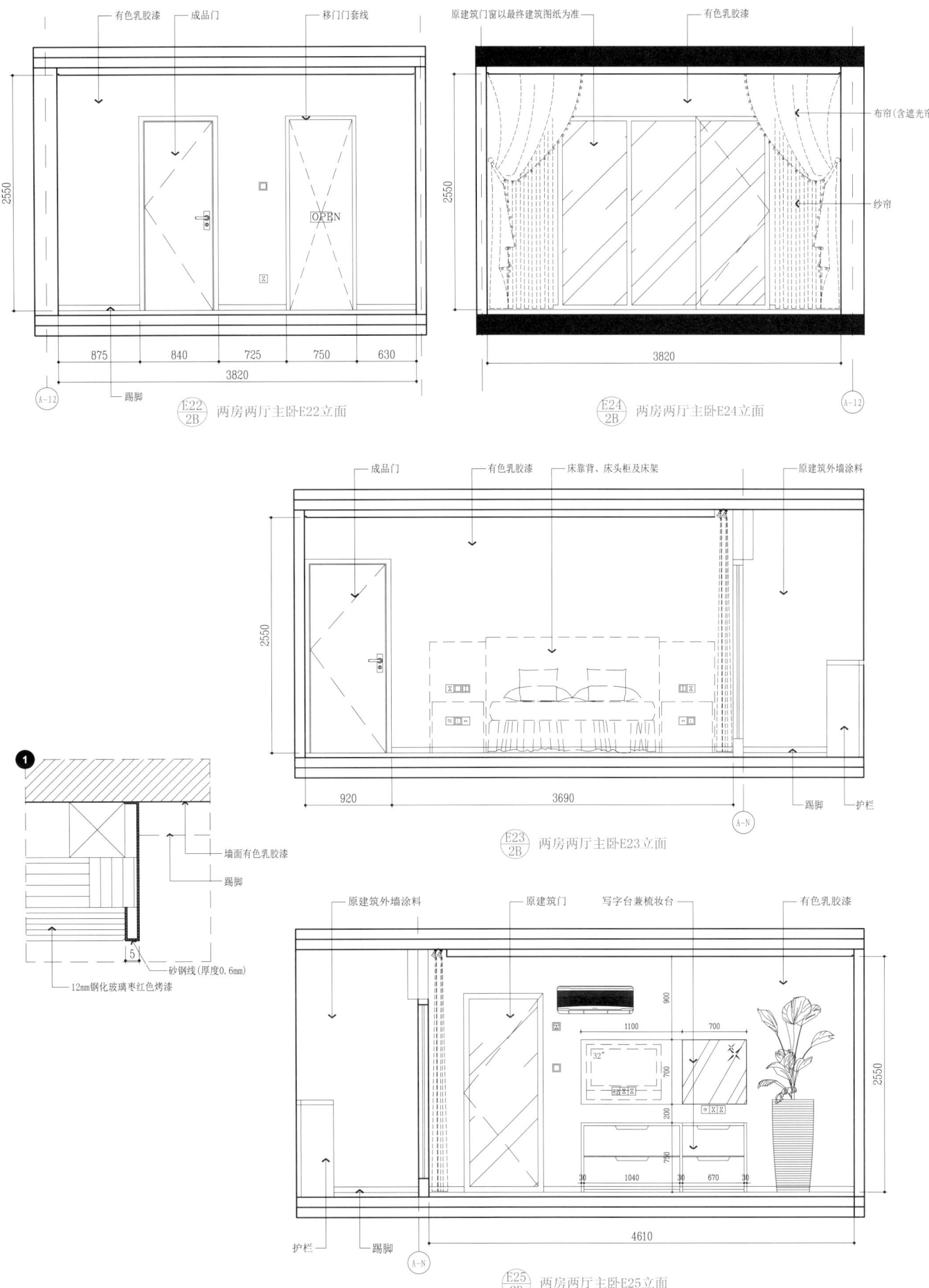

图书在版编目（CIP）数据

深度聚焦：室内星级工程解析/张乘风主编. 福州：福建科学技术出版社，2010.8
ISBN 978-7-5335-3712-8

Ⅰ．①深… Ⅱ.①张… Ⅲ.①室内设计–案例–分析 Ⅳ.①TU238

中国版本图书馆CIP数据核字(2010)第128775号

书　　名	深度聚焦——室内星级工程解析
主　　编	张乘风
副 主 编	王凯　金鑫
出版发行	海峡出版发行集团
	福建科学技术出版社
社　　址	福州市东水路76号（邮编350001）
网　　址	www.fjstp.com
经　　销	福建新华发行（集团）有限责任公司
印　　刷	广州培基印刷镭射分色有限公司
开　　本	635毫米×965毫米　1/8
印　　张	39
图　　文	312码
版　　次	2010年8月第1版
印　　次	2010年8月第1次印刷
书　　号	ISBN 978-7-5335-3712-8
定　　价	238.00元

书中如有印装质量问题，可直接向本社调换